U0394034

丑纪范文选

CHOUJIFAN WENXUAN

气象出版社
China Meteorological Press

内容简介

丑纪范院士长期从事数值天气预报、数值模拟以及气候动力学的研究,重点研究数值预报的基础理论和方法以及非线性大气和海洋动力学问题,取得了一系列开创性和系统性的研究成果,是我国数值天气预报、非线性大气动力学和资料同化的开拓者和创建人之一。本书收录了他从事大气科学研究 60 年来发表的 40 余篇论文,涵盖数值天气预报中使用前期观测资料和历史数据的理论和方法、短期气候预测中动力和统计有机结合的理论和方法、延伸期数值预报中分离空间尺度直面混沌的理论和方法、定常强迫下气候动力学的全局分析和可预报性理论等方面,反映了其主要学术思想与学术成就。

本书对地球科学领域的科学工作者和从事天气预报的业务工作者具有指导意义,亦可供高等院校大气科学相关学科领域的教师和学生学习参考。

图书在版编目(CIP)数据

丑纪范文选/丑纪范等著.—北京:气象出版社,2013.10
ISBN 978-7-5029-5820-6

Ⅰ.①丑… Ⅱ.①丑… Ⅲ.①气象学-文集
Ⅳ.①P4-53

中国版本图书馆 CIP 数据核字(2013)第 239253 号

Choujifan Wenxuan
丑纪范文选

出版发行:气象出版社
地　　址:北京市海淀区中关村南大街 46 号　　　　邮政编码:100081
总 编 室:010-68407112　　　　　　　　　　　　发 行 部:010-68409198
网　　址:http://www.cmp.cma.gov.cn　　　　　　E-mail:qxcbs@cma.gov.cn
责任编辑:张锐锐　　　　　　　　　　　　　　　终　　审:章澄昌
封面设计:易普锐创意　　　　　　　　　　　　　责任技编:吴庭芳
印　　刷:北京中新伟业印刷有限公司
开　　本:787 mm×1092 mm　1/16　　　　　　　印　　张:23.5
字　　数:620 千字　　　　　　　　　　　　　　彩　　插:12
版　　次:2013 年 10 月第 1 版　　　　　　　　　印　　次:2013 年 10 月第 1 次印刷
定　　价:100.00 元

述怀

少壮寻常知努力 人民培养得功

咸妻贤子孝乃神佑友爱师恩

深蕴情五鼓炼勤筋末老十年

磨剑赠来人沧桑历尽身犹

健四化征途一小兵

纪范

1978年在家中学习
<

∧ 1960年参加北京科学讨论会，左起依次为
丑纪范、纪立人、陶诗言

∧ 1953年在北京大学物理系学习（右一为丑纪范）

∨ 1960年中央气象局第二批下放干部合影（后排左七为丑纪范）

中央氣象局第二批下放干部
物家人民公社不家滩大嶺全体干部合影1960.1.14.

^ 1997年于兰州"气候预测理论和方法研讨会"上作报告

^ 1988年在意大利参加气象和海洋资料同化会议

< 1986年在日本东京参加数值天气预报国际学术会议时与杜行远(中)、纪立人(右)合影

^ 2000年西藏考察时于布达拉宫

^ 1981年在麻省理工学院作访问学者

< 1988年兰州大学大气科学系同仁合影
（一排右二为丑纪范）

1999 年与兰州大学大气
科学系中青年教师合影，
左起依次为付培健、王
式功、丑纪范、袁九毅、
杨德保、彭新东 >

< 2012年与兰州大学大气科学学院
教师座谈

∧ 2004年为兰州大学大气科学学院揭牌（左四为丑纪范）

学笃時宜
風正人和

丑纪范书

∧ 2005年为兰州大学大气科学学院题词

< 2009年在兰州大学大气科学学院
本科生迎新大会上致辞

2006 年为兰州大学半干旱气候与环境观
测站揭牌，前排左起依次为大气科学学院
党委书记袁九毅、丑纪范院士、符淙斌院
士、兰州大学校长李发伸、吕达仁院士

∧ 2009年获兰州大学百年特殊贡献荣誉，左起依次为
兰州大学党委书记王寒松、甘肃省委副书记刘伟平、
甘肃省委书记陆浩、李吉均院士、丑纪范院士、任继
周院士、甘肃省省长徐守盛、兰州大学校长周绪红

<
2012年为本科生讲授《大气科学导论》

>
2012年于兰州参加公益性行业
专项《利用历史数据改进
GRAPES模式1-5天数值预报》
启动会并指导项目工作

∧ 1994年于山海关与学生合影

∨ 2004年于阳台山与学生合影

1997年与通过博士答辩的学生合影，前排左起依次为程麟生、汤懋苍、陈受钧、木村龙治、丑纪范、陈长和，后排左起依次为李建平、蒲朝霞、张培群、彭新东

2013年与学生黄建平（右）亲切交谈

2000年在家中与学生在一起，前排左起依次为张庆云、丑纪范、黄建平、衣育红，后排左起依次为谢志辉、李建平、董文杰

∧ 2001年与恩师李宪之先生，前排为李宪之，后排中间为李曾中及其女儿

∨ 2006年在叶笃正先生家中，前排左起依次为张庆云、叶笃正、冯慧、杜行远，后排左起依次为杨蕴华、吴国雄、丑纪范、刘还珠

∧ 1999年与好友陈长和（左）、程麟生（右）教授
于兰州大学90年校庆期间参观校史展览

∧ 2012年与好友纪立人先生于武山合影

∨ 2012年北京大学物理系气象专业52级同学六十周年聚会合影（二排右四为丑纪范）

北京大學物理系氣象專業52級同學六十周年聚會合影留念

2012年7月23日

ʌ 1999年邀请伍荣生院士来访，左起依次为霍应希、余金香、程麟生、黄建国、伍荣生、邱崇践、丑纪范、陈长和、张镭

< 2005年与符淙斌院士（右四）
为兰州大学院士林植树

ʌ 2000年与世界气象组织秘书长雅罗先生合影　　　ʌ 2005年与吴国雄院士（左）于兰州合影

∧ 1947年亲友合影（二排右二为丑纪范，左三为张庆云）

∧ 2004年全家合影

∧ 1996年与夫人张庆云于上海合影

∧ 2010年与夫人张庆云于天水南郭寺合影

奉献贤妻 庆云

青梅竹马相知深琴瑟和谐五十
春十载分居不言苦五禽同练乐无
穷赤湖共履泥泞路金城相聚倍眼
辛今日欢娱晚景好共祈百岁
老寿星

纪范
二〇一二年十二月八日

∧ 丑纪范手迹《奉献贤妻庆云》

序

　　什么是耕耘者的收获？倚锄望，到处是青青一色。捧着这本《丑纪范文选》，欣赏先生沉淀了近一辈子的累累硕果，一份感动油然而生。翻开文集，躬亲案例的佳构之页，字里行间，每每都使我们感受到丑纪范先生既敬业浓醇又清逸澹远、如云水相淡却教诲情深的况味。这本文选，收录了最能反映丑纪范先生学术思想的论文 40 余篇。这些论文，视野恢宏、学理精深、见解鲜明、阐述丰富，凝聚了他从事大气科学研究 60 年来独立思考、创新求索的智慧结晶，是先生留给大气科学人启迪心智、开拓思想的一笔珍贵财富。

　　丑纪范先生是中国科学院院士、我国著名的气象学家，是中国数值天气预报、非线性大气动力学、资料同化的开拓者。在科学研究中，他追求"不求形似，但求神似"的科学思维方式，在潜心科研的同时，他还将毕生的精力投入到气象教育事业，为培养青年学科人才，呕心沥血。

　　丑纪范院士与兰州大学结缘是在 1972 年，正值文化大革命的动荡年代，他从中央气象局五七干校调到兰州大学，担任兰州大学地质地理系气象学专业教研室主任。在时任兰州大学教务长崔乃夫的热情支持下，丑纪范院士开始了长期数值天气预报的研究。在这片西北的土地上，他结识了一大批志同道合的人。他们披肝沥胆，一起为开创兰州大学大气科学学科抛洒自己的汗水和青春。

　　1987 年，兰州大学成立了大气科学系，丑纪范院士担任第一任系主任。数载以来，他辛勤耕耘在教学科研第一线，为气象学业建设、课程设置倾注了大量心血，先后讲授多门基础课和专业课，指导和培养了一大批优秀科研人才，为兰州大学的建设和发展，做出了卓越的贡献。而兰州大学大气科学系，也在丑纪范院士一路带领和关心之下，不断取得喜人的成绩。

　　2004 年，兰州大学根据国家气象事业发展和人才培养的需要，在大气科学系基础上成立了大气科学学院，丑纪范院士任名誉院长，他所培养的第一位博士——黄建平教授为第一任院长。新成立的大气科学学院，在继承丑纪范院士气候动力学和气候预测、数值天气预报等科研方向的基础上，将研究领域进一步拓展到大气遥感与资料同化、干旱气候和灾害气象、环境评价与污染防治、大气边界层与大气扩散、大气气溶胶、全球变化与陆面过程、医疗气象学等方面。迄今为止，大气科学学院建成博士后科研流动站 1 个、大气科学一级学科博士点 1 个、大气科学二级学科博士点和硕士点各 3 个、研究机构 6 个（即气象学研究所、大气物理与大气环境研究所、环境变化研究所、大气遥感研究所、兰州大学环境质量评价研究中心、教学实验中心）。学院拥有专职教师 30 余人，其中中国科学院院士 1 人，教授 10 人，副教授 12 人；另有兼职教授 20 余人。

　　2005 年，在丑纪范院士的引导下，兰州大学在半干旱区建立了国际标准的气候与环境综合观测站。为我国黄土高原半干旱区急需解决的气候与环境问题和促进多学科交叉与融合提供了科研平台；同时为培养造就一支具有国际影响的科技创新队伍奠定了扎实基础，为我国科学家参与和主持大型国际研究计划提供了观测基地。

　　2007 年，半干旱气候变化教育部重点实验室（兰州大学）获准成立，大气科学学院的科学事业跨入了一个崭新阶段。借助兰州大学地处半干旱区、具有地域特色和多学科的优势，实验室广泛开展了半干旱气候和环境观测实验、大气遥感和资料同化、气候变化机理以及半干旱气候变化的对策等方面的研究。目前,实验室已经发展成为我国半干旱气候研究的创新园地,为推进我国半干旱气候研究进入国际前沿行列打造了一支高水平的科技队伍。

依托西部特殊的自然环境,大气科学学院在干旱半干旱研究方面取得较好的成绩。2005年,承担了973项目"北方干旱与人类适应"课题;2010年,大气科学学院院长黄建平以及他的科研团队入选半干旱气候变化教育部"长江学者"创新团队;2011年,主持承担国家重大科学研究计划项目;2012年,入选半干旱气候变化国家引智基地。在这支科研团队中,有2人获得国家杰出青年科学基金项目资助,1人入选国家级教学团队带头人,1人入选国家千人计划特聘教授。

从1972年至今,丑纪范院士见证了大气科学学院从一个专业到一个系再到一个学院的辉煌发展之路。丑纪范院士扎根西部、奉献国家的精神,激励着一代代大气科学人在风沙漫天的大西北、在偏居一隅的兰州大学、在异常艰辛的科研道路上,发奋进取,不断前行。他们献身科学、追求真理、学德高尚、谦逊严谨,这正是对丑纪范院士人格魅力和治学精神最好的诠释、印证和传承。

丑纪范院士用真挚和钟爱书写着事业,书写着人生。他将毕生的精力奉献于祖国的大气科学研究事业和人民教育事业,80岁高龄仍活跃在大气科学界,用他敏锐的洞察力和渊博的学识,引领着学科领域的前沿潮流。他总是勉励自己,"我是人民培养的,我的成绩应归功于人民",他对祖国、对人民的赤诚忠心可昭日月。他热爱党的教育事业,教书育人、为人师表,桃李满天下。他用师者的气度和学者的智慧,无私提携后生,热心指导和影响着晚辈们的学术研究。他总是鼓励后辈"青出于蓝而胜于蓝,我们的事业才有希望"。他对科学研究事业和教育事业一往无前的求索精神,对中国大气科学事业、对兰州大学功勋卓著的无私奉献,永远值得我们钦佩和学习。

古语有云:人生有"三不朽"——太上立德,其次立功,其次次立言。今年,正值丑纪范院士八十上寿,能出版这一文集,为丑纪范院士在"立德、立功"的基础上再"立言",以论文来阐释丑纪范院士对治学研究的真知灼见,引渡学子领略科学世界里的万水千山,也不失为一大"功德圆满"的赏心乐事。

"问渠哪得清如许,为有源头活水来"。谨恳希望这本文集,能够成为长流不息的"活水",思于心,传于口,注入到大气科学研究的方塘之中,促使更多的青年才俊教、研双丰收。更愿这书中的篇章字句,化作叶叶扁舟,辉映清风月明,以后浪推前浪的奔涌之势,载动你我,搴洲中流,望星火燎原。

祝愿丑纪范院士健康长寿!

中国工程院院士
兰州大学校长　周绪红

2013年6月24日

前　　言

　　丑纪范院士是国内著名的气象学家,也是国际大气科学界著名的专攻理论研究并作出重要贡献的专家之一。先生在数值天气预报、非线性大气动力学和资料同化等领域,取得了许多原创性和富有影响力的研究成果,为我国大气科学的发展,特别是数值天气预报理论和短期气候预测业务的发展,做出了卓越的贡献。为表达敬仰和对先生八十寿辰及从事大气科学研究事业六十年的庆贺,我们将先生在不同时期、不同研究领域发表的代表性论文汇集成册,以便后学者更好地领会先生在学术上的思想脉络、真知灼见和科学实践的过程,从中汲取营养,传承和发扬其学术精神。作为学生,在整理先生的研究成果和编选此文选过程中,我被先生用心精勤、执着坚韧的工作态度,追求真理、实事求是的科学精神,严于律己、宽容醇厚的仁者气度,以及谦逊豁达、团结和谐的处世风范深深震撼。

　　先生从事大气科学研究60余年,此间他撰写了100多篇有重大科学价值的学术论文和8部专著,将数学、物理学、气象学等学科综合运用,提出了一系列令世界气象学界瞩目的新观点、新方法,为我国气象事业的发展奠定了理论基础。先生亲自为本书挑选了最能代表其学术观点的40余篇论文,大致涵盖了他各个时期的重要学术观点。文选所摘录的论文时间跨度为1974—2013年,以先生为第一作者的为主,也选刊了先生与他人合作的部分文章,其中大部分的第一作者是他指导的研究生。按照内容,文选分为六个部分:其中前五部分为研究论文,比较系统地反映了先生的主要学术思想和学术成就;第六部分精选了部分自叙生平和纪念师长的短文,以反映先生的科研历程。文选还选录了不同时期先生参加活动及一些生活照片,以从不同侧面展示其工作和生活画面。文选附录部分包括了先生至今为止发表的全部论文和专著的目录,以便读者查找。由于论文时间跨度达40年,原刊开本、版式各异,许多插图模糊难辨,为了确保文选质量,我们决定重新录入制版,对于年份久远、模糊不清的图片,尽可能地进行了修补或重绘。为尽量遵从历史原貌,对原文中使用的名词术语、公式符号、编辑风格等基本不作改动,仅对原文中明显的印刷错误进行了校对,并对编排格式进行了统一。论文出处均在每篇文章首页下端进行了标注。通过层层把关校稿,尽最大努力保证出版质量。

　　文选于2013年4月开始选编,于7月下旬交付出版。我组织了兰州大学大气科学学院的一批研究生组建“文选编辑组”共同承担出版任务。这部承载中国大气科学领域老一辈科学家和中青年学者们深情期待的文选能够在如此短的时间内面世,其中的辛苦可想而知。文选的编撰得到了先生好友和学生的积极支持,衷心感谢文选中所选论文的合作者对论文认真细致的校对,感谢雷晓云、张镭、张文煜、张北斗、郑志海、王天河、王延鸿等同志在出版过程中给予的帮助,感谢《气象学报》《地球物理学报》《气象科技进展》《新疆气象》等期刊编辑部提供的论文原件。文选中选印的照片许多是先生的学生以及兰州大学大气科学学院和新闻中心的老师提供的,在此引用,谨致谢意。全书的统稿是由于海鹏同志负责完成的,此外,还应特别感谢王皓、冉津江、何永利、齐玉磊、徐成鹏、龙治平、刘华悦、程善俊、谢永坤、吕巧谊、郭瑞霞、贾瑞、赵威、韩璐、侯冲等同志在资料搜集、书稿校对等方面付出的大量心血,他们高度的责任心和认真的工作态度使得文选能够高质量地完成;衷心感谢气象出版社的张锐锐等同志在书稿编辑、排版、审校等方面的辛勤劳动，没有他们耐心的帮助和细致的工作，就没有本书的顺利出版。由于编印时间紧张，疏漏在所难免，恳请读者批评指正。

　　"少壮寻常知努力，人民培养得功成。妻贤子孝乃神佑，友爱师恩深蕴情。五鼓炼勤筋未老，十年磨剑赠来人。沧桑历尽身犹健，四化征途一小兵。"正如先生这首小诗所言，他始终对祖国和人民科学事业铁血丹心、一片赤诚；始终对培育青年和造就英才的教育事业目盼心思，寄予厚望。在向先生崇敬致礼之际，让我们沿着先生筚路蓝缕、殚思极虑所开辟的宏图大道，共同为中国大气科学事业的不断发展贡献力量！

黄建平

2013 年 7 月于兰州大学

目　　录

丑纪范文选

CHOUJIFAN WENXUAN

文选

第一部分

在数值天气预报中使用前期观测资料
和历史数据的理论和方法

天气数值预报中使用过去资料的问题

丑纪范

（兰州大学大气科学系）

摘　要：本文从微分方程只是近似地描述了大气中的物理过程的观点出发，提出了在数值天气预报中使用历史资料来考虑场演变的时间连续性问题。

通过将微分方程定解问题变为等价的泛函极值问题——变分问题的途径，推广了微分方程的解的概念，引进了新型"广义解"。并利用希尔伯特空间的理论，论证了"广义解"比原来意义下的"正规解"更接近方程所描述的物理现象的"实况"。

文中对无辐散正压模式和准地转斜压模式，推导出使用多时刻观测资料的预报方程式，并且证明使用 500 hPa 的多时刻观测资料可以预报出大气的斜压性。

近二十年来，天气数值预报的进展很快，但是一个比较根本性的问题还没有解决，这就是在天气数值预报中把天气预报作为一个初值问题来处理，而在日常的天气预报业务中却使用了预报起始时间以前的资料，显然这与预报的要求是不相称的。这个问题在文献[1,2]中早就提出过。为了充分利用可能有的条件，以提高预报的效果，有必要作一些数学处理，使天气数值预报中考虑到天气演变的连续性，而应用历史资料。

在数值预报中，既然有了微分方程，加上函数的初值，问题已可解决，那么使用历史资料是否有这可能呢？

为了回答这个问题，让我们从普遍的观点来分析一下。

一般的数学物理问题，是用一个或多个变数的函数来描述某种物理现象，再将该物理现象所服从的物理规律用微分方程表示出来。于是得到了一个函数集合（满足微分方程的函数的全体，记作 L），再利用我们所知道的一些附加条件（例如系统的原始状态），而得出另一个函数集合（满足附加条件的函数的全体，记作 Ω），通常这两个函数集合（L 和 Ω）有且只有一个公共的元素，就是所谓问题是适定的。于是，一个数学物理问题就成为是寻找 L 和 Ω 的这个唯一公共的元素问题。

但上述方式不足以研究所有的自然现象，例如有许多情形，事先就知道所考虑的问题不可能有连续可微的解。于是，从上述数学方式的提法来看，这样的问题是没有解的。虽然如此，尽管在连续可微的函数类中不能找到描述这些物理现象的函数，但仍有相当的物理现象发生。结果就引导人们去推广微分方程的"解"的概念，提出了种种"广义解"，其本质就在于在一个扩大了的较原来微分方程所考虑的函数类要广泛的函数类中来寻找解答。

现在，遇到了相反的问题。这就是用来描述某些物理过程的微分方程（例如大气中进行的

本文发表于《中国科学》，1974 年第 6 期，635-644。

物理过程），只是在极其近似的意义下描述了实际过程，方程本身就是不大准确的。可是，人们对于过程的知识是多种多样的，这些往往可以表示成附加条件的形式，也就是利用它来构成函数集合 Ω（过程的所有可能出现的状态）。显然，当我们的知识越多，附加条件就越多，集合 Ω 的范围就越小。我们用 Ω^* 来表示这个尽可能小的集合 Ω。由于微分方程本身的不准确，就出现了（一般说来）L 与 Ω^* 没有共同的元素。按上述数学概念，问题是没有解的。但是，既然方程本身是不准确的，就没有必要非寻求使之成为恒等式的函数，为了充分利用我们所了解的关于过程的各方面的知识，就应该推广微分方程的"解"的概念，使得在所推广的意义下，方程在 Ω^* 内有解，同时唯一性定理仍然成立。

由此可见，天气数值预报中使用过去资料的问题，不是有没有必要和可能的问题，而不过是上述普遍问题的一个具体情况而已。

一、数学原理

现在，我们来推广微分方程的"解"的概念。先研究线性情况，考虑以下的算子方程，

$$Au = f \tag{1}$$

这里 A 为定义在某个希尔伯特空间 H 中的稠密线性集合 Ω 上的自共轭线性正运算子，f 是空间 H 中的已给元素，u 是要求的元素。现在设方程(1)在 Ω 内有解，但在 Ω^*（$\Omega^* \subset \Omega$）内可能无解，现在的问题是要推广"解"的概念，使得在推广的意义下，方程(1)在 Ω^* 内可解。

从文献[3]可知，求解方程(1)与求泛函数

$$F(u) = (Au, u) - 2(f, u) \tag{2}$$

的极小问题等价。引进下列符号表示泛函数(2)式的极小的元素 u_Ω，

$$u_\Omega = \operatorname*{Min}_{u \in \Omega} F(u) \tag{3}$$

现在我们在集合 Ω^* 内来考虑泛函数(2)式，设存在元素 $u_{\Omega^*} \in \Omega^*$，而

$$u_{\Omega^*} = \operatorname*{Min}_{u \in \Omega^*} F(u)$$

显而易见，这样的元素不会多于一个，由于 Ω^* 不一定是空间 H 内的稠密集合，一般说来，u_{Ω^*} 不能满足方程(1)。现在我们定义 u_{Ω^*} 为方程在 Ω^* 内的"广义解"，称它为 Ω^* 内"最满足"方程的函数。而将在原意下满足方程（代入得恒等式）的函数 u_Ω，称为方程的"正规解"。

我们再考虑以下的非线性方程：

$$Au = Bu \tag{4}$$

这里 A, B 都定义在某个希尔伯特空间的同一稠密线性集合 Ω 上，A 为自共轭线性正运算子，B 为非线性运算子，u 是待求的元素。这个数学问题约定称为"问题一"。当 A, B 给定后，我们可以提出另一个数学问题，即求元素 u_Ω，使得下面不等式成立，

$$\underset{\substack{u, u_\Omega \in \Omega \\ u \neq u_\Omega}}{(Au, u) - 2(Bu_\Omega, u)} > (Au_\Omega, u_\Omega) - 2(Bu_\Omega, u_\Omega) \tag{5}$$

这个数学问题我们约定称为"问题二"。不难看出，"问题一"与"问题二"是等价的。

我们再提出另一个数学问题，称为"问题三"。即，构造集合 $\mathscr{F}$，$\mathscr{F}\{f|_{f=Bu}, u \in \Omega\}$，元偶 (u, f) 的全体所成的集合记作 $\Omega \times \mathscr{F}$，$\Omega \times \mathscr{F} = \{(u, f)|_{u \in \Omega, f \in \mathscr{F}}\}$，满足不等式

$$\underset{\substack{u, u_0 \in \Omega \\ u \neq u_0, f_0 \in \mathscr{F}}}{(Au, u) - 2(f_0, u)} > (Au_0, u_0) - 2(f_0, u_0) \tag{6}$$

的元偶(u_0,f_0)的全体所成的集合记作Ξ,显然$\Xi\subset\Omega\times\mathscr{F}$。满足等式$f_0=Bu_0(u_0\in\Omega)$的元偶$(u_0,f_0)$的全体所成的集合记作$\Gamma$,显然$\Gamma\subset\Omega\times\mathscr{F}$。如果元偶$(u_\Omega,f_\Omega)$满足条件$(u_\Omega,f_\Omega)\in\Gamma\bigcap\Xi$,则称$u_\Omega$为"问题三"的解。

不难看出"问题二"与"问题三"是等价的。

现在不难推广"解"的概念,因为根据"问题三"容易提出另一个数学问题,约定称为"问题四"。也就是构造集合$\mathscr{F}^*$,$\mathscr{F}^*=\{f|_{f=Bu},u\in\Omega^*\}$,元偶$(u,f)$的全体所成的集合记作$\Omega^*\times\mathscr{F}^*$,$\Omega^*\times\mathscr{F}^*=\{(u,f)|_{u\in\Omega^*},f\in\mathscr{F}^*\}$;满足不等式

$$(Au,u)-2(f_0,u)>(Au_0,u_0)-2(f_0,u_0)$$
$$\scriptstyle u,u_0\in\Omega^*$$
$$\scriptstyle u\neq u_0,f_0\in\mathscr{F}$$

的元偶(u_0,f_0)的全体所成的集合记作Ξ^*,显然,$\Xi\subset\Omega^*\times\mathscr{F}^*$;满足等式$f_0=Bu_0(u_0\in\Omega^*)$的元偶$(u_0,f_0)$的全体所成的集合记作$\Gamma^*$,显然$\Gamma^*\subset\Omega^*\times\mathscr{F}^*$。如果元偶$(u_{\Omega^*},f_{\Omega^*})$满足条件$(u_{\Omega^*},f_{\Omega^*})\in\Xi^*\bigcap\Gamma^*$,则称$u_{\Omega^*}$为"问题四"的解。

根据"问题一"可以提出"问题四"来,当"问题一"在Ω^*内无解时,"问题四"却可能是适定的。如果这样,我们就定义"问题四"的"解"u_{Ω^*}为"问题一"在Ω^*内的"广义解"。

"问题四"可表为,寻求二个元素u_{Ω^*},f_{Ω^*}满足:

$$\begin{cases}u_{\Omega^*}=\underset{u\in\Omega^*}{\mathrm{Min}}[(Au,u)-2(f_{\Omega^*},u)] & (7)\\ f_{\Omega^*}=Bu_{\Omega^*} & (8)\end{cases}$$

具体解时,可将f_{Ω^*}看成给定的与u无关的元素。按泛函数$F(u)=(Au,u)-2(f_{\Omega^*},u)$在$\Omega^*$内的极小为条件,来决定元素$u_{\Omega^*}$,显然$u_{\Omega^*}$依赖于$f_{\Omega^*}$。一般说来,用变分学的普通方法[4]求欧拉方程即可得一包含u_{Ω^*}和f_{Ω^*}的方程。再用(8)式右端代此方程中的f_{Ω^*},即得一决定u_{Ω^*}的方程。于是,在原意下Ω^*内无解的方程(4),我们给出了在Ω^*内的"广义解"的定义。并且给出了一个方法,至少在原则上可以从原方程导出另一个方程,此方程的"正规解"就是原方程的"广义解"。很自然地要问,"广义解"比"正规解"是否更接近于方程所近似描写的物理现象的"实况"呢?

下面以线性方程为例。设u_Ω为方程(1)的"正规解",则$Au_\Omega=f$;u_{Ω^*}为方程(1)在Ω^*内的"广义解",则$u_{\Omega^*}=\underset{u\in\Omega^*}{\mathrm{Min}}[(Au,u)-2(f,u)]$。进一步设$A$为正定运算子,在集合$\Omega$上引进新的数量积$[u,v]=(Au,v)$,将这样形成的空间完备化,于是便把$\Omega$变成了希尔伯特空间,记作$H_0$。空间$H_0$中的范数记作$\|u\|$,即$\|u\|^2=[u,u]=(Au,u)$,有

$$(Au,u)-2(f,u)=(Au,u)-2(Au_\Omega,u)=\|u-u_\Omega\|^2-\|u_\Omega\|^2$$

上式表明泛函数$(Au,u)-2(f,u)$与u到u_Ω的距离(按空间H_0的度量)相差只有一个常数,于是

$$u_{\Omega^*}=\underset{u\in\Omega^*}{\mathrm{Min}}\|u-u_\Omega\|^2 \tag{9}$$

由此可见,"广义解"是Ω^*内最接近"正规解"的函数。以$\tilde{u}$表示方程所近似描述的物理现象的"实况",如果认定$\tilde{u}\in\Omega^*$,并设Ω^*为H_0中的线性闭子空间,那么,由(9)式可知

$$u_{\Omega^*}-u_\Omega\perp\Omega^*$$

而$\tilde{u}-u_{\Omega^*}\in\Omega^*$,故$u_{\Omega^*}-u_\Omega\perp\tilde{u}-u_{\Omega^*}$,于是

$$\|\tilde{u}-u_\Omega\|^2=\|\tilde{u}-u_{\Omega^*}\|^2+\|u_{\Omega^*}-u_\Omega\|^2$$

当"广义解"不同于"正规解"时，$\|u_{\Omega^*}-u_\Omega\|^2>0$，所以 $\|\tilde u-u_\Omega\|^2>\|\tilde u-u_{\Omega^*}\|^2$，这就表示，"广义解"比"正规解"更接近"实况"。

用上述方法便可在数值天气预报中使用过去的资料。这就是：首先用过去资料来构造集合 Ω^*，然后用现有的某种预报模式的微分方程，求此微分方程在 Ω^* 内的"广义解"。

二、无辐散正压模式

众所周知，无辐散正压模式为：

$$-\Delta\frac{\partial\psi}{\partial t}=J(\psi,\Delta\psi+f) \tag{10}$$

这里

$$\Delta=\frac{1}{a_0^2\sin\vartheta}\frac{\partial}{\partial\vartheta}\sin\vartheta\frac{\partial}{\partial\vartheta}+\frac{1}{a_0^2\sin^2\vartheta}\frac{\partial^2}{\partial\lambda^2}$$

$$J(A,B)=\frac{1}{a_0^2\sin\vartheta}\left(\frac{\partial}{\partial\vartheta}A\frac{\partial B}{\partial\lambda}-\frac{\partial}{\partial\lambda}A\frac{\partial B}{\partial\vartheta}\right)$$

式中的符号是一般通用的，类似这种符号以下将不予说明。

在三维区域 $\alpha\leqslant t\leqslant\beta,0\leqslant\vartheta\leqslant\pi,0\leqslant\lambda\leqslant2\pi$ 中，考虑方程(10)，补充条件为：

$$\begin{aligned}\psi\mid_{\vartheta=0}&=\psi(0,t)\\\psi\mid_{\vartheta=\pi}&=\psi(\pi,t)\\\psi(\vartheta,\lambda+2\pi,t)&=\psi(\vartheta,\lambda,t)\end{aligned} \tag{11}$$

现在在区域 $\alpha\leqslant t\leqslant\beta,0\leqslant\vartheta\leqslant\pi,0\leqslant\lambda\leqslant2\pi$ 内连续，并满足条件(11)的函数集合 $\psi(\vartheta,\lambda,t)$ 上，定义内积 $(u,v)=\int_0^\pi\int_0^{2\pi}\int_\alpha^\beta u\cdot v\sin\vartheta dt d\lambda d\vartheta$，和范数 $|u|^2=(u,u)$。将这样形成的空间完备化，于是得一希尔伯特空间，记作 H。令 $q=\frac{\partial\psi}{\partial t}$，则 $\psi=\psi_0+\int_0^t qdt$，这里 $\psi_0=\psi\mid_{t=0}$ 视为已给定了的函数。于是(10)式成为

$$-\Delta q=J(\psi_0+\int_0^t qdt,\Delta\psi_0+\Delta\int_0^t qdt+f) \tag{12}$$

将 q 看成空间 H 的元素，于是方程(12)成为型如(3)的方程，定义在空间 H 中满足所需级次的微商的函数集合 Ω 上。易见，Ω 是空间 H 中的稠密线性集合，$-\Delta$ 是 Ω 上的自共轭线性正运算子。于是求解方程(12)与求解

$$\begin{cases}q_\Omega=\operatorname*{Min}_{q\in\Omega}\int_0^\pi\int_0^{2\pi}\int_\alpha^\beta(-q\Delta q-2\mathscr{F}_\Omega q)\sin\vartheta dt d\lambda d\vartheta\\\mathscr{F}_\Omega=J(\psi_0+\int_0^t q_\Omega dt,\Delta\psi_0+\Delta\int_0^t q_\Omega dt+f)\end{cases}$$

的问题等价。

高空流场的预报问题是：已知现在时刻的流场 ψ_0 以及过去若干时刻的流场 $\psi_{-1},\psi_{-2},\cdots,\psi_{-n}$（为方便计，以相邻两张图的时间间隔作为时间单位），要求预报未来的流场 ψ_m。以下只讨论 $m=1$ 的情况，显然这不失去普遍性。

由于我们只可能知道 ψ 在我们所进行观测的时间的数值，而实践也只需要知道这些时间的数值。这样一来，对预报 ψ_1 来说，下式所表示的函数集合是足够广泛的，它包含了所有可能

出现的 ψ_1 的情况。

$$\psi = \sum_{k=-n}^{1} \psi_k l_k^{(n)}(t) \tag{13}$$

这里

$$l_k^{(n)}(t) = \prod_{\substack{j=-n \\ j \ne k}}^{1} \left(\frac{t-j}{k-j}\right), 而$$

$$q = \sum_{k=-n}^{1} \psi_k \frac{\mathrm{d}l_k^{(n)}(t)}{\mathrm{d}t} \tag{14}$$

(13)式是拉格朗日插值多项式,其中 $\psi_0, \psi_{-1}, \psi_{-2}, \cdots\cdots, \psi_{-n}$,这 $n+1$ 个函数已由实况观测确定为已知函数。于是易见,由 ψ_1 的所有可能出现的情况,按(14)式而产生 q 的情况的全体,可看成为集合 Ω^*。现在的问题便是求方程(12)在 Ω^* 内的"广义解",即求 q_{Ω^*} 满足

$$\begin{cases} q_{\Omega^*} = \underset{q \in \Omega^*}{\mathrm{Min}} \int_0^\pi \int_0^{2\pi} \int_\alpha^\beta (-q\Delta q - 2\mathscr{F}_{\Omega^*} q)\sin\vartheta \mathrm{d}t\mathrm{d}\lambda\mathrm{d}\vartheta \tag{15} \\ \mathscr{F}_{\Omega^*} = J\left(\psi_0 + \int_0^t q_{\Omega^*}\mathrm{d}t, \Delta\psi_0 + \Delta\int_0^t q_{\Omega^*}\mathrm{d}t + f\right) \tag{16} \end{cases}$$

将(14)式代入泛函数

$$\int_0^\pi \int_0^{2\pi} \int_\alpha^\beta (-q\Delta q - 2\mathscr{F}_{\Omega^*} q)\sin\vartheta \mathrm{d}t\mathrm{d}\lambda\mathrm{d}\vartheta$$

完成对 t 的积分,将 $\mathscr{F}_{\Omega^*}$ 看成已给定的函数,用变分学的普通方法求关于 ψ_1 的欧拉方程。再将(14)式代入(16)式右端的 q_{Ω^*},得到用 ψ_1 表出的 $\mathscr{F}_{\Omega^*}$,将此表达式代入欧拉方程中的 $\mathscr{F}_{\Omega^*}$,就得到了下面的确定 ψ_1 的方程;

$$\sum_{k=-n}^{1} \{\alpha_k^{(n)}\Delta\psi_k + \beta_k^{(n)}J(\psi_k, f)\} = \sum_{p=-n}^{1}\sum_{q=-n}^{1} r_{p,q}^{(n)} J(\Delta\psi_p, \psi_q) \tag{17}$$

这里

$$\begin{cases} \alpha_k^{(n)} = \int_{-n}^{1} \frac{\mathrm{d}l_1^{(n)}(t)}{\mathrm{d}t} \frac{\mathrm{d}l_k^{(n)}(t)}{\mathrm{d}t}\mathrm{d}t \\ \beta_k^{(n)} = \int_{-n}^{1} \frac{\mathrm{d}l_1^{(n)}(t)}{\mathrm{d}t} l_k^{(n)}(t)\mathrm{d}t \\ r_{p,q}^{(n)} = \int_{-n}^{1} \frac{\mathrm{d}l_1^{(n)}(t)}{\mathrm{d}t} l_p^{(n)}(t) l_q^{(n)}(t)\mathrm{d}t \end{cases}$$

方程(17)是如下型的关于 ψ_1 的方程,

$$\left(\varphi_1(\vartheta,\lambda)\frac{\partial}{\partial\vartheta} + \varphi_2(\theta,\lambda)\frac{\partial}{\partial\lambda} + a_1\frac{\partial\psi_1}{\partial\vartheta}\frac{\partial}{\partial\lambda} + a_2\frac{\partial\psi_1}{\partial\lambda}\frac{\partial}{\partial\vartheta}\right)\Delta\psi_1 =$$

$$\varphi_3(\vartheta,\lambda)\frac{\partial\psi_1}{\partial\vartheta} + \psi_4(\vartheta,\lambda)\frac{\partial\psi_1}{\partial\lambda} + R(\vartheta,\lambda) \tag{18}$$

这里 $\varphi_1, \varphi_2, \varphi_3, \varphi_4, R$ 是依赖于 $\psi_0, \psi_{-1}, \cdots\cdots, \psi_{-n}$ 的已知函数,a_1, a_2, a_3 是常数。

当 $n=0$ 时(不用过去资料),有

$$\Delta\psi_1 - \Delta\psi_0 = \frac{1}{3}\Big[J(\Delta\psi_1, \psi_1) + J(\Delta\psi_0, \psi_0) + \frac{1}{2}J(\Delta\psi_0, \psi_1) +$$

$$\frac{1}{2}J(\Delta\psi_1, \psi_0)\Big] + \frac{1}{2}[J(f, \psi_0) + J(f, \psi_1)] \tag{19}$$

这相当于一种"隐式差分",当不计右端 ψ_1 与 ψ_0 的差别时,成为"向前差"的公式。

当 $n=-1$ 时,有

$$1\frac{1}{6}\Delta\psi_1 - 1\frac{1}{3}\Delta\psi_0 + \frac{1}{6}\Delta\psi_{-1} = \sum_{k=-1}^{1}\beta_k J(f,\psi_k) + \sum_{p=-1}^{1}\sum_{q=-1}^{1} r_{pq} J(\Delta\psi_p,\psi_q)$$

这里

$$\beta_{-1} = -\frac{1}{6},\ r_{-1,-1} = -\frac{1}{15},\ r_{-1,0} = r_{0,-1} = -\frac{1}{15} \tag{20}$$

$$\beta_0 = \frac{2}{3},\ r_{0,0} = \frac{8}{15},\ r_{0,1} = r_{1,0} = \frac{1}{5}$$

$$\beta_1 = \frac{1}{2},\ r_{1,1} = \frac{1}{3}\ r_{1,-1} = r_{-1,1} = -\frac{1}{30}$$

当 $n=-2$ 时,有

$$1\frac{7}{30}\Delta\psi_1 - 1\frac{23}{40}\Delta\psi_0 + \frac{9}{20}\Delta\psi_{-1} - \frac{13}{120}\Delta\psi_{-2} = \sum_{k=-2}^{1}\beta_k J(f,\psi_k) +$$

$$\sum_{p=-2}^{1}\sum_{q=-2}^{1} r_{p,q} J(\Delta\psi_p,\psi_q) \tag{21}$$

这里

$$r_{-2,-2} = \frac{139}{3360},\ r_{-2,-1} = r_{-1,-2} = -\frac{3}{2240},\ r_{-2,0} = r_{0,-2} = \frac{3}{112}$$

$$r_{-1,-1} = -\frac{27}{560},\ r_{-1,0} = r_{0,-1} = -\frac{351}{2240},\ r_{1,-1} = r_{-1,1} = -\frac{3}{32}$$

$$r_{0,0} = \frac{135}{224},\ r_{0,1} = r_{1,0} = \frac{537}{2240},\ \beta_{-2} = \frac{7}{80},\ \beta_{-1} = -\frac{3}{10}$$

$$r_{1,1} = \frac{1}{3},\ r_{1,-2} = r_{-2,1} = \frac{139}{6720},\ \beta_0 = \frac{57}{80},\ \beta_1 = \frac{1}{2}$$

三、准地转斜压模式

众所周知,准地转斜压模式为:

$$-\Big(\Delta + \frac{f^2}{c^2}\frac{\partial}{\partial\xi}\xi^2\frac{\partial}{\partial\xi}\Big)q = \mathscr{F} \tag{22}$$

这里

$$\mathscr{F} = J\Big(Z,\frac{g}{f}\Delta Z + f\Big) + \frac{fg}{c^2}\frac{\partial}{\partial\xi}\xi^2 J\Big(Z,\frac{\partial Z}{\partial\xi}\Big),\ q = \frac{\partial Z}{\partial t}$$

边界条件 $\xi=0$,$\xi\frac{\partial q}{\partial\xi}$ 有界;

$$\xi = 1,\frac{\partial q}{\partial\xi} + \alpha q = -\frac{g}{f}J\Big(Z,\frac{\partial Z}{\partial\xi}\Big)$$

将解分解为二部分的和,一为齐次方程满足非齐次边界条件的解 q_1,一为非齐次方程满足齐次边界条件的解 q_2,有

$$\left\{ \begin{aligned} & -\left(\Delta + \frac{f^2}{c^2}\frac{\partial}{\partial\xi}\xi^2\frac{\partial}{\partial\xi}\right)q_1 = 0 && (23) \\ & \xi = 0, \xi\frac{\partial q_1}{\partial\xi} \text{ 有界} && (24) \\ & \xi = 1 \quad \frac{\partial q_1}{\partial\xi} + \alpha q_1 = -\frac{g}{f}J\left(Z, \frac{\partial Z}{\partial\xi}\right) && (25) \end{aligned} \right.$$

将(25)式右端视为已知函数,用偏微分方程的普通方法可求出 q_1 来,可是实际上下面将看到并不需要知道 q_1 的显式,因为在以下的推导过程中 q_1 由于满足(23)式而自动消失了。现在我们认定 q_1 为已知函数,关于 q_2,有

$$\left\{ \begin{aligned} & -\left(\Delta + \frac{f^2}{c^2}\frac{\partial}{\partial\xi}\xi^2\frac{\partial}{\partial\xi}\right)q_2 = \mathscr{F} && (26) \\ & \xi = 0, \xi\frac{\partial q_2}{\partial\xi} \text{ 有界} && (27) \\ & \xi = 1, \frac{\partial q_2}{\partial\xi} + \alpha q_2 = 0 && (28) \end{aligned} \right.$$

而

$$Z = Z_0 + \int_0^t q_1 \mathrm{d}t + \int_0^t q_2 \mathrm{d}t \tag{29}$$

和上节类似,现在在区域 $\alpha \leqslant t \leqslant \beta, 0 \leqslant \xi \leqslant 1, 0 \leqslant \vartheta \leqslant \pi, 0 \leqslant \lambda \leqslant 2\pi$ 中考虑(26)式,补充条件为:

$$\left\{ \begin{aligned} & Z|_{\vartheta=0} = Z(0, \xi, t) && (30) \\ & Z|_{\vartheta=\pi} = Z(\pi, \xi, t) && (31) \\ & Z(\vartheta, \lambda + 2\pi, \xi, t) = Z(\vartheta, \lambda, \xi, t) && (32) \end{aligned} \right.$$

在区域 $\alpha \leqslant t \leqslant \beta, 0 \leqslant \xi \leqslant 1, 0 \leqslant \vartheta \leqslant \pi, 0 \leqslant \lambda \leqslant 2\pi$ 内连续,并满足条件(30),(31),(32)的函数集合 $Z(\vartheta, \lambda, \xi, t)$ 上定义内积

$$(u, v) = \int_0^1 \int_0^\pi \int_0^{2\pi} \int_\alpha^\beta u \cdot v \sin\vartheta \, \mathrm{d}t \, \mathrm{d}\lambda \, \mathrm{d}\vartheta \, \mathrm{d}\xi$$

和范数 $|u|^2 = (u, u)$,将这样形成的空间完备化,于是得一希尔伯特空间,记作 H。

将 q_2 看成空间 H 的元素,由(29)式可以用 q_2(q_1 看成已知函数)表达出 $\mathscr{F}$,于是(26)式成为型如(3)的方程。定义在空间 H 中满足条件(27),(28)及有所需级次的微商的函数集合 Ω 上,显而易见,Ω 是空间 H 的稠密线性集合,$-\left(\Delta + \frac{f^2}{c^2}\frac{\partial}{\partial\xi}\xi^2\frac{\partial}{\partial\xi}\right)$ 是 Ω 上的自共轭线性正运算子,于是求解方程(26)的问题,与求解:

$$\left\{ \begin{aligned} & q_{2\Omega} = \underset{q_2 \in \Omega}{\mathrm{Min}} \int_0^1 \int_0^\pi \int_0^{2\pi} \int_\alpha^\beta \left[-q_2\left(\Delta + \frac{f^2}{c^2}\frac{\partial}{\partial\xi}\xi^2\frac{\partial}{\partial\xi}\right)q_2 - 2q_2\mathscr{F}_\Omega\right]\sin\vartheta \, \mathrm{d}t \, \mathrm{d}\lambda \, \mathrm{d}\vartheta \, \mathrm{d}\xi \\ & F_\Omega = J\left[Z_0 + \int_0^t q_1 \mathrm{d}t + \int_0^t q_{2\Omega} \mathrm{d}t, \frac{g}{f}\Delta\left(Z_0 + \int_0^t q_1 \mathrm{d}t + \int_0^t q_{2\Omega} \mathrm{d}t\right) + f\right] + \\ & \frac{fg}{c^2}\frac{\partial}{\partial\xi}\xi^2 J\left[Z_0 + \int_0^t q_1 \mathrm{d}t + \int_0^t q_{2\Omega} \mathrm{d}t, \frac{\partial}{\partial\xi}\left(Z_0 + \int_0^t q_1 \mathrm{d}t + \int_0^t q_{2\Omega} \mathrm{d}t\right)\right] \end{aligned} \right.$$

的问题等价。

和(13)式类似,有

$$Z = \sum_{k=-n}^{1} Z_k l_k^{(n)}(t) \tag{33}$$

而

$$q_2 = \frac{\partial Z}{\partial t} - q_1 = \sum_{k=-n}^{1} Z_k \frac{\mathrm{d} l_k^{(n)}(t)}{\mathrm{d}t} - q_1 \tag{34}$$

由 $Z_1(\vartheta, \lambda, \xi)$ 可能出现的情况，按（34）式而产生的 q_2 的情况的全体看成集合 Ω^*，现在的问题便是求方程（26）在 Ω^* 上的"广义解"，即求 $q_{2\Omega^*}$ 满足：

$$\begin{cases} q_{2\Omega^*} = \mathop{\mathrm{Min}}_{q_2 \in \Omega^*} \int_0^1 \int_0^{\pi} \int_0^{2\pi} \int_a^{\beta} \left[-q_2 \left(\Delta + \frac{f^2}{c^2} \frac{\partial}{\partial \xi} \xi^2 \frac{\partial}{\partial \xi} \right) q_2 - 2q_2 \mathscr{F}_{\Omega^*} \right] \sin\vartheta \mathrm{d}t \mathrm{d}\lambda \mathrm{d}\vartheta \mathrm{d}\xi \tag{35} \\[2mm] \mathscr{F}_{\Omega^*} = J \left[Z_0 + \int_0^t q_1 \mathrm{d}t + \int_0^t q_{2\Omega^*} \, \mathrm{d}t, \frac{g}{f} \Delta \left(Z_0 + \int_0^t q_1 \mathrm{d}t + \int_0^t q_{2\Omega^*} \, \mathrm{d}t \right) + f \right] + \\[2mm] \qquad \frac{fg}{c^2} \frac{\partial}{\partial \xi} \xi^2 J \left[Z_0 + \int_0^t q_1 \mathrm{d}t + \int_0^t q_{2\Omega^*} \, \mathrm{d}t, \frac{\partial}{\partial \xi} \left(Z_0 + \int_0^t q_1 \mathrm{d}t + \int_0^t q_{2\Omega^*} \, \mathrm{d}t \right) \right] \tag{36} \end{cases}$$

将（34）式代入泛函数

$$\int_0^1 \int_0^{\pi} \int_0^{2\pi} \int_a^{\beta} \left[-q_2 \left(\Delta + \frac{f^2}{c^2} \frac{\partial}{\partial \xi} \xi^2 \frac{\partial}{\partial \xi} \right) q_2 - 2q_2 \mathscr{F}_{\Omega^*} \right] \sin\vartheta \mathrm{d}t \mathrm{d}\lambda \mathrm{d}\vartheta \mathrm{d}\xi$$

中的 q_2，将 $\mathscr{F}_{\Omega^*}$ 看成已给定的函数，完成对 t 的积分，用变分学的普通方法，求关于 Z_1 的欧拉方程。再将（34）式代入（36）式右端的 $q_{2\Omega^*}$，得到用 Z_1 表达出的 $\mathscr{F}_{\Omega^*}$。将此表达式代入欧拉方程中的 $\mathscr{F}_{\Omega^*}$，就得到了下面的确定 Z_1 的方程，

$$\sum_{k=-n}^{1} \left[\alpha_k^{(n)} \left(\Delta Z_k + \frac{f^2}{c^2} \frac{\partial}{\partial \xi} \xi^2 \frac{\partial Z_k}{\partial \xi} \right) + \beta_k^{(n)} J(Z_k, f) \right] =$$
$$\sum_{q=-n}^{1} \sum_{p=-n}^{1} \gamma_{p,q}^{(n)} \left[J \left(\frac{g}{f} \Delta Z_p, Z_q \right) - \frac{fg}{c^2} \frac{\partial}{\partial \xi} \xi^2 J \left(Z_k, \frac{\partial Z_q}{\partial \xi} \right) \right] \tag{37}$$

这里 $\alpha_k^{(n)}, \beta_k^{(n)}, \gamma_{p,q}^{(n)}$ 是如（17）式所示的常数。

关于边界条件，有

$$\xi = 0, \xi \frac{\partial Z_1}{\partial \xi} \text{ 有界} \tag{38}$$

$$\xi = 1, \frac{\partial Z_1}{\partial \xi} + \alpha Z_1 = \frac{1}{\left(\frac{\mathrm{d}}{\mathrm{d}t} l_1^{(n)}(t) \right)_{t=1}} \sum_{k=-n}^{0} \frac{\prod_{\substack{j=-n \\ j \neq k,1}}^{1} (1-j)}{\prod_{\substack{j=-n \\ j \neq k}}^{1} (k-j)} \left(\frac{\partial Z_k}{\partial \xi} + \alpha Z_k \right) + \frac{g}{f} J \left(Z_1, \frac{\partial Z_1}{\partial \xi} \right) \tag{39}$$

解方程（37）就可以由 $Z_{-n}, Z_{-n+1}, \cdots\cdots, Z_0$ 得到 Z_1。

四、一个"理想的"例证

让我们设想一个"理想的"情况，设想大气运动就是准地转斜压过程，准确的为方程（22）及其边界条件所描述。而我们用来描写的数学模型却是准地转正压模式。

我们知道[5]，下列函数能准确满足方程（22）及其边界条件（为方便计用直角坐标，不用球坐标），

$$Z = \bar{Z} - a_1 y + b_0 \xi \cos qy + \sum_{j=1}^{\infty} b_j \xi^r \cos(\mu_j x + v_1 y - \mu_1 \widetilde{C}t) \tag{40}$$

这里

$$\widetilde{C} = \frac{g}{f}a_1 - \frac{\beta}{q^2 - \frac{f^2 r(r+1)}{c^2}}, q^2 = \mu_j^2 + v_j^2 = \text{const}$$

$$r = \frac{1}{2}\left\{-\left(1+\frac{\beta R T_{c\phi}}{gfa_1}\right) + \sqrt{\left(1+\frac{\beta R T_{c\phi}}{gfa_1}\right)^2 + \frac{4(\gamma_a - \gamma)R^2 T_{c\phi}}{gf}\left[\frac{\mu_j^2 + v_j^2}{f} - \frac{\beta}{ga_1}\right]}\right\}$$

现在我们来做 500 hPa 的预报$\left(\xi = \frac{1}{2}\right)$，实况观测将给出：

$$Z_0 = \overline{Z} - a_1 y + b_0\left(\frac{1}{2}\right)^r \cos qy + \sum_{j=1}^{\infty} b_j\left(\frac{1}{2}\right)^r \cos(\mu_j x + v_j y) \tag{41}$$

$$Z_{-1} = \overline{Z} - a_1 y + b_0\left(\frac{1}{2}\right)^r \cos qy + \sum_{j=1}^{\infty} b_j\left(\frac{1}{2}\right)^r \cos(\mu_j x + v_j y + \widetilde{C}\mu_j) \tag{42}$$

$$Z_{-2} = \overline{Z} - a_1 y + b_0\left(\frac{1}{2}\right)^r \cos qy + \sum_{j=1}^{\infty} b_j\left(\frac{1}{2}\right)^r \cos(\mu_j x + v_j y + 2\widetilde{C}\mu_j) \tag{43}$$

……

准地转正压模式$-\Delta\frac{\partial Z}{\partial t} = J\left(Z, \frac{g}{f}\Delta Z + f\right)$在初始条件（41）下的解为：

$$Z_\Omega = \overline{Z} - a_1 y + b_0\left(\frac{1}{2}\right)^r \cos qy + \sum_{j=1}^{\infty} b_j\left(\frac{1}{2}\right)^r \cos(\mu_j x + v_j y - \mu_j C_\Omega t) \tag{44}$$

这里 $C_\Omega = \frac{g}{f}a_1 - \frac{\beta}{q^2}, q^2 = \mu_j^2 + v_j^2 = \text{const}$，于是得到

$$Z_{1\Omega} = Z_\Omega\mid_{t=1} = \overline{Z} - a_1 y + b_0\left(\frac{1}{2}\right)^r \cos qy + \sum_{j=1}^{\infty} b_j\left(\frac{1}{2}\right)^r \cos(\mu_j x + v_j y - \mu_j C_\Omega) \tag{45}$$

由（40）式知"实况"$\widetilde{Z}_1$ 如下：

$$\widetilde{Z}_1 = Z\mid_{\substack{t=1 \\ \xi=1/2}} = \overline{Z} - a_1 y + b_0\left(\frac{1}{2}\right)^r \cos qy + \sum_{j=1}^{\infty} b_j\left(\frac{1}{2}\right)^r \cos(\mu_j x + v_j y - \mu_j\widetilde{C}) \tag{46}$$

（45）式所表示的就相当于作为初值问题的数值预报的结果，它与实况（46）有一定的偏差。

现在仍用准地转正压模式，但考虑过去资料，即求其"广义解"，所用方程与（17）式仅有常系数的差别。当 $n=-1$ 时，即利用过去资料（42）式作出的预报记作 $Z_{1\Omega}^{(1)*}$，当 $n=-2$ 时，即利用过去资料（42），（43）式作出的预报记作 $Z_{1\Omega}^{(2)*}$。

要从型如（17）的方程中解出准确的显式 $Z_{1\Omega}^{(1)*}$ 和 $Z_{1\Omega}^{(2)*}$ 是困难的。但是在过程是缓慢的假定下，即 $\mu_j\widetilde{C}\ll 1$，那么，不计高级无穷小，有

$$Z_{1\Omega}^{(1)*} \approx \overline{Z} - a_1 y + b_0\left(\frac{1}{2}\right)^r \cos qy + \sum_{j=1}^{\infty} b_j\left(\frac{1}{2}\right)^r \cos(\mu_j x + v_j y - \mu_j C_\Omega^{(1)}) \tag{47}$$

这里

$$C_\Omega^{(1)} = \frac{g}{f}a_1 - \frac{\beta}{q_2} + \frac{1}{7}\frac{\beta f^2 r(r+1)}{q^4 c^2}\left[1 + \frac{f^2 r(r+1)}{q^2 c^2} + \left(\frac{f^2 r(r+1)}{q^2 c^2}\right)^2 + \cdots\right]$$

$$Z_{1\Omega}^{(2)*} \approx \overline{Z} - a_1 y + b_0\left(\frac{1}{2}\right)^r \cos qy + \sum_{j=1}^{\infty} b_j\left(\frac{1}{2}\right)^r \cos(\mu_j x + v_j y - \mu_j C_\Omega^{(2)}) \tag{48}$$

$$C_\Omega^{(2)} = \frac{g}{f}a_1 - \frac{\beta}{q^2} + \frac{7}{37}\frac{\beta f^2 r(r+1)}{q^4 c^2}\left[1 + \frac{f^2 r(r+1)}{q^2 c^2} + \left(\frac{f^2 r(r+1)}{q^2 c^2}\right)^2 + \cdots\right]$$

于是，可以比较 $\widetilde{Z}_1$ 和 $Z_{1\Omega}, Z_{1\Omega}^{(1)*}, Z_{1\Omega}^{(2)*}$，这只需比较 $\widetilde{C}$ 和 $C_\Omega, C_\Omega^{(1)}, C_\Omega^{(2)}$。而

$$\widetilde{C} = \frac{g}{f}a_1 - \frac{\beta}{q^2} + \frac{\beta f^2 r(r+1)}{q^4 c^2}\left[1 + \frac{f^2 r(r+1)}{q^2 c^2} + \left(\frac{f^2 r(r+1)}{q^2 c^2}\right)^2 + \cdots\right]$$

于是可以看出：当过程接近正压时($r \to 0$)，"正规解"$Z_{1\Omega}$接近于"实况"$\widetilde{Z}$，这时候"广义解"$Z_{1\Omega}^{(1)}$，$Z_{1\Omega}^{(2)}$也接近"实况"。当斜压性增大时，"广义解"偏离了"正规解"而向"实况"靠近。这就表明，上述处理方法可以将方程中未曾包含的物理作用，通过使用蕴含着这种作用的过去资料来加以考虑。

参考文献

[1] 顾震潮,气象学报,29(1958),3,176-184.

[2] 顾震潮,气象学报,29(1958),2,93-98.

[3] Михлин, С. Г., Прямые методы в математической физике, 1950(中译本,数学物理中的直接方法,周先意译,高等教育出版社,1957 年出版).

[4] Смирнов, В. И., Курс высшей математики, Т. IV, 1947, Гостехиздат(中译本,高等数学教程,第四卷,陈传璋译,高等教育出版社,1958 年出版).

[5] Добрышман, Е, М., О примерах точных решений нелинейных прогностических уравнений, Изв. А. Н. СССР, 1961, 2.

改进数值天气预报的一个新途径

邱崇践　丑纪范

（兰州大学地理系）

摘　要：在某些特殊的初值下，数值天气预报的结果对模式中参数的误差极其敏感，这是造成预报严重失败的可能原因之一。本文用一个数值实验的实例证实了这一推测，并提出利用近期的大气演变实况资料提供的信息修正模式参数，以避免预报失败。用简单的准地转正压模式进行的数值模拟实验获得了令人满意的结果。

一、引　言

对主要预报中心的数值天气预报质量进行的分析，无一例外地表明：尽管平均的预报准确率颇高，但总有一些令人不愉快的少数特别差的预报[1-3]。这种极不成功的预报产生的原因是什么？怎样来改善这类失败的预报？这是有待探索也是值得研究的问题。本文讨论了这一问题，其基本概念是：模式的参数不可避免地存在某种误差，它造成的预报误差依赖于初值，预报结果一般对模式参数的微小误差不敏感，但在某些特殊的初值下，预报结果对模式参数的误差极为敏感。我们在理论阐明的基础上用一个数值试验的实例给予了证实，并针对这种情况给出了改进预报的方法：一旦发现最初阶段的预报误差有迅速增长的迹象时，根据最近的观测资料提供的信息及时修正模式中的一些参数，迫使预报回到正确的轨道上来。用 Marchuk[4] 提出的参数识别的扰动方法，对一个简单的大气模式作了参数反演试验，结果表明这是一种有希望的方法。尽管将这种方法用于实际的业务模式还需要作许多工作，但从原则上讲还是可行的。

二、一个简单例子

对大气低谱模式的研究表明，在适当的条件下，大气系统可能存在多个吸引子[5]，每一吸引子具有一定的吸引域。如果事情果真如此，那么当大气初态位于两个吸引域的分界面附近时，就很可能出现难以预报的局面。例如图 1 所示意的，在适当的外部条件下，系统的两个吸引子分别位于相空间的 A,B 两点（这里不妨认为是两个平衡点），两者的吸引域以 S 为界。若大气模式中表征该外部条件的参数有一小的误差，此时得出的吸引子和吸引域一般也会有

本文发表于《中国科学（B 辑）》，1987 年第 8 期，903—910。

一小的偏移。如图中 A', B' 和 S' 所示。一般说来，系统在相空间的路径不会因上述微小误差有大的变化，但如果初态落入 S 与 S' 之间的阴影区域内时（如图 1 中 P 点），情况就不同了。本来系统应沿路径 L 趋于 B 点，但现在将作出沿路径 L' 趋于 A 点的预报，出现了系统对参数的微小误差极端敏感的情况。上述推测很容易从低谱模式中得到验证。问题是当自由度较多时，这种现象是否仍然会出现呢？下面的例子给出了肯定的回答。

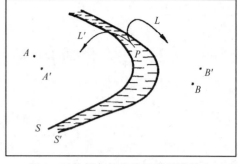

图 1　对外部条件变化极其敏感的大气初始态示意图

考虑定义在南北宽度为 πL 的 β 平面通道内的大气，气流受准地转涡度方程控制，其无量纲形式为[5]：

$$\frac{\partial}{\partial t} \nabla^2 \psi = -J(\psi, \nabla^2 \psi) - J(\psi, h) - \bar{\beta} \frac{\partial \psi}{\partial x} - k(\nabla^2 \psi - \nabla^2 \tilde{\psi}) \tag{1}$$

这里 h 为地形高度，k 为耗散系数，$\tilde{\psi}$ 为强迫源。无量纲化时取 t, x 和 y，ψ 和 $\tilde{\psi}, h$ 的特征量依次为 $f_0^{-1}, L, L^2 f_0$ 和 H，H 是"均质大气"厚度。取刚性壁边界条件，即

$$\frac{\partial \psi}{\partial x} = 0, \text{当 } y = 0, y = L \text{ 时} \tag{2}$$

将 ψ 按下列形式的双 Fourier 级数展开，

$$\psi = \sum_{m=1}^{M} \psi_{0m} \cos my + \sum_{m=1}^{M} \sum_{|n|=1}^{N} \psi_{nm} e^{inx} \sin my \tag{3}$$

显然，ψ 满足边条件(2)。为以后叙述方便将(3)式改写为：

$$\psi = \sum_{j=1}^{J} \psi_j F_j \tag{4}$$

这里 $F_j = [\delta_1(n_j) \cos m_j y + \delta_2(n_j) \sin m_j y] \exp(i n_j x)$，$m_j = \mathrm{INT}[j/(2N+1)] + 1$，$\mathrm{INT}(a)$ 表示截取 a 的小数位后得到的整数；$n_j = j - (2N+1)(M_j - 1) - (N+1)$，

$$\delta_1(n_j) = \begin{cases} 0, & n_j \neq 0 \text{ 时} \\ 1, & n_j = 0 \text{ 时}, \end{cases} \qquad \delta_2(n_j) = \begin{cases} 0, & n_j = 0 \text{ 时} \\ 1, & n_j \neq 0 \text{ 时}, \end{cases}$$

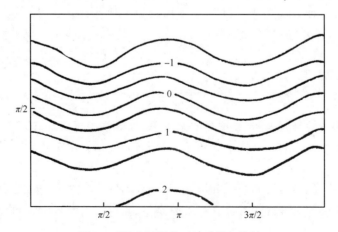

图 2　对强迫源误差不敏感的初始场

$$J = M(2N+1)$$

对 $\tilde{\psi}$ 和 h 也作类似的展开,即

$$\tilde{\psi} = \sum_{j=1}^{J} \tilde{\psi}_j F_j \qquad h = \sum_{j=1}^{J} h_j F_j \tag{5}$$

将(4)和(5)式代入(1)式,利用三角函数的正交性得到下列形式的常微分方程组,

$$\tilde{\psi}_j = \sum_{k=1}^{J} \sum_{l=1}^{J} a_{jkl} \psi_k \psi_l + \sum_{k=1}^{J} b_{jk} \psi_k + c_j, j=1,2\cdots J$$

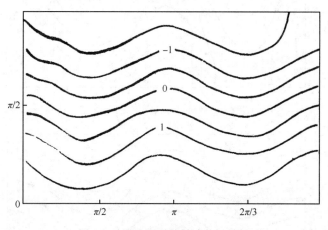

图 3　对强迫源误差敏感的初始场

这里 a_{jkl} 来自(1)式中的 $J(\psi, \nabla^2 \psi)$ 项,b_{jk} 来自 $J(\psi, h)$、$\bar{\beta} \dfrac{\partial \psi}{\partial x}$ 和 $k \nabla^2 \psi$ 项,c_j 来自 $k \nabla^2 \tilde{\psi}$ 项。具体表达式详见文献[5]。取 $k=0.01$,对 ψ 截取 $M=5, N=5$,即 $J=55$。地形和强迫源均只取三项,它们是 $h_{01}=0.050, h_{21}=0.150, h_{-21}=0.050i, \tilde{\psi}_{01}=0.2121, \tilde{\psi}_{2,1}=0.100, \tilde{\psi}_{-21}=0.020i$。这里第一项是纬圈平均分量,第二、三项是波数为 2 的波动分量。给出初值后,以 0.36 个时间单位(相当于 1 h)为步长,用蛙跃格式积分得出未来的流场。现设想强迫源有一微小的误差,变为 $\tilde{\psi}_{01}=0.22627, \tilde{\psi}'_{21}=0.11000, \tilde{\psi}'_{-21}=-0.01000i$。给出多种初值分别计算两种强迫源下未来 6 天内的流场,结果正如所预期的,大多数情况下强迫源的微小变动并不会使预报结果发生明显变化,但确有少数对强迫源误差极其敏感的例子。例如,图 2 和图 3 这两个初始场相差

并不大,但强迫源的误差给这两次预报带来的误差却相距甚远。图 4 是 6 天内由于强迫源的微小误差造成的预报的均方误差曲线。对于第一个初始场(即图 2),误差缓慢增长,但始终保持较小的值。对于第二个初始场(即图 3)误差迅速上升,最大值达到第一个例子的 7 倍以上。图 5 是从第二个初始场出发,在两种差距很小的强迫源下得出的第 6 天预报。从这里可以清楚看到,在正确的强迫源下流场应该由纬向型转变为经向型(见图 5a),但由于强迫源有一小的误差,预报的气流仍维持纬向型(见图 5b),

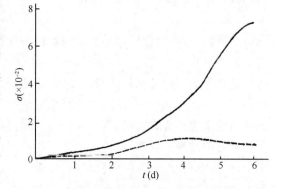

图 4　强迫源误差引起的预报均方误差曲线
（－－－－以图 2 为初始场，——以图 3 为初始场）

两者的差异是很明显的。

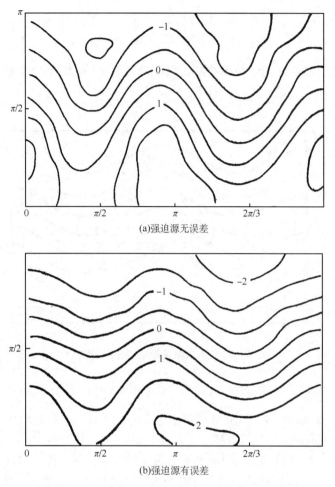

(a)强迫源无误差

(b)强迫源有误差

图 5　以图 3 为初始场作出的第 6 天预报

三、利用近期实况演变资料对参数及预报进行修正

众所周知,无论怎样详尽复杂的数值天气预报模式都只能是实际大气的一种理想化。事实上我们现有的模式离足够的精确还相距甚远,多年来人们一直在努力使模式尽可能精确完善。这种努力一般是从正面来进行的,即考虑如何使模式具有更可靠的物理基础及更精确的数值方法。而从相反的方面,即根据模式预报的结果来寻求改进预报模式的途径至今并未受到应有的重视。应该指出,尽管我们无法知道控制大气运动的精确方程,但我们却知道方程的一系列足够准确的特解,这就是全球大气监测网提供的数十年的三维大气观测资料。我们认为应该、也有可能利用这些观测资料提供的信息来弥补模式的缺陷。利用有关解的信息来推测方程的未知部分(可以是方程中的某些参数、方程要求的初值和边界条件等),构成了微分方程反问题中一类最基本的问题。最近十多年来,控制、识别、遥感、资源探测、疾病诊断等自然科学与工程技术各学科的发展都大大推进了反问题的研究,一系列解反问题的方法也已相继

提出[6]。Marchuk[4]在共轭函数及扰动理论基础上给出了借助于解的某些泛函去识别具有已知结构的算子系数的方法。本文将利用这一方法来解决我们的问题。

1. 方法概述

天气预报问题一般可归结为解下面的初值问题

$$\frac{\partial \phi}{\partial t} + A\phi = f; \phi = g, t = 0 \text{ 时} \tag{6}$$

这里 A 是一依赖于解（向量 ϕ）及参数向量 a 的矩阵算子，f 是依赖于参数向量 β 的源函数，β 一般是坐标的函数。于是有

$$A = A(\phi, \alpha), f = f(\beta)$$

已知解的一系列观测值，

$$\phi(t_m) = \phi_m, m = 1, 2, \cdots, M \tag{7}$$

这里暂不考虑 ϕ_m 的观测误差。现在要解决的问题是在允许的范围内找到参数 α^*, β^*，使问题 (6) 式在 t_m 时刻的解 $\phi(t_m)$ 与观测值 ϕ_m 之间的差异最小，即

$$\sum_{m=1}^{M} \mu_m \| \phi(t_m, \alpha^*, \beta^*) - \phi_m \| = \min \tag{8}$$

这里 μ_m 是权重系数，考虑到方程中参数的误差引起的解的误差一般随时间增长，权重系数 μ_m 应随 t_m 减小。可以证明问题(6),(8)式至少有一个解。

假定参数 α 和 β 的估计值已知是 $\bar{\alpha}$ 和 $\bar{\beta}$，此时有

$$\frac{\partial}{\partial t}\bar{\phi} + A(\bar{\phi}, \bar{\alpha})\bar{\phi} = f(\bar{\beta}); \bar{\phi} = g, t = 0 \text{ 时} \tag{9}$$

记 $\bar{A} = A(\bar{\phi}, \bar{\alpha}), \bar{f} = f(\bar{\beta})$，(9)式也可写为：

$$\frac{\partial}{\partial t}\bar{\phi} + \bar{A}\bar{\phi} = \bar{f}, \bar{\phi} = g, t = 0 \text{ 时} \tag{10}$$

可以用某种数值方法求(10)式的解。

记 $\delta\alpha = \alpha - \bar{\alpha}, \delta\beta = \beta - \bar{\beta}, \delta\phi = \phi - \bar{\phi}$，假定扰动量很小，即 $\delta\alpha, \delta\beta$ 分别比 $\bar{\alpha}, \bar{\beta}$ 小，在积分的时间不很长时，$\delta\phi$ 也可以认为比 $\bar{\phi}$ 小，于是可近似取

$$A(\bar{\phi} + \delta\phi, \bar{\alpha} + \delta\alpha) = \bar{A} + \frac{\partial\bar{A}}{\partial\phi}\delta\phi + \frac{\partial\bar{A}}{\partial\alpha}\delta\alpha \tag{11}$$

$$f(\bar{\beta} + \delta\beta) = \bar{f} + \frac{\partial\bar{f}}{\partial\beta}\delta\beta \tag{12}$$

将(11),(12)式代入(6)式，并与(10)式相减，略去扰动的二阶项，得到

$$\frac{\partial}{\partial t}\delta\phi + B\delta\phi = \frac{\partial\bar{f}}{\partial\beta}\delta\beta - \frac{\partial\bar{A}}{\partial\alpha}\bar{\phi}\delta\alpha, \delta\phi = 0, t = 0 \text{ 时} \tag{13}$$

其中 $B \equiv \bar{A} + \frac{\partial\bar{A}}{\partial\phi}\bar{\phi}$。设(13)式的共轭问题是：

$$-\frac{\partial}{\partial t}\delta\phi_m^* + B^*\delta\phi_m^* = 0, t < t_m$$

$$\delta\phi_m^* = g_m^*, t = t_m \text{ 时}, m = 1, 2, \cdots M \tag{14}$$

算子 B 与 B^* 是共轭的，即

$$(\delta\phi_m^*, B\delta\phi) = (\delta\phi, B^*\delta\phi_m^*) \tag{15}$$

这里内积按 Hilbert 空间的定义

$$(g, f) = \int g(x) \cdot f(x) \mathrm{d}x$$

积分在 g 和 f 的定义域 D 上进行。(14)式中初值 g_m^* 的给法下面将会提到。问题(13)式的方程与 $\delta\phi_m^*$ 相乘,(14)式的方程与 $\delta\phi$ 相乘,将两者的差在区间 $0 \leqslant t \leqslant t_m$ 内积分,得

$$\int_0^{t_m} \frac{\partial}{\partial t}(\delta\phi_m^*, \delta\phi)\mathrm{d}t = \int_0^{t_m} \left(\frac{\partial \overline{f}}{\partial \beta}\delta\beta - \frac{\partial \overline{A}}{\partial \alpha}\delta\alpha, \delta\phi_m^*\right)\mathrm{d}t \tag{16}$$

利用(13)与(14)式中的初条件,由(16)式可得

$$\int_0^{t_m} \left(\frac{\partial \overline{f}}{\partial \beta}\delta\beta - \frac{\partial \overline{A}}{\partial \alpha}\delta\alpha, \delta\phi_m^*\right)\mathrm{d}t = (g_m^*, \delta\phi(t_m, x)) \tag{17}$$

分别取 $g_m^* = \delta(x - x_i), i = 1, 2, \cdots l$,于是

$$(g_m^*, \delta\phi(t_m, x)) = \delta\phi(t_m, x_i)$$

取 $\delta\phi(t_m, x_i) = \phi_m(x_i) - \overline{\phi}(t_m, x_i)$,$x_i$ 是一空间点,$\phi_m(x_i)$ 和 $\overline{\phi}(t_m, x_i)$ 分别是 $t = t_m$ 时,在该点的解 ϕ 的观测值及预报值均为已知。这样(17)式构成反演 $\delta\alpha, \delta\beta$ 的积分方程,对 $t = t_1, t_2 \cdots t_M$,这样的方程共有 $I \times M$ 个。若 $\delta\alpha, \delta\beta$ 均为常数,(17)式实为对 $\delta\alpha$ 和 $\delta\beta$ 的线性代数方程组。若 $\delta\alpha, \delta\beta$ 非常数,可将其展开为某一完备正交函数系的级数,问题亦可转化为解关于展开系数的代数方程组。

采用谱方法,将 $\delta\phi$ 按某一完备的正交函数系展开(截断 N 项),

$$\delta\phi = \sum_{n=1}^{N} \delta\phi_n(t)\omega_n(x) \tag{18}$$

存在正交性

$$(\omega_n, \omega_m^*) = \begin{cases} 0, & n \neq m \\ 1, & n = m \end{cases} \tag{19}$$

可分别取(14)式中的 $g_m^* = \omega_n^* (n = 1, 2 \cdots N)$,相应的共轭问题的解记为 $\delta\phi_{m,n}^*$,则方程(17)成为:

$$\int_0^{t_m} \left(\frac{\partial \overline{f}}{\partial \beta}\delta\beta - \frac{\partial \overline{A}}{\partial \alpha}\delta\alpha, \delta\phi_{m,n}^*\right)\mathrm{d}t = \delta\phi_n(t_m) \tag{20}$$

由(20)式解出 $\delta\alpha$ 和 $\delta\beta$,叠加到原估计值 $\overline{\alpha}, \overline{\beta}$ 上得到新的估计值。如此重复多次迭代,即可得到足够精确的参数估计值。

2. 反演试验

现以第二节所给出的对强迫源误差极为敏感的模式大气为例,用上述方法进行强迫源反演实验。记强迫源误差为 $\delta\widetilde{\psi}$,相应的流函数预报误差为 $\delta\psi$,扰动问题是

$$\frac{\partial}{\partial t}\nabla^2\delta\psi + J(\psi, \nabla^2\delta\psi) + J(\delta\psi, \nabla^2\widetilde{\psi} + h) + \overline{\beta}\frac{\partial \delta\psi}{\partial x} + k\nabla^2\delta\psi = k\nabla^2\delta\widetilde{\psi}, \delta\psi = 0, t = 0 \text{ 时}$$

$$\tag{21}$$

其共轭问题是

$$-\frac{\partial}{\partial t}\nabla^2\delta\psi_{m,n}^* - J(\psi, \nabla^2\delta\psi_{m,n}^*) - J(\delta\psi_{m,n}^*, \nabla^2\psi + h) - \overline{\beta}\frac{\partial}{\partial x}\delta\psi_{m,n}^* + k\nabla^2\delta\psi_{m,n}^* = 0, 0 \leqslant t \leqslant t_m$$

$$\delta\psi_{m,n}^* = F_n^*, t = t_m \tag{22}$$

其中,$n = 1, 2 \cdots J; m = 1, 2 \cdots M, F_n^*$ 是(4)式中正交函数分量 F_n 的共轭值。试验是利用 12h 的

预报误差函数来修正强迫源，即只取 $M=1,t_1=12\text{h}$，以下将 $\delta\psi_{m,n}^*$ 中的下标 m 略去。这时(22)式实为 J 个方程。将 $\delta\psi_n^*$ 按 Fourier 级数展开，

$$\delta\psi_n^* = \sum_{j=1}^{J}\delta\psi_{nj}^* F_j^* \tag{23}$$

可和正问题一样求得数值解。得到的反演方程是

$$\sum_{j=1}^{J}\left(-k\lambda_j^*\,\delta\tilde{\psi}_j\int_0^{t_1}\delta\psi_{nj}^*\,\mathrm{d}t\right)=\delta\psi_n(t_1),n=1,2,\cdots J \tag{24}$$

其中 λ_j^* 是方程 $\nabla^2 F_j^*=-\lambda_j^* F_j^*$ 的特征值。(24)式是关于 $\delta\tilde{\psi}_j$ 的线性代数方程组，方程的个数及未知数个数均为 J。在 t_1 较小的情况下（例如这里的 12h），方程的系数矩阵主对角线元素值一般都大于其余元素，求解不存在困难。此外，第二次迭代时，共轭问题的解与第一次相差不大，可不再解共轭问题以节省计算时间。表 1 给出了对三项有误差的强迫源系数修正的结果。其余系数的初始估计值无误差，修正量也很小，这里就不再一一列出了。试验结果表明，只需作一次迭代，即可得到相当精确的值。利用修正后的强迫源继续作六天预报，预报误差大大减少（见表 2）。这时得到的预报图和"实况"（图 5a）相差甚小（图略）。

表 1 强迫源系数的逐次修正值

近似值	$\tilde{\psi}_{01}$	$\tilde{\psi}_{21}$	$\tilde{\psi}_{-21}$
0	0.22627	0.11000	$-0.01000i$
1	0.21100	0.10119	$-0.01791i$
2	0.21140	0.10009	$-0.1962i$
真值	0.21213	0.10000	$-0.02000i$

表 2 强迫源修正前后的预报均方根误差(10^{-2})

预报时间(d)	1	2	3	4	5	6
初始误差	0.2081	0.6050	1.3765	2.7776	5.0572	7.1814
一次修正后误差	0.0248	0.0386	0.0485	0.1010	0.1986	0.3433
二次修正后误差	0.0238	0.0297	0.0462	0.0837	0.1542	0.2951

表 3 同表 1,但使用的观测资料中引入了误差

近似值	$\tilde{\psi}_{01}$	$\tilde{\psi}_{21}$	$\tilde{\psi}_{-21}$
0	0.22627	0.11000	$-0.01000i$
1	0.21277	0.10133	$-0.01602i$
2	0.21196	0.10023	$-0.01902i$
真值	0.21213	0.10000	$-0.02000i$

实际上观测资料中也不可避免地包含有误差，它必然会对反演结果产生影响。现给 t_1 时的"实况值"叠加一随机扰动，扰动的振幅是原波动振幅的 10%，初值的误差仍不考虑，重复前面的实验。表 3 给出的反演结果表明，上面给出的反问题是适定的，解对观测误差不敏感。

四、结　语

　　无论数值预报模式的分辨率如何高,总不可避免地存在着模式无法描述的实际发生着的次网格过程,其效用用参数化的方法来考虑。参数化过程中所引进的参数的数值或多或少是不确定的,即使参数化方法本身的误差不计,参数值的误差也将导致预报值的误差,而这依赖于初始场。本文给出一个实例表明,对某些特殊的初始场,参数误差所导致的预报误差可能很大。我们相信,这可能是造成实际业务预报中不时会出现特别不成功的预报的原因之一。本文提出利用近期内的大气演变实况资料,可以对模式中的参数进行反演修正。对简单的正压模式作了反演的模拟实验,结果表明对预报的改进是显著的。需要指出,实际预报中遇到的问题远比这里复杂,模式中的误差其结构是无法知道的,此外初值和边值中也会包含误差。因此,要将反演方法应用于复杂的业务模式还需要作许多研究工作,还有若干技术上的困难有待克服。尽管如此,但我们相信从原则上说,这里提出的思想和方法最终可以应用于实际的业务模式,这是改进数值预报的一条新途径。本文仅仅是一个开始,大量的工作尚待进行。

参考文献

[1] Lange,A. and Hellsten,E.,*WMO PSMP Report Series*,1984,No.16,25.

[2] Bengtsson,L.,*Bulletin of the American Meteorological Socicty*,79(1985),1133-1146.

[3] Wash,C. H,and Boyle,J. S.,*WMO PSMP Report Series*,1986,No.19,543-545.

[4] Marchuk,G. I.,*Methods of Numerical Mathematics*, 2nd ed.,Springer-Verlag, New York Inc, 1981,510.

[5] Charney,J. G. and De Vore,J. G.,*J. Atmos. Sci.*,36(1979),1205-1216.

[6] 刘家琦,科学探索,1983,3:105-118.

预报模式的参数优化方法

邱崇践　　丑纪范

（兰州大学大气科学系）

摘　要：本文给出了一个适用于复杂的业务数值天气预报模式的参数反演方法。由此建立起参数反演系统后，原模式的程序几乎可以不作修改即成为该系统的一个子程序。通过多次调用这个子程序可得到最优的参数估计值。在一些较简单的模式上进行的数值模拟试验证实了此方法的有效性。此法可用来确定数值预报模式物理过程参数化中引入的各种参数的相互协调的数值，使模式参数调试实现客观化、自动化。同时还可用来对业务预报作"适时校准"，即根据最近的观测资料提供的信息，一旦发现预报误差较大时，及时修正模式中的一些参数以改进预报。

关键词：数值天气预报，预报模式，参数优化法

数值天气预报模式在用参数化方法处理次网格过程时引入的参数，都程度不同地存在着某种随意性。如果这些参数选择不当，往往会使预报准确率明显降低。因此，在建立一个数值预报系统时，常常要耗费不少精力对模式中的参数作调整修正，以期取得最好的预报效果。但是，这种工作迄今还停留在经验阶段，参数的选择带有一定的随意性，难以保证所选择的是最好的。本文指出，预报模式的参数选择问题在数学上是一个微分方程的反问题，应该利用解反问题的数学工具来解决。另一方面，我们曾经提出，在一个数值天气预报模式的参数已经确定后，进行实际预报时，利用近期大气演变实况资料提供的信息对模式参数进行修正，可能是改进数值天气预报的一个新途径。不过"要将反演方法应用于复杂的业务模式，还需要作许多研究工作，还有若干技术上的困难有待克服"[1]。这是因为，最近20年来有关微分方程反问题的研究，从理论到方法上虽然取得了重大进展，提出了不少有效的数值方法[2]，将这些方法用于解决数值天气预报中的反问题的试验也得到了肯定的结论[1,3]。但是，这些方法要求知道原问题的数学表达式并进行数学解析运算。如果原问题是业务数值天气预报这样的系统，它是很复杂的，以至于实际上不可能对它进行任何解析运算。因此，应该努力寻求这样一种参数反演的方法：无须对原模式加以改动，而只要运行它（对计算机而言就是将原模式作为一个子程序调用）。即可对该模式的参数值作出最优的选择。这样，无论一个预报模式有多复杂，都可以很方便地用这种方法确定模式参数的最优数值。本文给出了一个这样的方法，并用一些较简单的数学模型进行了模拟试验，证明这一方法是有效的。

一、参数反演方程

对于已经建立好（除若干参数值待调整外）的数值天气预报系统，只要输入初始场及模式

本文发表于《中国科学（B辑）》，1990年第2期，218-224。

参数值,计算机即可输出未来某一时刻的预报。以向量 q_m 表示 $t=t_m$ 时刻的初始场,向量 μ 表示模式参数,向量 d_m 表示 $t=t_m+\tau$ 时刻的模式输出量,那么一个预报系统能实现下述映射

$$F(\mu,q_m)=d_m \tag{1}$$

不过 F 的表达式无法知道。要求在这种条件下完成参数反演,即利用场 d(或其中部分元素)的观测值 d_{ob},在参数的容许区间 R^n 内找到其最佳近似 $\tilde{\mu}$,使模式输出与相应的观测值之差最小:

$$\|F(\tilde{\mu},q)-d_{ob}\|=\inf_{\mu\in R^n}\|F(\mu,q)-d_{ob}\| \tag{2}$$

首先考虑下面的线性系统

$$L\phi(x)=q(x),x\in D \tag{3}$$

这里 L 是一线性算子,依赖于参数 $\mu_1,\mu_2\cdots\mu_n$,即 $L=\sum_{i=1}^{N}\mu_i\mathscr{L}_i$,$\mathscr{L}_i$ 亦为线性算子,x 表示空间和时间坐标。现引入(3)式的共轭方程

$$L^*\phi_p^*(x)=p(x) \tag{4}$$

称 L^* 为 L 的共轭算子。如果对定义在区间 D 上的任意实函数 $g(x)$ 和 $h(x)$,总有

$$(g,Lh)=(h,L^*g) \tag{5}$$

这里内积的定义是 $(g,h)=\int_D g(x)h(x)dx$。

若参数有一小的扰动 $\delta\mu_i,\mu_i'=\mu_i+\delta\mu_i$,将 μ_i 作为参数的估计值,$\delta\mu_i$ 作为修正量。在扰动足够小的情况下,由共轭函数扰动理论[4]可得

$$\sum_{i=1}^{n}\delta\mu_i(\phi_p^*,\mathscr{L}_i\phi)=-\delta J_p \tag{6}$$

这里 $\delta J_p=(\phi',p)-(\phi,p)=(\delta\phi,p)$,$\phi'$ 和 ϕ 是方程(3)的解,前者对应于参数 μ',后者对应于 μ。方程(4)右端取一系列不同的函数 $p_1,p_2,\cdots p_m$,得到的就是对应于 $\delta\mu_i$ 的线性代数方程组

$$\sum_{i=1}^{n}\delta\mu_i(\phi_{p_k}^*,\mathscr{L}_i\phi)=-\delta J_{p_k},k=1,2\cdots m \tag{7}$$

至此证明,参数修正量近似满足一线性代数方程组。称 δJ_{p_k} 为信息函数,它是模式输出误差 $\delta\phi$ 的线性泛函,核函数为 p_k。p_k 的选择应使得 δJ_p 内包含有 $\delta\mu$ 的尽可能多的信息,而受噪音干扰又尽可能小。特别是取 $p_k=W_k\delta(x-x_k)$,则有

$$\delta J_{p_k}=W_k(\psi'(x_k)-\phi(x_k))=W_k\delta\phi(x_k)$$

W_k 为权重系数,$\delta\phi(x_k)$ 是 x_k 处的模式输出量误差。既然 $\delta\mu$ 满足线性代数方程,那么按照 Gauss-Newton 方法,方程的系数可求出:

$$(\phi_{p_k}^*,\mathscr{L}_i\phi)=-\frac{\partial}{\partial\delta\mu_i}(\delta J_{p_k})=\frac{\partial}{\partial\mu_i}(\phi,p_k) \tag{8}$$

可用差分方法近似计算上式中的偏导数。计算步骤是:给出参数的估计值 μ,相应的模式输出为 ϕ。取 μ 的第 i 个元素 μ_i 有一小的增量 $\Delta\mu_i,\mu_i'=\mu_i+\delta\mu_i$,相应的模式输出量为 ϕ',记 $\Delta(\delta J_{p_k})\equiv(\phi',p_k)-(\phi,p_k)$,则近似有

$$\frac{\partial}{\partial\mu_i}(\phi,p_k)=\frac{\Delta(\delta J_{p_k})}{\Delta\mu_i},i=1,2\cdots n \tag{9}$$

可以看到,为了求出方程的系数需解 $n+1$ 次正问题,n 是待定参数的个数。若用中央差格式计算导数,则需解 $2n+1$ 次正问题。由于方程(7)只是近似成立,由它解出的 $\delta\mu$ 叠加到 μ 上一

般还得不到最优的参数估计值。可重复上面的步骤进行迭代,直到模式输出量的误差不再明显下降为止。

对于非线性系统,当 $\delta\mu$ 足够小时可将其线性化[4],上述处理线性系统的方法仍适用。

二、广义线性反演方法

根据上节的讨论,参数反演可归于在约束条件 $m_i \leqslant \mu_i + \Delta\mu_i \leqslant M_i$ 下解如下形式的线性代数方程组

$$\underset{m \times n}{G} \underset{n \times 1}{\Delta\mu} = \underset{m \times 1}{\Delta d} \tag{10}$$

这里 $[m_i, M_i]$ 是参数 μ_i 的容许区间。多数情况下,观测值 d 的维数高于参数的维数($m > n$),方程是超定的。用通常的最小二乘法解这类方程常常是不稳定的——解对观测数据的误差极为敏感。Backus[5],Franklin[6]等为克服这一困难,提出了广义线性反演理论,下面是这一理论的简要叙述。

对 $m \times n$ 阶矩阵 G 可作奇异值分解

$$\underset{m \times n}{G} = \underset{m \times m}{U} \underset{n \times n}{\Lambda V}, \Lambda = \begin{pmatrix} \Lambda_p & 0 \\ 0 & 0 \end{pmatrix} \tag{11}$$

这里,U, V 是正交阵,

$$\Lambda_p = \begin{bmatrix} \sigma_1 & & & \\ & \sigma_2 & & \\ & & \ddots & \\ & & & \sigma_p \end{bmatrix}, \sigma_i = \sqrt{\lambda_i}, \lambda_1 \geqslant \lambda_2 \geqslant \cdots \geqslant \lambda_p > 0$$

是 $G^T G$ 的非零特征值的全体。将 U 和 V 分为两部分:

$$U = (U_p, U_0), V = (V_p, V_0) \tag{12}$$

U_p 是由与 GG^T 的 p 个非零特征值对应的特征向量组成的 $m \times p$ 矩阵,V_p 是由与 $G^T G$ 的 p 个非零特征值对应的特征向量组成的 $n \times p$ 矩阵。显然有

$$G = U_p \Lambda_p V_p^T \tag{13}$$

它表明 G 可由 U_p 和 V_p 空间单独构造出来,只有 Δd 在 U_p 空间的投影才通过算子 G 和参数 $\Delta\mu$ 在 V_p 空间的投影相联系,而 U_0 和 V_0 是空间 U 和 V 中不为算子 G 所"照亮"的部分。V_0 空间的存在是观测值不能唯一确定参数值之源,而 U_0 空间存在是不能给出使方程(10)严格成立的参数值之源。现以算子

$$G_g^{-1} = V_p \Lambda_p^{-1} U_p \tag{14}$$

作为 G 的广义反演算子,取

$$\Delta\tilde{\mu} = G_g^{-1} \Delta d \tag{15}$$

作为 $\Delta\mu$ 的近似值。可以证明 $\Delta\tilde{\mu}$ 是方程(10)的极小最小二乘解。实际上,由于观测数据和数值计算的误差,一般不会得到严格为零的特征值。在 Λ_p 中若有一些值很接近零,由(14)式容易看到解 $\Delta\tilde{\mu}$ 对 Δd 的误差极为敏感。因此,应该规定一个截止标准 $\lambda_p > 0$,当 $\lambda_i < \lambda_p$ 时则认为 $\lambda_i = 0$。λ_p 的值过小,解的方差增大,λ_p 的值过大,解的分辨率降低,实际上只能在分辨率和方差间取折中。在我们的试验中当出现 $\lambda_i < 10^{-3} \times \lambda_1$ 时,即取 $p = j$。

三、模 拟 试 验

为了检验上述参数反演方法的性能,我们进行了若干数值模拟试验。出于经济的考虑,所选用的数学模型较简单。试验中,预先规定模式参数的真值,将这种情况下的模式输出值(或者再叠加随机误差)作为"观测值"。下面是部分试验的情况。

1. 一维扩散方程

考虑下面的一维有源扩散问题

$$\frac{\partial u}{\partial t} - \frac{\partial}{\partial x}\left[k(x)\frac{\partial u}{\partial x}\right] = S(x,t), 0 \leqslant x \leqslant 1, t > 0$$

$$\frac{\partial}{\partial x}u(0,t) = \frac{\partial}{\partial x}u(1,t) = 0, u(x,0) = 2 + \sin 2\pi x \tag{16}$$

取 $S = 0.05\cos(2\pi x - 0.1t)$。这是一个线性问题,给出扩散参数 $k(x)$ 后可用差分方法求出离散解 $u_{i,m} = u(i\Delta x, m\Delta t)$。试验中取一般的中央差格式,$\Delta x = 0.05$,$\Delta t = 0.01$。反问题是给出 $u(x,t)$ 的观侧值 $u_{i,m}$,$i = 0,1,2\cdots,20$,$m = 50$,要求确定扩散参数 $k(x)$。

试验采用的 $k(x)$ 的真值如图 1 所示,它有强的间断性。为了节省计算工作量,减少待定参数的数目,令 $k(x)$ 的估计值具有函数形式

$$k^*(x) = a_1 + \sum_{k=2}^{3}(a_k\cos k\pi x + b_k\sin k\pi x)$$

问题成为对 a_1,a_2,a_3,b_2,b_3 5 个参数的反演。取它们的初始猜值为 $a_1^{(0)} = 1.5 \times 10^{-2}$,$a_2^{(0)} = b_2^{(0)} = a_3^{(0)} = b_3^{(0)} = 0$。作了以下 3 种试验:(a)"观测值"和方程均无误差;(b)方程无误差,"观测值"有随机误差,误差的大小相当于参数 $k(x)$ 初始猜值不精确造成的模式输出误差的 10%;(c)"观测值"无误差,但方程有误差。引入误差的方式是在源 $S(x,t)$ 中增加一误差项。计算"观测值"时取

$$S = 0.05\cos(2\pi x - 0.1t)$$

而模式中取

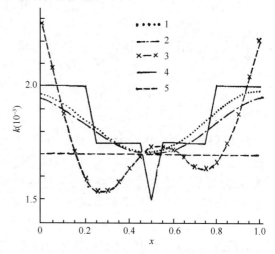

图 1 对扩散方程计算的扩散参数 $k_2^*(x)$
与真值 $k_T(x)$ 的比较

(1——试验 a,2——试验 b,3——试验 c,
4——真值 $k_T(x)$,5——初始值 $k_0^*(x)$)

$$S = 0.05\cos(2\pi x - 0.1t) + \sin(2\pi x - 0.1t)$$

计算表明,它造成的模式输出误差约为参数 $k(x)$ 不精确产生误差的 3 倍。实际工作中,数学模型不可能完全精确地描写真实的物理过程,它必然也会对参数反演产生干扰,这一试验的目的就在于模拟这种现象。图 1 中给出了经过 2 次迭代过程得到的参数估计值 $k_2^*(x)$ 与真值 $k_T(x)$ 的比较。统计参数的均方误差

$$\sigma_k^{(n)} = \left\{\frac{1}{20}\sum_{i=0}^{20}\left[k_n^*(i\Delta x) - k_T(i\Delta x)\right]^2\right\}^{\frac{1}{2}}$$

和模式"预报"均方误差

$$\sigma_u^{(n)} = \left\{ \frac{1}{20} \sum_{i=0}^{20} \left[u_n^*(i\Delta x, m\Delta t) - u_{\text{ob}}(i\Delta x, m\Delta t) \right]^2 \right\}^{\frac{1}{2}}$$

结果列于表1。

表 1   参数修正前后的均方误差 σ_k 和相应的"预报"误差 σ_u（扩散方程）

	n	试验(a)	试验(b)	试验(c)
$\sigma_k^{(n)}$	0	0.4595×10^{-5}	0.4595×10^{-9}	0.4595×10^{-5}
	2	0.6514×10^{-6}	0.7501×10^{-6}	0.3845×10^{-5}
$\sigma_u^{(n)}$	0	0.1263×10^{-3}	0.1263×10^{-3}	0.3853×10^{-3}
	2	0.6265×10^{-9}	0.7004×10^{-5}	0.3045×10^{-4}

从试验结果看到,在不考虑模式误差的情况下,参数反演取得了令人满意的结果。经两次迭代后参数误差减少了约 6/7,"预报误差"减少更明显。观测误差对参数反演的干扰不大。当模式方程有误差时,参数误差仍有下降,但距真值有不小的距离。不过,这时"预报误差"仍然大幅度下降。这表明模式误差的影响通过参数的调整部分地得到了补偿。尽管它干扰了参数的反演,但从预报的角度看这种"混淆"现象并不完全是坏事。当然,初始场改变后,混淆的结果可能会有所不同,但只要用于参数反演的样本足够大,这一问题也就可以解决。

2. 平流—扩散方程

在方程(16)中增加非线性平流项,即

$$\frac{\partial u}{\partial t} + u \frac{\partial u}{\partial x} - \frac{\partial}{\partial x}\left[k(x) \frac{\partial u}{\partial x} \right] = S(x,t) \quad (17)$$

其余均不作变动,重复前面的试验。相应的结果见图2和表2。可以看到,尽管现在的方程是非线性的,但参数反演的结果还是很好的。

3. 一维大气模式

考虑 Louis[7] 的垂直一维大气模式。模式中包括水汽、动量和热量的垂直扩散,短波和长波辐射加热,土壤的蒸发和热传导等物理过程。模式方程这里不再列出。敏感性试验表明,地

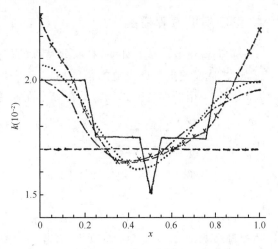

图 2   对平流—扩散方程计算的扩散参数
（说明同图 1）

表状况对模式输出影响很大。现以地表反照率 α、土壤表层含水量初值 ω_0 和地面粗糙度 z_0 作为待调整参数。在这个例子中,不但方程是非线性的,而且方程及初、边条件也不是线性依赖待调整参数。以 1986 年 8 月 2 日 08 时（北京时）北京的探空记录为初值进行参数反演试验,取 6 小时后模式计算的最低两层的风速、气温和比湿作为反演中采用的"观测值"。考虑到这些量的量级相差很大,对各个量取了适当的权重。试验没有考虑方程的误差。表3给出了参数反演的结果。表中还给出了反演时给各参数规定的上、下限值。

表 2 参数修正前后的均方误差 σ_k 和相应的"预报"误差 σ_u（平流—扩散方程）

	n	试验（a）	试验（b）	试验（c）
$\sigma_k^{(n)}$	0	0.4595×10^{-6}	0.4595×10^{-5}	0.4595×10^{-9}
	2	0.5853×10^{-6}	0.7338×10^{-6}	0.2011×10^{-9}
$\sigma_u^{(n)}$	0	0.9471×10^{-3}	0.9471×10^{-3}	0.2054×10^{-2}
	2	0.1112×10^{-3}	0.1437×10^{-3}	0.1298×10^{-3}

表 3 一维大气模式参数反演结果

n	α	ω_0(cm)	z_0(cm)
0	0.0750	0.4000	20.00
1	0.0500	0.5927	4.62
2	0.1013	0.6097	8.54
3	0.1207	0.6041	9.86
4	0.1134	0.5982	10.05
真值	0.1000	0.6000	10.00
上限值	0.2500	1.2000	50.00
下限值	0.0500	0.3000	3.00

4. 正压涡度方程模式

我们曾用数值试验证明，在某些特殊的初值下，数值预报的结果对模式参数的误差极为敏感，这是造成预报严重失败的可能原因之一[1]。在这种情况下，对参数作出修正就更显得重要。试验采用的大气模式是定义在 β 平面通道内的正压涡度方程模式，其无量纲形式为

$$\frac{\partial}{\partial t}\nabla^2\psi=-J(\psi,\nabla^2\psi)-J(\psi,h)-\bar\beta\frac{\partial\psi}{\partial x}-k(\nabla^2\psi-\nabla^2\tilde\psi) \quad (18)$$

ψ,h 和 $\tilde\psi$ 按双 Fourier 级数展开：

$$\begin{Bmatrix}\psi\\h\\\tilde\psi\end{Bmatrix}=\sum_{m=1}^5\begin{Bmatrix}\psi_{0m}\\h_{0m}\\\tilde\psi_{0m}\end{Bmatrix}\cos my+\sum_{m=1}^5\sum_{n=-5}^5\begin{Bmatrix}\psi_{nm}\\h_{nm}\\\tilde\psi_{nm}\end{Bmatrix}e^{inx}\sin my$$

强迫源 $\tilde\psi$ 只取 $\tilde\psi_{01},\tilde\psi_{21},\tilde\psi_{-21}$ 三项。文献[1]中给出了一个对强迫源的微小误差极为敏感的例子，并用共轭函数扰动方法对强迫源作了反演修正。现用本文给出的方法对同一个例子进行同样的反演工作。表 4 给出了两种方法的结果。表中，原方法指文献[1]中的方法，新方法即本文的方法。各进行了两次迭代。新方法迭代一次得到的参数值已经相当精确，与原方法相比优势是明显的。这是因为原方法在导出反演方程时是将扰动方程作了线性化近似，而新方法是直接从原模式导出反演方程，甚至计算误差的影响也得到了考虑。

表 4 两种方法对强迫源系数修正结果的比较

	$\tilde\psi_{01}$	$\tilde\psi_{21}$	$\tilde\psi_{-21}$	5 天预报误差（10^{-2}）
真值	0.21213	0.10000	$-0.0200i$	0
初始猜值	0.22627	0.11000	$-0.0100i$	5.0572

续表

		$\tilde{\psi}_{01}$	$\tilde{\psi}_{21}$	$\tilde{\psi}_{-21}$	5 天预报误差 (10^{-2})
修正值	原方法 1	0.21100	0.10119	$-0.01791i$	0.1986
	原方法 2	0.21140	0.10009	$-0.01962i$	0.1542
	新方法 1	0.21213	0.09998	$-0.01998i$	0.0012
	新方法 2	0.21213	0.10000	$-0.02000i$	0.0005

四、结　语

本文给出的模式参数优化方法不必利用原模式的解析表达式,能很方便地运用于复杂的业务模式。该方法的基本假设是参数与"信息函数"之间线性关系近似成立,但从模拟试验的结果看,它适用的范围相当广泛。由于采用了广义线性反演技术,方法具有很好的抗干扰性。只要参数的初始猜值误差不是太大,无论是对线性系统还是非线性系统都能获得满意的结果。我们注意到,各个预报中心对自己所作的天气预报质量的分析都有少数特别差的例子。建议针对这些例子将模式中的部分参数加以修正,可望会收到好的效果。

参考文献

[1] 邱崇践、丑纪范,中国科学 B 辑,1987,8:903-910.

[2] 刘家琦,科学探索,1983,3:105-118.

[3] 邱崇践、丑纪范,大气科学,12(1988),225-232.

[4] Marchuk, G. I., *Methods of Numerical Mathematics*. 2nd ed., Springer-Verlag. New York Inc., 1981,510

[5] Backus, G. E. & Gilbert. J., *Phil. Trans. Roy. Soc. London*, Ser. A, 266(1970),123-192.

[6] Franklin, J. N., *J. Math. Anal. Appl.*, 31(1970),682-716.

[7] Louis, J., *Boundary-Layer Meteorol.*, 17(1979). 187-202.

对中尺度遥感资料进行四维同化的
共轭方法及其数值研究

蒲朝霞　　丑纪范

（兰州大学大气科学系）

摘　要：本文探讨了数值天气预报过程中对非定时观测的常规遥感气象资料进行四维同化，形成预报初始场的新途径。把数值预报初始场的形成提为数学上的一类反问题，运用数值模式及其共轭方程对气象资料进行变分同化的共轭方法，使众多观测资料的四维同化与时变的动力模型在初始场的形成过程中统一考察，克服了以往一些方法的局限性。从理论和数值研究角度证明了该方法的优点和可行性，表明该方法有可能作为发展一个新的初值方案的雏形，有潜在的应用价值。

关键词：遥感资料；四维同化；数值模式；共轭方程

1　引　言

　　数值天气预报通常被提为初值问题，初值中的信息是否正确地被提取是现代数值预报成败的关键之一。这个问题在中尺度数值天气预报中则显得更为突出，尤其是一些对预报中尺度天气十分重要的大量非定时、非常规遥感资料的出现，大大增加了问题的复杂性，如何充分利用这些资料改善预报初值，提高预报水平[1]？传统的客观分析方法和早期的四维同化方法正面临着挑战。本文试图用共轭方法作为探讨解决上述问题的新途径，我们认为，数值预报初始场的形成可以作为数学上的一类反问题[2,3]提出，由此可直接用预报模式本身解的信息通过观测资料时变信息的约束去求解最优的预报初始场。把众多观测资料的四维同化与时变的动力模型在初始场的形成过程中统一考察，克服了以往一些方法的缺点。文中讨论了方法的实现途径，并用一个简单的三维中尺度数值模式进行了理想数值试验，以证明方法对非定时观测的常规遥感资料的四维同化是有效的。最后还给出了一个引用实际资料试验的初步结果。

2　基本原理和方法

　　设向量 Y_i 是在 t_i 时刻能获取的观测，通常它们是在分布不规则的测站上给出，$i=0,1,2,\cdots,p$，$[t_0,t_p]$ 是资料同化时间。用向量 X_i 表示时刻 t_i 的模式输出变量，通常在网格点上给

本文发表于《高原气象》，1994 年第 13 卷第 4 期，419-429。

出。应该指出，Y 和 X 可以是不同的气象要素，它们由下面的变换相联系

$$Y_i = k(X_i) \tag{1}$$

若 Y_i 与 X_i 是同一要素，则上式中的 k 显然就是由网格点向测站插值的插值算子。

考虑一个大气数值模式

$$\frac{\mathrm{d}X}{\mathrm{d}t} = F(X) \tag{2}$$

已知初始场 X_0，积分上述模式可得到区间 $[t_0, t_p]$ 内各个时刻的 X_i。换句话说，X_i 由 X_0 唯一确定

$$X_i = C_i(X_0), \qquad i = 1, 2, \cdots\cdots, p$$

由（1）可知

$$Y_i = k(C_i(X_0)) \equiv N_i(X_0) \tag{3}$$

这样，求初始场 X_0 的问题可提为解（3）式的反问题。上述问题在经典意义上通常是不适定的，因此，我们转而求它的广义解。

定义如下形式的目标泛函

$$J(X_0) = \sum_{i=0}^{p} \| Y_i - k(X_i) \|^2 \equiv \sum_{i=0}^{p} H(X_i) \tag{4}$$

$\| \cdot \|$ 表示向量的模。我们要求的广义解即是使泛函（4）达到极小的 X_0。

Talagrand 等[4,5]证明，（2）式的线性化扰动方程为

$$\frac{\mathrm{d}\delta X}{\mathrm{d}t} = F'(t)\delta X \tag{5}$$

相应的共轭方程为

$$-\frac{\mathrm{d}\delta' X}{\mathrm{d}t} = F'^{*}(t)\delta' X + \nabla_X H(X) \tag{6}$$

式中的 F'^{*} 是线性算子 F' 的共轭算子，一般它与模式变量 X 有关，$\nabla_X H(X)$ 是 $H(X)$ 对 X 的梯度，由（4）可看出它与观测 Y 及模式变量 X 有关。从初始值 $\delta'X(t_p) = 0$ 出发，在 $[t_p, t_0]$ 上反向积分（6）得到 $\delta'X(t_0)$，它就是 J 相对 X_0 的梯度 $\nabla_{X_0} J$。利用 $\nabla_{X_0} J$ 即可根据某种下降算法，例如共轭梯度方法[6]找出使 J 达到极小的 X_0。这种下降算法是一种迭代过程，每一次迭代都需要首先积分模式方程（2）产生 X_i，然后反向积分共轭方程（6）得到 $\nabla_{X_0} J = \delta'X(t_0)$。第一次积分方程（2）时须给出 X_0 的初始猜测值，以后的 X_0 则由下降算法给出。

由上述求解过程不难看出，在最优初始场的形成过程中，多时刻（在 $[t_0, t_p]$ 之内）观测资料提供的信息被吸收进来并与动力模式有机地结合起来。实际上也就是在观测资料和动力模式的双重约束下产生最优的初始场。由此得出的初始场是既与模式协调一致，又与观测值充分接近。在这个过程中，资料的分析和同化与预报是一个有机的整体。由于这种方法用到了模式方程的共轭方程，因此也被称为共轭方法。

需要指出，利用共轭方法进行的四维同化过程中只需用到由模式输出的格点值向不规则分布的测站点进行插值的计算，而不存在相反的插值计算。显然这也是较传统的四维同化过程优越之处。

3　理想数值试验

3.1　一个用于资料同化的中尺度数值模式及其共轭方程系统

3.1.1　数值模式

考虑有地形时的如下坐标变换

$$\overline{Z} = H \cdot \frac{Z - Z_g}{H - Z_g} \tag{7}$$

模式方程组为

$$\frac{\mathrm{d}u}{\mathrm{d}t} = -m\left(\theta \frac{\partial \pi}{\partial x} + \frac{H - \overline{Z}}{H} g \frac{\partial Z_g}{\partial x}\right) + \left\{f + m^2\left[v \frac{\partial}{\partial x}\left(\frac{1}{m}\right) - u \frac{\partial}{\partial y}\left(\frac{1}{m}\right)\right]\right\} v$$
$$+ m \frac{\partial}{\partial x}\left(mk_{mH} \frac{\partial u}{\partial x}\right) + m \frac{\partial}{\partial y}\left(mk_{mH} \frac{\partial u}{\partial y}\right) + \left(\frac{H}{H - Z_g}\right)^2 \frac{\partial}{\partial \overline{Z}}\left(k_Z \frac{\partial u}{\partial \overline{Z}}\right) \tag{8}$$

$$\frac{\mathrm{d}v}{\mathrm{d}t} = -m\left(\theta \frac{\partial \pi}{\partial y} + \frac{H - \overline{Z}}{H} g \frac{\partial Z_g}{\partial y}\right) - \left\{f + m^2\left[v \frac{\partial}{\partial x}\left(\frac{1}{m}\right) - u \frac{\partial}{\partial y}\left(\frac{1}{m}\right)\right]\right\} u$$
$$+ m \frac{\partial}{\partial x}\left(mk_{mH} \frac{\partial v}{\partial x}\right) + m \frac{\partial}{\partial y}\left(mk_{mH} \frac{\partial v}{\partial y}\right) + \left(\frac{H}{H - Z_g}\right)^2 \frac{\partial}{\partial \overline{Z}}\left(k_Z \frac{\partial v}{\partial \overline{Z}}\right) \tag{9}$$

$$\frac{\mathrm{d}\theta}{\mathrm{d}t} = m \frac{\partial}{\partial x}\left(mk_{\theta H} \frac{\partial \theta}{\partial x}\right) + m \frac{\partial}{\partial y}\left(mk_{\theta H} \frac{\partial \theta}{\partial y}\right) + \left(\frac{H}{H - Z_g}\right)^2 \frac{\partial}{\partial \overline{Z}}\left(k_Z \frac{\partial \theta}{\partial \overline{Z}}\right) \tag{10}$$

$$\frac{\partial \pi}{\partial \overline{Z}} = -\frac{H - Z_g}{H} \frac{g}{\theta} \tag{11}$$

$$m\left(\frac{\partial u}{\partial x} + \frac{\partial v}{\partial y}\right) + \frac{\partial \overline{w}}{\partial \overline{Z}} - \frac{1}{H - Z_g}\left(\frac{\partial Z_g}{\partial x} + \frac{\partial Z_g}{\partial y}\right) = 0 \tag{12}$$

其中,m 为 Lambert 投影上的地图因子。

$$\frac{\mathrm{d}}{\mathrm{d}t} = \frac{\partial}{\partial t} + mu \frac{\partial}{\partial x} + mv \frac{\partial}{\partial y} + \overline{w} \frac{\partial}{\partial \overline{Z}}, \pi = C_p\left(\frac{P}{P_{00}}\right)^{R/C_p}, P_{00} = 1000 \text{ hPa}$$

$$\overline{w} = w \frac{H}{H - Z_g} + \frac{\overline{Z} - H}{H - Z_g}\left(u \frac{\partial Z_g}{\partial x} + v \frac{\partial Z_g}{\partial y}\right)$$

模式用有限差分方法求数值解。平流项采用上游差分格式,其余空间导数项均采用中央差格式。为了减少气压梯度力的计算误差,此项采用静力扣除法。对垂直扩散项采用隐式时间积分方案,其余项采用 Euler 方法。有关垂直和水平扩散系数的计算参见文献[7]。

3.1.2　共轭方程

取方程(8)—(12)中的模式变量 u, v, θ 为同化变量,定义目标泛函为

$$J = J_v + \alpha J_\theta = \sum_{i=1}^{p} \sum_{m=1}^{M}\left[(u_m - \hat{u}_m)_i^2 + (v_m - \hat{v}_m)_i^2\right] + \alpha \sum_{i=1}^{p} \sum_{m=1}^{M} (\theta_m - \hat{\theta}_m)_i^2 \tag{13}$$

式中 p 为风、温观测的总次数,M 为观测点总数,i 表示观测时刻。$\Psi_m(\Psi = u, v, \theta)$ 为 i 时刻的 m 个测站上的实测值,而 $\hat{\Psi}_m$ 是由算子 $\hat{\Psi}_m = k_i(\varphi_i)$ 来求得的。$\varphi(\varphi = u, v, \theta)$ 为模式输出值,因此 $\hat{\Psi}_m$ 表示由模式输出的格点值而得到的不规则测站上的要素值。α 为一权重系数。

定义 k_i 为一线性算子,可表示为

$$\hat{\Psi}_m = \sum_{j=1}^{N} W_j^m \varphi_j \tag{14}$$

N 为总格点数,W 表示权重系数。本文采用双线性插值方案来得到测点上的 $\hat{\Psi}_m$。

按前面的理论,根据文献[2,5],对给定的目标泛函,模式方程(8)—(12)的共轭方程不难推导为如下形式[①]

$$-\frac{\partial \delta u^*}{\partial t} = m\frac{\partial(u\delta u^*)}{\partial x} + m\frac{\partial(v\delta u^*)}{\partial y} + \frac{\partial(\overline{w}\delta u^*)}{\partial \overline{Z}} - m\delta u^* \frac{\partial u}{\partial x} - m\delta v^* \frac{\partial v}{\partial x}$$
$$+ m\frac{\partial \delta w^*}{\partial x} - m\delta\theta^* \frac{\partial\theta}{\partial x} - f\delta v^* + \frac{\delta W^*}{H-Z_g}\cdot\frac{\partial Z_g}{\partial x} + m^2\left[\delta v^*\frac{\partial}{\partial y}\left(\frac{u}{m}\right)\right.$$
$$\left. -\delta u^*\frac{\partial}{\partial y}\left(\frac{v}{m}\right)\right] + m^2\left(\frac{\partial(v\delta v^*)}{\partial x} - \frac{\partial(u\delta v^*)}{\partial y}\right) + m\frac{\partial}{\partial x}\left(mk_{mH}\frac{\partial\delta u^*}{\partial x}\right)$$
$$+ m\frac{\partial}{\partial y}\left(mk_{mH}\frac{\partial\delta u^*}{\partial y}\right) + \left(\frac{H}{H-Z_g}\right)^2\frac{\partial}{\partial\overline{Z}}\left(k_Z\frac{\partial\delta u^*}{\partial\overline{Z}}\right) \tag{15}$$

$$-\frac{\partial \delta v^*}{\partial t} = m\frac{\partial(u\delta v^*)}{\partial x} + m\frac{\partial(v\delta v^*)}{\partial y} + \frac{\partial(\overline{w}\delta v^*)}{\partial \overline{Z}} - m\delta u^* \frac{\partial u}{\partial y} - m\delta v^* \frac{\partial v}{\partial y}$$
$$+ m\frac{\partial \delta w^*}{\partial y} - m\delta\theta^* \frac{\partial\theta}{\partial y} + f\delta u^* + \frac{\delta \overline{W}^*}{H-Z_g}\cdot\frac{\partial Z_g}{\partial y} + m^2\left[\delta u^*\frac{\partial}{\partial x}\left(\frac{v}{m}\right)\right.$$
$$\left. -\delta v^*\frac{\partial}{\partial x}\left(\frac{v}{m}\right)\right] - m\left(\frac{\partial}{\partial x}(v\delta u^*) - \frac{\partial}{\partial y}(u\delta u^*)\right) + m\frac{\partial}{\partial x}\left(mk_{mH}\frac{\partial\delta v^*}{\partial x}\right)$$
$$+ m\frac{\partial}{\partial y}\left(mk_{mH}\frac{\partial\delta v^*}{\partial y}\right) + \left(\frac{H}{H-Z_g}\right)^2\frac{\partial}{\partial\overline{Z}}\left(k_Z\frac{\partial\delta v^*}{\partial\overline{Z}}\right) \tag{16}$$

$$-\frac{\partial \delta\theta^*}{\partial t} = m\frac{\partial(u\delta\theta^*)}{\partial x} + m\frac{\partial(v\delta\theta^*)}{\partial y} + \frac{\partial(\overline{w}\delta\theta^*)}{\partial \overline{Z}} + \frac{H-Z_g}{H}\frac{g}{\theta^2}\delta\pi^*$$
$$- \left(m\delta u^* \frac{\partial\pi}{\partial x} + m\delta v^* \frac{\partial\pi}{\partial y} + m\frac{\partial}{\partial x}\right)k_{m\theta}\frac{\partial\delta\theta^*}{\partial x}$$
$$+ m\frac{\partial}{\partial y}\left(k_{m\theta}\frac{\partial\delta\theta^*}{\partial y}\right) + \left(\frac{H}{H-Z_g}\right)^2\frac{\partial}{\partial\overline{Z}}\left(k_Z\frac{\partial\delta\theta^*}{\partial\overline{Z}}\right) \tag{17}$$

$$\frac{\partial\delta\pi^*}{\partial\overline{Z}} = -m\left[\frac{\partial\delta\theta\delta u^*}{\partial x} + \frac{\partial\delta\theta\delta v^*}{\partial y}\right] \tag{18}$$

$$\frac{\partial\delta w^*}{\partial\overline{Z}} = \delta u^* \frac{\partial u}{\partial\overline{Z}} + \delta v^* \frac{\partial v}{\partial\overline{Z}} + \delta\theta^* \frac{\partial\theta}{\partial\overline{Z}} \tag{19}$$

共轭方程的数值方法与原模式基本一致。

与第一节类似,泛函 J 中的正则函数 H 为

$$H = \sum_{m=1}^{M}\left[(u_m-\hat{u}_m)^2 + (v_m-\hat{v}_m)^2\right] + \alpha\sum_{m=1}^{M}(\theta_m-\hat{\theta}_m)^2$$

将(14)式代入上式,不难推出

---

① 蒲朝霞,兰州大学大气科学系硕士论文。

$$
\begin{cases}
\nabla_{v_1} H = \dfrac{\partial H}{\partial u_1} = 2 \displaystyle\sum_{m=1}^{M} w_1^m \left(\sum_{j=1}^{N} w_j^m u_j - u_m \right) \\[2mm]
\nabla_{u_1} H = \dfrac{\partial H}{\partial v_1} = 2 \displaystyle\sum_{m=1}^{M} w_1^m \left(\sum_{j=1}^{N} w_j^m v_j - v_m \right) \\[2mm]
\nabla_{\theta_1} H = \dfrac{\partial H}{\partial \theta_1} = 2\alpha \displaystyle\sum_{m=1}^{M} w_1^m \left(\sum_{j=1}^{N} w_j^m \theta_j - \theta_m \right)
\end{cases}
\tag{20}
$$

3.1.3　下降算法

按郜吉东[①]的建议,对大自由度的气象问题,综合考虑计算机贮存量和收敛速度,共轭梯度法是最成功的一种下降算法。本文采用 Fletcher and Reeves 的共轭梯度法[6]。

综合 3.1.1,3.1.2,3.1.3 节,一个简单的资料同化系统已建立了起来。

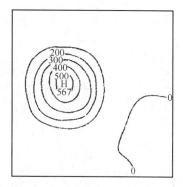

图 1　模式地形等高线
等值线间隔为 100 m,
0 线包围的范围为海面

3.2　理想数值试验

图 1 为 300 km×300 km 的正方形海陆区域。我们认为该模式是精确的,取模式的水平格距为 $\Delta x = 20$ km,垂直方向不等距分为 9 层,模式顶高 $H = 5500$ m(对应气压 $p = 500$ hPa)。时间步长 $\Delta t = 60$ s。设初始时刻(06:00 时)背景风场为 0($u = v = 0$),陆面位温假定呈正弦变化[9],假定初始时刻位温的垂直分布是均匀的,积分模式方程(8)—(12),得到 06:00—12:00 时各变量每时刻的演变值。模拟结果与文献[8]大体一致。

取 09:00—12:00 时为同化时段,把积分得到的分布和在均匀网格点上的要素值用双线性插值方案插到不规则分布的观测点上(如图 2 所示),为进行比较试验,取四种测站的分布状态),得到的测点上的值被认为是"实际观测值"。设 u,v,θ 的观测分布一致,并假定观测间隔为半小时一次。也就是说,我们得到了图 2 所示测站上观测的时变信息,把这些信息代入同化系统,期望求得分布在模式规则格点上的同化初始时刻(09:00 时)大气的空间分布特征。09:00 时的原积分状态则作为一个"真解",将反演结果与其比较则知优劣。

3.2.1　试验 1

观测资料的分布状态设为图 2c,已知 09—12 时 7 次的观测,初始猜值设风场为静风($u = v = 0$),位温是根据 09 时的观测而做的粗略插值,代入同化系统。目标泛函随迭代次数的变化曲线如图 4 所示。位温场迭代两步后的结果与"真解"的差异(相当于距平图)如图 3a 所示。

---

①　郜吉东,兰州大学大气科学系硕士论文,1991 年。

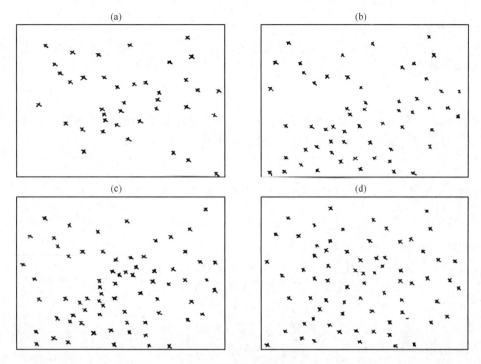

图 2　观测站点的分布

(a)39 个测站,(b)58 个测站,(c)72 个测站,(d)72 个测站

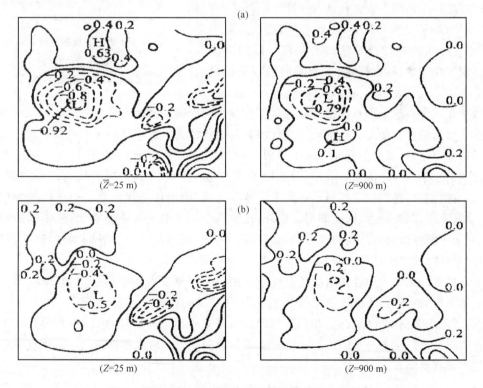

图 3　同化迭代后的位温场与"真解"的差异(单位:K)

(a)试验 1 结果,(b)试验 2 结果

3.2.2　试验 2

观测资料的分布状态如图 2d 所示,其他条件与试验 1 一致,迭代两步后的位温场与"真解"之差异如图 3b 所示。

3.2.3　试验 3

测站分布如图 2c 所示,初始猜值风场先用一带权重的分析插值方案分析出 09 时的初估场,其他条件与试验 1 一致,标准化目标泛函的变化曲线如图 4 所示。

3.2.4　试验 4

取测站分布为图 2b,重复试验 3,迭代一步后风速 u 的等值线如图 5c 所示。

3.2.5　试验 5

取测站分布为图 2a,重复试验 3。

分析试验 1 和 2,从远离初始状态的情形出发,利用多时刻观测资料和同化系统进行恢复大气初始时刻的状态特征,结果与"真解"比较,两步迭代的效果与"真解"已接近。试验 3,4,5 也较好地恢复了大气初始状态的流场、位温场的分布[①](限于篇幅,结果不一一列出)。这说明从观测资料的时变信息中提取初始时刻大气的空间分布状态是可能的。

图 3 反映了试验 1,2 的效果,比较图 3a,图 3b 并与图 2c,图 2d 的测站分布比较,不难看出,排除边界的影响,误差的分布与测站分布的疏密有较一致的对应关系。这说明相同数目的测站因分布不同因而其提供信息的能力不同。试验提示我们,观测站点应尽量分布均匀一些。遥感资料的取得对高山、海洋、荒漠等偏僻的少测站的地区更为重要。

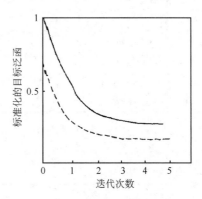

图 4　标准化的目标泛函随迭代
次数的变化曲线
实线为试验 1,虚线为试验 3

图 4 给出的是标准化目标泛函随迭代次数的变化曲线。由于试验 3 中的初估场已携带了初始场的部分信息,故纵坐标并非从 1 开始,且不像试验 1 那样有代表性,因为不同的初估场所携带的信息不一样。由图 4 看出,目标泛函大约每步下降 1/2,一般迭代两、三步就可以提炼出七、八成信息,再往后迭代目标泛函下降速度变缓,而增加迭代次数是以机时的翻倍为代价的,故只需迭代到一定的精度即可。此外,比较图上两条曲线可明显看出,从不同的初估场出发,对同一精度而言需迭代的次数是不一样的,一般来说,从一个较好的初估场(插值场、预报场)出发进行迭代要经济一些。

图 5 显示的结果表明迭代后的场要优于只用一个时刻资料的初始猜值,它刻画出了猜值场所表示不出的或表示不精确的某些系统特征,使系统的位置更接近"实况"。试验 3—5 的结果表明,引入多时刻的气象资料,并用数值模式为约束来形成初始场,可以达到用时变信息来填补初始时刻空间观测不足的目的。这一点对目前尚缺乏相应观测站网的中尺度气象学研究来说是十分重要的。

---

①　蒲朝霞,兰州大学大气科学系硕士论文。

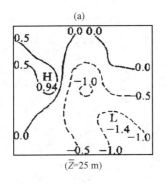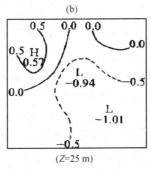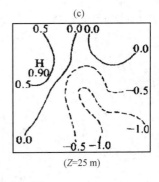

图 5　试验 4 同化前后的结果及其对应的"实况"

为节省篇幅,只列出 $\overline{Z}=25$ m 层的 u 等值线,单位:m/s

(a)实况图,(b)初始猜值,(c)迭代一步的同化结果

在相同的条件下,比较试验 3,4,5 的结果发现,虽然有观测资料越多同化结果越好的趋势,但试验 4 的效果已与试验 3 接近,而试验 5 虽然较差一些,但由于其对应的测站分布在海洋区多取了两个,故海洋区的基本特征也被反映出来。这说明对一个特定地区来说,有少数测站经合理化布局后达到较密测站提供信息水平的潜力。这一点对耗资巨大的中尺度遥感监测系统的经济化合理布局来说有着举足轻重的意义。试验提示我们:观测站点应尽量放在信息区上。今后结合实际地形及区域天气气候特点,在计算机上用上述方法对不同测站分布进行恢复初值的数值试验,为中尺度遥感系统合理化布点提出有益的建议是值得深入研究的课题。

图 6 为比较了试验 5 同化前后的初始场在分析时段(09—12 时)内预报的分析误差。由图明显地看出,新方法形成的初始场使分析误差减小要优于一般的插值场。

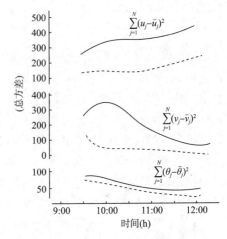

图 6　试验 5 中同化时段内同化前后初始场预报分析误差的对比

实线表示同化前,虚线表示同化后

4　使用实际资料分析的初步结果

"七·五"期间在京津冀地区建立的强风暴试验基地是我国目前最先进的一个中尺度加密观测网。我们得到了在 1990 年 8 月 1 日京津冀地区一次暴雨过程部分时段内的地面逐时气象资料(风、温、压、湿)和北京单站的 UHF 风廓线的多时刻资料。根据顾震潮[9]先生提出的地面场的历史演变与大气初始状态的空间三维结构等价的观点,结合大尺度天气资料,运用上一节建立的数值模式及共轭方程系统,本节试图利用得到的多时刻资料进行反演初始时刻大气边界层三维结构特征的试验。

综合考虑所获得的资料状况、模式的适应能力、计算机内存等,最后选用 08,09,10 时的地面逐时资料和北京单站的 UHF 风廓线资料反演 08 时的大气边界层结构。已知 08 时京津冀

地区地面流场的观测分析以及当时的天气概况如图 7 所示。

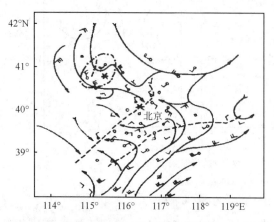 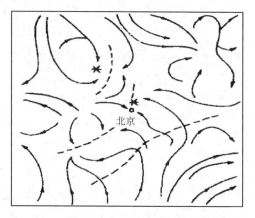

图 7　08 时地面流场的观测分析(使用 58 个站的
资料)及天气实况

图上风标每横代表 1 m/s.“＊”表示雷达回波强度中心,
虚线为切变线,点划线为当时降水中心区域

图 8　分析区域对应于(图 7)地面层次的流场
分析结果

图上距离比例与图 7 不一致

　　选取以北京($39.93°N$, $116.33°E$)为中心的 350×350 km^2 的正方形分析区域,模式顶取 $H = 5800$ m(据北京站 08 时探空,对应 $p = 500$ hPa),$\Delta x = 25$ km,$\Delta t = 30$ s。分析区域内得到的可用完整资料(39 个测站)分布类似于图 2a。利用在图 7 上用圆圈标出的这些站的风、温、压资料,结合当时的 850,700,500 hPa 天气图,并假定各站的风廓线与北京站的 UHF 风廓线一致,得到 08 时要素场的空间初始猜值,然后代入同化系统,并引入多时刻资料,迭代一步后的结果已与猜值场不同,各高度层次的涡度、散度、垂直速度在一定程度上已反映了当时大气状态的特征(结果已另文报告[10])。图 8 给出了反演后模式最低层(与地面对应)的流场分布,与图 7 比较可以看出,与降水和雷达回波中心对应的一个辐合切变系统在图 8 上明显地反映了出来,而在图 7 上由于观测资料少所以反映不很明显。虽然这只是一个非常初步的结果,但它给了我们很大的鼓舞,证明该方法有解决实际问题的潜力。

5　结　语

　　本文的理论和数值试验表明,用共轭方法解决非定时观测的大气遥感资料的四维同化问题是可行的,它对中尺度遥感探测系统的合理布点也有一定指导意义。本文的研究仅是一个开端,但它足以使我们相信共轭方法是解决资料同化问题的有力工具,继续进行这一类的研究工作是有益的。在本文中我们假定大气模式是完全精确的,但实际上当然不可能,模式的误差必然会影响到同化的结果。此外,由于问题的非线性性质,目标泛函的极值点一般是不唯一的,显然这些都是有待今后进一步研究解决的问题。

　　致谢:作者衷心感谢邱崇践副教授的有益建议,与邵吉东等同志的讨论。

参考文献

[1] 周秀骥,大气物理学研究前沿问题,北京:中国气象学会大气物理学委员会,1990 年,56-57 页。

[2] Marchuk, G. I., *Methods of Numerical Mathematics*, 2nd ed., Springer-varlag, New York Inc, 1981, P. 510.

[3] Chou Jifan, International symposium assimilation of observations in meteorology and oceanography, Clermont-Ferrand, (France), WMO, 1990, P. 16-21.

[4] Talagrand, O., and Courtier, P., Variational assimilation of meteorological observations with adjoint vorticity equation, I: Theory, *Q. J. R. Meteorol. Soc.*, 1987, 113, P. 1311-1328.

[5] Francois-Xavier Le Dimet, Variational algorithms for analysis and assimilation of meteorological observations: theorelical aspects, *Tellus*, 1986, 38A, P. 97-110.

[6] 蔡宣三,最优化与最优控制,北京:清华大学出版社,1983 年,260-266 页。

[7] 邱崇践、蒲朝霞,山谷风环流控制下的大气污染物输送和扩散过程:二维数值模拟研究,高原气象,1992 年,第 11 卷,第 4 期,362-370 页。

[8] 付秀华、李兴生,复杂地形下三维海陆风数值模拟,应用气象学报,1991 年第 2 期。

[9] 顾震潮,天气预报中过去资料的使用问题,气象学报,1958 年,第 29 卷,93-98 页。

[10] Pu Zhaoxia, Chou Jifan, Primary experiment using hourly surface meteorological data and UHF wind profile of a single station to retrieve the three dimensional structure of atmospheric boundary layer. *3rd PRC/USA Workshop On meso-scale meteorology*, Dalian, 1992, P. 52-53.

THE ADJOINT METHOD AND ITS NUMERICAL RESEARCH FOR FOUR-DIMENSIONAL ASSIMILATION OF MESOSCALE REMOTE SENSING DATA

Pu Zhaoxia Chou Jifan

(*Department of Atmospheric Sciences, Lanzhou University*)

Abstract: In this paper, we find a new way to solve these problems: the mesoscale remote sensing data assimilation and the formation of the initial field in numerical weather prediction. We put them forward as a kind of mathematical inverse problem, then using the theory of conjugate equations of the model to solve it. In the process of the forming initial field, the multiple-time data assimilation and time-variation dynamic model have been unified. In this way, we overcome the defects in the traditional method. Theory and numerical research indicate the method is useful. It is evident that this method has capacity to solve practical problems.

Key words: Remote sensing data; Four-dimensional assimilation; Numerical model; Adjoint equation.

数值天气预报中的两类反问题及
一种数值解法——理想试验

郜吉东　　丑纪范

（兰州大学大气科学系）

摘　要：针对数值预报中产生误差的两个来源提出了数值预报中存在着两类反问题。并在一维的非线性平流扩散方程上，用共轭方程的解法对提出的两类反问题作出了理想场的数值试验。试验结果表明，这种解反问题的方法非常有效。它利用"观测资料"所包含的时间演变的信息确定出了方程的初值或方程中误差订正项的空间分布状况。而且无论对"观测资料"的超定还是欠定都能得出较有意义的结果。因而有很大的利用前景。

关键词：共轭方程，反问题，最优控制技术

1　引　言

数值预报中，造成预报结果的误差主要有两个原因：一个是初值条件的不准确，一个是数值模式方程的不准确。数值预报水平的不断提高正是围绕改进上述两个方面进行的。

对初始场质量的改进方面，先后提出逐步订正法、最优内插法、变分法等客观分析和初始化技术[1]。可是这些工作都不是很完善的工作，主要缺点是把资料约束和模式的动力约束分成两部分考虑。没有能够比较恰当地利用不同时刻的观测资料。

对数值模式的改进方面，由准地转模式发展到原始方程模式再发展到更精确的原始方程的谱模式，由此使数值预报水平不断地大幅度提高。但这个过程也不可能无限地一直进行下去。有时我们会发现，把一个数值模式改复杂了一些，似乎考虑的物理过程更全面了，但实际呢，并没有真正提高预报水平。原因可能是种种对模式的进一步不合理的参数化和某些不确定因素的引入，反而模糊了人们对原问题本质的理解。

我们看到，以上两个方面存在的问题，其本质是没有充分利用数值预报中已有信息的问题。原因是时间演变的观测资料中既包含有初始场的信息，也包含有模式方程解函数的信息。仅仅提为给定时刻初值问题的数值预报却很少恰当地考虑时间演变的历史资料！顾震潮先生早在 1958 年就提出的，希望数值预报能像预报员那样考虑历史资料演变的思想一直没有得到很好地实现[2,3]。为能既要充分利用已有的物理规律，又能合理使用时间演变的历史资料所包含的信息，就需要把数值天气预报首先提为微分方程的反问题。在实际预报中，首先要解反问题，然后再解正问题做预报。

本文发表于《气象学报》，1994 年第 52 卷第 2 期，129-137。

2　数值天气预报中的反问题

在数值预报中,问题被表示为一个数学模型——非线性的偏微分方程组加上一定的初、边值条件。迄今为止,求解这样一个复杂的偏微分方程,考虑的都是它的正问题。正问题是研究如何描述与刻画物理过程、系统状态——建立微分方程;以及根据过程与状态的特定条件(初始或边界条件)去求解这一特定问题——解方程。如果在某一函数空间中,这一定解问题的解存在、唯一且连续依赖于给定的数据(如方程的右端项、初边值条件),则称这一问题是适定的。然而在各种学科中经常遇到的转化与对称,在气象学中也是一样。如果在描述某一大气现象的偏微分方程组中原来已知的系数现在变为未知的了,或者更一般地讲,微分算子是未知的,那么能否由某些其他的条件或信息(如气象中大量的观测资料)确定这一未知系数或未知算子呢? 如果所描述的大气过程的初始条件或边界条件成为我们感兴趣的待定量,从数学上应当怎样提出问题? 怎样解决问题呢? 这就需要提出微分方程的反问题[4]。实际上,气象中的很多问题,特别是数值预报或数值模拟中的问题,首先提为微分方程的反问题往往更合理。之所以没有引起足够的重视,一方面是由于解反问题的数学理论不够成熟,另一方面可能是由于传统的思维模式的约束而导致。

在对数值预报方程组用差分方法做空间离散化时,是用特定的网格上的诸要素的值表示系统的状态;在用谱方法时,是用某种正交函数族中的系数表示。这样就把表示系统物理规律的偏微分方程组及定解条件化为 N 个未知函数的常微分方程组。在不失一般性的情况下,这个方程组是如下的形式:

$$\frac{\partial u}{\partial t} + A(P, u) + B(u) + C(P) = 0 \tag{1}$$

$$u_0 = u(t_0) \tag{2}$$

假定上述模式是足够精确的数值模型。虽然实际上不一定能实现,不过可以想象它存在,也就是想象存在一个这样的海(地)气耦合模式是如此逼真于实际大气,两者的差异可以忽略不计。这个系统的状态 u(维数为 N)不仅包含大气状态的变量,还包含海洋、大陆冰雪圈的变量。$u \in \Omega$, Ω 为所有可能的 u 组成的相空间;系统中的 P 表示外参数,也就是不受 u 影响的物理量,如太阳放出的辐射等。而实际上采用的数值模式不可能是式(1)和(2),状态变量也不可能是 u。现将 u 分为 X 和 Y, X 为考虑的模式变量, Y 为未包含在 X 中的 u 的分量。于是式(1)、(2)可视为:

$$\begin{cases} \dfrac{\partial X}{\partial t} + A_1(P, X, Y) + B_1(X) + C_1(P, Y) = 0 & (3) \\ X_0 = X(t_0) & (4) \end{cases}$$

$$\begin{cases} \dfrac{\partial Y}{\partial t} + A_2(P, Y, X) + B_2(Y) + C_2(P, X) = 0 & (5) \\ Y_0 = Y(t_0) & (6) \end{cases}$$

而作为真正的模式方程有:

$$\begin{cases} \dfrac{\partial X}{\partial t} + \hat{A}(\hat{P}, X) + \hat{B}(X) + \hat{C}(\hat{P}) = 0 & (7) \\ X_0 = X(t_0) & (8) \end{cases}$$

可见模式大气与真正大气的差异之一在于用式(7)、(8)去代替式(1)、(2)。将本来与 X 有相互作用的状态变量 Y 视为外参数。方程(5)、(6)可想象它存在,但省略不考虑了。而 X 所有可能状态组成的相空间 W,只是 Ω 的一个子空间,即 $W \in \Omega$,这意味着 Y 与 X 之间并非完全独立的,而存在着某种联系(例如实际大气的初始场与外界强迫是适应的)。初值 X_0 中实际包含有 Y_0 的信息。此外,X 的不同演变将影响 Y,反过来影响 X。

由方程(7)、(8)组成的系统,就代表了我们目前的数值模式。一般认为,它和实际大气的误差主要来自两个方面:(a)初值条件的误差,对应于省略了式(6)或由已观测的不准确所致。(b)模式的物理上或动力上的缺陷,正如上面所述,是由于省略了方程(5)的原因,丢掉了一部分无法用数学语言精确描写的物理过程。

(1)第一类反问题:前提条件是假定模式方程是准确已知的,即认为它们比较恰当地表述了问题的物理规律,并且差分方法也具有足够的精度,系统的外参数 $\hat{P}$ 给定。这样一来,正问题(7)、(8)的解是存在的。即对于每一个 $X_0 \in H_1$ 都有对应于问题(7)、(8)的解 $X(X_0,t)$ 存在,$X(X_0,t) \in W$ 其中 H_1 和 W 可认为是系统的两个状态空间。

反问题在于根据方程解 $X(X_0,t)$ 的信息来求初值函数 $X_0 = X(t_0)$。在实际问题中,函数 $X(X_0,t)$ 通常可由近期的观测资料取得,记为 $\tilde{X}(t)$,$\tilde{X}(t)$ 也可能不与任何一个"初始函数"$X(t_0)$ 相对应。这样一来在函数空间 H_1 中就不存在反问题的解。所以我们必须寻求反问题的某种广义解。

[定义]:设预报和分析区域为 D,$\tilde{X}$ 为存在于时间间隔为 $-T = t_0 < t < 0$ 的式(7)、(8)的解,$X(X_0,t) \in W$,则对 H_1 类函数 X_0 定义泛函:

$$f(X_0) = \int_D \int_{-T}^{0} | X(X_0,t) - \tilde{X} |^2 dvdt \qquad (9)$$

我们把达到 $f_0 = \inf\limits_{X_0 \in H_1} f(X_0)$ 的函数 X_0 称为反问题的广义解。若 $f_0 = 0$,则 X_0 就是反问题的精确解。实际求解时,$X(X_0,t)$,$\tilde{X}(t)$ 都是离散值,因而式(9)中的积分号转化为求和号。

(2)第二类反问题:假定模式的初始条件(8)是准确已知的,而方程中的外参数 $\hat{P}$ 却不知道。这样正问题是:对于给定的函数 $\hat{P} \in H_2$,都有对应于问题(7)、(8)的解 $\dot{X}(\hat{P},t)$ 存在。H_2 可认为是系统的外参数空间。实际上数值模拟和预报中,模式方程中误差的很大一部分正是由于 $\hat{P}$ 所包含的内容不准确而造成的。外参数 $\hat{P}$ 无非包含以下一些内容:一是对次网格尺度的参数化引入的待定参数;一是由于忽略了方程(5)、(6),把 Y 视为外参数而引入的。我们在此考虑的是上述两个因素的不准确造成的综合作用,$\hat{P}$ 是空间坐标 V 和时间 t 的函数。

和第一类反问题一样,在实际问题中,函数 $X(\hat{P},t)$ 也可由近期的观测资料取得,记为 $\tilde{X}(t)$,$\tilde{X}(t)$ 可能不会与任何一个 $\hat{P}$ 相对应,于是在参数空间 H_2 中就可能不存在反问题的解,问题仍归结为寻求反问题的某种广义解。

[定义]:泛函 $f(\hat{P}) = \int_D \int_{-T}^{0} | X(\hat{P},t) - \tilde{X}(t) |^2 dvdt$ \qquad (10)

则 $f_P = \inf\limits_{\hat{P} \in H_2} f(\hat{P})$ 即为反问题的广义解。当 f_P 为 0 时,$\hat{P}$ 即为所求反问题的精确解。

上面两类反问题,形式上看起来类似,实际上有着本质的不同。第一类是针对模式初值存在的误差,为改进它而提出的,这时认为模式方程是准确已知的;而第二类反问题包括的意义较广,它是针对模式方程不精确而提出的,这时认为初值是已知的。我们把数值天气预报从数学上提为微分方程的正反问题,其意义在于:当我们以后考虑改进数值预报时,要时刻想着反问题。希望通过解反问题,把数值预报已存在的所有信息,包括已有的物理规律和时间演变资料,都能合理地利用上。而不是总考虑向模式中引入种种不可靠的参数化方法和初始化方法,从而使模式更加复杂化来改进预报。

3 模拟试验

我们将用基于最优控制技术的共轭方程理论来解上述两类反问题[5,6]。出于篇幅的考虑,首先选用的数值模型较简单。其目的不仅仅是验证方法对解反问题的可行性,更重要的是为其进一步应用于复杂模式提供一些数值方法上的启示。

选用的模式是如下的非线性一维平流扩散方程:

$$\frac{\partial u}{\partial t} + u\frac{\partial u}{\partial x} - \frac{\partial}{\partial x}\left(K(x)\frac{\partial u}{\partial x}\right) = S(x), 0 \leqslant x \leqslant 2 \tag{11}$$

$$u(x,0) = \sin 2\pi x \tag{12}$$

$$\frac{\partial}{\partial x}u(0,t) = \frac{\partial}{\partial x}u(2,t) = 0 \tag{13}$$

容易导出其线性化的共轭方程为:

$$-\frac{\partial u^*}{\partial t} - \frac{\partial uu^*}{\partial x} + u^*\frac{\partial u}{\partial x} - \frac{\partial}{\partial x}\left(K(x)\frac{\partial u^*}{\partial x}\right) = 0 \tag{14}$$

给定模式中 $K(x) \equiv 2 \times 10^{-2}$,设 S 为任一函数形式。定义对于式(11)、(12)、(13)其正问题是给定初值、边值由方程求解出变量 u 在各个时刻的解。相应的反问题则是已知 u 在各个时刻的一系列"观测值"来反求初值(12)、边值(13)或方程(11)中的其他未知量。

"观测资料"的选取:给定方程(11)、(12)、(13)的离散化形式,求出离散解 $\bar{u}_i^k = u(i\Delta x, k\Delta t), (i=0,1,2\cdots40), k=1,2,\cdots M(M$ 为某一整常数),作为反求初值时用的"观测资料"。其中取 $\Delta x = 0.05, \Delta t = 0.01$。这样对应于第二节定义的两类反问题是:

(1)给定模式外参数 K,外界强迫 S,根据"观测资料" $\bar{u}_i^k$ 反演出模式初值(12);

(2)已知(12)式,(Ⅰ)给定模式中的 K,根据"观测资料"来反演外界强迫 S 的空间分布。(Ⅱ)给定外界强迫 S 的形式,由 $\bar{u}_i^k$ 反演模式方程(11)中的待定参数 $K(x)$,已有不少工作[7]。(Ⅰ)(Ⅱ)本质上是一样的。

最优求解过程中目标泛函简单构造为:

$$J = \sum_{i=1}^{40}\sum_{p=1}^{M}\delta_k^p(u_i^k - \bar{u}_i^p)^2 \tag{15}$$

上式中, $u_i^k, \bar{u}_i^p$ 上标不一样,因为实际情形中"观测资料"的时间间隔要远大于模式积分时间步长的间隔。因此,有 $\delta_k^p = \begin{cases} 0 & k \neq p \\ 1 & k = p \end{cases}$ 若 $\delta_k^p = 1$,则认为积分的每个时刻都有"观测资料"与之对应。

式(15)对 u_i^k 求导,并强加于共轭方程(14)的差分方程上[5],得到:

$$u_i^{*k-1} = u_i^{*k} + (BB + AAu_{i-1}^k)u_{i-1}^{*k} + (BB - AAu_{i+1}^k)$$
$$u_{i+1}^{*k} + (AAu_{i+1}^k - u_{i-1}^k) - 2.0BBu_i^{*k} + 2.0\delta_k^p(u_i^k - \bar{u}_i^p) \tag{16}$$

式中 $AA = -\frac{\mathrm{d}t}{2\mathrm{d}x}, BB = \frac{K\mathrm{d}t}{\mathrm{d}x^2}, u_{i+1}^k$ 为求解模式方程(11)所得的解, u_i^{*k} 为共轭变量。给定式(16)的初条件 $u_i^{*(M)} = 0$ 和其相应的计算边界条件,反演迭代步骤如下:

(1)给定控制变量 Z 的起始迭代值 $Z^{(0)}$,然后在某一时间积分区间$[0,M\Delta t]$内积分方程(11),求得各时刻的 u_i^k;

(2)把上面求得的 u_i^k 代入共轭方程在$[0,M\Delta t]$内反向积分,以求得目标泛函关于控制变量 Z 的梯度。据此求出目标泛函的下降方向;

(3)用单维搜索确定出使目标泛函沿共轭方向充分下降时的最优步长。并据此得出控制变量的新值 $Z^{(1)}$;

(4)重复上述步骤,得出控制变量 Z 的一系列新值 $Z^{(0)},Z^{(1)},Z^{(2)}$······直到按某一精度逼近于最优的 Z^*,Z^* 即为所求反问题的结果。

3.1 求解第一类反问题

即由 $\bar{u}_i^p$ 来反演初值 $u(x,0)$,其中取 $S=0.025\cos(\pi i\Delta x)$,做第一个试验。设迭代起始时初值为 0。模式方程的积分时间区间为$[0,60\Delta t]$,并假定所有空间格点、所有积分时刻都有"观测资料"与之对应,即 $\bar{u}_i^p$,$i=0,1,2\cdots40$,$p=1,2\cdots60$。图 1a 是迭代 12 次标准化的梯度范数随迭代次数的变化。可以看出,只需迭代到第 4 步,梯度即可下降到很小,因而方法收敛快。恢复的初值情况和"实况"吻合得相当好,说明效果相当理想(图 1b)。

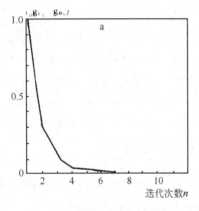 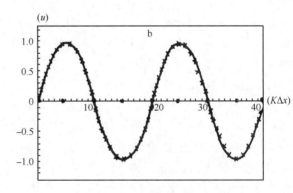

图 1a 标准化的梯度范数随迭   图 1b 对初值反演的结果
     代次数的变化   (图中横轴上"·"表示观测点,"×××××"线表示
                             真实的值,细实线表示反演出的值)

做第二个试验时,假定空间只设九个"观测点",即只有 $i=0,5,10\cdots40$ 时才有"观测点"。分别选取模式方程的积分区间为 $A[0,2\Delta t]$,$B[0,10\Delta t]$,$C[0,60\Delta t]$,$D[0,180\Delta t]$,其他条件同第一个试验,重来反演初值(12)。这相当于试验对"观测点"少于计算网格数情况而言,引入多少时刻的"资料"为宜。反演的结果分别如图 2 所示。以图 2a-d 及表 1 看出,随着积分区间的延长,加入分析的"观测资料"自然越来越多,则对初值恢复的精度也越来越好。原因是什么呢?不妨做如下分析。每个时刻的"观测值"都携带有初始场的信息。共轭方程反向积分时,把这些信息传给了前面时刻的场直至初始场。因此,引入的资料越多,则共轭方程从这些"观测资料"中提炼的关于初始场的信息也越多。因此,随着引入资料的增加,初值恢复的精度也越来越好。但是,由于初始场的衰减特性,自然越往后面的时刻"观测资料"携带的关于初始场的信息越来越少,况且积分区间的延长,使计算时间也大幅度地增加,所以在实际应用中,只要达到问题所要求的精度即可,不必要使模式方程积分区间太长,但也不能太短,这就要针对具体问题作讨论。

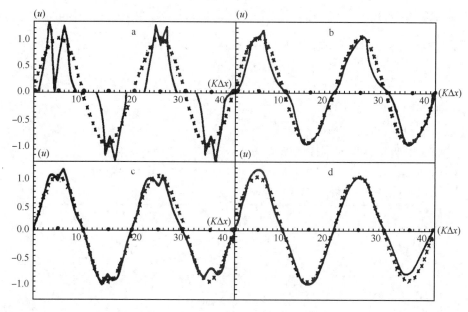

图 2　对初值反演的结果(说明同图 1b)

表 1　与图 2 相应的初值精度

编号	a	b	c	d
$n\Delta t$	$2\Delta t$	$10\Delta t$	$60\Delta t$	$180\Delta t$
初值精度(ε)	2.378	1.026	0.518	0.329

　　在实际的数值预报中,若已经获得了最近一段时期$-T\leqslant t\leqslant 0$的观测资料,则可利用具体数值模式求解反问题得出$-T$时刻的最优的初始值(针对模式而言),然后再对模式向前积分,当积到 0 时刻(即当前时刻)时,所得到的整个时段$-T\leqslant t\leqslant 0$内的模式状态值,在目标泛函的意义上向观测资料逼近。当数值模式的积分限越过 $t=0$ 时刻以后,就得到了各时刻的预报值。在日常业务中,随着资料的更新,对初值不断地进行调整,即每做一次预报之前都先求一次反问题,本质上是一种对观测资料四维同化的过程。

　　需要指出的是,通过求解过程中目标泛函的定义,这种方法不仅适用于常规的、定时的观测资料,而且特别适用于引入高度的非定时的观测资料。这是非常有意义的。近年来随着高技术的发展,大量卫星、雷达观测资料不断涌现,这些资料大都是非定时的。因此,这种方法将非常有助于对广大海洋,热带地区及对中尺度系统的预报水平的提高。

3.2　第二类反问题求解

　　认定模式初值(12)已知,而模式方程不精确,其不精确性是由忽略外强迫项 S 来体现。这类反问题由"观测"$\tilde{u}_i^p$ 来反演 S 的空间分布。具体算法和解第一类反问题相差不大,略去不述,只做两个试验。

3.2.1　试验 I

　　取迭代起始时 $S(x)$ 在所有格点的值都为 0。在空间只设九个均匀分布的"测站",在模式每一积分时刻都有"观测值"。但是在求取和模式解相对应的"观测资料"时,我们对外界强迫 $S(x)$ 的形式做如下改变:(1)仍取 $S(x)=\cos\pi(i\Delta x)$,(2)$S(x)=\frac{1}{2}\left[3(i\Delta x)^2-1\right]$,(3)$S(x)=\frac{1}{8}\left[63(i\Delta x)^5-70(i\Delta x)^4+105(i\Delta x)^2-5\right]$,(4)如图 3d"××××"所示的任取函数形式。将以上这些函数形式的外界强迫信息,分别隐藏在与之对应的"观测资料" $\bar{u}_i^p$ 中。然后再进行反演试验。可以看到,尽管以上四种函数形式一个比一个复杂,但每一种函数形式都得到了较好的反演。虽然每个结果都存在着不同的误差,但毕竟空间只有九个"测站"(见图 3a-d),要恢复的却是 41 个格点上的 $S(x)$ 值。这说明方法对复杂问题的适应性是较强的。

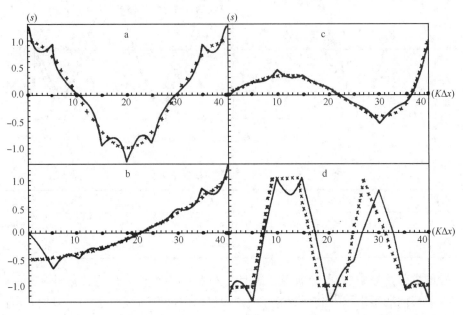

图 3　对强迫项反演的结果(说明同图 1b)

3.2.2　试验Ⅱ

这个试验用来模拟这种共轭方程技术对资料中所包含信息的提取能力。模式的积分区间仍选为 $[0,60\Delta t]$,在获取"观测" $\bar{u}_i^p$ 时,仍选取 $S(x)=\cos\pi(i\Delta x)$,而在做反演试验时,模式方程只在三个积分时刻存在有对应的"观测资料"。即对于 $\bar{u}_i^p$ 有 $P=0,30,60$。我们逐渐减少空间"测站数",情况表示在图 4 中。随着空间"测站数"的减少,强迫项 $S(x)$ 恢复的境况也越来越差了。图 4d 尽管总共只有 $3\times3=9$ 个"资料数"但也反演出了强迫项的大致形式。图 4e 和图 4f 空间只设两个和一个"测站",虽然没有恢复出强迫项的轮廓,但其结果并非是毫无意义的。图 4e 的两个测站设在模式方程的积分区域的两侧,恢复出两侧的大致形势;图 4f 只设一个"测站"了,我们把它放在中间,中间一片的强迫项的数值也得到了一定程度的恢复。有趣的是,把图 4e 和图 4f 反演的结果叠加在一起,其结果正是图 4d 的情形。而图 4e 和图 4f 的"测点"设置状况合起来和图 4d 设置的相同。这足以说明这种反演方法从每个时变的可用的"观测资料"中提取信息的能力是很强的。它对应于实际预报的意义是什么呢?如果我们认为 S 正是数值模式中由于忽略了一些本应有的物理过程或其他什么原因引起的误差,希望通过用实测资料把这个误差修正项反演出来,然后用来对预报模式作修正的话,那么无论对整个预区域所用的资料是多么的欠缺,使用这样的反演方法,其结果是对资料比较充足的部分地区,反演的误差修正项精度较好,因而可能会提高这些地区的预报结果;而对于资料非常缺乏的地区,反演的误差修正项为零,这等于在这部分地区对原模式所做的预报结果未做任何修正。这就要求整个预报区域内观测资料的分布要合理。使观测资料的代表性越好,对整个预报区域的误差修正项的反演也越好。

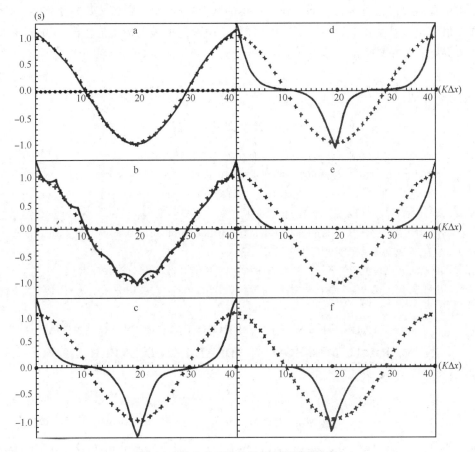

图 4 对强迫项反演的结果(说明同图 1b)

显然在这个试验中,我们考虑的主要是对所求反问题而言,"资料"是欠缺的,即问题是欠定的情况。而事实上在此试验之前的所有试验,都用了很多时刻上的"资料",即所求反问题是超定的情况,除个别"试验资料"的分布极不合理以外,所得结果较令人满意。从我们所做的整个试验的情况来观察,无论反问题是超定的还是欠定的,我们都找到了或是部分找到了反问题的"广义解"。方法有较好的适应性。

4 结 语

本文首先针对数值预报结果误差的两个来源,提出了两类反问题。针对模式的初始条件的误差,我们提出了第一类反问题:认定模式方程准确,和已掌握了多时刻的观测资料,利用共轭方程求解反问题得出初始值,然后求解正问题做预报。这个问题对模式方程的精度要求较高。第二类反问题是针对模式方程中存在有误差而提出的,因而解这类反问题对模式方程精度的要求不是太高,但要求模式方程能反映主要的、起决定性作用的物理规律,能抓住问题本质的方面,而对一些次要的、不起主要作用的东西统统放在模式方程的误差修正项或参数中,由实况观测资料用解反问题的方法给予反演。这不仅使考虑问题得到了一定程度的简化,而且也应该不会降低模式原有的预报能力。

　　本文中我们仅仅是对求解反问题作了简单的数值试验,由于数值模型较为简单,因而所得的一些数值结论只是初步的,有些工作在这样简单的数值模式上还不能作出。为此,将用一个复杂的边界层三维模式作进一步的工作,最终把这种解反问题的方法用于对实际资料的分析和预报。

参考文献

[1] 廖洞贤,王两铭. 数值天气预报原理及其应用. 北京:气象出版社,1986.

[2] 顾震潮. 作为初值问题的天气数值预报与由历史演变作预报的等值性. 气象学报. 1958,29(2):93-98.

[3] 顾震潮. 天气数值预报中过去资料的使用问题. 气象学报. 1958,29(3):176-184.

[4] 刘家琦. 微分方程的反问题及数值方法. 科学探索. 1983,3:105-118.

[5] Talagrand O and Courtier P. Varitional assimilation of meteorological observations with adjoint vorticity equation. *Q J R Meteor Soc.* 1987, 113: 1311-1328.

[6] 邱崇践,丑纪范. 改进数值天气预报的一个新途径. 中国科学 B 辑,1987,(8):903-910.

[7] 邱崇践,丑纪范. 预报模式的参数优化方法. 中国科学 B 辑,1990,(2):218-224.

TWO KINDS OF INVERSE PROBLEMS IN NWP AND A NUMERICAL METHOD——IDEAL FIELD EXPERIMENT

Gao Jidong　　Chou Jifan

(*The Atmospheric Department of Lanzhou University*)

Abstract：Based on the two sources of errors in NWP，two kinds of inverse problems are proposed. Then some idealized numerical expriments are performed on these two inverse problems using a nonlinear advective-diffusion equation and its adjoint equation. The result shows that this method for solving the inverse problems is fairly effective. It can determine the initial spatial state of meteorological variables (or the error correction term of model equation) through the time-evolution information included in the observational data. This method can be used to obtain meaningful results whether the observation is over-determined or underdetermined.

Key words：Adjoint equation，Inverse problem，Optimum control techniques.

数值模式初值的敏感性程度对四维同化的影响
——基于 Lorenz 系统的研究

郜吉东　　丑纪范

(兰州大学大气科学系)

摘　要:用著名的 Lorenz 系统作了共轭变分同化的数值试验。发现随着模式对初值敏感性程度的增加,用这种方法得到和模式相协调的初始场越来越困难,直到某些情况下的完全失败。这表明四维同化和可预报期限是联系在一起的。另一方面,随着方程不精确程度的增加,变分同化的效果越来越差,直到所做的预报无任何意义可言。如果在做变分同化的同时对模式参数也进行反演,就可使得基于 Lorenz 系统所做的预报效果大大提高。

关键词:变分同化,Lorenz 系统,共轭方程

1 引　言

共轭变分同化的思想是由 Lewis 和 Derber(1985)[1],Talagrand 和 Courtier[2] 等的开创性工作开始实现的。实质上它是最优化方法在大气或海洋方面的具体应用。因其理论上的完善性,能非常自然地把观测资料和数值模式巧妙地结合在一起,并且易适用于对非定时资料的同化,而日益引起人们的重视。国际上的几个气象中心,如欧洲的 ECMWF,美国的 NCAR 等都在着手把这种方法业务化,并且取得了一些重要进展。如同其他同化方法,这种方法也有其局限性,例如,用此种方法得到的极小值不一定是全局极小点[3,4],又如通过仅仅调整初值求得最佳的模式解,假定数值模式是准确无误差的等。

另一个必须注意的问题是,当数值模式是高度非线性的。如存在混沌解时的情形,这时用共轭变分同化方法就存在着比较大的困难,因模式对初值高度敏感,共轭方程在资料同化中的作用变得微不足道,资料同化的意义已不明显,甚至没有必要。对于 Lorenz 系统,很多人已做过深入的研究[4],在某种程度上能够代表实际大气的一些特征,通过取不同的参数,可以呈现出不同的对流态,并且其共轭系统非常容易导出。所以本文先用 Lorenz 系统作了这方面的数值试验。

2 变分同化的基本原理

变分同化的基本思想是定义一个目标泛函 J 来度量同化时段 (t_0, t_N) 上模式解与观测之

本文发表于《气象学报》,1995 年第 53 卷第 4 期,471-479。

间的某种"距离",然后以同化模式的控制方程组为约束,用最优化方法反演模式的初值 u_0,使 J 达到极小点。这种方法的关键是要求得目标泛函关于控制变量 u_0 的梯度 $\partial J/\partial u_0$,它将由同化模式的共轭方程向后积分(从 $t_N \rightarrow t_0$)而得到。整个问题可用如下数学模型来描述[5]:

$$\begin{cases} \dfrac{\mathrm{d}u}{\mathrm{d}t} = H(u) & (1) \\ J(u) = \sum_{j=1}^{N} <u(t_j)-\hat{u}(t_j), u(t_j)-\hat{u}(t_j)> & (2) \end{cases}$$

所谓变分同化指的是在约束(1)式下,式(2)的极小值。这里式(1)代表数值模式,H 为由 Hilbert 空间 $\Omega \rightarrow \Omega$ 的非线性算子。式(2)是所定义的目标泛函,$<,>$ 代表内积(定义在 Ω 上)。式(1)的一切时刻的值由初值 $u_0=u(t_0)$ 唯一决定。因而一旦 $u(t_0)$ 求出,由约束(1)自然求出 $u(t_j),j=1,2\cdots N$。此时可把式(2)变为无约束求极小。并且可以计算出对 $u(t_0)$ 的梯度。

现在推导 $J(u)$ 关于 $u(t_0)$ 的梯度,对式(2)求变分:

$$\delta J = 2\sum_{j=0}^{N} <u(t_j)-\hat{u}(t_j), \delta u(t_j)> \quad (3)$$

由式(1)得到:

$$\frac{\mathrm{d}\delta u}{\mathrm{d}t} = A(t) \cdot \delta u \quad (4)$$

其中,$A(t)$ 为 $H(u)$ 的雅可比算子(导算子),它是一个线性算子。

由式(4),类似一般的常微分方程,对于一切 $t,t',\delta u(t),\delta u'(t)\in\Omega$,存在线性算子 $\mathscr{L}(t,t')$,使

$$\delta u(t) = \mathscr{L}(t,t') \cdot \delta u(t') \quad (5)$$

成立,因而由式(3),得:

$$\delta J = 2\cdot\sum_{j=1}^{N} <u(t_j)-\hat{u}(t_j), \mathscr{L}(t_j,t_0)\delta u(t_0)> \quad (6)$$

设 $\mathscr{L}^*(t,t')$ 是 $\mathscr{L}(t,t')$ 的伴随算子,则由 Hilbert 算子理论[6],

$$\delta J = 2\sum_{j=0}^{N} <\mathscr{L}^*(t_j,t_0)(u(t_j)-\hat{u}(t_j)), \delta u(t_0)> \quad (7)$$

由此得到 J 关于 $u(t_0)$ 的梯度为:

$$\nabla J = 2\sum_{j=0}^{N} \mathscr{L}^*(t_j,t_0)(u(t_j)-\hat{u}(t_j)) \quad (8)$$

可以证明 $\mathscr{L}^*(t_j,t_0)$ 是伴随方程

$$\frac{\mathrm{d}\delta u}{\mathrm{d}t} = -A^*(t)\cdot\delta u^* \quad (9)$$

的预解式。

有了梯度(8)的计算表达式之后,用某类最优控制算法,如共轭梯度法、最速下降法等,可以计算式(1)、(2)的条件极小。整个算法也可称之为对初值的反演。

3　Lorenz 模型及其共轭模式

Lorenz 模型是 Lorenz 和 Saltzman 1963 年在研究流体有限振幅对流时提出的非线性谱模式,其形式为:

$$
\begin{cases}
\dfrac{\mathrm{d}X}{\mathrm{d}t} = -\sigma X + \sigma Y \\[2mm]
\dfrac{\mathrm{d}Y}{\mathrm{d}t} = -XZ + rX - Y \\[2mm]
\dfrac{\mathrm{d}Z}{\mathrm{d}t} = XY - bZ
\end{cases}
\tag{10}
$$

这里 σ, r 和 b 分别是 Prantl 数, Rayleigh 数及与对流尺度相联系的参数。本文中根据 Lorenz 1963 年的研究取为 $\sigma = 10, b = 8/3, r$ 根据不同的试验给定。

按照上节, 易导出式(10)的切线性方程的共轭方程为:

$$
-\frac{\mathrm{d}\delta X^*}{\mathrm{d}t} = -\sigma\delta X^* + (-Z+r)\delta Y^* + Y\delta Z^* - \frac{\partial G}{\partial X}
$$

$$
-\frac{\mathrm{d}\delta Y^*}{\mathrm{d}t} = \sigma\delta X^* - \delta Y^* + X\delta Z^* - \frac{\partial G}{\partial Y}
\tag{11}
$$

$$
-\frac{\mathrm{d}\delta Z^*}{\mathrm{d}t} = -X\delta Y^* - b\delta Z^* - \frac{\partial G}{\partial Z}
$$

其中 $(\delta X^*, \delta Y^*, \delta Z^*)$ 是 $(\delta X, \delta Y, \delta Z)^T$ 的共轭矢量。

$$
G(X,Y,Z,t) = (X-X_{obs})^2 + (Y-Y_{obs})^2 + (Z-Z_{obs})^2
\tag{12}
$$

是目标泛函中正则函数。目标泛函 J 可表示为:

$$
J = \sum_{t=0}^{N}\left[(X-X_{obs})^2 + (Y-Y_{obs})^2 + (Z-Z_{obs})^2\right]
\tag{13}
$$

这里 $X_{obs}, Y_{obs}, Z_{obs}$ 是和模式变量相应的"观测资料"。

式(10),(11)离散化后, 时间步长 $\Delta t = 0.01$, 控制试验(Control run)积分 1600 步, 前 800 步每隔 20 步存放一次积分值作为变分同化(即反演初值)所用的"观测资料", 后 800 步的积分结果作为试验预报好坏的评估。选用 Beale-Powell 共轭梯度算法来极小化目标泛函, 它是一种效率较高的共轭梯度算法[7]。整个计算过程是先给出 (X_0, Y_0, Z_0) 的第一猜值, 通过向前积分基本模式(10)和向后积分共轭型(11)求得 $\left(\dfrac{\partial J}{\partial X_0}, \dfrac{\partial J}{\partial Y_0}, \dfrac{\partial J}{\partial Z_0}\right)$, 看这些计算值的范数是否小到满足一定的收敛条件。若不满足, 用共轭梯度算法寻求新的 (X_0, Y_0, Z_0), 再重复上述步骤; 若是已满足了收敛条件, 则认为得到了最优的初值 (X_0, Y_0, Z_0), 在 (t_0, t_N) 上积分, 积过 t_N 时刻则作出了未来的预报。若要同时反演模式参数, 则把模式参数也作为控制变量, 详见文献[8]。

4　数值试验

4.1　对于 Lorenz 系统, 不同类型的对流态反演难易的差异

无论是用最速下降法还是用共轭梯度法求解, 都希望目标泛函的形式是二次型的, 并且是凸的, 这样整个下降算法才能够收敛。这两个性质保持得越好, 则收敛速度越快。

图 1 给出了 r 取四种不同的参数的情况下, 对相空间中某一固定点 $(X_0, Y_0, Z_0) = (-5.92, -5.90, 24.0)$, 当第一猜测值范围在 $X_0 - 2 < X' < X_0 + 2, Y_0 - 2 < Y' < Y_0 + 2, Z_0' = Z_0$ 时目标泛函 J 的等值线形状。从图 1a—图 1d 可知, 参数 r 逐渐变大, 对流渐变为混沌的状态, 目

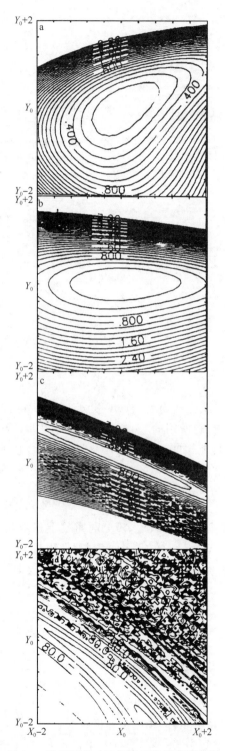

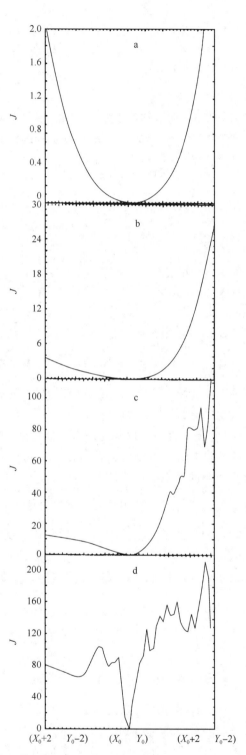

图 1　r 取不同值时目标泛函等值线形状图
（a. r=2；b. r=23；c. r=26；d. r=28）

图 2　和图 1 相对应的经过两点（X_0-2, Y_0-2, Z_0）
和（X_0+2, Y_0+2, Z_0）的目标泛函值变化曲线

标泛函等值线的形状由原来的长短轴较为接近的椭圆,变为在 X 方向长轴很长,扁平的椭圆。到 $r=28$ 时,目标泛函的等值线变得非常复杂。为说明问题方便,图 2a—图 2d 给出了和图 1a—图 1d 对应的经过(X_0-2,Y_0-2,Z_0)到(X_0+2,Y_0+2,Z_0)两点连线之间的目标泛函曲线变化图。图 2a 和图 2b 等值线比较光滑。表明从其上任一点开始迭代的点,都将下降到全局极小点。尽管由图 2a 到图 2b 下降速度变慢,图 2c—d 曲线出现很多折点,开始出现局部极小点,而且收敛速度变得更慢,这样如果第一猜值取得不合适,很可能收敛到局部极小点。对于图 2d,无论用任何效率高的最优控制技术,恐怕都难达到全局极小点。

对于不同的参数 r,Lorenz 系统分别对应着不同的对流态。随着 r 的增大,流型由对流态变到混沌态,非线性的作用越来越强,模式对初值也越来越敏感,初值稍有不同,解的轨迹完全两样。因而要反演得到使模式解和观测相适应的初值,求解问题的病态程度越来越严重,困难越来越大。

下面的数值试验表明,也可把目标泛函等值线形状作为衡量模式对初值敏感程度的一个标准。和图 1a—图 1d 相应的数值试验表明,目标泛函等值线椭圆的长短轴长度越接近,模式对初值越不敏感,初值越容易反演;椭圆越扁平,模式对初值越敏感,初值反演的难度越大;当目标泛函等值线形状毫无规则时,则模式对初值高度敏感,反演已无任何意义。

4.2　在混沌态($r=28$)时相空间中不同位置可反演程度的差异

在参数 $r=28$ 时,图 1d 表明,点$(X_0,Y_0,Z_0)=(-5.92,-5.90,24.0)$附近,目标泛函等值线形状非常复杂。但相空间中其他的点,却不一定有这么复杂,可再取另外三点$(-9.42,-9.34,28.31)$,$(-0.17,0.84,19.95)$和$(6.57,8.89,22.31)$进行试验,分别画出第一猜值范围在 $X_0-2<X'_0<X_0+2$,$Y_0-2<Y'_0<Y_0+2$,$Z'_0=Z_0$ 时目标泛函等值线形状图(图 3,图 4),并和图 1d,图 2d 进行比较。对于等值线形状最为复杂的点$(-0.17,0.84,19.95)$和点$(-5.92,-5.90,24.0)$,反演难度最大。对点$(6.57,8.89,22.31)$的反演难度在某种程度上比以上两点稍好些。最好的是对点$(-9.42,9.34,28.31)$的反演,目标泛函形状呈椭圆形。这些试验正反映了 Lorenz 系统的一个特征,即相空间中不同位置对初值敏感程度的不同。下面先给出两个求解个例。

4.3　参数 $r=28$(混沌态)时的两个求解个例

我们给出在 $r=28$ 时,对相空间中两个不同的点为初值的反演情况(实际上当然不只做了两个,但两个足以说明问题)。第一个例子取的点为$(X_0,Y_0,Z_0)=(-9.42,-9.34,28.31)$,以此为初值积分基本方程,得到的解作为"观测资料"来做反演试验。第一猜值为$(-7.54,-7.47,22.65)$时,图 5a 为反演过程中目标泛函随迭代次数的下降情况(已标准化为 J/J_0),在 10 步之内下降了 8 个量级。再取不同的第一猜值进行迭代,试验表明结果相差不大。对此点为初值的反演结果令人满意。第二个例子取准确的初值为$(X_0,Y_0,Z_0)=(-5.92,-5.90,24.0)$,取第一猜值为$(-10.0,-10.0,28.0)$,迭代 60 步,目标泛函下降不到 1 个量级,表明结果离真值相差甚远。取不同的第一猜值进行迭代,其结果均有较大差异,说明存在有局部极小点,导致算法失败。

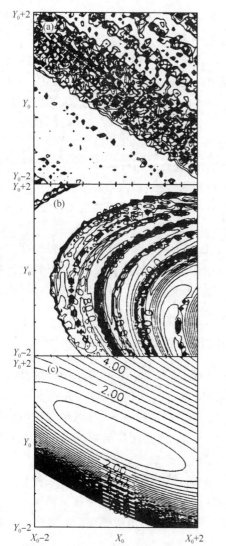

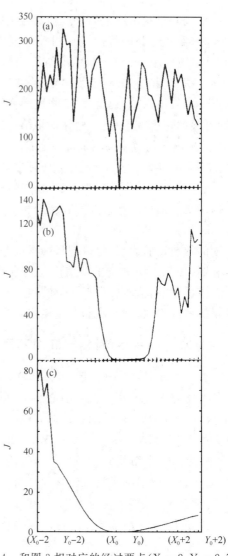

图 3　相空间中不同位置目标泛函等值线形状图　　图 4　和图 3 相对应的经过两点 (X_0-2, Y_0-2, Z_0)

(a. $(-0.17, 0.84, 19.95)$；b. $(6.57, 8.89, 22.31)$；　　　　和 (X_0+2, Y_0+2, Z_0) 的目标泛函值变化曲线

c. $(-9.42, -9.34, 28.31)$)

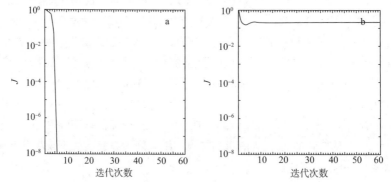

图 5　相空间的两个不同位置目标泛函值随迭代次数的变化

(a 点 $(-9.42, -9.34, 28.31)$；b 点 $(5.92, -5.90, 24.0)$)

4.4　不精确的 Lorenz 系统的变分同化

　　由于实际的数值模式都不同程度地存在着误差,本试验在试验 4.3 节的基础上,假定 Lorenz 系统的各参数都存在有 10% 的误差,即 $(\sigma, b, r) = (9.0, 2.4, 25.2)$,这时 Lorenz 系统的三个方程都是不准确的。控制试验仍以 $(X_0, Y_0, Z_0) = (-9.42, -9.34, 28.31)$ 为初值积分精确的 Lorenz 方程,得到的解作为"观测资料"来做反演试验。第一猜值仍为 $(-7.54, -7.47, 22.65)$ 时,图 6a 为反演前 X 分量在同化时段和预报时段的变化。可见由于同化前初值误差较大,导致两曲线的演变行为相差甚远。图 6b 只反演初值,由于没有误差的"观测"的作用,反演的初值和真值有些接近,但由于 Lorenz 方程的不准确,反演前后同化时段尤其是预报时段 X 分量的演变曲线也是相差甚远,这时的同化作用不大;如果减小模式误差至 5%,即 $(\sigma, b, r) = (9.5, 2.5334, 26.6)$,这时,同化时段 X 分量的演变曲线和真值曲线相差较小,但预报时段两者曲线却相差甚大(图略)。这说明随着方程不精确程度的增加,同化效果越变越差。图 6c 我们同时把模式中的参数也作为反演对象,则不仅在同化时段,而且在预报时段内相当长的一段时间内,反演后 X 分量的两曲线都比较接近。这表明同化已使得基于 Lorenz 系统所做预报效果大大提高。附表给出的结果也表明了同化结果和模式参数得到同时改进。

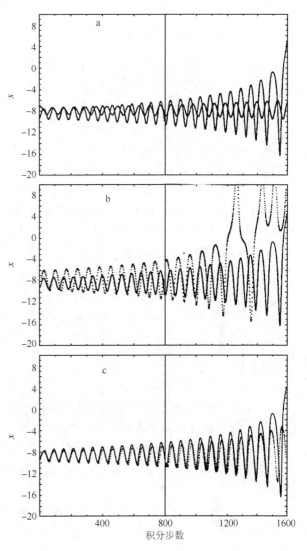

图 6　反演前后同化时段(前 800 步)和
预报时段(后 800 步)X 分量的变化曲线

(细实线为由控制试验给出的演变曲线,图 a 中的粗实线为由第一猜值为初值给出的演变典线,图 b 中的虚线为只反演初值后给出的演变曲线,图 c 中虚线为同时反演初值和参数后给出的演变曲线)

附表　Lorenz 系统初值及各参数的真值第一猜值和反演值的对比

	X	Y	Z	σ	b	r
真值	-9.42	-9.34	28.33	10.0	2.667	28.0
第一猜值	-7.54	-7.47	22.65	9.0	2.4	25.2
反演值	-9.44	-9.37	28.33	9.01	2.698	27.95

4.5　由数值试验得到的启示

至此,我们看到对观测资料的四维同化(即对初值的反演)并不是任何时候都能得到一个和模式初值相协调的初始场。特别是对于存在混沌解的或有较大误差的数值模式,有时能得到和模式相协调的初始场,有时则不能。因此,在进行四维同化时,最好也进行下面的工作。

要对模式的动力学性质作些分析,如果模式解对初值非常敏感,模式只有一定的可预报期限,则资料同化的时段必须选取在可预报期限之内。从而可预报期限也可称之为可反演时段。一旦超出此区限,则四维同化的工作可能没有意义。但对于 Lorenz 系统,相空间不同位置,同化效果不同也给我们有益的启示。例如对于中长期数值延伸预报,事先做好可预报技巧的预报对于四维同化也有指导意义。如果本来可预报性太差,则无论用多么好的四维同化方法都难以得到一个和模式相协调的初始场。

实际的数值模式必然存在着误差。如果误差足够大,有可能使同化后得到的解和模式方程不相匹配。在这种情况下,最好是认为模式方程中某些系数也未知,或已知这些系数的初估值,有待进一步修正。同化时对模式初值或模式中系数同时进行反演,则可使同化效果大大改进,这对实际预报模式是具有参考意义的,这也是共轭变分同化的优点之一。

5　结语

本文用 Lorenz 系统作了变分同化的数值试验。即把模式初值作为控制变量来极小化度量了模式解和观测之间距离的目标泛函,反演最优的初值。通过试验可得到如下一些结论:

(1)数值模式的非线性作用越强,模式对初值的敏感性程度越强,则变分同化的困难越大。对处于混沌态的 Lorenz 系统,相空间中不同的位置对初值敏感性程度不同,导致可反演性的程度也不同。

(2)变分同化中的可反演性的概念和数值预报中可预报期限的概念是联系在一起的,可预报性好的模式,对初值的可反演性也越强。即比较容易从分布于一段时间的观测资料中尽可能多地提取时间演变的信息,得到和动力学模式相协调的初始场。

(3)在做变分同化的同时对模式方程一些未知项(如未知参数、强迫项等)也同时进行修正,则可使预报效果大大提高。

应该指出的是,本文所有的结果都是基于 Lorenz 系统的数值试验得出的。对于实际的预报模式,估计结论应该不会相差太大,我们将用实际的大气预报模式做进一步的数值试验。

参考文献

[1] Lewis J M and Derber J C. The use of adjoint equation to solve a variational adjustment problem with advective constraints. *Tellus* Ser A. 1985, 37:309-322.

[2] Talagrand O and Courtier P. Variational assimilation of meteorological observation with the adjoint vorticity equation I:theory. *Q J R Met Soc*. 1987, 113:1311-1328.

[3] Pierre G. Chaos and quadri-dimensional data assimilation: A study base on Lorenz model, *Tellus* Ser A, 1992, 44:2-17.

［4］ Stensrud D J and Bao J W. Behaviour of variational and nudging assimilation techniques with a chaotic low-order model. *Mon. Wea. Rev*, 1992. 120;3016-3028.

［5］ 罗乔林,纪立人,朱宗申. 四维同化的一些方法. 全国第一次资料同化研讨会(摘要).

［6］ 郑维行,王声望. 泛函分析概要,北京:高等教育出版社,1985.

［7］ Navon I M and Legler D. Conjugate-gradient methods for large-scale minimization in meteorology. *Mon Wea Rev*, 1987, 115;1429-1502.

［8］ 郜吉东,丑纪范. 数值天气预报的两类反问题及一种数值解法—理想试验. 气象学报. 1994, 52(2): 129-137.

THE EFFECTS OF THE MODEL SENSITIVITY TO INITIAL CONDITION UPON THE VARIATIONAL FOUR-DIMENSIONAL ASSIMILATION——THE STUDY BASED ON LORENZ MODEL

Gao Jidong　　Chou Jifan

(*The Atmospheric Department of Lanzhou University*)

Abstract:In this paper,some idealized numerical experiments of adjoint variational assimilation has been performed using the famous Lorenz model. With the increase of model sensitivity to initial condition, to find the initial values which are consistent with the Lorenz model become more and more difficult until the scheme is failure on some situation. This shows that the four-dimensional assimilation have relation with predictability. On the other hand, with the increase of errors in the Lorenz model, the effectiveness of variational assimilation become worse and worse until the forcasting has no meaning. If we perform variational assimilation and retrieve the model parameters at the same time, The consequene of forcasting can improve greatly based on Lorenz model.

Key words:Variational assimilation,Lorenz model,Adjoint equation.

集合预报最优初值形成的四维变分同化方法

龚建东[①]　　李维京[②]　　丑纪范[①]

（①兰州大学大气科学系；②国家气候中心）

摘　要：提出一种利用四维变分同化方法吸纳 Monte Carlo 法具有明确统计意义的特点和滞后平均预报法包含多时刻初值信息的长处，来形成一组与动力模式相协调的集合预报初值的方法，以克服初值由 Monte Carlo 法或滞后平均预报法形成时的不足，改善集合预报效果。在已建立的 T42 谱模式四维变分同化系统基础上，对 6 组个例分别进行控制、对比数值试验。结果表明，由四维变分同化方法形成集合预报初值的预报效果在旬尺度略好于滞后平均预报法，500 hPa 高度场旬平均环流的距平相关系数高出 0.01～0.04，均方根误差减小 0.2～0.4 dagpm。

关键词：集合预报　初值形成方法　四维变分同化方法　数值预报试验

集合预报初值的优劣直接决定随后预报的效果。已有的预报事实表明，集合预报初值用 Monte Carlo 法（MCF）或滞后平均预报法（LAF）形成时，各有自身的不足[1]。Monte Carlo 方法是在一个分析场上叠加小扰动，构成多个初值成员，这些小扰动代表了初值误差范围内的各个可能取值。尽管这种方法具有明确的统计意义，但它的缺陷显而易见：它只用了一个时刻的信息，并且随机选取的初值，不完全与动力模式协调。虽然在初始时刻与实际大气靠近，但由于模式的自身调整往往使预报结果迅速偏离实际大气演变。作为一种改进，滞后平均预报法选用前后多个时刻分析场，这相当于 Monte Carlo 方法中的初值是用当前时刻以前的分析场积分而来，而不是随机选取的。这种方法不仅利用了多时刻资料的信息，而且初值也与动力模式协调。但是，这种方法也有自身固有的缺陷，所获得的初值（均指 Monte Carlo 意义下的初值）与实际大气的偏差也远超出初始或观测误差，由这些初值做预报所得集合的期望与方差也就不具备 Monte Carlo 方法所具有的统计意义。目前尚没有一个很好的集合预报初值形成方法。本文从 MCF 和 LAF 这 2 种初值形成方法的不足着手，提出利用四维变分同化方法[2～5]来解决这个问题。该方法利用多个时刻的历史资料，经由四维变分同化调整来减小初值与实际观测的偏差。最后形成一组最优初值满足：一方面它们与实际大气的偏差足够小，不超过初始误差，使预报所得的集合具有明确的统计意义，即描述了初值和初始误差的演变；另一方面它们包含了多个时刻的历史演变信息，且对动力模式而言是协调的。

1　试验方法与资料

试验用 T42 谱模式做控制与对比试验。集合预报初值先由滞后平均预报法产生，即用当

前时刻 t_0 的客观分析场,以及当前时刻以前 t_p,$p=-8,-7,\cdots,1$,间隔 6 h 共 8 个时次的客观分析场分别积分至 t_0 时刻,作为集合预报的 9 个初值。将这 9 个初值的预报结果以简单的平均作为集合预报结果,由这种方法得到预报结果的试验称为控制试验。

利用四维变分同化方法形成最优初值时,使用同样的客观分析场作为同化方法的初猜值,对每个 t_p 时刻的初猜值通过四维变分同化方法进行调整,使得同化后所得的同化场在 t_p 至 t_0 时刻的预报与相应时刻观测之间的距离最小。为此,可定义表征该距离的目标函数为

$$J(X(t_p)) = \frac{1}{2} \sum_{r=p}^{0} [X(t_r) - X^{\text{obs}}(t_r)]^T W(t_r) [X(t_r) - X^{\text{obs}}(t_r)]$$

式中 t_r 为同化时间区间 t_p 至 t_0 间的某一时刻,$X(t_r)$ 是包含 t_r 时刻上所有模式变量谱系数值的向量,$X^{\text{obs}}(t_r)$ 是与模式变量 $X(t_r)$ 相对应的观测场,试验中取为客观分析场,$W(t_r)$ 是权重系数,上标 T 表示矩阵转置。每个同化场由四维变分同化方法迭代 10 次获得,并分别积分至 t_0 时刻。将同化方法得到的 8 个初值与 t_0 时刻的客观分析场共 9 个初值作为集合预报新初值。由这种方法得到预报结果的试验称为对比试验。

试验首先建立了 T42 谱模式的四维变分同化系统。对 1998 年 3～4 月每旬做集合预报的控制与对比试验,共 6 组试验。通过考察 500 hPa 位势高度的逐日与旬平均环流的距平相关系数(ACC)和均方根误差(RMSE)[6] 来检验试验效果。

2 结果与讨论

表 1 和表 2 示出 6 个旬旬平均的距平相关系数和均方根误差。除第 4 旬外,对比试验的距平相关系数一般高于控制试验 0.01～0.04,均方根误差减少 0.2～0.4 dagpm。

图 1 示出 1998 年 3～4 月共 6 个旬逐日全球 500 hPa 位势高度环流的距平相关系数和均方根误差。在预报的前几天,对比试验较控制试验略有改善。随预报时间的增加,除第 4 旬同化效果迅速减弱变差外,对比试验的距平相关系数与均方根误差均接近控制试验,具有一定的持续性。

表 1　6 个旬旬平均的距平相关系数

距平相关系数	第 1 旬	第 2 旬	第 3 旬	第 4 旬	第 5 旬	第 6 旬
控制试验	0.69	0.64	0.63	0.45	0.51	0.58
对比试验	0.70	0.68	0.67	0.44	0.53	0.61

表 2　6 个旬旬平均的均方根误差(单位:dagpm)

均方根误差	第 1 旬	第 2 旬	第 3 旬	第 4 旬	第 5 旬	第 6 旬
控制试验	3.80	4.14	4.73	4.72	5.05	5.24
对比试验	3.60	3.77	4.46	4.60	4.63	5.02

试验发现,对比试验高于控制试验的区域分布主要特征是北半球要好于南半球,中、高纬要好于赤道和两极,赤道地区基本没有改善。这主要和观测资料精度的分布有关,常规的探空资料主要分布在北半球陆地上空。海洋和极地上空大气的观测资料要少得多,所含的信息也少,相应的同化效果也差。因而对比试验在这一区域的改善不明显,赤道地区则和该地区大气运动的特点有关。

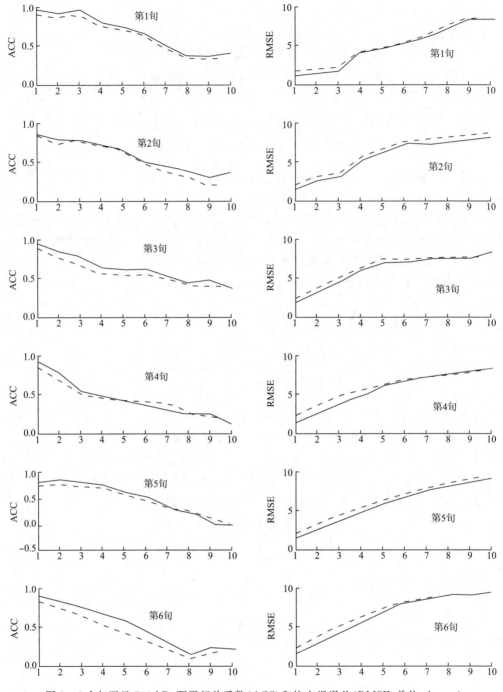

图 1 6 个旬逐日 500 hPa 距平相关系数（ACC）和均方根误差（RMSE，单位：dagpm）
实线为对比试验，虚线为控制试验。横坐标表示天数

相对于控制试验初值成员，6 个个例中对比试验各个初值成员与 t_0 时实况观测资料间均方根误差要小，表明各个初值成员更为集中，统计意义明显。因各个初值成员由模式积分产生，与动力模式协调。此外，对比试验得到的初值是经由同化过程消弱了客观分析场中误差增长最快的部分[7]，因而随后的预报效果也相应得到改善。对比试验中各个初值成员的预报效

果大部分与集合平均相当。

据文献[8,9]的观点,大气对前期的天气演变有一定的自记忆特性,并且不同尺度波其记忆持续时间有差别。一般长波、超长波的记忆持续时间要远大于短波。为此,在同化过程中着重考虑了长波、超长波的误差演变,在目标函数中相应对大尺度波权重取的较大,而对持续时间很短的中、小尺度波权重取的较小。试验表明,这对 3 d 以后预报效果的改善有益。可见,由四维变分同化方法形成集合预报初值的效果依赖于同化效果的好坏,而同化过程对目标函数的定义与观测资料的精度和空间分布较为敏感。试验中观测资料取为客观分析场,权重系数由经验方法给出,存在的误差较大。此外,四维变分同化方法本身对计算条件有较为严格的要求,考虑到实际计算条件,试验中每个同化场由四维变分同化方法仅迭代 10 次获得,这些对形成初值都有影响。这可以部分解释第 4 旬对比试验结果不好的原因。

致谢:本工作得到国家气象局国家气候中心预测室多方面的帮助,在此表示衷心的感谢。

参考文献

[1] 丑纪范,邵吉东. 长期数值天气预报. 北京:气象出版社,1995. 177-180

[2] 顾震潮. 作为初值问题的天气形势数值预报与由地面天气历史演变做预报的等值性. 气象学报,1958,29(2):176-186

[3] 丑纪范. 天气数值预报中使用过去资料的问题. 中国科学,1974(6):635-644

[4] 丑纪范. 为什么要动力-统计相结合? ——兼论如何结合. 高原气象,1986,5(4):367-372

[5] 邱崇践. 模式误差对变分同化过程影响的数值研究. 高原气象,1994,13:449-456

[6] 梁益国. 500 百帕位势高度场月季业务数值预报的评估. 应用气象学报,1997,8(9 增刊):154-162

[7] Pu Z X, Kalnay E, Sela J, et al. Sensitivity of forecast errors to initial conditions with a quasi-inverse linear method. *Mon Wea Rev*,1997,125(10):2479-2503

[8] 曹鸿兴. 自忆谱模式及其初步应用. 大气科学,1998,22(1),119-126

[9] 谷湘潜. 一个基于大气自忆原理的谱模式. 科学通报,1998,43(9):909-917

提为反问题的数值预报方法与试验

I. 三类反问题及数值解法

范新岗　　丑纪范

（兰州大学大气科学系）

摘　要：提为初值问题的数值预报在通过改进数值模式、观测手段及分析方法而改进预报的同时，仍然面临着两大困难，即模式误差和初值不完整。然而我们有大量的气候演变的历史观测资料，其中蕴含着关于气候系统的信息。本文针对这两个困难，系统地提出充分利用历史资料反演订正模式和初值进而改进数值预报的三类反问题，并给出数值解法。最后将三类反问题应用于一个简单模式进行反演预报的数值试验，其数值试验结果将在本文的第二部分给出。

关键词：数值预报　三类反问题　反演方法

1　引　言

　　数值预报在获得空前发展的今天，仍然面临着两大困难：(1)模式误差：气候系统是一个极其复杂的系统，相比之下，现有的数值模式则是极其简化的，它存在着误差，误差主要来自有些过程没有考虑及一些参数不准确；(2)初值不完整：由于观测手段和观测精度的限制，需要用的初始场存在缺测和观测误差。对此，有两种途径改进数值预报。一是沿着正问题的思路（在一定的初边值条件下求解非线性偏微分方程组），沿此方向改进预报的途径则是改进数值模式及观测分析手段力求克服上述两个困难。短、中期数值预报已取得的成功证明沿正问题的方向改进数值预报有显著成效。然而，动力学预报方法也有其局限性[1]，它把预报问题提为一个瞬时初值问题，只使用一个时刻不完整的系统状态作为预报的依据，却未能充分利用已掌握的大量的大气环流信息。况且任何时候模式都不可能精确到实际气候系统，观测也不可能非常完整精确，这就导致了第二种途径的出现，即沿反问题的方向改进数值预报。我国学者三十多年来持续不断地在这个方向上进行探索[2~13]。虽然模式中包含未知参数以及缺测的初值，但是微分方程中原来是未知的函数却因为有实况资料而知道了它的某些信息。反问题就是用微分方程、已知的函数定解条件和附加的某些条件来确定模式参数等未知量。把预报问题提成微分方程的反问题，就可以充分利用已有实况资料，而且在这个意义下，也将动力方法和统计方法有机地结合起来了[14]。需要指出，这样的反问题是对沿正问题方向改进了的数值模式和初值进行的再改进，从而可以永远跟随正问题的发展改进数值预报。

　　本文包含两部分内容，第一部分针对数值预报面临的两大困难，系统地提出数值预报中的

本文发表于《大气科学》，1999 年第 23 卷第 5 期，543-550。

三类反问题,并给出数值解法,将动力模式和不同时次的观测资料作为一个整体同时加以考虑,充分利用两方面的信息以确定未知的东西;第二部分将三类反问题应用于一个简单模式进行反演预报的数值试验,并给出试验结果。

2　三类反问题

为了叙述方便,设数值模式为

$$F(x_1,x_2,\cdots,x_K;p_1,p_2,\cdots,p_L)=0 \tag{1}$$

其中 $x_i(i=1,2,\cdots,K)$ 为模式变量, $p_i(j=1,2,\cdots,L)$ 为模式参数。在任一时刻 $t=t_n$ 的观测值记为

$$X_{(n)}=(x_{1(n)},x_{2(n)},\cdots,x_{K(n)}) \tag{2}$$

2.1　第一类反问题

第一类反问题只针对第二个困难提出,假定模式方程是已知精确的,即知道 F 的准确形式及所有参数;其中初值不完整,设 K 个变量中前 k 个有观测,在 $t=t_N$ 时刻的初值为 $X_{(N)}=(x_{1(N)},x_{2(N)},\cdots,x_{k(N)})$,而 $x_{k+1},x_{k+2},\cdots,x_K$ 没观测。这就无法直接用模式做预报,必须先找到足够精确的 t_N 时刻的 $x_{k+1,(N)},x_{k+2,(N)},\cdots,x_{K,(N)}$ 。

沿反问题方向求解该问题的思路是,虽然不知道 t_N 时刻的 $x_{k+1,(N)},x_{k+2,(N)},\cdots,x_{K,(N)}$,但却知道 $t_n<t_N(n=0,1,2,\cdots,N-1)$ 时刻的 $x_1,x_2,\cdots,x_k$ 的观测值是 $X_{(n)}=(x_{1(n)},x_{2(n)},\cdots,x_{k(n)})$,它们都是模式系统演变的结果,其中蕴含着关于模式演变的信息,因此,可以从中提炼出模式变量 $x_{k+1},x_{k+2},\cdots,x_K$ 的信息,这就是解决问题的突破口。

显然,在这一类反问题中要解决的首要问题就是寻找最佳的 $x_{k+1},x_{k+2},\cdots,x_K$ 的初值 $x_{k+1,(0)},x_{k+2,(0)},\cdots,x_{K,(0)}$,使得利用模式(1)和已知资料所做的 $t_n\leqslant t_N$ 时刻的预报值 $\hat{X}_{(n)}=(\hat{x}_{1(n)},\hat{x}_{2(n)},\cdots,\hat{x}_{k(n)})$ 与观测值最接近。用数学的语言表达,即是求目标泛函

$$J(x_{k+1,(0)},x_{k+2,(0)},\cdots,x_{K,(0)})=\sum_{n=1}^{N}\left[(X_{(n)}-\hat{X}_{(n)})^T w_n(X_{(n)}-\hat{X}_{(n)})\right] \tag{3}$$

在模式(1)约束下的最小值,其中 w_n 是经验权重系数矩阵。该问题属于最优控制问题,其中初值 $x_{k+1,(0)},x_{k+2,(0)},\cdots,x_{K,(0)}$ 是最优控制问题的控制变量。

2.2　第二类反问题

第二类反问题只针对第一个困难提出。现有的数值模式与实际气候系统相比,必然有误差,假设已知原精确模式(实际气候系统)一套完整的观测资料,它们都是气候系统演变的结果。也就是说,除了有完整、精确的初值,还有一组多时次的观测资料。现在的任务就是从气候系统演变的结果中提取关于气候系统准确模式(假设存在)的信息,来订正现有数值模式,补偿误差,使订正后的数值模式在已知初值条件下,其预报量最接近实况值。

模式订正可分两种情况,一种是知道了所建模式中欠缺某种物理过程,而且可以表达为某种数学形式加入模式中,如参数化过程;另一种是还不清楚现有模式到底欠缺哪些因素,或是知道却无法写出数学表达式,一般只能以某种订正因子或误差项给出。这两种情况下,都存在待定系数或未知参数,通常都是人为给定的。因此,对模式的修正,尤其是第二种情况,可以用

多时次的观测资料反演确定模式中的物理参数,也就是要找出一组最优的物理参数值,使预报效果达到最优。这组物理参数就是第二类反问题所要求的解。

上述订正方法的实质就是将模式误差通过对物理参数的订正予以补偿。显然,补偿的效果与被订正模式的好坏有关。如果被订正模式更接近实际气候系统,订正效果也会随之更好。正如引言中提到的,反问题永远跟随正问题的发展而改进预报。

现在已知 $t = t_N$ 时刻的观测资料为

$$X_{(N)} = (x_{1(N)}, x_{2(N)}, \cdots, x_{K(N)}) \tag{4}$$

还知道 $t_n < t_N (n = 0, 1, 2, \cdots, N-1)$ 时刻的历史资料

$$X_{(n)} = (x_{1(n)}, x_{2(n)}, \cdots, x_{K(N)}) \quad (n = 0, 1, 2, \cdots, N-1) \tag{5}$$

设有误差的数值模式为

$$F(x_1, x_2, \cdots, x_K; p'_1 p'_2, \cdots, p'_L) = 0 \tag{6}$$

为了使改进后的模式的解

$$\hat{X}_{(n)} = (\hat{x}_{1(n)}, \hat{x}_{2(n)}, \cdots, \hat{x}_{K(n)}) \tag{7}$$

逼近观测资料(5),可以写出如下目标函数:

$$J(p'_1, p'_2, \cdots, p'_L) = \sum_{n=1}^{N} \left[(X_{(n)} - \hat{X}_{(n)})^T w_n (X_{(n)} - \hat{X}_{(n)}) \right] \tag{8}$$

其中 w_n 是经验权重系数矩阵,模式参数 $p'_1, p'_2, \cdots, p'_L$ 是该最优控制问题的控制变量。现在的任务是求一组合适的(最优的)参数在(6)约束下最小化目标函数 J,即求 $p_1^*, p_2^*, \cdots, p_L^*$ 使

$$J(p_1^*, p_2^*, \cdots, p_L^*) = \min J(p'_1, p'_2, \cdots, p'_L) \tag{9}$$

这里的 $p_1^*, p_2^*, \cdots, p_L^*$ 就是第二类反问题所要求的解。

2.3　第三类反问题

前两种反问题对反演初值和改进模式分别进行了讨论,第三类反问题则是同时针对两种困难提出,综合上述两种情况同时加以解决。反演问题的条件没有改变,即在模式有误差且初值不完整的条件下,仍依靠有误差的动力模式和一组已知的观测资料,通过一次反演求解,同时改进模式及其初值条件。

参照前两类反问题,根据误差模式(6)和已知的 $t_n (n = 0, 1, 2, \cdots, N)$ 时刻 $x_1, x_2, \cdots, x_k$ 的观测资料 $X_{(n)} = (x_{1(n)}, x_{2(n)}, \cdots, x_{k(n)})$,为使模式解 $\hat{X}_{(n)} = (\hat{x}_{1(n)}, \hat{x}_{2(n)}, \cdots, \hat{x}_{k(n)}) (n = 1, 2, \cdots, N)$ 与测值逼近,写出如下目标函数:

$$J(x_{k+1,(0)}, x_{k+2,(0)}, \cdots, x_{K,(0)}; p'_1, p'_2, \cdots, p'_L)$$
$$= \sum_{n=1}^{N} \left[(X_{(n)} - \hat{X}_{(n)})^T w_n (X_{(n)} - \hat{X}_{(n)}) \right] \tag{10}$$

其中 w_n 是经验权重系数矩阵,初值 $x_{k+1,(0)}, x_{k+2,(0)}, \cdots, x_{K,(0)}$ 和模式参数 $p'_1, p'_2, \cdots, p'_L$ 是该控制问题的控制变量。现在的任务是求取最优初值 $x_{k+1,(0)}, x_{k+2,(0)}, \cdots, x_{K,(0)}$ 和最优参数 $p_1^*, p_2^*, \cdots, p_L^*$,在式(6)的约束下最小化目标函数方程(10)。

3　三种数值解法

上一节提出了数值预报中三类反问题的一般形式,它们都被提成有约束条件的泛函极值

问题,当然也可化为无约束条件的极值问题。求解泛函极值问题,可以用各种不同的方法。本节将讨论三种方法,并分别以三类反问题为例给出具体解法。

3.1　基于方程组最小二乘解的迭代法

以第一类反问题为例,现在要反演求解的是 $x_{k+1},x_{k+2},\cdots,x_K$ 在 t_0 时刻的初值 $x_{k+1,(0)}$, $x_{k+2,(0)},\cdots,x_{K,(0)}$,可以采取以下做法。

先给定一组 t_0 时刻 $x_{k+1},x_{k+2},\cdots,x_K$ 的估计值 $\hat{x}_{k+1,(0)},\hat{x}_{k+2,(0)},\cdots,\hat{x}_{K,(0)}$,由模式(1)即可求得以后各时刻的变量 $\hat{X}_{(n)}=(\hat{x}_{1(n)},\hat{x}_{2(n)},\cdots,\hat{x}_{k(n)})$ 为

$$\hat{X}_{(n)} = F_{(n)}(\hat{x}_{k+1,(0)},\hat{x}_{k|2,(0)},\cdots,\hat{x}_{K,(0)}), \quad (n=1,2,\cdots,N-1) \tag{11}$$

其中 $F_{(n)}$ 是由模式(1)解得的函数,表示由初值决定的时刻 n 的解。这里为简便起见,省写了其余已有观测的变量。

显然,由于初始估计值 $\hat{x}_{k+1,(0)},\hat{x}_{k+2,(0)},\cdots,\hat{x}_{K,(0)}$ 存在误差 $\delta x_{k+1,(0)}=x_{k+1,(0)}-\hat{x}_{k+1,(0)}$, $\delta x_{k+2,(0)}=x_{k+2,(0)}-\hat{x}_{k+2,(0)},\cdots,\delta x_{K,(0)}=x_{K,(0)}-\hat{x}_{K,(0)}$,导致 $X_{(n)}$ 与 $\hat{X}_{(n)}$ 之间产生偏差

$$\delta X_{(n)} = X_{(n)} - \hat{X}_{(n)} \tag{12}$$

我们的目的是要最小化目标泛函方程(3),就是要找合适的 $\delta x_{k+1,(0)},\delta x_{k+2,(0)},\cdots,\delta x_{K,(0)}$, 使得由模式计算的 $\hat{X}_{(n)}$ 逼近观测值 $X_{(n)}$,即要求下式成立

$$F_{(n)}(\hat{x}_{k+1,(0)}+\delta x_{k+1,(0)},\hat{x}_{k+2,(0)}+\delta x_{k+2,(0)},\cdots,\hat{x}_{K,(0)}+\delta x_{K,(0)}) = X_{(n)} \tag{13}$$

将上式左端在 $(\hat{x}_{k+1,(0)},\hat{x}_{k+2,(0)},\cdots,\hat{x}_{K,(0)})$ 的邻域内展开,并略去高阶小量,于是有

$$F_{(n)}(\hat{x}_{k+1,(0)},\hat{x}_{k+2,(0)},\cdots,\hat{x}_{K,(0)}) + \frac{\partial F_{(n)}}{\partial \delta x_{k+1,(0)}}\bigg|_{(\hat{x}_{k+1,(0)},\hat{x}_{k+2,(0)},\cdots,\hat{x}_{K,(0)})} \delta x_{k+1,(0)}$$

$$+ \frac{\partial F_{(n)}}{\partial \delta x_{k+2,(0)}}\bigg|_{(\hat{x}_{k+1,(0)},\hat{x}_{k+2,(0)},\cdots,\hat{x}_{K,(0)})} \delta x_{k+2,(0)} + \cdots$$

$$+ \frac{\partial F_{(n)}}{\partial \delta x_{K,(0)}}\bigg|_{(\hat{x}_{k+1,(0)},\hat{x}_{k+2,(0)},\cdots,\hat{x}_{K,(0)})} \delta x_{K,(0)} = X_{(n)} \tag{14}$$

式中偏导数根据定义可写成

$$\frac{\partial F_{(n)}}{\partial \delta x_{k+1,(0)}}\bigg|_{(\hat{x}_{k+1,(0)},\hat{x}_{k+2,(0)},\cdots,\hat{x}_{K,(0)})}$$

$$= \frac{F_{(n)}(\hat{x}_{k+1,(0)}+\Delta x_{k+1,(0)},\hat{x}_{k+2,(0)},\cdots,\hat{x}_{K,(0)}) - F_{(n)}(\hat{x}_{k+1,(0)},\hat{x}_{k+2,(0)},\cdots,\hat{x}_{K,(0)})}{\Delta x_{k+1,(0)}} \tag{15}$$

$$= a_{k+1,(n)}$$

$$\frac{\partial F_{(n)}}{\partial \delta x_{k+2,(0)}}\bigg|_{(\hat{x}_{k+1,(0)},\hat{x}_{k+2,(0)},\cdots,\hat{x}_{K,(0)})}$$

$$= \frac{F_{(n)}(\hat{x}_{k+1,(0)},\hat{x}_{k+2,(0)}+\Delta_{k+2,(0)},\cdots,\hat{x}_{K,(0)}) - F_{(n)}(\hat{x}_{k+1,(0)},\hat{x}_{k+2,(0)},\cdots,\hat{x}_{K,(0)})}{\Delta x_{k+2,(0)}} \tag{16}$$

$$= a_{k+2,(n)}$$

$$\cdots \quad \cdots \quad \cdots \quad \cdots$$

$$\frac{\partial F_{(n)}}{\partial \delta x_{K,(0)}}\bigg|_{(\hat{x}_{k+1,(0)},\hat{x}_{k+2,(0)},\cdots,\hat{x}_{K,(0)})}$$

$$= \frac{F_{(n)}(\hat{x}_{k+1,(0)},\hat{x}_{k+2,(0)},\cdots,\hat{x}_{K,(0)}+\Delta x_{K,(0)}) - F_{(n)}(\hat{x}_{k+1,(0)},\hat{x}_{k+2,(0)},\cdots,\hat{x}_{K,(0)})}{\Delta x_{K,(0)}} \tag{17}$$

$$= a_{K,(n)}$$

因此,(14)式可写为

$$a_{k+1,(n)}\delta x_{k+1,(0)} + a_{k+2,(n)}\delta x_{k+2,(0)} + \cdots + a_{K,(n)}\delta x_{K,(0)} = b_{(n)}, \quad (n=1,2,\cdots,N) \quad (18)$$

式中

$$b_{(n)} = X_{(n)} - F_{(n)}(\hat{x}_{k+1,(0)}, \hat{x}_{k+2,(0)}, \cdots, \hat{x}_{K,(0)}) \quad (19)$$

因为第一类反问题的 X_n 中包含 k 个变量,且共有 N 个时刻,故(18)式表示了 kN 个方程。一般情况下,方程的个数多于未知量的个数,属超定问题,只能求 $\delta x_{k+1,(0)},\delta x_{k+2,(0)},\cdots,$ $\delta x_{K,(0)}$ 的最小二乘解。这样得到的 $x_{k+1,(0)}=\hat{x}_{k+1,(0)}+\delta x_{k+1,(0)}$,$x_{k+2,(0)}=\hat{x}_{k+2,(0)}+\delta x_{k+2,(0)}$,$\cdots$, $x_{K,(0)}=\hat{x}_{K,(0)}+\delta x_{K,(0)}$ 并不一定是准确解,可能不满足要求,需要进一步迭代,直到所求的 $\delta x_{k+1,(0)},\delta x_{k+2,(0)},\cdots,\delta x_{K,(0)}$ 小于所要的精度即可。这样利用最后所得的 t_0 时刻的 $x_{k+1,(0)}$, $x_{k+2,(0)},\cdots,x_{K,(0)}$ 代入模式,就可得到 t_N 时刻的 $x_{k+1,(N)},x_{k+2,(N)},\cdots,x_{K,(N)}$,这就是此类反问题所要求的解,现在以此和已知的 $X_{(N)}=(x_{1(N)},x_{2(N)},\cdots,x_{k(N)})$ 共同作为 t_N 时刻的初值,即可根据模式(1)进行预报。

3.2　基于梯度定义的共轭梯度法

上节提出的三类反问题都属于最优控制问题,目前已有许多最优化方法可供采用[15]。如最速下降法、共轭梯度法、变尺度法等。其中最速下降法收敛速度慢,变尺度法需 $n \times n$ 的大存贮量(n 是离散化数值模式变量总数),而共轭梯度法存贮量相对较小,收敛速度也好,最适用于解维数比较高的气象或海洋问题。

在应用共轭梯度算法时[16],其中一个关键环节是计算目标函数 J 在控制变量初始估计值处的梯度。以第二类反问题为例,就是计算 J 在模式参数的初始估计值 $(p'_1,p'_2,\cdots,p'_L)$ 处的梯度 $\nabla J(p'_1,p'_2,\cdots,p'_L)$,

$$\nabla J(p'_1,p'_2,\cdots,p'_L) = \left(\frac{\partial J}{\partial p'_1}, \frac{\partial J}{\partial p'_2}, \cdots, \frac{\partial J}{\partial p'_L}\right) \quad (20)$$

按定义,求 J 关于 $p'_1,p'_2,\cdots,p'_L$ 的梯度有如下近似公式:

$$\frac{\partial J}{\partial p'_1} = \frac{J(p'_1+\Delta p'_1,p'_2,\cdots,p'_L) - J(p'_1,p'_2,\cdots,p'_L)}{\Delta p'_1} \quad (21)$$

$$\frac{\partial J}{\partial p'_2} = \frac{J(p'_1,p'_2+\Delta p'_2,\cdots,p'_L) - J(p'_1,p'_2,\cdots,p'_L)}{\Delta p'_2} \quad (22)$$

$$\cdots \quad \cdots \quad \cdots$$

$$\frac{\partial J}{\partial p'_L} = \frac{J(p'_1,p'_2,\cdots,p'_L+\Delta p'_L) - J(p'_1,p'_2,\cdots,p'_L)}{\Delta p'_L} \quad (23)$$

现在可以应用以上目标函数 J 关于控制变量的梯度,通过共轭梯度法最小化目标函数 J,来求解这一类反问题了。将求得的最优参数 $p_1^*,p_2^*,\cdots,p_L^*$ 代入(6)式,以(4)式为初值做预报,即可得到最接近实况的预报。

3.3　基于共轭方程理论的共轭梯度法

上述根据梯度定义求取目标函数 J 关于控制变量梯度的方法虽然比较简便,但每计算一个梯度分量都要对模式积分一次,当控制变量很多时,计算量很大,因而需要做一些改进以便提高反演过程的效率。另外,由(21)~(23)式知,按照定义求取梯度的算法中,梯度的计算依赖于 $\Delta p'_j(j=1,2,\cdots,L)$ 的给定,在反演的变量个数较多时,不易找到最佳步长 $\Delta p'_j$,难以保证梯度的计算精度,影响反演效果,还可能使反演过程的计算量加大。本节采用共轭方程理论加以解决。现以第三类反问题为例来说明具体方法。

若已知问题的原方程组,根据共轭方程理论的有关法则,容易写出相应的共轭方程组。对已经写成差分形式的数值模式,为了研究方便,这里直接从差分形式的数值模式推导其共轭模式。对初值不完整的假设与第一类反问题相同。有误差的模式,设其显式迭代格式为

$$x_{i(n)} = F_{i(n)}(x_{1(n-1)}, x_{2(n-1)}, \cdots, x_{K(n-1)}; p'_1, p'_2, \cdots, p'_L) \quad (i=1,2,\cdots,K) \quad (24)$$

对于第三类反问题,根据已知观测资料 $X_{(n)} = (x_{1(n)}, x_{2(n)}, \cdots, x_{k(n)}), (n=1,2,\cdots,N)$,其中 N 为已知资料的长度,目标函数可再写为

$$J = (x_{k+1,(0)}, x_{k+2(0)}, \cdots, x_{K,(0)}; p'_1, p'_2, \cdots, p'_L) = \sum_{n=1}^{N} \sum_{i=1}^{k} [(x_{i(n)} - \hat{x}_{i(n)})^2] \quad (25)$$

设有拉格朗日乘子 $X^*_{i(n)}, (i=1,2,\cdots,K), (n=1,2,\cdots,N)$,构造拉格朗日函数

$$\mathscr{L} = J + \sum_{n=1}^{N} \sum_{i=1}^{K} [x^*_{i(n)}(x_{i(n)} - F_{i(n)})] \quad (26)$$

求解 $\mathscr{L}$ 的不动点问题,有

$$\frac{\partial \mathscr{L}}{\partial x^*_{i(n)}} = 0, \quad (i=1,2,\cdots,K) \quad (27)$$

$$\frac{\partial \mathscr{L}}{\partial x_{i(n)}} = 0, \quad (i=1,2,\cdots,K) \quad (28)$$

由(27)式得到原方程的差分格式(24),它是时间上向前积分的预报模式。由(28)式得到

$$\begin{cases} x^*_{i(n)} = \sum_{j=1}^{K} \left(\frac{\partial F_{j(n+1)}}{\partial x_{i(n)}} x^*_{j(n+1)}\right) - 2(x_{i(n)} - \hat{x}_{i(n)}), \text{当 } 1 \leqslant i \leqslant k \text{ 时,} \\ x^*_{i(n)} = \sum_{j=1}^{K} \left(\frac{\partial F_{j(n+1)}}{\partial x_{i(n)}} x^*_{j(n+1)}\right) \qquad\qquad \text{当 } k+1 \leqslant i \leqslant K \text{ 时} \end{cases} \quad (29)$$

此即为模式(24)的差分形式共轭模式,亦叫伴随模式,它是时间上逆向积分的模式。为使方程组闭合,假定 $x^*_{i(N+1)} = 0, (i=1,2,\cdots,K)$。由(26)式知,在 $n=0$ 时,有

$$\frac{\partial J}{\partial x_{i(0)}} = x^*_{i(0)} \quad (i=1,2,\cdots,K) \quad (30)$$

这表明,由共轭模式(29)反向积分得到的 $n=0$ 时刻的共轭函数 $x^*_{i(0)}$ 就是目标函数 J 关于初值的梯度。这样,先给一组初值的初始估计值,正向积分模式(24),再反向积分共轭模式(29),就求得了 J 关于初值的初始估计值的梯度。

在第三类反问题中,还要同时反演订正模式参数,这时要求

$$\frac{\partial \mathscr{L}}{\partial p'_j} = 0 \quad (j=1,2,\cdots,L) \quad (31)$$

根据(26),容易得到目标函数 J 关于模式参数的梯度为

$$\frac{\partial J}{\partial p'_j} = \sum_{i=1}^{K} \sum_{n=1}^{N} \left(\frac{\partial F_{i(n)}}{\partial p'_j} x^*_{i(n)}\right) \quad (j=1,2,\cdots,L) \quad (32)$$

至此,已求得了目标函数 J 关于初值和模式参数的初始估计值的梯度,利用上节的共轭梯度法优化,直至找到 J 的极小点,也就得到了最优的初值 $x_{k+1,(0)}, x_{k+2,(0)}, \cdots, x_{K,(0)}$ 和模式参数 $p^*_1, p^*_2, \cdots, p^*_L$,这就是第三类反问题的解。

4 小 结

本文针对数值预报中的两大障碍,即初值不完整和模式有误差,系统地提出了充分利用历史资料反演改进数值预报的三类反问题,并研究了三种数值解法,这三种方法在三类反问题中是可以通用的。第一种是用求方程最小二乘解确定反演量初估值的误差并逐步修正的方法,该方法简便易行。第二种是根据梯度定义求取梯度再用共轭梯度法优化目标函数的方法,该方法收敛速度较快,但梯度的求取不够精确,会影响收敛速度和反演精度。第三种是利用共轭方程理论求取梯度再用共轭梯度法优化目标函数的方法,该方法收敛速度和反演精度都比较好,然而它只有在建立共轭模式比较容易的情况下才易于应用。因此,三种方法各有所长,实际中可根据不同情况选择使用。

本文提出的三类反问题对数值预报的改进作用已在一个最大简化的非线性模式[17]中得到验证,数值试验结果将在本文的第二部分中讨论。

致谢:本文完成过程中,得到武汉大学数学系郭秉荣教授和兰州大学大气科学系邱崇践教授的悉心帮助,特此致谢。

参考文献

[1] 丑纪范,1986,为什么要动力—统计相结合? ——兼论如何结合,高原气象,5(4),367-372.

[2] 顾震潮,1958,作为初值问题的天气形势预报与由地面天气历史演变作预报的等值性,气象学报,29(2),93-98.

[3] 郑庆林、杜行远,1973,使用多时刻观测资料的数值天气预报新模式,中国科学,No.2,289-297.

[4] 丑纪范,1974,天气数值预报中使用过去资料的问题,中国科学,No.6,635-644.

[5] 郭秉荣,史久恩,丑纪范,1977,以大气温压场连续演变表征下垫面热状况的长期天气数值预报方法,兰州大学学报(自然科学版),4,1-18.

[6] 曾庆存,1979,我国大气动力学和数值天气预报研究的进展,大气科学,3(3),256-269.

[7] 丑纪范,1984,寒潮中期数值预报的多时刻模式,全国寒潮中期预报文集,北京:北京大学出版社,142-151.

[8] 邱崇践,丑纪范,1987,改进数值天气预报的一个新途径,中国科学(B辑),No.8,903-910.

[9] 邱崇践,丑纪范,1988,预报模式识别的扰动方法,大气科学,12(3),225-232.

[10] 邱崇践,丑纪范,1990,预报模式的参数优化方法,中国科学(B辑),No.2,218-224.

[11] 曹鸿兴,1993,大气运动的自忆性方程,中国科学(B辑),No.1,104-112.

[12] 邰吉东,丑纪范,1994,数值天气预报中的两类反问题及一种数值解法——理想试验,气象学报,52(2),129-137.

[13] 丑纪范,1995,四维同化的理论和新方法,廖洞贤,柳崇健主编,数值天气预报中的若干新技术,北京:气象出版社,262-294.

[14] 丑纪范,邰吉东,1995,长期数值天气预报(修订本),北京:气象出版社.

[15] 南京大学数学系计算数学专业编,1978,最优化方法,北京:科学出版社.

[16] 席少霖,赵风治,1983,最优化计算方法,上海:上海科学技术出版社.

[17] 郭秉荣、江剑民、范新岗、张红亮、丑纪范,1996,气候系统的非线性特征及其预测理论,北京:气象出版社,254.

Methods and Experiments of Numerical Prediction Raised as Inverse Problem Part I: Three Kinds of Inverse Problems and Numerical Solutions

Fan Xingang   Chou Jifan

(*Department of Atmospheric Science, Lanzhou University*)

Abstract: Although numerical prediction can be improved through improving numerical model, observation method and analysis method, etc., the numerical prediction which is raised as an initial value problem still faces two difficulties of model error and incomplete initials. Nevertheless, there is a quantity of historical observed data of climate evolution in which the information of climate system is contained. In view of the two difficulties, three kinds of inverse problems of numerical prediction are put forward in this paper to improve prediction through retrieving initial value and model parameters to emend numerical model by using the historical data. To solve the three inverse problems, three kinds of numerical solutions are put forward simultaneously. Finally, through using the three kinds of inverse problems in a simple model, some numerical experiments of retrieval prediction are carried out and their results are to be given in the second part of this paper.

Key words: Numerical prediction, Three kinds of inverse problems, Retrieval method

数值天气预报的创新之路
——从初值问题到反问题

丑纪范

（兰州大学大气科学学院）

摘　要：基于大气并非是一个确定论的系统，从信息论的视角考察了数值天气预报问题。认为表征初值和边值的数据可以视为输入信息（信息源），而数值模式则不过是一个信息变换机构，它把输入信息变换成预报结论而输出来，输出的预报结论则是未来天气状况的信息。于是预报的准确性受制于：一是输入信息所包含的输出信息的信息量，另一是信息在变换过程中丢失的信息量。从初值的形成过程揭示出了当前观测系统在一个时刻提供的数据没有包含初值所要求的全部信息，而缺失的部分或多或少地隐藏在过去的观测数据中。提为初值问题意味着只依据一个时刻的状态导致输入的信息量缺失，应考虑过去的历史数据以增加输入数据中所包含的预报量的信息。文中指出由于输出信息比输入还多的数值模式是不存在的，这样的改进带有根本性。进一步论证了数值模式的误差信息，也或多或少地隐藏在过去的历史数据中，为了充分使用过去的观测数据，本文建议改变问题的提法，不提成初值问题，提成反问题。资料同化本质上是反问题，其欠定性不应人为夸大。提成反问题的数值天气预报能充分应用过去的历史资料，将天气方法、统计方法、动力方法有机地结合在一起。对于这个反问题如何具体求解方面，在分析了业务和研究的区别，模式的普适性和针对性统一的基础上，给出了反问题的具体解决途径。强调无须构建新模式（这是非常困难的工作），只需运行现成的模式，借助所关心的预报对象的历史数据来改造现成模式，因而是完全可行的。

关键词：数值天气预报，反问题，信息论

1　引　言

数值天气预报的研究和业务工作，在中国开展不算晚。目前，虽然已建立起了比较完整的数值预报业务体系，但是业务预报的准确率与国外先进水平还存在较大的差距，近 10 年差距是在扩大而不是缩小。对于导致落后的原因，仁者见仁，智者见智。由此提出了种种解决方案。这些方案尽管着眼点不同，从科技的角度看，似乎都是遵循国际上的发展趋势。国际上数值天气预报研究开发计划尽管各不相同，但基本趋势是一致的，技术是共同的。虽然也强调"我国自主知识产权"，"原创性科技成果"，其实在基本理念、问题的提法上，无意越雷池一步。

中国数值天气预报事业的先驱和奠基人顾震潮先生，早在 20 世纪 50 年代就提出这样的问题：我们是不是只能一味模仿，跟在人家后面又永远跟不上呢？难道我们就不能比外国做得更好？他说："大家研究气象，我们怎样比前人，比外国一定研究得好？""总之要有一些新东西。

本文发表于《气象学报》，2007 年第 5 期，673-682。

不然,方法、观点、材料、工具,无一不是与人家一样,那么一定不会比人家更好。对国外来说,由于人家工业基础好一些,器材仪器等物质条件一般说来也要好些,结果,我们还可能搞不过人家。越搞越落后,越赶差距越大。这不是笑话,而是十分可能的。"[1]

重要的是比外国做得好本身并不是目标,不应该为赶超外国而赶超外国。也不应该为创新而创新,但是难道不应该实事求是地分析考察一下国外在基本理念,问题的提法上是不是很完善,有没有带根本性的可改进的缺陷?作为数学物理问题的天气预报和气候预测应该怎样提法?早在 20 世纪 50 年代,顾震潮就尖锐地指出,数值天气预报虽然取得了很大成绩,但存在一个比较根本性的缺陷,一直提成所谓初值问题,只使用一个时刻的资料[2,3]。众所周知,天气图方法、物理统计方法依据的是观测获得的数十年的历史资料,特别是近期的演变资料。那么,改变问题的提法,使现在的动力学模式、气候系统模式在作预报时,不仅用到初值,还要用近期的演变资料,乃至积累起来的数十年的历史资料,既考虑了物理规律,也考虑了气候系统的实际行为,岂不是更好吗?

今年是我的恩师中国科学院院士(前为学部委员)、北京大学教授谢义炳先生诞辰 90 周年。因此,作者就自己对此问题钻研、思考了多年的心得作一总结。用严密的数理语言,系统地阐述数值天气预报和气候预测可以有另外的提法,不提为初值问题,提为反问题。以此小文表示对谢义炳先生的敬意。

2 确定论背后的不确定

数值天气预报的基本理念是大气是一个确定论系统。挪威学者 Bjerknes[4] 提出数值天气预报概念时,明确表明"原则上大气在将来时刻的状态是由大气在一个时刻的状态决定的"。100 多年来,尽管数值天气预报取得了很大的进展,但这一理念迄今未变,把问题提为微分方程的初值问题。

大气真的是一个确定论系统吗?

如果认为人类活动对天气、气候有影响,那么大气就不可能是一个确定论系统,未来的人类活动显然不是现在的初始状况决定得了的。

大气作为一个确定论系统与天气数值预报模式(不论什么模式)作为确定论系统不是一回事。大气状态是否需要无穷个参数来描述?不妨假定只需要 n 个,而数值模式的状态变量只有 m 个。于是,$n-m$ 个未被数值模式包含的次网格变量,就足以使数值模式的预报变得不确定了。如果这 $n-m$ 个次网格变量遵循某种概率分布,则初始状态是按概率分布确定的,相应的预报值也只能按概率分布确定。值得注意的是,这里讲的初值的不确定,与众所周知的由于观测误差、分析误差和代表性误差导致的初值不确定不是一回事,那是把初值不准和模式不准视为数值天气预报误差的两个来源,通过改进资料同化系统来缩小初值误差,通过改进次网格过程参数化来缩小模式误差便成为标准的办法,舍此别无他途。而这里的初值的 $n-m$ 个未被表达的次网格变量的初始状态的不确定性所造成的预报的 m 个变量的不确定,也可以看成是模式中存在的随机项造成的。初值不准(不完全)造成的误差,可以视为模式不准造成的误差。两者之间并没有不可逾越的鸿沟,而存在着由此及彼的桥梁。何不改变观点,把问题提得高些,索性改变提法,承认初始状态是不确定的,是一个概率分布,预报结果也是一个概率分布。其实现在的数值预报,虽然在理论上仍维持确定论的提法,但在实践上早已承认初值的不确定和模式的不确定,通过集合预报的办法转到了不确定的概率分布上来了,表现为预报结果是由各种可能情景构成的一个分布。结合决策理论向特定用户提供其最需要的信息。很自然地要产生这样的问题,既然如此,为什么不改变视角,从确定论转到概率论上来。

3 从信息论的视角来看数值天气预报问题

顾震潮最先将信息论用于气象问题,讨论了天气预报的评分和使用[5]。随后张学文将信息论用于讨论统计气象预报中的一些问题[6]。张学文在他的专著中用气象工作者易于理解的语言深入浅出地对信息论作了扼要的介绍。他认为气象预报问题本质上是如何取得未来时刻的信息问题。针对统计气象预报,他指出可以把预报因子看成是一个信息源,预报方法则是一个变换、传递信息的机构。预报因子(信息源)经预报方法(信息变换机构)变换成预报结论而输送出来。输出的预报结论中就包含有关预报对象(未来的天气状况)的信息。由此精辟地阐明了预报因子和预报方法在预报过程中的地位和作用。他强调使输出的信息比输入还多的预报方法是不存在的。这与输出的能量比输入的还多的热机不存在是类似的(即永动机不存在)。信息和能量一样,在变换、传送的过程中,只会减少(耗散),不会增加。

对数值天气预报,完全可以进行类似的分析。很自然地要提出这样的问题:对动力学的数值天气预报,什么是信息源? 什么是变换、传递信息的机构? 对提为初值问题的数值天气预报而言,我们认为表征边界条件和初始条件而输入的数据是信息源,而数值模式则是变换传递信息的机构。进一步要问:边界条件的数据提供的是什么信息? 初始条件的数据提供的是什么信息?

大气是一个强迫耗散的非线性系统,存在着系统状态向外源的适应。从数学上讲,就是无论初始状态如何,系统状态都会演变到状态空间的吸引子上[7,8]。这个吸引子是个混沌吸引子,其上确定了一个不变的概率测度,这个概率测度就是"气候"。它依赖于外强迫的状况,而外强迫不是别的,就是边界条件的数据。具体说就是达到大气上边界的太阳辐射状况,大气下边界的海洋、冰雪、陆地表面的物理状况。它们构成了对大气的热力强迫和动力强迫。反映外强迫状况的参数,当然也不是不随时间变化的,但相对于大气的状态变量而言,它们是慢变量,可将其视为控制变量。在强迫耗散的非线性气候系统中,系统的演变是状态变量向控制变量的非线性适应过程。适应后的状况"气候"是由边界条件数据决定的,而与大气的初始条件的数据无关。在这里展示出了"个别的运动趋向于平衡"(恩格斯),这是运动中的平衡,"总的运动破坏个别的平衡"(恩格斯),这是平衡中的运动[9]。可见,边界条件的数据,提供的是该时刻的"气候"的信息。设"气候"的可能状态是有限个状态(设为 n),那么,边界条件数据提供的信息为 $I = \log n - H_c$,H_c 为混沌吸引子上的概率测度 p^* 的熵[9]。

初始条件的数据提供的是什么信息?

数值天气预报是观测到了在 t_0 时刻状态变量的初始状态 ϕ_0,即初始分布 $p_o = (0.0, 1 \cdots 00)^T$,预测 $t_0 + n\tau$ 时的分布 p_n。有 $p_n = P^n p_o$,其中 P 为对应于时间尺度 τ 的转移概率矩阵,p_o 提供的信息为 $I_{po} = H_c - H_n$。初始条件意味着在 t_0 时刻通过观测,系统的状态是确定的,随着时间的演变,系统的初始场作用衰减和向外源适应。设适应的时间为 T,则当 $n\tau = T$ 时,

$p_n = p^*$,于是 $H_n = H_c$, $I_{po} = 0$ 意味着初始条件数据所提供的信息,丧失殆尽。状态的不确定性(熵)由零(完全确定)增加到气候分布的熵。在 $n < \frac{T}{\tau}$ 时,初始状态的数据提供比气候分布更多的信息。至于提供信息的多少由熵的增长量决定,这意味着未来的状况存在着客观的不确定性,天气预报的准确率存在着理论上的上限。具体地说也就是对于未来,客观上只能确定一个概率分布。我们如果把该概率分布的期望值作为预报值,该概率分布的离差作为准确率,那么这个准确率存在着理论上的上界,特别是众所周知的,天气尺度的逐日预报不能超过 2—3 周。

现在提为初值问题的数值天气预报并没有达到理论上的上限。如何能够逐步达到这个理论上的上限就是我们面临的问题。

是什么限制了预报的准确率?

从信息论的视角看存在 3 方面的问题:

一是表征初始状态的数据有的缺测,观测未能提供初值需要的所有数据,导致要预报的状态应有的对气候状态的偏差的信息不足。

二是表征边界状态的数据很多没有观测,导致对气候状态的信息不足。

三是信息变换、传送的机构(数值模式)在转换的过程中信息耗损过大。

因此,解决的办法就是要努力增加信息源(输入数据)所含的信息量和减少信息转换过程(数值模式的向前外推)中信息的耗损。将数值天气预报提成所谓初值问题就将解决的办法圈住在改进观测系统和改进次网格物理过程上,被套住了。"所以这样的提法无论在实际上还是在理论上都有很大的缺陷。为什么数值天气预报只是这样提法,从另外的角度来提,使它与天气图方法统一起来,不是更好吗?"[1]

4 问题应该怎样提法? ——正问题和反问题

将气象要素限制为温、压、湿、风,称为模式变量,可以用 6 个 4 个自变量的函数来描述(3 个空间变量、1 个时间变量)。简记为 ϕ(向量函数)。这里暂不涉及大气成分、云微物理量等。模式变量 ϕ 随时间的变化要遵循物理规律,这些规律用数学语言表述为数学方程(偏微分方程组),于是把天气预报问题归结为微分方程的初值(边值)问题,即

$$\begin{cases} \dfrac{\partial \phi(x,t)}{\partial t} = g(\phi(x,t),\alpha(x),t) \\ \phi(x,t)\big|_{\partial D} = \phi_b(s,t) \\ \phi(x,t)\big|_{t=t_0} = \phi_o(x) \end{cases} \tag{1}$$

已知 $\phi_o(x), \phi_b(s,t)$ 求 $\phi(x,t), t > t_0$

采用求近似的数值解,所谓逐步积分。首先对空间变量离散化,用 n 个实数来表征大气状态,偏微分方程组(1)化为常微分方程组。再对时间变量离散化,化为差分方程组,包括了边条件,式(1)变为

$$\phi_{i+1} = K_i \phi_i \tag{2}$$

$$\phi\big|_{t=t_0} = \phi_o \tag{3}$$

这里 $\phi_i \in R^n$, K_i 是已知的算子, $K_i : R^n \to R^n$

t_0 为最近的观测时刻,由观测获得 ϕ_0,再由模式(2)获得 $t_i > t_0$ 的预报值 ϕ_i,ϕ_0 和实际的不一致(初值误差),K_i 和实际的不一致(模式误差),便成了预报误差的来源。改进的办法被局限于使 ϕ_0,K_i 和实际一致。这是把天气预报作为正问题,正面攻坚去解决,应该说是最自然不过的了。

提为初值问题,"只使用一个时刻的资料,与天气图方法,与统计气象预报完全不同,形成差异很大的两个对立面,并且,在数学理论上来说,它不是什么真正的初值问题,因为这时初值(连同初始倾向)就满足方程本身。所以这样的提法无论在实际上还是在理论上都有很大的缺陷。把问题提得高一些,为什么数值天气预报只是这样提法,从另外的角度来提,使它与天气图方法统一起来,不是更好吗?"("顾震潮")[1]。

"怎样在提法上站得高看得远,更高地提问题呢?"

让我们从信息论的角度看。初值 ϕ_0 是输入的信息,它的信息不足的主要原因是 ϕ_0 中有缺测的部分,可以将 ϕ_0 分解为两个子集,记为 V_p 和 V_o,V_p 可由观测得到,而 V_o 则对观测而言是个"黑暗的角落",未被观测系统所照亮。比如常规的地面、高空观测站,在占地球表面 70% 的海洋上就很稀少,卫星虽然对全球进行探测,但对风的观测很不足。因此,观测提供不了 V_o 这个子集里的量的信息应该不足为怪。顾震潮[10]、郭秉荣等[11]的工作表明 V_p 这个有观测子集的变量的过去演变情况,蕴含着 V_o 这个子集的信息。为了增加输入的信息,应该不输入这个没有观测的 V_o 的信息,而增加已有的 V_p 的过去演变的信息,这只有改变初值问题的提法才有可能。提法的改变导致了把寻求使 ϕ_0 和实际一致改变为把 V_p 的过去演变数据作为输入的信息。避免用无观测信息的数据,充分利用已有的观测数据,从而增加信息源(输入数据)所含的输出信息(预报量)的信息量。

从信息论的角度看,式(2)算子 K_i 是信息变换、传递的机构。对信息它只减不增,如果输入的信息过少,不能指望能作出好的预报,所以充分利用过去的观测数据,作为信息输入,这样的改进带有根本性。但是,如果输入的信息足够,在信息变换过程中丢失的信息量过多,也不可能作出好的预报。如所知,K_i 与实际不一致(模式误差)是造成信息丢失的根源,造成 K_i 与实际不一致的主要根源有:一是表征边界状态的数据很多没有观测,信息缺失,二是大气中的物理过程有的描述不准确或者根本没有描述。提为初值问题自然从正面来努力。难道从正面改进是唯一的办法?舍此别无它途?未必!边值、物理过程尽管有未知的部分,但是其最终结果我们知道一些。积累的数十年的气象资料显示出的气候状况就是符合实际的外强迫所致的混沌吸引子上的概率测度。过去的逐日变化的实况,特别是近期的演变状况包含了模式误差的信息。难道不能从过去已积累的数十年的资料和近期的演变资料中找出 K_i 与实际不一致的信息,并加以改进,减少变换过程中信息的丢失吗?

既然初值缺测数据的信息隐藏在已观测到的历史数据中,已观测到的历史数据中还包含有数值模式误差的信息。那么,问题应该这样来提,在作预报时将所有观测到的数据的全体作为输入信息(从纯理论上而非实际上说)。以求输入信息最大。

我们的观测系统观测到的数据的全体如何用数学语言表达?

设观测系统建立并开始观测的时间为 t_1,观测的时间间隔为 τ:则 $t_1+\tau$,$t_1+2\tau$……有观测,现在的观测时刻设为 $t_1+m\tau$。于是我们有 m 个时刻的观测资料。不同时刻观测的要素其性质和数量是不同的。设 $t_1+i\tau$ 时刻观测的数据为 k 个,则 k 是 i 的函数,有 $k(i)$,则观测数

据的总量 $a = \sum_{i=1}^{m} k(i)$。在 $t_1 + i\tau$ 时刻的 $k(i)$ 个观测,记为 $d_i(1), d_i(2) \cdots d_i(j) \cdots d_i(k)$,$n$ 个表征大气状态的模式变量记为 ϕ_i,有

$$d_i(j) = M_{ij}(\phi_i) + \varepsilon_i(j) \tag{4}$$

M_{ij} 为观测算子,$\varepsilon_i(j)$ 为 $d_j(j)$ 观测误差。

式(4)共有 a 个方程,为书写简单,写为

$$\bar{d} = M(\phi) + \varepsilon \tag{5}$$

这里 ϕ 记 $\phi_1, \phi_2, \cdots, \phi_m$,即模式变量在迄今为止的观测时刻的全体。现在我们用式(4)替换式(3)。至于式(2),由于 K_i 和实际的不一致(模式误差),故 $\phi_{i+1} \neq K_i \phi_i$,现令 $\phi_{i+1} - K_i \phi_i = E_i$,于是有

$$\phi_{i+1} = K_i \phi_i + E_i \tag{6}$$

加上

$$d = M(\phi) + \varepsilon \tag{7}$$

这里 d, K_i, M 是已知的。ε 按误差理论由观测系统确定的均值为零、方差已知的正态概率分布。E_i 是未知的。天气预报怎样提法呢?我们把它提成求 $\phi_1, \phi_2, \cdots, \phi_m$ 和 $\phi_m + 1$ 满足式(6)和(7)。这里 ϕ_m 不是别的,就是式(3)中的 ϕ_o,而 ϕ_{m+1} 则是 $t + (m+1)\tau$ 时刻的预报值,逐步外推可以获得 $\phi_{m+2}, \phi_{m+3}, \cdots$。

将式(6)、(7)与式(2)、(3)比较,动力模式中出现了未知的误差项,由于有了未知项,只有增加另外的信息才能求解。另外的信息从何而来?这要从实况观测资料而来。而式(7)就是满足式(6)的一系列特解的泛函。由此可见,方程中的未知项 E_i 的信息包含在式(7)的观测资料中。"如果已知微分方程中的各项和参数来求取方程的解,就是通常所说的正问题;而如果已知微分方程的一些特解的泛函,反过来确定微分方程中的一些未知项或参数,就是所谓的反(逆)问题[12]。实际问题大多属于反问题。本文提出对数值天气预报,需要改变问题的提法,由正问题改变为反问题。

和正问题不同,反问题通常是不适定的。即解不存在和解不唯一。对解不存在,通常采取求广义解,即构造目标泛函,求泛函极小的最小二乘意义下的解。对解不唯一则需要增加另外的先验信息;通常是经验性地来解决。

5 理想化不可避免——分别情况,不同简化

式(2)是现在的业务预报模式,只要它的预报还有误差,用式(6)来代替显然无不妥之处。问题是式(7)说的是将所有观测到的数据全部用上,那是从纯理论上而非实际上说的。实际上,要用上全部观测数据既不可能,也不必要。这就面临一个问题,哪些观测数据用?哪些不用?这是一个很关键的问题,是一个要花大力气才能解决得好的问题。欧洲中心(ECWMF)的全球模式的同化系统中,卫星资料占整个资料的 90%,而中国的业务上的同化系统用的卫星资料不多。更值得注意的是欧洲中心用于业务的卫星资料只有其所掌握的卫星资料的 10%,在中国资料的质量亟待加强。对同化系统而言,质量控制至关重要,不是资料用得多就好。俗话说"一粒老鼠屎,搅坏一锅汤"。用哪些资料,不用哪些资料,与所要预测的现象有关。全球模式与中尺度模式是很不相同的。下面我们假设这个问题已经解决,即用哪些时刻的观

测资料,每个时刻的何种资料都已确定,为了方便,仍用上述符号;t_1,$t_1+\tau\cdots t_1+m\tau$ 为资料时刻,式(7)写为

$$d_i = M_i(\phi_i) + \varepsilon_i \qquad 1 \leqslant i \leqslant m \tag{8}$$

式(8)是 ϕ_1,$\phi_2\cdots\phi_m$ 的 m 个方程,实质上是资料同化问题,而 ϕ_m+1 的确定则是预报问题。我们把它分开成两个问题,加以不同简化来解决。

资料同化问题是求 ϕ_1,$\phi_2\cdots\phi_m$,按条件

$$d_i = M_i(\phi_i) + \varepsilon_i \tag{9}$$

$$\phi_{j+1} = K_j\phi_j + E_j \tag{10}$$

这里 $i=1,2\cdots m$,而 $j=1,2\cdots m-1$,式(9)是 m 个方程,式(10)是 $m-1$ 个方程。而预报问题是求 ϕ_{n+1} 满足

$$\phi_i = C_i \tag{11}$$

$$\phi_{i+1} = K_i\phi_i + E_i \tag{12}$$

这里 $i=1,2\cdots n$。需要注意的是 m 和 n 不同。$n \gg m$。资料同化问题是要求出有观测时刻的模式变量 ϕ_i。预报问题则是在已知 ϕ_1,ϕ_2,$\cdots$,ϕ_n 的情况下,由式(12)设法确定 E_n,从而求得 ϕ_{n+1}。下面两节讨论资料同化问题和预报问题作为上述反问题的具体解法。

6　同化实为反问题,困在虚假欠定性

如所知,同化问题是求 ϕ_1,ϕ_2,$\cdots$,ϕ_m,依据

$$d_i = M_i(\phi_i) + \varepsilon_i \tag{13}$$

$$\phi_{j+1} = K_j\phi_j + E_i \tag{14}$$

这里 $d_i \in R^{m(i)}$,M_i 是观测算子,K_j 是数值模式,都是已知的。$\phi_j \in R^n$ 是待求的。E_i 是未知的,表征数值模式预报的误差。显然如果不依据先验知识提出对 E_i 的限定,让它完全任意的话,则式(14)形同虚设,不起任何作用。这样一来问题的关键就集中在如何给出 E_i 的限定。这是一个没有标准答案的问题,不同作者可以根据其知识和经验作出不同的假定。原则上是构造出一个函数类 Ω,认定 $E_i \in \Omega$。再构造一个 E_i 的目标泛函 $J(E_i)$,把问题化成变分问题,求泛函极小[12]。

如果想不涉及由 E_i 带来的复杂性。最自然地便是作最大简化,仅考虑式(13)。即依据已知的 d_i,M_i 求 ϕ_i。显然,这是一个反问题。实际上,三维变分就是解的这个反问题。由于 $\phi_i \in R^n$,$d_i \in R^{m(i)}$,而通常 $m(i) \neq n$。这个反问题是高度欠定的。必须要有另外的信息。"背景场"在这个背景下被引入了。所谓"背景场"不是别的就是数值天气预报给出的 $t+i\tau$ 时刻 ϕ_i 的预报场。数值天气预报本来是作为初值问题提出来的。要作预报必须先根据观测资料分析出初始场,分析是预报的"先行官"。现在初始场的分析需要"背景场",这样一来,预报反而成了分析的"先行官"。这样运行了足够长时间以后,人们已经搞不清是先有鸡(背景场),还是先有蛋(分析场)了。

值得注意的是虽然三维变分实际上是解式(13)反问题,但并没有按解反问题的理念往前走。而是将"背景场"视为另一种观测信息,而依据最优估计(统计意义下),取二者的加权平均。如所知,即将一个目标函数 $J(\phi_i)$ 极小化。

$$J(\phi_i) = \frac{1}{2}\{(\phi_i - \phi_i^b)^T B^{-1}(\phi_i - \phi_i^b) + [M_i(\phi_i) + d^i]^T O^{-1}[M_i(\phi_i) - d_i]\} \tag{15}$$

这里 ϕ_i^b 是背景场,ϕ_i 和 ϕ_i^b 都是 n 维向量,d_i 是 $m(i)$ 维向量,B^{-1} 是 $n \times m$ 预报误差协方差矩阵,O^{-1} 是 $m \times m$ 观测误差协方差矩阵。这样一来,背景场误差协方协矩阵 B^{-1} 起的作用很大。资料同化问题被引导到确定 B^{-1} 上去了。为了能得到随流型而变的 B^{-1},现在又由变分同化转向集合卡尔曼滤波。

让我们沿着解反问题的理念往前走。也就是求 ϕ_i,满足

$$d_i = M_i(\phi_i) \tag{16}$$

这里 $d_i \in R^{m(i)}$,$\phi_i \in R^n$,M_i 是已知的观测算子。有背景场 ϕ_i^b,如何看待 ϕ_i^b?观测是唯一的信息源。ϕ_i^b 被视为 ϕ_i 的初猜值,也就是与 ϕ_i 很接近的一个场。令 $\phi_i - \phi_i^b = \phi_i'$ 于是有

$$d_i - M_i(\phi_i^b) = d' \approx M_i'(\phi^b)\phi_i' \tag{17}$$

$d' \in R^{m(i)}$,$\phi_i' \in R^n$,而 $M_i'(\phi_i^b)$ 是观测算子 M_i 的切线性算子,是一个 $m(i)$ 行 n 列的矩阵。式(16)是线性反演问题。求得 ϕ_i' 后,可以将 $\phi_i^b + \phi_i'$ 作为新的背景场,这样就构成一个迭代过程,如果收敛的话,那么,最终的由观测决定的解与 ϕ_i^b 取值无关,ϕ_i^b 在这里起的作用与在三维变分中起的作用是很不一样的。

式(16)这种线性反演问题有很完善的理论[13]。简述如下:

$$设 \; Y = HX \tag{18}$$

$X \in R^n$,称为参数空间,$Y \in R^m$ 称为资料空间。$H : R^n \rightarrow R^m$ 的 m 行 n 列的矩阵算子。存在一步一步的算法,由 H 可以得到一个广义逆矩阵,H^{-1},$H^{-1} : R^m \rightarrow R^n$ 的 n 行 m 列的矩阵,有

$$\tilde{X} = H^{-1}Y \tag{19}$$

$\tilde{X}$ 就是由式(17)求得的 X 的反演解。

线性反演理论的精彩之处在于:

定义:R^n 中满足 $HX = 0$ 的 X 的全体组成的向量集合,记为 V_o。

$$V_o = \{\forall X \in R^n \mid HX = 0\} \tag{20}$$

V_o 是参数空间中的"黑暗角落",观测值 Y 中没有 X 在 V_o 空间的分量的信息,X 在 V_o 空间分量的改变不会对 HX 的结果有影响。V_o 空间的存在导致反问题的解不唯一。反问题在 V_o 空间的解必需求助于先验信息。具体到式(17),广义逆矩阵给出的解,在 V_o 空间的分量取为零。即 $\phi' = 0$,这意味着在 V_o 空间取背景场在 V_o 空间的值作为反演值。

定义 R^m 中满足 $H^{-1}Y = 0$ 的 Y 全体组成的向量集合,记为 U_o。

$$U_o = \{\forall Y \in R^m \mid H^{-1}Y = 0\} \tag{21}$$

U_o 是资料空间中的"无信息区域"。Y 在 U_o 中的分量对 X 无影响,意味着它不包含 X 的信息,如果 Y 在 U_o 空间的分量不为零,导致反问题的解不存在。令 Y 在 U_o 空间的分量为零,使反问题解存在(最小二乘)。

V_o 空间的存在反映信息不足,其大小是信息不足的度量。U_o 空间的存在反映信息多余,其大小是信息多余程度的度量。V_o、U_o 是由算子 H 确定的,与观测数据无关。而算子 H 是由观测系统决定的。什么样的观测系统就有什么样的 V_o、U_o。由此可见,同样是依据 ϕ' 和式(21),但是作为反问题来解与变分方法不同,并不限于获得一个解,而是探讨所有可能的解,从全局视角揭示出信息多余和信息不足的具体状况,使资料同化不仅仅局限于获得数值预报的初值,还可以用来通过计算机上的数值试验来合理地设计和改进观测系统。其实,资料同化问

题最重要的是："知之为知之,不知为不知,是知也"(论语·为政)。

线性反演理论的精彩之处还在于给出了方案好坏应如何评估? 反问题

$$Y = HX \tag{22}$$

解得 $\widetilde{X}$ 　$\widetilde{X} = H^{-1}Y$ $\tag{23}$

于是有　$\widetilde{X} = H^{-1}HX = RX$ $\tag{24}$

R 称为分辨率矩阵,反映了反演解 $\widetilde{X}$ 与实际 X 的关系,另一方面由反演解 X 代入式(22)得到 $\widetilde{Y}$,有

$$\widetilde{Y} = H\widetilde{X} = HH^{-1}Y = PY \tag{25}$$

P 称为信息密度矩阵,反映了反演解 X 拟合实际资料的程度。希望 $\widetilde{X} \to X$,就要 $R \to I$(单位矩阵),希望 $\widetilde{Y} \to Y$,就要 $P \to I$。然而,提高分辨率($R \to I$)和减小方差($P \to I$)往往是相互矛盾的,两者不可兼得,而只能在二者之间取折衷。很自然地要提出这样的问题,根据观测值 Y 求 X 时,单纯追求对观测数据的拟合,如按变分方法求泛函极小,是合适的吗?

值得注意的是直接解反问题的上述方法,对背景场使用的概念与三维变分很不相同,背景场并不看成是另一种测量,因而不需要知道背景场误差的协方差矩阵 B^{-1}。背景场的作用在于在观测没有提供信息的 V_o 空间中,作为先验信息给出反演值(显然这实在是无奈之举!),在有观测信息的空间中它不起作用。作为一个近似的第一猜值在对非线性的观测算子线性化,并使迭代过程收敛方面,有着重要的不可缺少的作用。背景场是需要的,背景场误差的协方差矩阵是不需要知道的。

很自然地要发生这样的问题,上述比较都是理论上的,依据同样的式(13)和背景场 ϕ_i^b,三维变分和直接反演都可以得出 ϕ_i。得出的结果是不同的。哪一个更符合实际?这完全可以通过一些理想化的模型(自由度较少,观测算子较简单,给定 ϕ_i 和 M_i 后,算出 d_i,加以扰动,并由 ϕ_i 构造出 ϕ_i^b)进行数值试验。请读者自行试验判断。

直接反演也和三维变分一样存在着两个既有区别又有联系的缺陷:这就是问题是高度欠定的(V_o 空间过大)和得到的初始场和模式不是动力协调的。为此人们设法利用多个时刻的资料。这就回到要解式(13)和(14)。如所知,如果不对 E_i 作出限定,则式(14)形同虚设。最简单的办法就是令 $E_i = 0$。于是

$$\begin{cases} d_1 = M_1(\phi_1) \\ d_2 = M_2(\phi_2) = M_2(K_1\phi_1) \\ \cdots\cdots \\ d_i = M_i(\phi_i) = M_i(K_{i-1}K_{i-2}\cdots K_1\phi_1) \\ \cdots\cdots \\ d_m = M_m(\phi_m) = M_m(K_{m-1}K_{m-2}\cdots K_1\phi_1) \end{cases} \tag{26}$$

这意味着模式是完满的。虽然要求的初始场是 ϕ_m,但先不求 ϕ_m,而求 ϕ_1。ϕ_1 的自由度是 n,式(26)却有 $a = \sum_{i=1}^{m} k(i)$ 个方程,这就缩小了欠定性,求得 ϕ_1 后通过数值模式向前积分得出 ϕ_m 作为初始场。如果 ϕ_1 和模式不是动力协调的话,那么经过积分调整,可以认为 ϕ_m 是动力协调的了。

式(26)是与式(13)一样的反问题。四维变分实际上是三维变分的推广。它虽然解的是式(26)的反问题,但没有按反问题的理念往前走。对式(26)同样可以直接反演求出 ϕ_1,再由 ϕ_1

通过数值模式向前积分得到 ϕ_m。

解式（26），不论是四维变分或是直接反演，解决欠定性和获得与模式协调的初始场是建筑在模式是完美的（$E_i = 0$）这个基础上的。如果模式误差不能不考虑。难道就没有解决这个问题的别的办法？

何谓"与动力模式协调"？

如所知，大气向外源的非线性适应，使其状态演化到吸引子上，对数值模式而言，状态变量 $\phi \in R^n$，而吸引子 S 是 R^n 中的一个体积（测度）为零的点集。存在 3 种特征的时间尺度，即趋向吸引子的快变的适应过程；在吸引子上的演变过程（天气变化）；吸引子本身因外强迫的缓慢变化相应的发生更为缓慢的整体特性的变化（气候变化）。"数值模式能够有效描述的是演变过程，快变化成了一种干扰，提出了要求初值与动力模式协调的初始化问题。对于更为缓慢的整体特性的变化问题，最好是另外设计数值模式来研究"[14]。初始场要"与动力模式协调"就是要在吸引子 S 上，避免出现趋向吸引子的快变的适应过程。任一观测值相当于在 R^n 空间中取一点 ω。由于 S 是一个体积为零的点集，那么，$\omega \in S$ 的概率为零，$\omega \in S$ 的概率为 1，显然必须经过处理才有可能符合实际。这就是初始化的本质和必要性。既然初始场要在吸引子 S 上，而 S 是 R^n 中一个体积（测度）为零的点集，它的自由度要远远小于 n。设 n 中一个维数尽可能小的子空间 R^m，$R^m \subset R^n$，$m \neq n$ 覆盖了吸引子 S。未知量只有 m 个。而不是 n 个。可见，在 R^n 中求解，欠定性被人为地夸大了。正是这个虚假的欠定性使资料同化问题陷入了困境。

回到式（17）的求解，即求 ϕ'_i 满足

$$d' = M'_i(\phi^b)\phi'_i \tag{27}$$

$\phi'_i \in R^n$，但是我们在求解式（27）时，把解限定在 S 中，即要求 $\phi'_i \in S$，这就大大地降低了问题的欠定性，甚至根本不是欠定的了。由于 $\phi'_i \in S$，求得的解是"与动力模式协调的"一举两得。

问题是如何找到支撑起这个吸引子的向量集（基底）。作为第一步如何找到覆盖吸引子 S 的 R^m 子空间，或者支撑 R^m 的 m 个基底。如果在 R^n 中有一个 R^m 子空间，$R^m \subset R^n$，$m \ll n$ 那么从理论上讲只要找到 R^m 中 m 个线性独立的样本，它就构成了支撑起 R^m 的一组基底，R^n 中的任何向量都可以用它的线性组合来表示。通过运行数值模式可以得到足够多的 S 上的样本，如何从中产生出我们需要的 R^m 的基底呢？经验正交分解方法（EOF），或者 SVD 就可产生[15-16]。从理论上讲上述方案是完全可行是，但要用于实际（业务）还有大量工作要做。

如果认为预报误差主要是初值不准，相对而言，模式在传递信息上损耗较小，在这种情况下，解式（26）时，将求的解 ϕ_i 限定在吸引子上，将是一个很好的同化系统。从理论上讲是没有原则困难的。

需要指出的是将解限制在 S 上的问题并没有解决，S 的点固然都在 R^m 中，但在 R^m 中不等于在 S 上。为了进一步缩减欠定性和确保初始场与动力模式协调，应将解真正限制在 S 上，这是有待研究解决的问题。

7   由果求因、以史为鉴

回到预报问题式（10）和（11）。即求 ϕ_{m+1}，满足

$$\phi_i = C_i \tag{28}$$

$$\phi_{i+1} = K_i\phi_i + E_i \tag{29}$$

这里 $i=1,2\cdots n$。易见,当 $n=2$,而 $E_1=0$ 时,蜕化为

$$\begin{cases} \phi_1 = C_1 \\ \phi_2 = K_1\phi_1 \end{cases} \tag{30}$$

这就是现在的作为初值问题的数值天气预报。这里考虑 n 足够大,即用数十年的历史数据。对预报 ϕ_{m+1} 而言,与原先初值问题不同就在于有 E_m。E_m 就是模式误差,主要归因于次网格过程参数化描述的误差。从改进物理过程的描述,使模式更"逼真"于实际大气。"正面地改进模式的各个环节来发展模式是非常重要的,但无论怎样发展,距完美模式仍有很大距离,模式中未知的误差部分总是客观存在的"[17],从另一方面看,过去的历史数据中蕴含了模式误差的信息。不一定非要由因求果,也可以由果求因。任何一个问题都有正反两个方面。所谓正难则反易,很多时候,从正面解决问题相当困难,这时如果从其反面去想一想,常常会茅塞顿开,获得意外的成功。

解式(28)和(29)这样的反问题,必须依靠对 E_i 的先验知识。

如何改进次网格过程参数化?

可以从数十年的历史资料中提取信息。如果 E_i 是次网格参数化过程所导致。那么它应该能用模式变量 ϕ_i 来表达,也就是它应该是 ϕ_i 的函数,即

$$E_i = H(\phi_i) \tag{31}$$

关键在确定函数形式 H,如何找出 H?

通过历史回报式(29),我们得到两个数据集,ϕ_i 和 E_i,$i=1,2\cdots n$。利用历史资料相似信息直接估计 E_i 以获得 H 的相似误差订正法[18-19],是一个不错的解决办法。它全面地引入相似观点,初步试验显示出应用前景。

如何借鉴天气图方法的外推,考虑场演变的连续性?

可以考虑近期的资料,设 $E_i=q(t)$,将 $q(t)$ 取为低阶多项式,即 $q(t)=a_0+a_1t+\cdots+a_lt^l$

概括地说,将 E_i 分解为下列 4 部分:

$$E_i = \overline{E} + H(\phi_i) + q(t) + E'$$

$\overline{E}$ 为 E_i 的均值,是系统性误差,即气候漂移。$H(\phi_i)$ 为 E_i 中由 ϕ_i 能确定的部分,是可参数化的次网格过程。$q(t)$ 为 E_i 中根据时间序列外推能确定的部分。E' 为 E_i 中除去 3 部分后的余项,被视为随机变量,反映未来的不确定性,可以从统计上得出其概率分布。然后,根据这个概率分布产生出一组样本,可用来作集合预报,从而可以从集合成员的离散程度先验地给出预报可信度的估计。针对模式不确定性的集合预报是当前研究的热点。提出了一些方法:如扰动单一模式的边界条件或物理过程,采用不同参数化方案,多模式集合,超级集合等。这些方法都是从因到果的正问题思考。这里的模式不确定性集合预报方法则是由果求因的反问题思考的,完全是基于不同理念的。

8　结　论

数值天气预报有走中国自主创新之路的必要性。如果说在工业、农业、医学这些领域,我

们不必非要赶上和超过国际的先进水平才行的话,数值天气预报就很不一样了。因为它的目的就在提出未来天气状况的信息。而未来天气状况的信息,现在(至少在和平时期)在世界上并不是保密的。欧洲天气预报中心、日本等都在发布。我们发布的数值预报,如果准确率赶不上欧洲和日本的话,预报员就用欧洲和日本的。这样一来,我们在数值预报方面的投入,没有发挥应有的作用。这就使得我们发布的业务数值预报,对中国境内的预报一定要比欧洲和日本的准确率高或者至少相当才有意义。可是,在综合探测系统和与之相关联的取得的资料方面,在电子计算机的运算速度和存储方面,中国处于劣势。因此,如果我们没有和他们不同之处,也就是我们没有他们没有的东西,那就要问我们凭什么能和他们相比。这是一个非常严肃的问题。这就是必须有与他们不同之处。这是依靠去国外考察、学习和引进解决不了的问题,只有走中国自主创新之路。

凡事都有两面,必要性和可能性。光有必要性而无可能性,必要性是落空的。在数值天气预报领域有没有走出不同于国外的路的可能性呢?这就要看国外走的路是不是已经尽善尽美,不存在什么缺陷可以被我们改进。毕竟我们不能为创新而创新。

本文认为国外走的路并非尽善,大可改进。存在着建立不同于欧洲和日本的数值天气预报的业务系统的可能。国外把问题提为初值问题,"只用一个时刻的资料是一个比较根本性的缺陷"[2]、"缺乏教养"[20],精细逼真的道路使预报缺乏针对性,纯而又纯的确定论是片面的。

本文针对国外道路存在的缺陷,从信息论的视角,依据强迫耗散非性线大气动力学和线性反演理论的丰硕成果,提出改变对问题的提法,由初值问题改为反问题。

本文对所提出的反问题提出了具体解法,即从现有的业务数值天气预报模式出发,借助丰富的过去的历史数据(所关心现象的实际行为),将现有的数值模式"本地化"。而所用的技术都是现成的,是完全可行的。其特点是:(1)起点高,从综合了动力学成就的现行的数值预报业务系统出发,并且可随着业务系统的改进而改进。(2)劲头足,将物理规律和历史数据合二为一,调动了两个积极性。(3)方向对,由果求因,事半功倍。承认不确定性,采用概率统计理念,符合大气实际。

需要强调指出的是这些都仅仅是理论上的,要成为业务系统还要做大量的工作,目前只不过是万里长征走出了第一步。我们相信在不远的将来,中国有志的年轻人一定会走出中国自主创新之路。让我们用谢义炳先生的话作为本文的结语:"我们不能盲目地跟外国,我们常跟外国跟不上,他们一转弯子,我们还沿着切线跑,拼命追他们干什么呢?他们就那么灵呀!他们就都对吗?"[21]。"对气象科学技术来说,是根据中国的情况,走中国的道路,我们不必以赶超国际水平为目标,却会顺带地达到这个目标"[22]。

参考文献

[1] 本书编委会编.开拓奉献 科技楷模——纪念著名大气科学家顾震潮.北京:气象出版社,2006:424

[2] 顾震潮.天气数值预报中过去资料的使用问题.气象学报,1958,29(3):176-184

[3] Koo Chen-chao. On the Equivalency of Formulation of Weather Forecasting as an Initial Value Problem and as an "Evolution" Problem. In: *The Rossby Memorial Volume Oxford University*. New York Press, 1959

[4] Bjerknes V. Das Problem der Wettervorhersage, betrachtet vom Stanpunkt der Mechanik und der. *Meteor*

Zeits,1904,21:1-7

[5] 顾震潮.从讯息论看天气预报的评分和使用.气象学报,1957,28(4):256-263

[6] 张学文.气象预告问题的信息分析.北京:科学出版社,1981:177

[7] 李建平,丑纪范.大气吸引子的存在性.中国科学(D辑),1997,27(1):89-96

[8] 李建平,丑纪范.大气方程组的惯性流形.中国科学(D辑),1999,29(3):270-278

[9] 丑纪范.大气科学中的非线性与复杂性.北京:气象出版社,2002:204

[10] 顾震潮.作为初值问题的天气形势预报与由地面天气历史演变做预报的等值性.气象学报,1958,29(2):93-98

[11] 郭秉荣,史久恩,丑纪范.以大气温压场连续演变表征下垫面热状况的长期天气数值预报方法,兰州大学学报,1977,4:73-90

[12] 丑纪范,任宏利.数值天气预报——另类途径的必要性和可行性.应用气象学报,2006,17(2):240-244

[13] Wiggins R A. The general lineral inverse problem:Implieation of surface waves and free oscillations for Earth structure. *Rev Geophys Space Science*,1972,10:251-285

[14] 丑纪范.四维同化的理论和新方法 // 廖洞贤,柳崇健.数值天气预报中的若干新技术.北京:气象出版社,1995:464

[15] 张邦林,丑纪范.经验正交函数在气候数值模拟中的应用.中国科学(B辑),1991(4):442-448

[16] 张邦林,丑纪范.经验正交函数展开精度的稳定性研究.气象学报,1992,50(3):342-345

[17] 任宏利,丑纪范.数值模式的预报策略和方法的研究进展.地球科学进展,2007,22(4):376-385

[18] 任宏利,丑纪范.统计-动力相结合的相似误差订正法.气象学报,2005,63(6):988-993

[19] 任宏利,丑纪范.在动力相似预报中引入多个参考态的更新.气象学报,2006,64(3):315-324

[20] Gray W M. Climate prediction methodology // *Proceedings of the Twenty-fouth Annual Climate Diagnotics and Prediction and Prediction Diagnotics and Prediction and Prediction Workshop*. Tucson,Arizona. Nov5—9 1999. Doc NOAA. NWS,NCEF CPC,2000:145-148

[21] 谢义炳.气象科学发展的趋势和我们的对策.内蒙古气象.1981,6:1-10

[22] 谢义炳.回顾过去,瞻望未来,促进我国气象科学技术发展的新高潮.气象学报,1983,41(3):257-262

AN INNOVATIVE ROAD TO NUMERICAL WEATHER PREDICTION ——FROM INITIAL VALUE PROBLEM TO INVERSE PROBLEM

Chou Jifan

(*College of Atmospheric Sciences,Lanzhou University*)

Abstract:Given the fact that atmosphere is by no means a determinate system,this paper considers the numerical weather forecast in the view of information theory. The initial value and boundary value can be regarded as input information(information sources and a numerical model is just a tool which exchanges information. Numerical models can transform input information into results of the prediction of future weather information. So the forecast accuracy is enslaved to two aspects:one is how much output information is contained in input information,the other is how much information will be lost in the process of information transformation. The process of generating initial value means that the observational data of a moment does not include all required information for a model's initial value,and the absent information is more or less hidden in the historical observations. Therefore,it is necessary to utilize historical data to increase predicted information which is included in the input data. This paper concludes that a numerical model which can generate more output information than input information, does not exist, and inreasing input information is of essential sense. Furthermore, this paper demonstrates that model errors are also more or less hidden in historical data. In order to make good use of the historical observational data, this paper suggests that the forecasting problem should be regarded as an inverse problem rather than an initial value problem. Data assimilation is essentially an inverse problem, and its under-determination should not be artificially exaggerated. The numerical weather prediction, an inverse problem, can not only make full use of historical data, but also use synoptic methods, statistical methods and dynamical methods in combination. This inverse problem can be resolved in practice by a specific method which synthesizes distinction between operational analysis and research results, universality of models, as well as statistics of pertinence. Therefore, it is a feasible approach to use historical data to improve model predictions without constructing a new model, which by any means is a very difficult work.

Key words: Numerical weather forecast, Inverse problem, View of information.

丑纪范文选

CHOUJIFAN WENXUAN

文选

第二部分

在短期气候预测中动力和统计有机
结合的理论和方法

以大气温压场连续演变表征下垫面
热状况的长期天气数值预报方法

郭秉荣　　史久恩　　丑纪范

（兰州大学）

一、前　言

　　长期天气过程最根本的物理特征是非绝热性，即外部对大气的热作用是长期天气变化的根本原因，而热作用过程本身的复杂性带来了长期天气变化物理机制的复杂性。影响热作用过程的主要因素之一是全球的云量，云量分布不均匀使大陆和海洋增温不均匀，而陆地和海洋的不均匀增温区域就形成对大气的不均匀的加热场，这样就在时间和空间上使大气的能量失去平衡，而发生大气能量的传输，形成长期天气系统的演变，引起对气候值的偏离。陆地地形特别是像青藏高原这样的大地形的动力热力作用和广大海洋的洋流作用又使上述过程更加复杂化，因为海洋中不均匀加热的水由于环流作用而被洋流输送到其他区域，并在那里把热量传递给大气，造成突然的天气变化。在海气相互作用中，还应考虑大气的辐合辐散造成海水辐合辐散给海温变化带来的影响。影响热作用过程的另一个重要因素是在太阳辐射能转化为大气运动动能的过程中，存在非线性的直接耦合和反馈。我们过去的工作[1]提出的地气系统两参数长期天气预报模式，考虑了云量的影响、地气系统的反馈和大地形的作用。本文进一步考虑上述影响热作用过程的其他因素。

　　比之于短、中期，长期天气变化过程是在更大的尺度范围内实现的。如果考虑全球或半球的预报问题，则在资料[1]的模式中要用到相应范围的地温、海温资料，目前实现这一点是有困难的。更重要的是，这里仍然是古典初值问题的提法，早在 1958 年顾震潮同志就指出[2]，数值预报只使用一个瞬时时刻的观测资料，把复杂的天气预报问题简单地看作一个初值问题来处理，这种割断实际历史发展的做法，是不符合广大气象台站在长年累月中积累起来的实践经验的。基于这种思想，对短期天气数值预报我国已开展了多时刻预报模式方面的工作[3,4]。我们认为这种思想同样适于长期天气预报问题。本文证明了大气温压场的连续演变和下垫面热状况的等价性，也就是改变了原初值问题的提法，使用更多的历史观测资料实现了长期天气的数值预报。这在理论上和实践上都是很有意义的，从理论上说来，表明了考虑下垫面热状况和以环流报环流在物理上是并不矛盾的。在环流的连续历史演变中形成了下垫面的一定状况，这一定状况就是环流报环流的物理基础。而从实践上看，我们现在还缺乏各层地温和海温的

　　本文发表于《兰州大学学报》，1977 年第 4 期，73-90。

资料,在数量和质量上都是不够的,但却有连续演变的大气温压场资料,充分利用已有的多时刻资料来做预报,应该是一个多快好省的做法。

二、长期天气数值预报中的环流报环流问题

资料[1]建立的地(海)气系统的两参数预报模式为:

$$\frac{1}{f}\big[J(\phi_0', \nabla^2\overline{\phi}_0) + J(\overline{\phi}_0, \nabla^2\phi_0') + J(\phi_0', \nabla^2\phi_0') + aJ(\phi_0', \Delta^2\overline{\phi}_1) +$$

$$aJ(\overline{\phi}_0, \nabla^2\phi_1') + aJ(\phi_0', \nabla^2\phi_1') + aJ(\phi_1', \nabla^2\overline{\phi}_0) + aJ(\overline{\phi}_1, \nabla^2\phi_0') +$$

$$aJ(\phi_1', \nabla^2\phi_0') + bJ(\phi_1', \nabla^2\overline{\phi}_1) + bJ(\overline{\phi}_1, \nabla^2\phi_1') + bJ(\phi_1', \nabla^2\phi_1')\big] +$$

$$J(\phi_0', f) + aJ(\phi_1', f) - A\big[\nabla^2(\nabla^2\phi_0') + a\nabla^2(\nabla^2\phi_1')\big] =$$

$$\frac{\overline{f}}{P_T - P_S}\Big[J(P_S, \phi_0') + \Big(\frac{P_S}{P_1}\Big)^\mu J(P_S, \phi_1')\Big] + \frac{gC_D}{P_T - P_S}\Big[\nabla^2\phi_0' + \Big(\frac{P_S}{P_1}\Big)^\mu \nabla^2\phi_1'\Big] \tag{1}$$

$$\frac{C}{\overline{f}}\big[J(\overline{\phi}_0, \phi_1') + J(\phi_0', \overline{\phi}_1) + J(\phi_0', \phi_1')\big] - CA_V\nabla^2\phi_1' + \sigma\Big\{\frac{P_S}{f}\Big[J(P_S, \phi_0') +$$

$$\Big(\frac{P}{P_1}\Big)^\mu J(P, \phi_1')\Big] + \frac{P_S g C_D}{\overline{f}}\Big[\nabla^2\phi_0' + \Big(\frac{P_S}{P_1}\Big)^\mu \nabla^2\phi_1'\Big] - \frac{P_T^2 - P_S^2}{2\overline{f}^3}\big[J(\phi_0', \nabla^2\overline{\phi}_0) +$$

$$J(\overline{\phi}_0, \nabla^2\phi_0') + J(\phi_0', \nabla^2\phi_0') + a'J(\phi_0', \nabla^2\overline{\phi}_1) + a'J(\overline{\phi}_0, \nabla^2\phi_1') + a'J(\phi_0', \nabla^2\phi_1') +$$

$$a'J(\phi_1', \nabla^2\overline{\phi}_0) + a'J(\overline{\phi}_1, \nabla^2\phi_0') + a'J(\phi_1', \nabla^2\phi_0') + b'J(\phi_1', \nabla^2\overline{\phi}_1) +$$

$$b'J(\overline{\phi}_1, \nabla^2\phi_1') + b'J(\phi_1', \nabla^2\phi_1')\big] - \frac{P_T^2 - P_S^2}{2\overline{f}^2}\big[J(\phi_0', f) + a'J(\phi_1', f)\big] + \frac{A(P^2 - P_S^2)}{2\overline{f}^2} \times$$

$$\big[\nabla^2(\nabla^2\phi_0') + a'\nabla^2(\nabla^2\phi_1')\big]\Big\} = -K_1 T_S'(o, t_n) + K_2\phi_1' + K_3\Big[\nabla^2\phi_0' + \Big(\frac{P_S}{P_1}\Big)^\mu \nabla^2\phi_1'\Big] \tag{2}$$

$$T_S'(o, t_n) = -K^2\int_{t_o}^{t_n}G(o, t_n; o, \tau)f(\tau)dz + \int_o^L G(o, t_n; \zeta, o)T_3'(\zeta)d\zeta \tag{3}$$

考虑到长期天气过程初始场作用随时间衰减的特点,当离初始时刻足够长时,方程(3)右端的第二项即初值部分的影响可以略去不计,这样(3)式可以写成

$$T_S'(o, t_n) = -\frac{K}{\sqrt{\pi}}\int_{t_o}^{t_n}\frac{F(\tau)}{\sqrt{t_n - \tau}}d\tau \tag{4}$$

其中 $F(\tau) = S(\tau)f(\tau)$,

$$S(\tau) = 1 - h\int_o^L e^{-\frac{\eta^2}{4K^2(t_n - t\tau)} - h\eta}d\eta$$

将 $F(\tau)$ 表示成

$$F(\tau) = \sum_{i=0}^n Y(t_i)L_i(\tau)$$

$Li(\tau)$ 是拉格朗日插值多项式。这样,有

$$T_S'(o, t_n) = -\frac{K}{\sqrt{\pi}}\sum_{i=0}^n C_i Y(t_i)$$

其中

$$C_i = \int_{t_o}^{t_n}\frac{Li(\tau)}{\sqrt{t_n - \tau}}d\tau$$

由于

$$Y(t_i) = S(t_i) f(t_i)$$

$$f(t_i) = N\left(\nabla^2 \phi_0'(t_i) + \left(\frac{P_s}{P_1}\right)^\mu \nabla^2 \phi_1'(t_i) \right) + h\frac{\mu}{R}\phi_1'(t_i)$$

将上面的结果代入(4)式,最后得到

$$T_S'(o,t_n) = -\frac{K}{\sqrt{\pi}}\sum_{i=0}^{n} C_i S(t_i)\left[N\left(\nabla^2 \phi_0'(t_i) + \left(\frac{P_s}{P_1}\right)^\mu \nabla^2 \phi_1'(t_i) \right) + h\frac{\mu}{R}\phi_1'(t_i) \right] \tag{5}$$

这样,就证明了大气温压场的连续演变与下垫面热状况的等价性。如果将(5)式代入(2)式,这时,由(1)、(2)式就可根据预报前期连续演变的大气温压场预报未来时刻的大气温压场,实现长期天气数值预报中的环流报环流问题。

三、海气相互作用问题

由于大气的辐合辐散造成海水辐合辐散给海温变化带来的影响,此因素包含在(2)式右端的第三项中。这里着重考虑洋流问题,有洋流影响时,下垫面热导方程为:

$$\frac{\partial T_s}{\partial t} + \delta_S\left(u\frac{\partial T_s}{\partial x} + v\frac{\partial T_s}{\partial y} \right) = K^2\frac{\partial^2 T_s}{\partial Z^2} \tag{6}$$

u,v 是洋流速度。

$$\delta_S = \begin{cases} 1, & \text{在海洋} \\ 0, & \text{在陆地} \end{cases}$$

根据关于长期天气系统的尺度分析,(6)式可以简化成

$$\frac{\partial T_s'}{\partial t} = K^2\frac{\partial^2 T_s'}{\partial Z^2} - \delta_S\left(u'\frac{\partial \overline{T_s}}{\partial x} + v'\frac{\partial \overline{T_s}}{\partial y} \right) \tag{7}$$

初始条件

$$T_s'(Z,t)\big|_{t=t_o} = T_s'(Z)$$

边界条件

$$Z = 0, \frac{\partial T_s'}{\partial Z} - hT_s' = N\left[\nabla^2\phi_0' + \left(\frac{P_s}{P_1}\right)^\mu \nabla^2\phi_1' \right] + h\frac{\mu}{R}\phi_1' = f(t)$$

其中 $\overline{T}_s$ 是平均海温, u',v' 是洋流扰动速度。由广义 *Green* 公式,问题(7)的解可以写成

$$T_S'(o,t_n) = -\frac{K}{\sqrt{\pi}}\sum_{i=0}^{n} C_i \left\{ S(t_i)\left[N\left(\nabla^2\phi_0'(t_i) + \left(\frac{P}{P_1}\right)^\mu \nabla^2\phi_1'(t_i) \right) + h\frac{\mu}{R}\phi_1'(t_i) \right] + \right.$$

$$\left. \delta_S L S_1(i)\left(u'\frac{\partial \overline{T}_s}{\partial x} + v'\frac{\partial \overline{T}_s}{\partial y} \right)\zeta = \zeta^* \right\}, 0 \leqslant \zeta^* \leqslant L \tag{8}$$

其中

$$S_1(t_1) = e^{-\frac{(\zeta^*)^2}{4K^2(t_n - t_i)}} - h\int_o^L e^{-\frac{(\zeta^* + \eta)^2}{4K^2(t_n - t_i)} - h\eta}d\eta$$

再根据风海流理论[5,6],我们可以求出洋流的扰动速度

$$u' = -\mu_1\frac{\partial}{\partial y}(\phi_0' + \phi_1') + \mu_2\frac{\partial}{\partial x}(\phi_0' + \phi_1')$$

$$v' = \mu_1\frac{\partial}{\partial x}(\phi_0' + \phi_1') + \mu_2\frac{\partial}{\partial y}(\phi_0' + \phi_1') \tag{9}$$

其中

$$\mu_1 = \frac{0.0127}{\overline{f}\ \sqrt{\cos\theta}} e^{-\frac{\pi}{D}Z} \cos\left(\frac{\pi}{D}Z + 15°\right)$$

$$\mu_2 = \frac{0.0127}{\overline{f}\ \sqrt{\cos\theta}} e^{-\frac{\pi}{D}Z} \sin\left(\frac{\pi}{D}Z + 15°\right)$$

$$D = \pi \sqrt{\frac{A}{\rho\cos\theta}}, (A \text{ 是涡动黏性系数})$$

至此,我们得到的方程(1),(2)和(8)就构成了考虑云量影响、地气系统反馈、洋流作用并计及大地形的以环流报环流的长期天气数值预报模式。

四、用谱方法求解

众所周知,在数值预报中用谱方法比差分方法有优越性,首先避免了非线性不稳定,同时处理边值问题也比较方便。虽然谱方法计算工作量大,但是对长期天气预报因只考虑大尺度系统,不致存在计算工作量大或时间上的矛盾。

为了简单起见,在下面推导方程时,暂时设 $PS = P_1 = 1000mb$,但是在最后求预报值时,我们仍然考虑地形的影响。这样,方程(1)、(2)和(8)可以写成:

$$\frac{1}{\overline{f}}[J(\phi_0', \nabla^2\overline{\phi}_0) + J(\overline{\phi}_0, \nabla^2\phi_0') + J(\phi_0', \nabla^2\phi_0') + aJ(\phi_0', \nabla^2\overline{\phi}_1) +$$

$$aJ(\overline{\phi}_0, \nabla^2\phi_1') + aJ(\phi_0', \nabla^2\phi_1') + aJ(\phi_1', \nabla^2\overline{\phi}_0) + aJ(\overline{\phi}_1, \nabla^2\phi_0') +$$

$$aJ(\phi_1', \nabla^2\phi_0') + bJ(\phi_1', \nabla^2\overline{\phi}_1) + bJ(\overline{\phi}_1, \nabla^2\phi_1') + bJ(\phi_1', \nabla^2\phi_1')] +$$

$$J(\phi_0', f) + aJ(\phi_1', f) - A_v[\nabla^2(\nabla^2\phi_0') + a\ \nabla^2(\nabla^2\phi_1')] =$$

$$\frac{gC_D}{P_T - P_1}(\nabla^2\phi_0' + \nabla^2\phi_1') \tag{10}$$

$$\frac{C}{\overline{f}}[J(\overline{\phi}_0, \phi_1') + J(\phi_0', \overline{\phi}_1) + J(\phi_0', \phi_1')] - CA_v\Delta^2\phi_1' +$$

$$\sigma\left\{\frac{P_1 gC_D}{\overline{f}}(\nabla^2\phi_0' + \nabla^2\phi_1') - \frac{P_T^2 - P_1^2}{2\ \overline{f}^3}[J(\phi_0', \Delta^2\overline{\phi}_0) + J(\overline{\phi}_0, \nabla^2\phi_0') +\right.$$

$$J(\phi_0', \nabla^2\phi_0') + a'J(\phi_0', \nabla^2\overline{\phi}_1) + a'J(\overline{\phi}_0, \nabla^2\phi_1') + a'J(\phi_0', \nabla^2\phi_1') +$$

$$a'J(\phi_1', \nabla^2\overline{\phi}_0) + a'J(\overline{\phi}_1, \nabla^2\phi_0') + a'J(\phi_1', \nabla^2\phi_0') + b'J(\phi_1', \nabla^2\overline{\phi}_1) +$$

$$b'J(\overline{\phi}_1, \nabla^2\phi_1') + b'J(\phi_1', \nabla^2\phi_1')] - \frac{P_T^2 - P_1^2}{2\overline{f}}[J(\phi_0', f) + a'J(\phi_1', f)] +$$

$$\frac{A_v(P_T^2 - P_1^2)}{2\ \overline{f}^2}[\nabla^2(\nabla^2\phi_0') + a'\ \nabla^2(\nabla^2\phi_1')]\right\} = -\sum_{i=0}^{n}[A_i(\nabla^2\phi_0'(t_i) + \nabla^2\phi_1'(t_i)) +$$

$$B_i\phi_1'(t_i) + J(\phi_0'(t_i) + \phi_1'(t_i), L_i) + K_2\phi_1' + K_3(\nabla^2\phi_0' + \nabla^2\phi_1')] \tag{11}①$$

其中

────────────────

① 这里考虑接近海洋表层时,近似取 $u' = -\mu_1 \frac{\partial}{\partial y}(\phi_0' + \phi_1'), v' = \mu_1 \frac{\partial}{\partial x}(\phi_0' + \phi_1')$

$$A_i = \frac{K_1 KN}{\sqrt{\pi}} C_i S(t_i) \tag{12}$$

$$B_i = \frac{\mu h K_1 K}{R \sqrt{\pi}} C_i S(t_i) \tag{13}$$

$$L_i = \frac{K_1 K \mu_1}{\sqrt{\pi}} \delta_S L S_1(t_i) \overline{T}_S \tag{14}$$

将任意函数 $F_1(\theta, \lambda, t)$，$F_2(\theta, \lambda, t)$ 按球函数展开有

$$F_1(\theta, \lambda, t) = \sum_{n=|m|}^{n'} \sum_{m=-m'}^{m'} f_{1_n}^m(t) Y_n^m \tag{15}$$

$$F_2(\theta, \lambda, t) = \sum_{n=|m|}^{n'} \sum_{m=-m'}^{m'} f_{2_n}^m(t) Y_n^m \tag{16}$$

$f_{1_n}^m$，$f_{2_n}^m$ 是复系数，$f_{1_n}^m = \alpha_{1_n}^m + i\beta_{1_n}^m$，$f_{2_n}^m = \alpha_{2_n}^m + i\beta_{2_n}^m$，$Y_n^m = e^{im\lambda} P_n^m$ 是球函数。根据正交性有

$$\int_0^\pi P_n^m P_s^m \sin\theta d\theta = \delta_n, s = \begin{cases} 0, n \neq s \\ 1, n = s \end{cases}$$

对于任意函数 F_1，F_2 可以导出以下公式：

$$J(F_1, F_2) = \frac{i}{2a_0^2 \sin\theta} \sum_{s=|r|}^{n'} \sum_{r=-m'}^{m'} \sum_{k=|j|}^{n'} \sum_{j=-m'}^{m'} (F_{1_s}^r F_{2_k}^j - F_{1_k}^j F_{2_s}^r) W \tag{17}$$

$$J(F_1, \nabla^2 F_1) = \frac{i}{2a_0^2 \sin\theta} \sum_{s=|r|}^{n'} \sum_{r=-m'}^{m'} \sum_{k=|j|}^{n'} \sum_{j=-m'}^{m'} \{ [s(s+1) - k(k+1)] \times F_{1_s}^r F_{1_k}^j W \} \tag{18}$$

$$J(F_1, \nabla^2 F_2) = \frac{i}{2a_0^2 \sin\theta} \sum_{s=|r|}^{n'} \sum_{r=-m'}^{m'} \sum_{k=|j|}^{n'} \sum_{j=-m'}^{m'} [s(s+1) F_{1_k}^j F_{2_s}^r - k(k+1) \times F_{1_s}^r F_{2_k}^j] W \tag{19}$$

其中

$$W = e^{i(j+r)\lambda} \left(j P_k^j \frac{dP_s^r}{d\theta} - r P_s^r \frac{dP_k^j}{d\theta} \right)$$

将方程(10)，(11)中的有关各量 ϕ_0'，ϕ_1'，$\overline{\phi}_0$，$\overline{\phi}_1$，C_D，A_i，B_i，L_i，K_2，K_3 仿公式(15)按球函数展开(其相应复系数的实部与虚部分别为：$\alpha_{0_n}'^m$，$\beta_{0_n}'^m$；$\alpha_{1_n}'^m$，$\beta_{1_n}'^m$；$\overline{\alpha}_{0_n}^m$，$\overline{\beta}_{0_n}^m$；$\overline{\alpha}_{1_n}^m$，$\overline{\beta}_{1_n}^m$；$C_n^m$，$D_n^m$，$a_{i_n}^m$，$a_{i_n}'^m$；$b_{i_n}^m$，$b_{i_n}'^m$；$l_{i_n}^m$，$l_{i_n}'^m$；$g_{2_n}^m$，$g_{2_n}'^m$；$g_{3_n}^m$，$g_{3_n}'^m$)，并用到公式(17)，(18)，(19)代入方程式(10)，(11)后，以 $e^{-im\lambda} P_n^{-m} \sin\theta$ 乘各项，再对 θ 从 0 到 π，对 λ 从 0 到 2π 积分，最后分实部与虚部写开，得到如下方程：

$$A_m \alpha_{0_n}'^m + B_{mn} \beta_{0_n}'^m + C_m \alpha_{1_n}'^m + D_{mn} \beta_{1_n}'^m + W_1 \sum Q_n^m \{ s(s+1) [C_k^j (\alpha_{0_s}'^r + \alpha_{1_s}'^r) -$$
$$- D_k^j (\beta_{0_s}'^r + \beta_{1_s}'^r)] + k(k+1) [C_s^r (\alpha_{0_k}'^j + \alpha_{1_k}'^j) - D_s^r (\beta_{0_k}'^j + \beta_{1_k}'^j)] \}$$
$$= W_2 (F_{1R} + F_{2R} + F_{3R}) \tag{20}$$

$$B_{mn} \alpha_{0_n}'^m - A_m \beta_{0_n}'^m + D_{mn} \alpha_{1_n}'^m - C_m \beta_{1_n}'^m + W_1 \sum Q_n^m \{ s(s+1) [C_k^j (\beta_{0_s}'^r + \beta_{1_s}'^r) +$$
$$D_k^j (\alpha_{0_s}'^r + \alpha_{1_s}'^r)] + k(k+1) [C_s^r (\beta_{0_k}'^j + \beta_{1_k}'^j) + D_s^r (\alpha_{0_k}'^j + \alpha_{1_k}'^j)] \} =$$
$$- W_2 (F_{1I} + F_{2I} + F_{3I}) \tag{21}$$

$$E_{mn} \alpha_{0_n}'^m + F_m \beta_{0_n}'^m + G_{mn} \alpha_{1_n}'^m + H_m \beta_{1_n}'^m + W_3 \sum Q_n^m \{ s(s+1) [C_k^j (\alpha_{0_s}'^r + \alpha_{1_s}'^r) -$$
$$D_k^j (\beta_{0_s}'^r + \beta_{1_s}'^r)] + k(k+1) [C_s^r (\alpha_{0_k}'^j + \alpha_{1_k}'^j) - D_s^r (\beta_{0_k}'^j + \beta_{1_k}'^j)] \} =$$

$$W_4 \sum Q_n^m \Big\{ s(s+1) \sum_{i=0}^{n} \big[a_{1k}^{\,j}(\alpha_{0s}^{\prime\,r}(t_i) + \alpha_{1s}^{\prime\,r}(t_i)) - a_{ik}^{\,j}(\beta_{0s}^{\prime\,r}(t_i) + \beta_{1s}^{\prime\,r}(t_i)) \big] +$$

$$k(k+1) \sum_{i=0}^{n} \big[a_{is}^{\,r}(\alpha_{0k}^{\prime\,j}(t_i) + \alpha_{1k}^{\prime\,j}(t_i)) - a_{is}^{\prime\,r}(\beta_{0k}^{\prime\,j}(t_i) + \beta_{1k}^{\prime\,j}(t_i)) \big] -$$

$$\sum_{i=0}^{n} \big[b_{ik}^{\,j} \alpha_{1s}^{\prime\,r}(t_i) - b_{k}^{\prime\,j} \beta_{1s}^{\prime\,r}(t_i) + b_{is}^{\,r} \alpha_{1k}^{\prime\,j}(t_i) - b_{is}^{\prime\,r} \beta_{1k}^{\prime\,j}(t_i) \big] -$$

$$(g_{2k}^{\,j} \alpha_{1s}^{\prime\,r} - g_{2k}^{\prime\,j} \beta_{1s}^{\prime\,r} + g_{2s}^{\,r} \alpha_{1k}^{\prime\,j} - g_{2s}^{\prime\,r} \beta_{1k}^{\prime\,j}) + s(s+1)\big[g_{3k}^{\,j}(\alpha_{0s}^{\prime\,r} + \alpha_{1s}^{\prime\,r}) -$$

$$g_{3}^{\prime}(\beta_{0s}^{\prime\,r} + \beta_{1s}^{\prime\,r}) \big] + k(k+1) \big[g_{3s}^{\,r}(\alpha_{0k}^{\prime\,j} + \alpha_{1k}^{\prime\,j}) - g_{3s}^{\prime\,r}(\beta_{0k}^{\prime\,j} + \beta_{1k}^{\prime\,j}) \big] \Big\} +$$

$$W_5(F_{1R}^{\prime} + F_{2R}^{\prime} + F_{3R}^{\prime}) + W_6(F_{4R} + F_{5R} + F_{6R}) + F_{yR} \qquad (22)$$

$$- F_m \alpha_{0n}^{\prime\,m} + E_{mn} \beta_{0n}^{\prime\,m} - H_m \alpha_{1n}^{\prime\,m} + G_{mn} \beta_{1n}^{\prime\,m} + W_3 \sum Q_n^m \Big\{ s(s+1)\big[C_k^{\,j}(\beta_{0s}^{\prime\,r} + \beta_{1s}^{\prime\,r}) +$$

$$D_k^{\,j}(\alpha_{0s}^{\prime\,r} + \alpha_{1s}^{\prime\,r}) \big] + k(k+1)\big[C_s^{\,r}(\beta_{0k}^{\prime\,j} + \beta_{1k}^{\prime\,j}) + D_s^{\,r}(\alpha_{0k}^{\prime\,j} + \alpha_{1k}^{\prime\,j}) \big] \Big\}$$

$$= W_4 \sum Q_n^m \Big\{ s(s+1) \sum_{j=0}^{n} \big[a_{ik}^{\,j}(\beta_{0s}^{\prime\,r}(t_i) + \beta_{1s}^{\prime\,r}(t_i)) + a_{ik}^{\prime\,j}(\alpha_{0s}^{\prime\,r}(t_i) + \alpha_{1s}^{\prime\,r}(t_i)) \big] +$$

$$k(k+1) \sum_{i=0}^{n} \big[a_{is}^{\,r}(\beta_{0k}^{\prime\,j}(t_i) + \beta_{1k}^{\prime\,j}(t_i)) + a_{is}^{\prime\,r}(\alpha_{0k}^{\prime\,j}(t_i) + \alpha_{1k}^{\prime\,j}(t_i)) \big] -$$

$$\sum_{i=0}^{n} \big[b_{ik}^{\,j} \beta_{1s}^{\prime\,r}(t_i) + b_{k}^{\prime\,j} \alpha_{1s}^{\prime\,r}(t_i) + b_{is}^{\,r} \beta_{1k}^{\prime\,j}(t_i) + b_{is}^{\prime\,r} \alpha_{1k}^{\prime\,j}(t_i) \big] -$$

$$(g_{2k}^{\,j} \beta_{1k}^{\prime\,j} + g_{2k}^{\prime\,j} \alpha_{1s}^{\prime\,r} + g_{2s}^{\,r} \beta_{1k}^{\prime\,j} + g_{2s}^{\prime\,r} \alpha_{1k}^{\prime\,j}) + s(s+1)\big[g_{3k}^{\,j}(\beta_{0s}^{\prime\,r} + \beta_{1s}^{\prime\,r}) +$$

$$g_{3k}^{\prime\,j}(\alpha_{0s}^{\prime\,r} + \alpha_{1s}^{\prime\,r}) \big] + k(k+1)\big[g_{3s}^{\,r}(\beta_{0k}^{\prime\,j} + \beta_{1k}^{\prime\,j}) + g_{3s}^{\prime\,r}(\alpha_{0k}^{\prime\,j} + \alpha_{1k}^{\prime\,j}) \big] \Big\} +$$

$$W_5(F_{1I}^{\prime} + F_{2I}^{\prime} + F_{3I}^{\prime}) + W_6(F_{4I} + F_{5I} + F_{6I}) + F_{yI} \qquad (23)$$

其中

$$A_m = m \frac{2a_0^2 \omega^2}{\overline{f}}(\overline{\alpha}_{01}^{\,0} + a\,\overline{\alpha}_{11}^{\,0}) + 2\omega^2$$

$$B_{mn} = m \frac{2a_0^2 \omega^2}{\overline{f}}(\overline{\beta}_{01}^{\,0} + a\overline{\beta}_{11}^{\,0}) + n^2(n+1)^2 A a_0^2 \omega^2$$

$$C_m = m \frac{2a_0^2 \omega^2}{\overline{f}}(a\,\overline{\alpha}_{01}^{\,0} + b\,\overline{\alpha}_{11}^{\,0}) + 2a\omega^2$$

$$D_{mn} = m \frac{2a_0^2 \omega^2}{\overline{f}}(a\,\overline{\beta}_{01}^{\,0} + b\overline{\beta}_{11}^{\,0}) + a n^2(n+1)^2 A_v a_0^2 \omega^2$$

$$E_{mn} = - \frac{mC a_0^2 \omega}{\overline{f}} \overline{\beta}_{11}^{\,0} + \frac{\sigma m a_0^2 \omega(P_T^2 - P_1^2)}{\overline{f}^3}(\overline{\beta}_{01}^{\,0} + a^{\prime}\,\overline{\beta}_{11}^{\,0}) +$$

$$\frac{\sigma A_v a_0^2 \omega^2 n^2(n+1)^2 (P_T^2 - P_1^2)}{2\overline{f}}$$

$$F_m = - \frac{mC a_0^2 \omega}{\overline{f}} + \frac{\sigma m a_0^2 \omega(P_T^2 - P_1^2)}{\overline{f}^3}(\overline{\alpha}_{01}^{\,0} + a^{\prime}\,\overline{\alpha}_{11}^{\,0}) + \frac{\sigma \omega^2 (P_T^2 - P_1^2)}{\overline{f}^2}$$

$$G_{mn} = C A_v a_0^2 \omega n(n+1) + \frac{\sigma m a_0^2 \omega(P_T^2 - P_1^2)}{\overline{f}^3}(a^{\prime}\,\overline{\beta}_{01}^{\,0} + b^{\prime}\overline{\beta}_{11}^{\,0}) +$$

$$\frac{\sigma A_v a_0^2 \omega^2 n^2 (n+1)^2 (P_T^2 - P_1^2)}{2\overline{f}} a'$$

$$H_m = \frac{\sigma m a_0^2 \omega (P_T^2 - P_1^2)}{\overline{f}^3} (a' \overline{\alpha}_{01}^{0} + b' \overline{\alpha}_{11}^{0}) + \frac{\sigma \omega^2 (P_T^2 - P_1^2)}{\overline{f}^2} a'$$

$$W_1 = \frac{g a_0 \omega}{2(P_T - P_1)}, \qquad W_2 = \frac{a_0^2 \omega^2}{2\overline{f}}, \qquad W_3 = -\frac{\sigma P_1 g a_0^2 \omega}{2\overline{f}}$$

$$W_4 = -\frac{a_0^2 \omega}{2}, \qquad W_5 = \frac{a_0^2 \omega (P_T^2 - P_1^2)}{4\overline{f}^3}, \qquad W_6 = -\frac{C a_0^2 \omega}{2\overline{f}}$$

以上均为已知量。

$$F_{1R} = \sum{}' [S_n^m B_s^r \alpha_{0k}'^j - K_n^m B_k^j \alpha_{0s}'^r + S_n^m A_s^r \beta_{0k}'^j - K_n^m A_k^j \beta_{0s}'^r + S_n^m d_s^r \alpha_{1k}'^j - K_n^m d_k^j \alpha_{1s}'^r + S_n^m e_s^r \beta_{1k}'^j - K_n^m e_k^j \beta_{1s}'^r]$$

$$F_{2R} = \sum [-K_n^m B_s^r \alpha_{0k}'^j + S_n^m B_k^j \alpha_{0s}'^r - K_n^m A_s^r \beta_{0k}'^j + S_n^m A_k^j \beta_{0s}'^r - K_n^m d_s^r \alpha_{1k}'^j + S_n^m d_k^j \alpha_{1s}'^r - K_n^m e_s^r \beta_{1k}'^j + S_n^m e_k^j \beta_{1s}'^r]$$

$$F_{3R} = \sum [H_n^m (\alpha_{0k}'^j \beta_{0s}'^r + \beta_{0k}'^j \alpha_{0s}'^r) + a H_n^m (\alpha_{0k}'^j \beta_{1s}'^r + \beta_{0k}'^j \alpha_{1s}'^r) + a H_n^m (\alpha_{1k}'^j \beta_{0s}'^r + \beta_{1k}'^j \alpha_{0s}'^r) + b H_n^m (\alpha_{1k}'^j \beta_{1s}'^r + \beta_{1k}'^j \alpha_{1s}'^r)]$$

$$F_{1R}' = \sum{}' [S_n^m B''_s \alpha_{0k}'^j - K_n^m B''_k{}^j \alpha_{0s}'^r + S_n^m A''_s{}^r \beta_{0k}'^j - K_n^m A''_k \beta_{0s}'^r + S_n^m d''_s \alpha_{1k}'^j - K_n^m d''_k \alpha_{1s}'^r + S_n^m e''_s \beta_{1k}'^j - K_n^m e''_k{}^j \beta_{1s}'^r]$$

$$F_{2R}' = \sum [-K_n^m B''_s \alpha_{0k}'^j + S_n^m B''_k{}^j \alpha_{0s}'^r - K_n^m A''_s{}^r \beta_{0k}'^j + S_n^m A''_k{}^j \beta_{0s}'^r - K_n^m d''_s{}^r \alpha_{1k}'^j + S_n^m d''_k \alpha_{1s}'^r - K_n^m e''_s{}^r \beta_{1k}'^j + S_n^m e''_k{}^j \beta_{1s}'^r]$$

$$F_{3R}' = \sum [H_n^m (\alpha_{0k}'^j \beta_{0s}'^r + \beta_{0k}'^j \alpha_{0s}'^r) + a' H_n^m (\alpha_{0k}'^j \beta_{1s}'^r + \beta_{0k}'^j \alpha_{1s}'^r) + a' H_n^m (\alpha_{1k}'^j \beta_{0s}'^r + \beta_{1k}'^j \alpha_{0s}'^r) + b' H_n^m (\alpha_{1k}'^j \beta_{1s}'^r + \beta_{1k}'^j \alpha_{1s}'^r)]$$

$$F_{4R} = -\sum{}' L_n^m [(\overline{\alpha}_{1k}^j \beta_{0s}'^r + \overline{\beta}_{1k}^j \alpha_{1s}'^r) - (\overline{\alpha}_{1s}^r \beta_{0k}'^j + \overline{\beta}_{1s}^r \alpha_{0k}'^j)]$$

$$F_{5R} = -\sum L_n^m [(\overline{\alpha}_{0s}^r \beta_{1k}'^j + \overline{\beta}_{0s}^r \alpha_{1k}'^j) - (\overline{\alpha}_{0k}^j \beta_{1s}'^r + \overline{\beta}_{0k}^j \alpha_{1s}'^r)]$$

$$F_{6R} = -\sum L_n^m [(\alpha_{0s}'^r \beta_{1k}'^j + \beta_{0s}'^r \alpha_{1k}'^j) - (\alpha_{0k}'^j \beta_{1s}'^r + \beta_{0k}'^j \alpha_{1s}'^r)]$$

$$F_{yR} = \sum_{i=0}^{n} \sum L_n^m \{l_{ik}^j [\beta_{0s}'^r (t_i) + \beta_{1s}'^r (t_i)] + l'_{ik} [\alpha_{0s}'^r (t_i) + \alpha_{1s}'^r (t_i)] - l_{is}'^r [\beta_{0k}'^j (t_i) + \beta_{1k}'^j (t_i)] - l'_{is}{}^r [\alpha_{0k}'^j (t_i) + \alpha_{1k}'^j (t_i)]\}$$

$$F_{1I} = \sum{}' [S_n^m A_s^r \alpha_{0k}'^j - K_n^m A_k^j \alpha_{0s}'^r - S_n^m B_s^r \beta_{0k}'^j + K_n^m B_k^j \beta_{0s}'^r + S_n^m e_s^r \alpha_{1k}'^j - K_n^m e_k^j \alpha_{1s}'^r - S_n^m d_s^r \beta_{1k}'^j + K_n^m d_k^j \beta_{1s}'^r]$$

$$F_{2I} = \sum [-K_n^m A_s^r \alpha_{0k}'^j + S_n^m A_k^j \alpha_{0s}'^r + K_n^m B_s^r \beta_{0k}'^j - S_n^m B_k^j \beta_{0s}'^r - K_n^m e_s^r \alpha_{1k}'^j + S_n^m e_k^j \alpha_{1s}'^r + K_n^m d_s^r \beta_{1k}'^j - S_n^m d_k^j \beta_{1s}'^r]$$

$$F_{3I} = \sum [H_n^m (\alpha_{0k}'^j \alpha_{0r}'^s - \beta_{0k}'^j \beta_{0s}'^r) + a H_n^m (\alpha_{0k}'^j \alpha_{1s}'^r - \beta_{0k}'^j \beta_{1s}'^r) +$$

$$aH_n^m(\alpha_{1k}'^j\alpha_{0s}'^r - \beta_{1k}'^j\beta_{0s}'^r) + bH_n^m(\alpha_{1k}'^j\alpha_{1s}'^r - \beta_{1k}'^j\beta_{1s}'^r)]$$

$$F_{1I}' = \sum{}' [S_n^m A_s'^r \alpha_{0k}'^j - K_n^m A_k'^j \alpha_{0s}'^r - S_n^m B_s'^r \beta_{0k}'^j + K_n^m B_k'^j \beta_{0s}'^r +$$

$$S_n^m e_s'^r \alpha_{1k}'^j - K_n^m e_k'^j \alpha_{1s}'^r - S_n^m d_s'^r \beta_{1k}'^j + K_n^m d_k'^j \beta_{1s}'^r]$$

$$F_{2I}' = \sum [- K_n^m A_s'^r \alpha_{0k}'^j + S_n^m A_k'^j \alpha_{0s}'^r + K_n^m B_s'^r \beta_{0k}'^j - S_n^m B_k'^j \beta_{0s}'^r -$$

$$K_n^m e_s'^r \alpha_{1k}'^j + S_n^m e_k'^j \alpha_{1s}'^r + K_n^m d_s'^r \beta_{1k}'^j - S_n^m d_k'^j \beta_{1s}'^r]$$

$$F_{3I}' = \sum [H_n^m(\alpha_{0k}'^j\alpha_{0s}'^r - \beta_{0k}'^j\beta_{0s}'^r) + a'H_n^m(\alpha_{0k}'^j\alpha_{1s}'^r - \beta_{0k}'^j\beta_{1s}'^r) +$$

$$a'H_n^m(\alpha_{1k}'^j\alpha_{0s}'^r - \beta_{1k}'^j\beta_{0s}'^r) + b'H_n^m(\alpha_{1k}'^j\alpha_{1s}'^r - \beta_{1k}'^j\beta_{1s}'^r)]$$

$$F_{4I} = \sum{}' L_n^m [(\bar{\alpha}_{1k}^j\alpha_{0s}'^r - \bar{\beta}_{1k}^j\beta_{0s}'^r) - (\bar{\alpha}_{1s}^r\alpha_{0k}'^j - \bar{\beta}_{1s}^r\beta_{0k}'^j)]$$

$$F_{5I} = \sum L_n^m [(\bar{\alpha}_{0s}^r\alpha_{1k}'^j - \bar{\beta}_{0s}^r\beta_{1k}'^j) - (\bar{\alpha}_{0k}^j\alpha_{1s}'^r - \bar{\beta}_{0k}^j\beta_{1s}'^r)]$$

$$F_{6I} = \sum L_n^m [(\alpha_{0s}'^r\alpha_{1k}'^j - \beta_{0s}'^r\beta_{1k}'^j) - (\alpha_{0k}'^j\alpha_{1s}'^r - \beta_{0k}'^j\beta_{1s}'^r)]$$

$$F_{yI} = \sum_{i=0}^n \sum L_n^m \{ l_{ik}^j [\alpha_{0s}'^r(t_i) + \alpha_{1s}'^r(t_i)] - l_{ik}'^j [\beta_{0s}'^r(t_i) + \beta_{1s}'^r(t_i)] -$$

$$l_{is}^r [\alpha_{0k}'^j(t_i) + \alpha_{1k}'^j(t_i)] + l_{is}'^r [\beta_{0k}'^j(t_i) + \beta_{1k}'^j(t_i)] \}$$

其中

$$A_s^r = \bar{\alpha}_{0s}^r + a\bar{\alpha}_{1s}^r \qquad\qquad A_k^j = \bar{\alpha}_{0k}^j + a\bar{\alpha}_{1k}^j$$

$$B_s^r = \bar{\beta}_{0s}^r + a\bar{\beta}_{1s}^r \qquad\qquad B_k^j = \bar{\beta}_{0k}^j + a\bar{\beta}_{1k}^j$$

$$e_s^r = a\bar{\alpha}_{0s}^r + b\bar{\alpha}_{1s}^r \qquad\qquad e_k^j = a\bar{\alpha}_{0k}^j + b\bar{\alpha}_{1k}^j$$

$$d_s^r = a\bar{\beta}_{0s}^r + b\bar{\beta}_{1s}^r \qquad\qquad d_k^j = a\bar{\beta}_{0k}^j + b\bar{\beta}_{1k}^j$$

$$A_s'^r = \bar{\alpha}_{0s}^r + a'\bar{\alpha}_{1s}^r \qquad\qquad A_k'^j = \bar{\alpha}_{0k}^j + a'\bar{\alpha}_{1k}^j$$

$$B_s'^r = \bar{\beta}_{0s}^r + a'\bar{\beta}_{1s}^r \qquad\qquad B_k'^j = \bar{\beta}_{0k}^j + a'\bar{\beta}_{1k}^j$$

$$e_s'^r = a'\bar{\alpha}_{0s}^r + b'\bar{\alpha}_{1s}^r \qquad\qquad e_k'^j = a'\bar{\alpha}_{0k}^j + b'\bar{\alpha}_{1k}^j$$

$$d_s'^r = a'\bar{\beta}_{0s}^r + b'\bar{\beta}_{1s}^r \qquad\qquad d_k'^j = a'\bar{\beta}_{0k}^j + b'\bar{\beta}_{1k}^j$$

以上均为已知量。

在以上各式中,采用了以下符号:

$$\sum H_n^m \Phi_k^j \psi_s^r = \sum_{s=|r|}^{n'} \sum_{r=-m'}^{m'} \sum_{k=|j|}^{n'} \sum_{j=-m'}^{m'} H_{kns}^{jmr} \Phi_k^j \psi_s^r$$

$$\sum L_n^m \Phi_k^j \psi_s^r = \sum_{s=|r|}^{n'} \sum_{r=-m'}^{m'} \sum_{k=|j|}^{n'} \sum_{j=-m'}^{m'} L_{kns}^{jmr} \Phi_k^j \psi_s^r$$

$$\sum S_n^m \Phi_k^j \psi_s^r = \sum_{s=|r|}^{n'} \sum_{r=-m'}^{m'} \sum_{k=|j|}^{n'} \sum_{j=-m'}^{m'} S_{kns}^{jmr} \Phi_k^j \psi_s^r$$

$$\sum K_n^m \Phi_k^j \psi_s^r = \sum_{s=|r|}^{n'} \sum_{r=-m'}^{m'} \sum_{k=|j|}^{n'} \sum_{j=-m'}^{m'} K_{kns}^{jmr} \Phi_k^j \psi_s^r$$

$$\sum{}' = \sum_{s=|r|}^{n'} \sum_{r=-m'}^{m'} \sum_{k=|j|}^{n'} \sum_{\substack{j=-m' \\ (j\neq 0,1)}}^{m'}$$

以及

$$\bar{\alpha}_{0\,1}^{\;0} = \bar{\alpha}_{0\,n}^{\;m}\bigg|_{\substack{n=1\\m=0}}\,, \qquad \bar{\beta}_{0\,1}^{\;0} = \bar{\beta}_{0\,n}^{\;m}\bigg|_{\substack{n=1\\m=0}}$$

$$\bar{\alpha}_{1\,1}^{\;0} = \bar{\alpha}_{1\,n}^{\;m}\bigg|_{\substack{n=1\\m=0}}\,, \qquad \bar{\beta}_{1\,1}^{\;0} = \bar{\beta}_{1\,n}^{\;m}\bigg|_{\substack{n=1\\m=0}}$$

而

$$H_{kns}^{jmr} = [s(s+1) - k(k+1)]L_{kns}^{jmr}$$

$$L_{kns}^{jmr} = \int_0^{\pi} P_n^m\left(jP_k^j\frac{dP_s^r}{d\theta} - rP_s^r\frac{dP_k^j}{d\theta}\right)d\theta$$

这里 H_{kns}^{jmr} 称为交互作用系数,它除了 $j+r=m$,还有 $k+n+s=$ 奇整数, $|k-s| < n < k+s$ 以及 $m'' \leqslant 2m', n'' \leqslant 2n'-1$ 以外皆为零。另有:

$$S_{kns}^{jmr} = s(s+1)L_{kns}^{jmr}, K_{kns}^{jmr} = k(k+1)L_{kns}^{jmr}$$

$$Q_{kns}^{jmr} = \int_0^{\pi} P_k^j P_n^m P_s^r \sin\theta d\theta$$

关于 L_{kns}^{jmr} 与 Q_{kns}^{jmr} 的计算公式,见资料[7]。

方程(20),(21),(22) 和(23) 中若假定物理参数 $C_n^m, D_n^m; a_{in}^m, a_{in}'^{\;m}; b_{in}^m, b_{in}'^{\;m}; g_{2n}^m, g_{2n}'^{\;m}; g_{3n}^m, g_{3n}'^{\;m}$ 为已知,则它们构成关于未知量 $\alpha_{0n}'^{\;m}, \beta_{0n}'^{\;m}, \alpha_{1n}'^{\;m}, \beta_{1n}'^{\;m}$ 的非线性代数方程组。

五、物理参数的确定

关于动力方程中物理参数的统计决定的意义,在文献[1]中已阐述。这里对确定的方法作改进,并对谱方程进行。

(一) 关于 C_D 的确定

我们用 n 年的实况温压场月距平资料按月确定 C_D。如有 n 年的第 m 月的资料:$\phi_0'(1,m), \phi_1'(1,m), \phi_0'(2,m), \phi_1'(2,m), \cdots\cdots, \phi_0'(n,m), \phi_1'(n,m); \bar{\phi}_0(1,m), \bar{\phi}_1(1,m), \bar{\phi}_0(2,m), \bar{\phi}_1(2,m), \cdots\cdots, \bar{\phi}_0(n,m), \bar{\phi}_1(n,m)$。将其代入方程(1),因为不会准确满足,设其误差各年分别为 $\delta_1, \delta_2, \cdots\cdots\delta_n$,我们确定 C_D 时,要求

$$U(\delta_1, \delta_2, \cdots\cdots, \delta_n) = \sum_{i=1}^n \delta_i^2$$

为最小,即由条件

$$\frac{dU}{dC_D} = 0 \tag{24}$$

解得 C_D 之值。对谱方程具体的做法是:将已知量 $\phi_0', \phi_1', \bar{\phi}_0, \bar{\phi}_1$ 按球函数展开,计算出 $\nabla^2(\phi_0', \phi_1', \bar{\phi}_0, \bar{\phi}_1)$, $\nabla^2[\nabla^2(\phi_0', \phi_1')]$ 以及 $\frac{\partial}{\partial\theta}(\phi_0', \phi_1', \bar{\phi}_0, \bar{\phi}_1)$, $\frac{\partial}{\partial\lambda}(\phi_0', \phi_1', \bar{\phi}_0, \bar{\phi}_1)$, $\frac{\partial}{\partial\theta}(\nabla^2\phi_0', \nabla^2\phi_1', \nabla^2\bar{\phi}_0, \nabla^2\bar{\phi}_1)$, $\frac{\partial}{\partial\lambda}(\nabla^2\phi_0', \nabla^2\phi_1', \nabla^2\bar{\phi}_0, \nabla^2\bar{\phi}_1)$ 并用到公式

$$J(A,B) = \frac{1}{a_0^2 \sin\theta} \left(\frac{\partial A}{\partial \theta} \frac{\partial B}{\partial \lambda} - \frac{\partial B}{\partial \theta} \frac{\partial A}{\partial \lambda} \right)$$

可计算(1)式的各项,由条件(24)就可确定经纬圈上各点的 C_D 之值。再将各点的已知 C_D 值按球函数展开

$$C_D = \sum_n \sum_m (C_n^m \cos m\lambda + D_n^m \sin m\lambda) P_n^m$$

最后得到富氏系数

$$C_n^m = \frac{\int_0^{2\pi} \int_0^{\pi} C_D(\theta,\lambda) P_n^m \cos m\lambda \sin\theta d\theta d\lambda}{N_n^m}$$

$$D_n^m = \frac{\int_0^{2\pi} \int_0^{\pi} C_D(\theta,\lambda) P_n^m \sin m\lambda \sin\theta d\theta d\lambda}{N_n^m}$$

$$N_n^m = \frac{2\pi\varepsilon_m}{2n+1} \frac{(n+m)!}{(n-m)!}, \varepsilon_m = \begin{cases} 2, & \text{当 } m = 0 \\ 1, & \text{当 } m > 0 \end{cases}$$

(二) 关于 K_1, K_2, K_3, h, K, N 的确定

将上面求得的 C_D 值和相应时间的已知资料代入(2)式,同样地,因不会准确满足方程,假设误差为 $\varepsilon_1, \varepsilon_2, \cdots\cdots\varepsilon_n$,于是要求由条件

$$\left. \begin{array}{l} \dfrac{\partial V}{\partial K_1} = 0, \dfrac{\partial V}{\partial K_2} = 0, \dfrac{\partial V}{\partial K_s} = 0 \\[3mm] \dfrac{\partial V}{\partial h} = 0, \dfrac{\partial V}{\partial K} = 0, \dfrac{\partial V}{\partial N} = 0 \end{array} \right\} \tag{25}$$

确定 K_1, K_2, K_3, h, K, N。上式中 $V(\varepsilon_1, \varepsilon_2, \cdots\cdots\varepsilon_n) = \sum_{i=1}^{n} \varepsilon_i^2$。

(25)式为非线性超越代数方程组,用最速下降法求解。

将求得的 K_1, h, K, N 代入(12),(13)式,就知道了相应时刻各点的 A_i, B_i 之值。再将各点已知的 A_i, B_i, K_2, K_3 按球函数展开,最后求得富氏系数: $a_{in}^m, a_{in}'^m, b_{in}^m, b_{in}'^m, g_{2n}^m, g_{2n}'^m, g_{3n}^m, g_{3n}'^m$。

这样,我们就用实况历史资料全部确定了方程(20),(21),(22)和(23)中的物理参数。

顺便说明,将 K_1, K 代入方程(14),就知道了 L_i,同上述方法,我们就可确定系数 $l_{in}^m, l_{in}'^m$。

六、预报值 ϕ_0', ϕ_1' 的求法

对方程组(20),(21),(22)和(23)用迭代法求解。方程的左端为主要线性项; F_{1R}, F_{2R}, F_{1R}', $F_{2R}', F_{4R}, F_{5R}, F_{1I}, F_{2I}, F_{1I}', F_{2I}', F_{4I}, F_{5I}$ 为量级较小的线性项; $F_{3R}, F_{3R}', F_{6R}, F_{3I}, F_{3I}', F_{6I}$ 为非线性项; F_{yR}, F_{yI} 为洋流项(线性的)。将连续演变的温压场实况资料 $\phi_0'(t_0), \phi_1'(t_0), \phi_0'(t_1), \phi_1'(t_1), \cdots\cdots$, $\phi_0'(t_{n-1}), \phi_1'(t_{n-1})$(即 $\alpha_{0n}'^m(t_0), \beta_{0n}'^m(t_0), \alpha_{1n}'^m(t_0), \beta_{1n}'^m(t_0), \cdots\cdots, \alpha_{0n}'^m(t_{n-1}), \beta_{0n}'^m(t_{n-1}), \alpha_{1n}'^m(t_{n-1}), \beta_{1n}'^m(t_{n-1})$)代入方程(22),(23)的右端。为了简单起见,先不考虑量级较小的线性项,非线性项和洋流项,我们容易得到这样方程组的解,以此作为零次近似代入非线性方程组,用迭代法求得预报时刻的

$$\alpha'^{m}_{0_n}(t_n), \beta'^{m}_{0_n}(t_n), \quad \alpha'^{m}_{1_n}(t_n), \beta'^{m}_{1_n}(t_n)$$

再根据

$$\phi'_0(t_n) = \sum_n \sum_m K^{m}_{0_n}(t_n) Y^{m}_n$$

$$\phi'_1(t_n) = \sum_n \sum_m K^{m}_{1_n}(t_n) Y^{m}_n$$

$$K^{m}_{0_n}(t_n) = \alpha'^{m}_{0_n}(t_n) + i \beta'^{m}_{0_n}(t_n), K^{m}_{1_n}(t_n) = \alpha'^{m}_{1_n}(t_n) + i\beta'^{m}_{1_n}(t_n)$$

即得所要求的预报值。

为了进一步考虑涡度平流和温度平流的作用，可以将量级较小的线性项加入求解。同样地，考虑洋流项可以进一步讨论洋流带来的影响。

最后说明，在求预报值时，我们将方程组的系数 $E_{mn}, F_m, G_{mn}, H_m, W_1, W_3, W_5$ 中的 P_1 不取为 1000mb，而以各点的实际地形值 P_s 代入，再按球函数展开，作这样的处理，就考虑了地形的影响。

七、结　语

以上从分析太阳——大气——地球下垫面（包括海洋和陆地）的相互制约和矛盾入手，揭露了下垫面热状况是长期天气变化的决定性的因素，海温和地温的偏离气候平均状态的分布影响了大尺度的大气的长期过程。通过数学分析证实了下垫面热力特征的异常是由前期大气环流的异常所造成的，并可以用前期大气温压场的连续演变表征出来，这就克服了由于缺乏实况观测资料或者虽有资料但难以收集所带来的困难，将此模式投入实际业务预报是切实可行的。

此模式在作预报时用到了近一个时期的大气温压场连续演变的实况（包含气候平均情况及其演变），在确定物理参数时还利用了近二十余年的历史资料，看来很可能信息量是够的。

这里用谱方法时，因为只考虑大波，所以在确定物理参数和求预报值时只需取球函数展开式的前几项，这样避免了小系统的干扰，也节约了机器的内存和计算时间，但此法也带来一定的繁杂，看来应用积分关系法和盖略金法，只利用三角函数（参见文献[8]）也是值得做的。

存在的问题是模式对洋流作用的数学描述是粗糙的，可能和实况偏差较大，一个成功的长期数值预报模式必须同时并混合研究海洋和大气的环流，大气对海洋的影响主要是动力的，海洋对大气的影响主要是热力的，目前离全面的正确的描写出这种环流之间的影响尚有相当的距离。模式未能计及地表面的动力和热力边界层的存在，也没有考虑在赤道附近的低纬度地转风关系不成立，这些无疑会带来一定的误差，还有待继续研究。

参考文献

[1] 兰州大学青藏高原天气数值预报研究班长期组.长期天气数值预报若干问题的初步研究.兰州大学学报自然科学版,1977年第2期

[2] 顾震潮.天气数值预报中过去资料的使用问题.气象学报.29(1958)3

[3] 丑纪范.天气数值预报中使用过去资料的问题.中国科学.1974年第6期

[4] 郑庆林,杜行远.使用多时刻观测资料的数值预报新模式.中国科学.1973年第3期

[5] В. В. Шулейкин：Физика Моря 1953

[6] H. U. Sverdrup, Nartin W. Johnson and Richard H. Fleming：The Oceans. 1946

[7] Silberman，I.，Planetary Waves in The Atmosphere *J. Meteor* 11(1954)

[8] 丑纪范,周紫东,杜行远.正压预报模式的一个新型计算方案.气象学报,33.(1963)4

为什么要动力—统计相结合？

——兼论如何结合

丑纪范

（兰州大学地理系）

引　言

对于同一个天气预报问题，在气象学中有统计的和动力的两套数值预报方法。在一定意义上说，这是两套基本精神相反的方法。动力方法是确定论的，它认为天气的未来状态是现在状态和制约这种状态变化的物理规律所确定的必然结果，如果我们获得了给定时刻的全部知识，就一举决定了天气的未来状况。统计方法是概率论的，它承认天气的未来状态有不确定性，期望依据天气的现在状态（这与动力方法相同）和近期的演变情况（这与动力方法不同，动力方法把问题提为初值问题，不使用也不能够使用近期演变资料），对未来作出概率的推断。应该注意这里说的统计方法与物理学中的统计力学方法不是一回事，切不可把两者混同。统计方法实质上是一种数据分析方法，它建立在对过去的天气变化情况进行了观测，积累了大量数据的基础上，并且其准确性和历史资料的积累数量有一定的正相关。

若问我们凭什么做天气的数值预报？从原则上说依据有二：一是人们对天气变化进行了严密的监视。利用各种仪器在全世界范围内进行定时的观测，从人造卫星上俯瞰着大气的一举一动。从而积累了关于它过去和现在的大量数据。二是大气是个物理系统。我们通过物理学和数学的研究，获知了大气演变应遵循的物理规律，并且用数学的语言把它表示成方程式。

然而现在作预报时这两种依据未能同时有机地结合起来加以利用。统计方法利用了积累的大量实况资料，却没有利用或没有充分利用我们掌握了的物理知识；动力方法正巧相反，它利用了物理知识，却没有利用或没有充分利用已有的大量实况历史资料。

实践表明，动力方法和统计方法都有一定的准确率，两者都能反映大气运动的部分规律。对大形势的短期预报，动力方法的成功是众所周知的，但美国有人作过试验表明统计方法也能获得成功，用统计方法作出的短期气压场形势预报并不比数值预报逊色。美国国家飓风中心的台风路径相似法（称 HURRAN 方法），其基本思路是用前期路径相似的台风样本，来推断台风未来的动向。实际预报结果表明，其至比数值预报的结果还准确。Lorenz 曾把一个两层斜压的谱模式计算的结果当作"资料"，然后用统计方法来作预报，试验表明线性回归方法作出的 24 小时预报是非常准确的，不过 4 天以上预报效果就很差[1]。如果考虑到对较长时效的预

本文发表于《高原气象》，1986 年第 5 卷第 4 期，367-372。

报而言,数值预报效果也很差。我们不妨说,动力方法和统计方法两者的效能相近,当效果好时,两者都好,效果差时,两者都差。

统计方法的缺陷是公认的,存在于历史资料中的联系或规律,未来不一定能够保持,它深深为此所窘。从原则上说,统计方法本身无法区分现有资料中哪些联系是本质的,哪些是偶然的巧合。这只能求助于因果联系的物理规律。所以几乎没有人认为单纯的统计方法可以奏效。多半把它使用于物理机理未搞清,无法采用动力方法的问题上,并且力求向物理化的方向发展。对比起来,单纯动力方法能否奏效,认识就大不一致了。由于确定论的思想自牛顿以来根深蒂固,也由于数值预报在短期预报上取得成功,可能还有统计方法应用于长期预报多年未能取得显著的进展,所以不少人似乎寄希望于大气环流数值模式(现在它与用于短期、中期数值预报的业务模式已很难区分)。虽然人们都知道大气环流数值模式是描述瞬时值的,其解对初值极其敏感,如果随时间一步步外推来计算每天的天气形势,预报半个月以后的形势,其误差已等于气候离差,因此毫无意义。人们还知道长期预报的对象是天气形势的统计特征,如果认定用大气环流模式算出逐日值,再从这些逐日值算出统计特征,则长、中、短都是这一个模式,这可称一揽子解决法。但要求机器大,机时多,和人家拼机器我们处于不利地位。作者认为这并不是唯一的途径,也不是最好的途径。对长期预报而言,单纯的动力学方法是难以奏效的。本文旨在对此加以论述。

一、单纯的动力途径的困难

从原则上说,困难可概括为如下三个方面:

1. 对长期数值预报而言,下垫面活动层的温度场是最重要的初始条件,然而却缺乏实况观测资料

由于摩擦不断消耗大气的动能,据估计,如果没有能量的补充,则现有大气的能量在一个星期左右的时间就会耗散光。大气运动的能量从根本上说来自太阳辐射,但是大气直接吸收到的太阳辐射不多,大部分太阳能为地表面(海面和陆面)所吸收,然后通过长波辐射,感热和潜热释放给予大气,所以大气运动的能量可以说大部分直接来源于下垫面。现在大家公认长期天气过程最根本的物理特征是非绝热性,即外部对大气的加热作用是长期天气变化的基本原因。外部对大气的作用,在数学上反映在大气环流模式的边界条件上。在大气上界是落到大气上界的太阳辐射通量(这可以用天文资料决定)上,在大气下界($P \approx P_0$),地(海)气交界面上的温度场应当给定。当大气环流模式是闭的方程组时,这个温度场是新的未知量,它不能作为一个闭合系统。从物理的观点说,地表面吸收的太阳辐射能,不仅给予大气,也给予下垫面活动层。在海洋中通过湍流垂直输送,热量可输送到一二百米的深层。海洋是个流动的介质,通过洋流热量就从一地输送到另一地,可以用数学物理方法描写海洋环流,建立起海洋环流模式。和大气环流模式一样,它需要边界条件——海气交界面上的温度场应当给定,这也是一个新的未知量,所以海洋也不能作为一个闭合系统。需要把海洋环流和大气环流作为一个整体,同时混合研究这两种环流。这时,海洋和大气环流模式的边界条件是同一个温度场——海气交界面上的温度场。在这个面上,所有垂直热通量的代数和应该为零。这个条件使大气环流和海洋环流成为一个闭合系统。在陆面上,通过热传导热量可以输送到土壤深层,不过一般认为"陆

地不能储存热量,或者说储存时间很短,很短”[2]。有人有不同的看法,认为土壤的能量储放是影响长期天气过程的不可忽视的因素[3],这个问题尚有待进一步研究。现在人们重视土壤湿度对土壤热量交换、水分交换的影响,认为可以维持很长的时间,影响达 2~3 个月[4]。

因此,长期天气的变化是在太阳—大气—地球下垫面(大陆和海洋)的相互制约和矛盾斗争中形成的。大气不是作为一个闭合系统,而只是作为“大气—下垫面活动层”统一系统的一部分。动力方法的初始条件应是整个这个系统的初始条件,不光是大气的,而且包括海洋和土壤的物理状况。但是,在这个系统中,大气是惯性很小,变化很快的组成部分,而相反,海洋则具有很大的热力惯性,因此,可以想象,世界海洋活动层热量的初始分布将在相当长时间内影响大气过程的发展。换句话说,长期天气预报最重要的初始条件看来应该是世界海洋活动层的温度场[5]。

在海洋上设站观测要比陆地上困难得多,人造卫星能够探测海表温度,精度尚有待提高,而深海的水温几乎没有系统的观测资料。动力方法所依据的是没有观测资料的世界海洋活动层的温度场,这是其所遇到的困难之一。

2. 参数化不可避免,而参数值难以确定

大气运动具有很宽的时空尺度谱(范围从分子的个别杂乱运动到遍及整个大气的平均纬向环流),用动力方法处理时本来被当成具有连续运动尺度谱的连续介质,但变成数值模式时(不论用差分方法还是谱方法)必须离散化,分辨率总是有限度的。运动尺度小于或接近于网格距(在差分法中)或波长过短的波(在谱方法中)无法在模式中确切地反映出来。而对长期预报起重要作用的非绝热过程(辐射、凝结和湍流)又正巧是和这种次网格过程相联系的。唯一的办法是用大尺度的变量来描述次网格尺度的运动对大尺度运动的统计效用,并作为源或汇包括在大尺度的方程组中。这已经越出了单纯动力的范围,进入统计的领域了。这种参数化的结果引进了未知的参数(如湍流系数、摩擦系数、热传导系数等)。这应当是一些可变参数,其数值如何选定成了一个难题。不得已而主观选定,例如“菲列普斯的大尺度交换系数就比德芬的小 40 倍”[6]。这是动力方法所遇到的另一个困难。

3. 大气是一个对初值敏感的系统,瞬时不可预测,有不确定性

动力方法是基于牛顿力学的确定论模型,一组初值对应于唯一的未来状态,是一一对应的。大气环流数值模拟的实践表明,在这种一一对应的框架下,相差极其微小的两组初值,随着时间的增加差异迅速变大到毫无相似之处[7]。解对初值是非常敏感的。近年来理论研究发现这是宇宙间一种相当普遍的现象。是一个强迫耗散的非线性系统常有的特征,大气就正是这样的系统,这种系统其相体积随时间收缩,最终收缩到有限区域内的一个体积为零的点集(称吸引子)上。在大多数自然界的实际流体运动中,存在着一种整体稳定、局部不稳定的运动状态——一种特殊的吸引子称怪引子,它有内外两种方向:一切在吸引子之外的运动都向它靠拢,呈现出初值的影响随时间衰减;而一切到达吸引子内的运动都互相排斥,沿某些方向指数分离,呈现出对初值的极其敏感。正是对初值的敏感,使得物理量在奇怪吸引子上的平均值反而对初值不敏感[8]。这种运动实质上需要进行统计的描述。用动力方法来对付一个需要进行统计描述的问题,它就遇到了很大的困难。确定论是理想化的极限,它立足于可以无限精密的测量来确定初值或系统对初值不敏感上的,这个基础实际上是不存在的。宇宙间统计秩序随

处可见,而确定论则较为罕见,不懂得这一点的人,在这个日益复杂混乱的世界里就会束手无策。

二、单纯的动力途径的问题

上节所述的三方面困难,在动力方法的框架内,得不到有效的克服,采取了不得已的对付办法,于是存在着显而易见的问题,可相应地概括为三点:

1. 要求用没有的(或缺乏的)下垫面活动层温度资料而将已有的大气演变资料弃而不用

动力方法采用古典初值问题的提法,系统的未来状况依赖于初始状态,这就只能使用一个时刻的资料。这资料主要的又变成了下垫面活动层的温度分布的资料,这就面临一个资料不够的困难。另一方面,近二十多年来,气象观测有非常迅速的进展,对大气及地表面状态的近期演变有较好的了解,在统计方法中这是重要依据,然而动力方法却将这宝贵的资料弃而不用。一方面强调资料不够,另一方面又将大量已有的资料弃而不用。这就陷入了矛盾之中。

2. 物理参数的主观选定和历史资料的不予考虑

已经进行了多年的气象观测,积累了描述过去实际情况的大量历史资料。任何规律和联系必须和这些资料相符合,如果与过去不相符就更没有理由期望会同未来的情况一致。统计方法所提出的统计模型正是要求它符合历史资料,从而利用了这些资料。次网格过程的参数化,实质上是处理一种统计影响,这种处理并非来自严密的动力考虑,本应采取统计的概念和方法处理,却采用主观的选定物理参数。这是动力方法中不足取的部分。

3. 在不能确定的情况下人为地确定,这就不能分别情况区别对待

从大气演变的物理规律和实际能掌握的实况资料(包括近期的演变资料和以往的历史资料)来看,显而易见未来有这样和那样的不确定性,我们不可能确定地知道未来的状况,这是一个严酷的现实。

即使在单纯动力方法的框架内,模式所要求的一些重要初始条件我们没有观测资料,而且有的观测资料也是有误差的,当然观测方法可以改进,可以"精益求精",但观测误差永远不会为零。而系统是对初值极其敏感的,因此是不确定的。在不确定的条件下,人为地把问题提成一个确定性的问题,这是动力方法的不明智之处。

三、努力的方向、途径的设想

如果承认了单纯统计方法和单纯动力方法都有各自独有的困难和问题,就不必囿于此,而应探索新的方法。这就是将两者结合起来——动力—统计方法。实际上现在已经出现了不少动力—统计模式,应该注意的问题是,一个方法既包含有动力内容又包含有统计内容并不一定会比单纯的动力方法或单纯的统计方法好。所以动力和统计究竟应如何结合是一个待研究的问题。以下我们提出衡量这一结合的好坏的标准以及一种设想。

1. 衡量的原则

衡量的原则应该是对现有物理知识应用的程度和动力方法相比，对实际观测资料应用的程度和统计方法相比，就可以判别一个动力—统计方法的完善程度了。例如上节所述未来具有不确定性的一面，明智的办法是首先认识这种不确定性。以不确定性为基本前提和不承认此前提，事实上有着本质的差别。在不确定的前提下，很自然地应当把天气预报问题提为一个信息问题。另一方面，我们毕竟掌握了大量实况资料和认识了过程演变的物理规律，这些是未来的信息，它减少了不确定性，从而使未来有某种确定性。这种确定性的程度在不同时候不同情况下并不都是相同的，不同时候的预报实际存在着不同的把握性。在这种情况下，预报的依据较为充足，在另一种情况下则较无把握。长期数值预报的任务就在于设法既要充分利用物理规律又要充分利用已有的实际观测资料，包括近期的演变资料和以往的历史资料。把实际存在着的全部信息（也就是我们现有的全部物理知识以及对实况观测获知的近期演变资料和以往的积累起来的历史资料）提炼出来，由此作出对未来的估计，这种估计当然是概率的，并且还能够给出这种概率估计的准确性定量的指标。

2. 一种设想

首先设计出大气—下垫面活动层（海洋和陆地）的联合模式，及上界和地气交界面上的边界条件等。一般说来，这还只是用到了关于大气、海洋等应遵循的动力学和热力学的最一般的规律。这还不是我们关于地—气系统的物理知识的全部内容。比如：如果将描述大气物理状态的变量称为状态变量，将描写海洋和陆地状态的变量称为控制变量，那么，相对而言状态变量是快变，控制变量是缓变的。可以认为状态变量总是和控制变量相适应。凡此等等，都应考虑进来，构成一个完善的动力学的模式。

事实上，这个模式——微分方程组中有些系数是未知的，有些函数的初值是没有观测资料的。怎么办？办法是采取"知之为知之，不知为不知"的老实态度。就是微分方程定解问题中某一个或某几个已知量变成未知的了，而原微分方程原来是未知的函数却知道了它的某些信息（我们对地—气系统探测得来的实况资料，包括近期演变资料和历史资料），我们的长期数值预报问题就是要用微分方程，定解条件（知道的部分）和附加的某些其他条件来确定未知量（包括未来的要预报的量）。这是一个已经为数学家所研究的问题，叫做微分方程的反问题。"反问题"这一术语在不同文献中有其不同含义。Lavrentiev 等给反问题如下定义："微分方程的反问题是指从微分方程解的某些泛函去确定微分方程的未知系统或右端项"[9]。Marchuk 研究了两类反问题，"第一类是确定过程的过去状态，例如已知物体当前的温度去确定初始的温度分布；第二类问题是借助于解的某些泛函去识别具有已知结构的算子系数。例如在 Sturm-Liouville 方程中根据谱函数的性质去确定二阶微分方程系数"[10]。微分方程的反问题可以说是一个刚刚在形成的数学新领域，由于其广泛的应用性，必将获得蓬勃的发展。

把问题提成微分方程的反问题就可以充分利用已有实况资料。在这个意义下来说是和统计结合的。至于统计预报采用的某些概念，如正态分布，平稳随机等应尽量避免使用。

一般说来，提为反问题——根据微分方程和实况资料求未来的函数值，其解在常义下是可能不存在，不唯一或当给定数据有很小误差时结果很敏感，这就使得理论和求解都较为困难。出路是定义在广义下的解，也就是对给定的数据加以适当的处理和允许对解加上适当的限制，实质上是转到信息和概率的意义上来了。这就正巧是承认不确定性,以不确定性为前提,同时又能分别情况区别对待,把不同时候的不同情况下各不相同的未来的确定的和不确定的部分都揭示出来。

四、结　语

以上仅仅是从原则上讨论了动力—统计长期数值预报的做法,要把它实现出来有很多具体问题有待研究和解决。但是明确努力的方向和待解决的问题决不是无关紧要的。我们相信经过努力必将开拓出一个崭新的领域,积极促进长期预报工作的发展和提高。

参考文献

[1] Lorenz,E. N. ,(1962),The statistical Prediction of dynamic equations,*Proc. Internat. Sympos. Numerical Weather Prediction*,Tokyo,Japan,629-635.

[2] 叶笃正,新疆气象,第 10 期,1982.

[3] 汤懋苍等,高原气象,第 1 卷,第 1 期,24—34,1982.

[4] Namias,J. ,*Proceedings of the international symposium on numerical weather prediction*,in Tokyo,7—13(1960),615-628.

[5] A. C. Монин,天气预报——一个物理学的课题,林本达、王绍武译,北京:科学出版社,1981.

[6] 顾震潮,大气过程的控制观,中国科学院地球物理研究所动力气象学论文集,北京:科学出版社,1961.

[7] Smagorinsky,J. ,*Bull. Amer. Meteor. Soc.* , 50,286-311,1969.

[8] 郝柏林,物理学进展,第 3 卷,第 3 期,329-416,1983.

[9] Lavrentiev,Vasiliev,*Multidimensional Inverse Problems for Differential Equations*,Springer-Ver-lag 1974.

[10] Marchuk G. I. ,*Methods of Numerical Mathematics*,Springer-Ver-lag,New York Inc. 1975.

海气耦合系统相似韵律现象的研究

黄建平　　丑纪范

（兰州大学大气科学系）

摘　要：本文首先利用一个相似离差形式的海气耦合模式，探讨了相似韵律现象形成的动力学机制，指出相似韵律现象的产生是由于在月平均环流季节变化的强迫下，海气系统非线性耦合相互作用造成的相似离差扰动的不均匀振荡。文中进一步利用一个全球海气耦合的动力—统计季节长期数值预报模式，对相似韵律现象进行了数值模拟和各种敏感性实验，结果不仅证实了理论分析结果，也为进一步利用该模式进行季节长期数值预报提供了依据。

关键词：相似韵律，海气耦合，相似离差

近年来由于环流异常现象的不断出现，世界上不少地区出现了各种严重的自然灾害。许多国家的气象部门对长期天气预报已越来越重视，并积极开展了这方面的研究工作。但直到目前为止，长期预报多数还是以统计或经验研究工作为主，一些诊断和理论研究工作则多侧重于环流异常空间结构的研究，而对于长期天气异常的时间演变，特别是季节尺度时间演变的研究则较少。因此对长期天气过程的规律还认识不清。要建立理想的季节尺度的长期预报模式，首先必须深入了解这一时间尺度长期天气异常的形成和演变规律。按照王绍武[1]关于长期天气过程3种时间尺度的划分，3～6个月的韵律是主要的长期天气过程。要想了解季节尺度环流异常时间演变规律，就需要先研究韵律现象的形成和演变。

自从20世纪20年代前苏联穆氏学派提出大型天气过程的活动韵律以来，有关这方面的统计研究工作很多。在我国长期预报工作中，韵律也是目前最主要的工具之一。但是，所有这些研究都还仅仅停留在统计分析上，对其形成机制的理论和数值模拟研究可以说很少。本文试图从理论和数值模拟两个方面，对月平均环流异常演变过程中的相似韵律现象作一初步研究。

一、相似韵律现象的定义

韵律是长期天气预报中应用较广的一个基本概念，但由于各种长期预报方法出发点不同，目前对韵律的定义种类比较多，我们希望从主要方面入手，研究环流自身演变的韵律活动。早在20世纪30年代，前苏联学者就提出了时间间隔为3个月和5个月的韵律[2]。最近，王绍武[1,3]等人又发现两个不同年份的月平均距平场在某个起始月相似时，相似性会随之变差，过了几个月后变得又相似。这是一种环流自身演变的韵律活动。为了避免与其他韵律的概念相

本文发表于《中国科学（B辑）》，1989年第9期，1001-1008。

混淆,我们称这种月平均距平场相似性的重现现象为月平均环流异常演变的相似韵律现象。由于这种现象对长期预报十分重要,我们用较严格的统计方法和长时间序列的观测资料,对月平均环流和海温异常的相似性演变作了进一步的分析[①]。结果证实了长期天气异常演变过程中普遍存在着半年左右的相似韵律。由于这种现象往往表现为不连续的关系,所以不能从大气或海洋本身来认识其形成过程。下面利用一个简单的海气耦合模式,从理论上研究其形成过程。

二、相似韵律产生的动力学机制

根据前面的讨论,我们认为月平均环流的演变可视为叠加在历史相似上的小扰动。海洋和大气的状态可分解为基本态和扰动态,其中基本态是某一历史相似年的月平均值,扰动态是两个相似年状态之差,可称为相似离差扰动。于是相似韵律现象的形成和演变,就转化为相似离差扰动的演变和稳定性问题。这里首先建立了一个简单的相似离差形式的海气耦合模式,并进一步导出了离差扰动的振幅方程,利用这组方程探讨了相似韵律现象形成的可能动力学机制。

1. 相似离差形式的海气耦合模式

将大气和海洋的变量分解为基本态和扰动态之和,即设

$$\psi = \tilde{\psi} + \hat{\psi}, \quad T_s = \tilde{T}_s + \hat{T}_s$$

其中 ψ 为大气运动的流函数, T_s 为海表温度,"～"表示大气和海洋状况的基本态,"ˆ"表示扰动态。如果大气运动采用相当正压模式来描述,并在模式中考虑了凝结、辐射加热以及海气之间的热交换。海洋模式采用简化的包括大气风应力强迫的海表温度变化方程。而且假设洋流基本上为 Sverdrup 流[4]。于是不难得到无量纲化的、描写环流异常相似性演变的、相似离差形式的海气耦合模式[②]。

$$\frac{\partial}{\partial t}(\nabla^2 - \lambda_1^2)\hat{\psi} + J(\tilde{\psi}, \nabla^2\hat{\psi}) + J(\hat{\psi}, \nabla^2\tilde{\psi}) + J(\hat{\psi}, \nabla^2\hat{\psi})$$

$$+ \beta_a \frac{\partial \psi}{\partial \lambda} = E_1\hat{\psi} - E_s\hat{T}_s - E_2\nabla^2\psi - K_h\nabla^2\hat{\psi} \tag{1}$$

$$\frac{\partial \hat{T}_s}{\partial t} + \delta\left[\frac{\tilde{U}_s}{\sin\theta}\frac{\partial \hat{T}_s}{\partial \lambda} - \frac{\beta_s \nabla^2\tilde{\psi}}{\sin\theta}\frac{\partial \hat{T}_s}{\partial \theta} - \frac{\beta_s \nabla^2\psi}{\sin\theta}\frac{\partial \tilde{T}_s}{\partial \theta}\right.$$

$$\left. - \frac{\beta_s \nabla^2\hat{\psi}}{\sin\theta}\frac{\partial \hat{T}_s}{\partial \theta}\right] = F_2\hat{\psi} - F_1\nabla^2\hat{\psi} - F_s\hat{T}_s \tag{2}$$

其中

$$J(A,B) = \frac{1}{\sin\theta}\left[\frac{\partial A}{\partial \theta}\frac{\partial}{\partial \lambda}\nabla^2 B - \frac{\partial A}{\partial \lambda}\frac{\partial}{\partial \theta}\nabla^2 B\right],$$

$$\delta = \begin{cases} 1, & \text{在海上}, \\ 0, & \text{在陆上}. \end{cases}$$

① 黄建平等,北半球月平均环流异常演变的相似韵律现象。

② 黄建平,月平均环流异常的观测、理论和数值模拟。

λ_1 为无量纲层结参数，$\beta_a = 2\Omega\tau$，τ 为特征时间，E_1，E_2，E_s 和 F_1，F_2，F_s 是与非绝热参数化有关的参数，K_h 为摩擦系数，$\beta_s = \dfrac{C_D V_0 \rho_0}{2\Omega D \rho_s}\alpha_1$，$\alpha_1$ 为订正系数。

2. 相似离差扰动的振幅方程

为了便于物理机制的分析，我们对(1)—(2)式作进一步简化，设

$$\hat{\psi}(\lambda,\theta) = A(t)H_a(\lambda,\theta) \tag{3}$$

$$\hat{T}_s(\lambda,\theta) = W(t)H_s(\lambda,\theta) \tag{4}$$

其中 $A(t)$ 和 $W(t)$ 分别为大气和海洋相似离差扰动的振幅，$H_a(\lambda,\theta)$ 和 $H_s(\lambda,\theta)$ 是大气和海洋相似离差扰动的空间结构函数。(3)和(4)式相当于把大气和海洋的相似离差场近似取为 EOF 的第一特征向量场，其中空间结构函数利用多年的实际观测资料求出，其分布形式大体反映了长期天气异常的结构特征。这样处理虽然过于简单，但要比低谱简化更符合长期天气的实际情况。进一步设

$$\tilde{\psi} = -\tilde{U}_m(t)\cos\theta \tag{5}$$

$$\tilde{T}_s = \tilde{T}_{s0} - \tilde{T}_{sm}(t)\cos\theta \tag{6}$$

将(3)—(6)式代入(1)—(2)式，并经过一系列运算，得到相似离差扰动的振幅方程为

$$\frac{dA}{dt} + R_u A + R_N A^2 = Q_{a_1} A - Q_{a_2} W - R_f A \tag{7}$$

$$\frac{dW}{dt} + R_s W - R_{s_1} A - R_{sN} AW = Q_{s_1} A - Q_{s_2} W \tag{8}$$

(7)和(8)式就是我们用来讨论海气耦合系统相似离差扰动时间演变的基本方程组。方程组虽然是经过大量简化以后得到的，但从定性的物理特征上，仍可望揭示出相似性演变的一些基本特征。

3. 非耦合系统相似离差扰动振幅的时间演变

所谓非耦合系统是在(8)式中令 $\dfrac{dW}{dt} = 0$，且 $W(t) = $ 常数，这时海洋对大气的作用相当于定常的强迫源，离差扰动随时间的演变可表示为

$$\frac{dA}{dt} + R_u A + R_N A^2 = Q_{a_1} A^2 - Q_{a_2} W - R_f A \tag{9}$$

在这个系统中，当离差扰动为线性不稳定时，离差扰动按指数无限增长。但在非线性不稳定情况下，扰动的振幅并不是随时间按指数无限增长，而是单调地趋近于一个稳定值，达到有限振幅。即当 $t \to \infty$ 时，渐近解为

$$A(\infty) = \frac{Q_{a_1} - R_u - R_f}{R_N}$$

这和线性不稳定情况大不相同，说明大气本身的非线性作用对相似离差扰动的增长有一种抑制作用，非线性性质最终将使得扰动达到一种平衡状态。

由于海温场相似性的时间演变有比较明显的持续性，因此，非耦合系统能够较好地说明环流异常相似性初始阶段的演变情况。可以认为距平场在某个起始月相似以后，很快又变得不相似是由于相似离差扰动的不稳定增长造成的。但在非耦合系统中，不能说明为什么经过一段时间以后距平场变得又相似。但是当考虑海气之间的耦合相互作用后，相似离差扰动的时

间演变将发生本质上的改变。

4. 耦合系统相似离差扰动的不均匀振荡

在海气耦合系统中离差扰动的振幅采用完整的方程组(7)和(8)式来描述,这时由于海气系统之间的反馈相互作用,离差扰动的振幅不可能再像非耦合系统那样达到一个定常态,而是出现振荡形式的解。由于此时系统无法求出解析解,我们用数值积分方法,研究了系统解的具体特征。其中设

$$R_u = R_{uc} + R'_{uc}\cos(\Omega_0 t + \phi)$$
$$R_s = R_{sc} + R'_s\cos(\Omega_0 t + \phi)$$
$$R_{s_1} = R_{s_1 c} + R'_{s_1}\cos(\Omega_0 t + \phi)$$

这里 $\Omega_0 = \dfrac{2\pi}{12\ \text{月}}$,$\phi$ 为起始月的位相。图 1 分别给出了考虑月平均环流季节变化($R'_{uc}=0.03$)和不考虑季节变化($R'_{uc}=0.0$)且位相 $\phi=0$,对(7)和(8)式数值积分的结果,其中横坐标为积分的模式日。数值积分采用月 Лонге-Кута 方法,时间步长取为 $\Delta t=0.001$。

图 1 表明,当考虑月平均环流季节变化的强迫时,相似离差扰动出现大振幅不均匀振荡解(图 1 中的实线)。在扰动的初期,振幅 A 因不稳定而增幅,同时由于大气对海洋的风应力强迫,使海温的离差扰动也随之增长。但由于海洋的热惯性,其增长速率要比大气慢一些。随着振幅 A 对初始值偏离增大,非线性作用项 $R_N A^2$ 变得越来越重要,最终使扰动停止增长,并达到其最大值。但是,这时海温场离差扰动的振幅也已增大到一定的程度,它使得大气离差扰动振幅不能保持最大值不变,而是开始减小,加之季节变化的强迫作用,这种变化更为明显。整个过程的时间约为半年左右。这与实际情况在定性上是比较一致的。

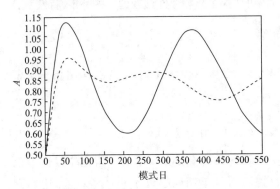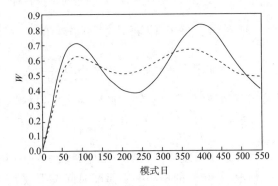

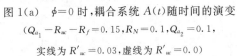

图 1(a)　$\phi=0$ 时,耦合系统 $A(t)$ 随时间的演变
　　　　($Q_{a_1}-R_{uc}-R_f=0.15$,$R_N=0.1$,$Q_{a_2}=0.1$,
　　　　实线为 $R'_{uc}=0.03$,虚线为 $R'_{uc}=0.0$)

图 1(b)　$\phi=0$ 时,耦合系统 $W(t)$ 随时间的演变
　　　　($Q_{s_1}-R_{s_1 c}=0.08$,$R'_s=0.01$,$R'_{s_1}=0.02$,$R_{sc}=0.05$,$R_{sN}=0.001$,$Q_{s_2}=0.07$,实线为 $R'_{uc}=0.03$,虚线为 $R'_{uc}=0.0$)

当不考虑月平均环流季节变化时(见图 1 中的虚线),海洋和大气离差扰动振幅的变化幅度都要小得多,特别是大气更为明显。这说明月平均环流的季节变化对相似韵律现象的形成也起重要作用。

因此,我们认为相似韵律现象的产生是由于在月平均环流季节变化的强迫下,海气系统非线性反馈造成的相似离差扰动的不均匀振荡。这种不均匀振荡是和大气环流的不均匀年变化密切相关的。

诚然，这里所用的模式是在大量简化的基础上得到的。因此，要定量地把实况与理论结果作比较，还必须用更为精细的模式作数值研究。下面用一个全球海气耦合的动力—统计季节长期数值预报模式，对相似韵律现象进行数值模拟研究。

三、相似韵律现象的数值模拟研究

1. 模式的基本原理

前已指出，在相似的初始场和边界条件下，经过一段时间后，月平均环流的演变也相似。因此与理论模式类似，这里我们也将要预报的场视为叠加在历史相似上的一个小扰动，将气象变量分解为基本态 $\widetilde{X}$ 和扰动态 $\hat{X}$ 之和。$\widetilde{X}$ 是根据与初值相似的原则从历史资料中选取的某一历史相似年的月平均值，它有逐月的实际资料，$\hat{X}$ 是两个相似年之差，即设 $X=\widetilde{X}+\hat{X}$，这里的 X 是经过月平均的。将 $X=\widetilde{X}+\hat{X}$ 代入全球海气耦合模式方程组和相应的边界条件，则可得到描写月平均环流相似性时间演变的相似离差方程组[①]：

$$\frac{\partial}{\partial t}\nabla^2\hat{\psi}+\frac{1}{a^2}J(\nabla^2\widetilde{\psi},\hat{\psi})+\frac{1}{a^2}J(\nabla^2\hat{\psi},\widetilde{\psi})+\frac{1}{a^2}J(\nabla^2\hat{\psi},\hat{\psi})$$

$$+\frac{2\Omega}{a^2}\frac{\partial}{\partial\lambda}\hat{\psi}+\left(2\Omega\cos\theta\nabla^2-\frac{2\Omega\sin\theta}{a^2}\frac{\partial}{\partial\theta}\right)\hat{\chi}=\mu\nabla^4\hat{\psi}+\hat{G}_d \tag{10}$$

$$\frac{\partial}{\partial t}\hat{T}+\frac{1}{a^2}J(\widetilde{\psi},\hat{T})+\frac{1}{a^2}J(\hat{\psi},\widetilde{T})+\frac{1}{a^2}J(\hat{\psi},\hat{T})-\frac{C^2}{RP}\hat{\omega}$$

$$=\mu\nabla^2\hat{T}+\frac{\partial}{\partial p}\nu\left(\frac{gp}{R\widetilde{T}_0}\right)^2\frac{\partial\hat{T}}{\partial p}+\frac{\hat{\varepsilon}}{c_p}+\hat{G}_T \tag{11}$$

$$\left(2\Omega\cos\theta\nabla^2-\frac{2\Omega\sin\theta}{a^2}\frac{\partial}{\partial\theta}\right)\hat{\psi}=\nabla^2\hat{\phi} \tag{12}$$

$$\nabla^2\hat{\chi}+\frac{\partial\hat{\omega}}{\partial p}=0 \tag{13}$$

$$\frac{R}{p}\hat{T}=-\frac{\partial\hat{\phi}}{\partial p} \tag{14}$$

$$\frac{\partial\hat{T}_s}{\partial t}+\delta\left[\frac{\widetilde{U}_s}{a\sin\theta}\frac{\partial\hat{T}_s}{\partial\lambda}-\frac{\beta_s}{a\sin\theta}\nabla^2\widetilde{\psi}_0\frac{\partial\hat{T}_s}{\partial\theta}-\frac{\beta_s}{a\sin\theta}\nabla^2\hat{\psi}_0\frac{\partial\widetilde{T}_s}{\partial\theta}-\frac{\beta_s}{a\sin\theta}\nabla^2\hat{\psi}_0\frac{\partial\hat{T}_s}{\partial\theta}\right]$$

$$=\frac{1}{\rho_s c_{ps}D}[\hat{R}_s-\hat{F}_0-\hat{L}_E] \tag{15}$$

考虑到长期天气演变的全球性，模式大气的基本方程采用的是球面 p 坐标下的线性平衡模式，模式海洋采用的是包括大气风应力强迫的海表温度变化方程。边界条件为：

$$p=p_T,\hat{\omega}=0,\frac{\partial\hat{T}}{\partial p}=0 \tag{16}$$

$$p=p_s,\hat{\omega}=-\frac{\rho_0 C_D g\,|\,v_0\,|}{f_0^2}\nabla^2\hat{\phi}_0,\frac{\partial\hat{T}}{\partial p}=-\alpha_s(\hat{T}_o-\hat{T}_s) \tag{17}$$

其中 ψ 为大气运动的流函数，χ 为速度势，ϕ 为位势高度，T 为大气温度，T_s 为海表温度，ρ_0,ρ_s

---

① 黄建平，月平均环流异常的观测、理论和数值模拟。

分别为大气和海洋的密度,c_p,c_{ps} 分别为大气和海洋的比热,D 为混合层厚度,C_D 为拖曳系数, α_s 为地表反照率,v_0,ϕ_0,ϕ_0 为近地面风速、流函数和位势高度,$\hat{G}_d$ 和 $\hat{G}_T$ 为涡旋输送项的离差, 由于涡旋输送的年际变化较小,近似取 $\hat{G}_d \approx 0$,$\hat{G}_T \approx 0$。(11)式中的非绝热加热离差 $\hat{\varepsilon}$ 为

$$\hat{\varepsilon} = \hat{\varepsilon}_s + \hat{\varepsilon}_R + \hat{\varepsilon}_L$$

$\hat{\varepsilon}_s$ 为海洋对大气的感热加热的离差,取为[5]

$$\frac{\hat{\varepsilon}_s}{c_p} = g_1(\hat{T}_s - \hat{T}_0), \quad g_1 = \frac{2g}{p_0}\left(\frac{p}{p_0}\right)\rho_0 C_D v_0 \tag{18}$$

$\hat{\varepsilon}_R$ 为辐射加热的离差,包括太阳短波辐射和大气长波辐射的离差,前者简单地由经验公式给 出,后者按 Newton 冷却定律给出[6]:

$$\frac{\hat{\varepsilon}_R}{c_p} = \frac{\bar{I}}{\rho c_p}(1 - C_s\hat{n})(1 - d_s)\eta/(1 + \eta) + \frac{\partial}{\partial p}K_R\frac{\partial \hat{T}}{\partial p} - \frac{1}{\tau_R}(\hat{T} - \hat{T}_s) \tag{19}$$

其中 η 为大气和海洋对太阳短波辐射的吸收比,C_s 为一经验系数,云量的离差 $\hat{n}$ 可认为与降 水率的相对离差成正比[7],即

$$\hat{n} = C_n\hat{R}_w/\widetilde{R}_w \tag{20}$$

其中 $\hat{R}_w$ 为降水率的离差,$\widetilde{R}_w$ 为月平均降水率,C_n 为一经验系数。

对于经过一定时间平均的长期过程可用降水率表示凝结率[8],则凝结加热的离差 $\frac{\hat{\varepsilon}_L}{c_p}$ 可表 示为

$$\frac{\hat{\varepsilon}_L}{c_p} = \frac{L}{c_p}\hat{R}_w \tag{21}$$

其中 L 为潜热系数,对(20)和(21)式中新的未知量降水率的离差 $\hat{R}_w$,采用类似文献[9]中的形 式,即

$$\hat{R}_w = -m_c\left(J(\hat{\psi}, \widetilde{q}) + \hat{\omega}\frac{\partial \widetilde{q}}{\partial p}\right) \tag{22}$$

$m_c = \frac{K_w}{g}(p_s - p_T)$,$\widetilde{q}$ 为比湿的月平均值。

(15)式中地表辐射平衡的离差表达式为[6]

$$\hat{R}_s = [R_*^0 C_I - \bar{I}C_s(1 - \alpha_s)/(1 + \eta)]\hat{n} - 4\varepsilon\sigma_R\overline{T}_s^3(\hat{T}_s - \hat{T}_0) \tag{23}$$

下垫面和大气之间感热交换的离差表达式为

$$\hat{F}_0 = \rho_0 c_p C_D v_0(\hat{T}_s - \hat{T}_0) \tag{24}$$

地表蒸发热通量的表达式为

$$\hat{L}_E = K_f K_e B_r \hat{F}_0 \tag{25}$$

其中 B_r 为 Bowen 比,K_f 为订正因子[10],K_e 为水分可利用因子,设洋面 $K_e = 1$,陆面 $K_e = 0.5$。

模式的垂直结构取为两层。数值求解采用差分方法。时间积分基本上采用蛙跳格式,积 分过程中引入了时间平滑滤波。

2. 数值实验方案的设计和资料处理

为了从物理机制上剖析相似韵律现象的形成机制,我们进行了非耦合和耦合两类数值实 验。所谓非耦合实验是指在模式大气中将海温取为定常,不考虑海气之间的耦合相互作用。 以此来考察定常海温强迫下月平均环流异常相似性演变对模式的响应。在耦合实验中不仅进

行了包括所有因子的控制性实验,还进行了各种敏感性实验。

由于这里我们主要进行相似性演变的数值模拟,因此,基本态以气候平均场叠加一个理想的距平场构成,扰动态的初始场根据与理想距平场相似的原则给出。

另外,为了便于与观测资料的比较,这里主要讨论 500 hPa 的模拟结果,相似指标的定义为

$$R_a = \frac{\parallel \mathring{\phi}_{500} \parallel}{\parallel \mathring{\phi}_{500}^{(0)} \parallel}$$

其中 $\mathring{\phi}_{500} = \frac{1}{2}(\mathring{\phi}_{300} + \mathring{\phi}_{700})$,$\mathring{\phi}_{500}^{(0)}$ 为 500 hPa 离差场的初值。

3. 数值模拟结果

在非耦合实验中,我们分别进行了略去和保留模式大气非线性项的两组实验,以此来考察定常海温强迫下相似性演变对模式的线性和非线性响应。结果表明,模式大气为线性的情况下,相似离差扰动的增长速度是很快的,而且始终是增长的,这说明实际大气中相似离差扰动确实是动力不稳定的。在模式大气为非线性的情况下的 NL 实验(见图 2 虚线)中,离差扰动的增长要比线性情况下慢得多,第 5 个月以后 R_a 的变化幅度已变得很小,甚至 7 月份又略有下降。这说明非线性作用项对离差扰动的增长有一定的抑制作用。

在耦合实验中,首先进行了包括所有物理因子的控制性 CST 实验(见图 2 中实线),与 NL 实验的结果相比可以看出,CST 实验中相似离差扰动并不是随时间单调增加,而是到了第 6 个月以后离差扰动明显下降,8 月份又开始增加。也就是说初始时刻环流异常相似时,经过约半年时间变得又相似,这与实际情况基本是一致的。这说明海气之间的耦合相互作用在相似韵律的形成和演变过程中,确实起了十分重要的作用。

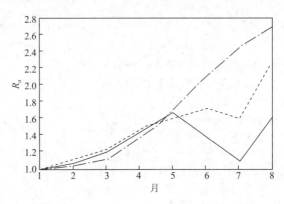

图 2　NL 实验(虚线)、CST 实验(实线)和 NSV 实验(点线)R_a 随时间演变的比较

我们还研究了不考虑月平均环流季节变化的敏感性实验(NSV 实验)。在这个实验的整个积分过程中,基本态都取为 1 月份的月平均场。由图 2 不难看出,与 CST 实验相比两者有明显差异,在 NSV 实验中相似离差扰动始终是单调增加的。这说明月平均环流的季节变化在相似韵律的形成过程中也起了重要作用。但在定常海温强迫的 NL 实验中,虽然考虑了月平均环流的季节变化,但由于海温是不变的,离差扰动在 7 月份只是略有下降,与 CST 实验仍有很大差异。也就是说只有同时考虑了月平均环流的季节变化和海气之间的耦合相互作用,相似韵律现象才能在模拟结果中得到反映。这进一步证实了前面的理论分析结果。

四、结果与讨论

　　本文从理论和数值模拟两方面研究了相似韵律的形成和演变规律,其目的旨在探索一条新的季节长期数值预报的方法。由于在相似的初始场和边界条件下,经过一定时间间隔的状态的演变往往也相似。因此,目前所采用的长期预报方法中,历史相似预报方法仍是最普遍的方法之一。但是,历史相似法把未来看成是过去某段历史的简单重复,这显然不能很好符合实际。如果将相似法和动力法结合起来,把要预报的场视为叠加在历史相似上的一个小扰动,就可以把统计预报的经验吸收到数值预报模式中来[11]。根据这一原理,我们将反映月平均环流相似程度的相似离差作为模式变量,建立了离差形式的长期预报模式。它不仅具有距平模式的优点,还可以利用历史资料提供的信息来弥补预报模式的缺陷,同时把统计预报的相似法和动力法有机地结合起来。从我们所作的数值实验的结果来看,模拟结果还是令人鼓舞的,虽然用于实际预报时可能还会有许多问题,但经过进一步的改进该模式还是很有希望的。

　　致谢:在作者完成本文期间,王绍武教授曾给予许多帮助,在此表示感谢。

参考文献

[1] 王绍武等,长期天气预报基础,上海:上海科学技术出版社,1986,3-71.

[2] 杨鉴初,苏联在天气过程韵律作用方面的新研究,北京:科学出版社,1956.

[3] 赵宗慈等,气象学报,40(1952),464-473.

[4] Pedlosky,J.,*J.A.S.*,32(1975),1501-1515.

[5] 朱抱真等,中国科学,1981,6:716-723.

[6] 丑纪范,长期数值天气预报,北京:气象出版社,1986,80-96.

[7] 邱崇践等,数值天气预报文集,北京:气象出版社,1984,143-156.

[8] Palmen,E.,Newton.C.W.,大气环流系统,北京:科学出版社,1978,18-25.

[9] 汤懋苍等,气象学报,40(1982),62-71.

[10] Schneider,S.M.,Dickinson,R.E.,*Rev. Geophys. Space.*,12(1974),447-493.

[11] 丑纪范,中长期水文气象预报文集,北京:水利电力出版社,1979,216-221.

天气预报的相似—动力方法

邱崇践   丑纪范

（兰州大学大气科学系）

提 要：本文将预报对象分解为参考态和扰动态两部分，参考态根据与预报对象初始场相似的原则从历史观测资料中选定，其演变过程是已知的；扰动态的演变则用动力方法预报。用准地转正压模式作了若干模拟实验，结果表明，该方法能利用历史资料提供的信息部分弥补预报模式的缺陷，不要求参考态与预报对象有很高的相似性，其预报结果就明显优于现行的数值预报方法。

一、引 言

由于许多次网格过程不可能准确刻划，现有的数值天气预报模式不得不引入各种参数化近似，使得预报难免发生种种失误。目前，中期数值天气预报虽然已经取得很大进展，但 5～10 天的预报，其准确率仍然是不能令人满意的。因此，人们一直在努力改进模式，以图使之更为精确。不过，在现有的基础上要再前进一步所需付出的努力较之过去就更大了。然而另一方面，尽管我们无法知道支配大气运动的准确方程，实际上却知道方程的一些足够准确的特解，这就是全球大气监测网提供的数十年的三维大气观测资料。利用这些"准确特解"提供的信息来弥补预报模式的缺陷，可能是改善数值预报结果的一个途径。顾震潮[1]最早提出在数值预报中引入历史资料的重要性和可能性。随后丑纪范[2]、郑庆林和杜行远[3]给出了在准地转模式中具体实现的方法。最近我们又提出，可以利用观测的近期演变资料确定模式的未知部分[4]。本文给出的相似 动力方法是在数值预报模式中利用历史资料的又一种方法。

众所周知，预报员经常利用相似原理作天气预报，并往往有一定成效。因为在相似的初始场和边界条件下，大气未来的演变在一段时间内常常仍是相似的。从 Lorenz[5] 的统计研究中也可以清楚地看到这一点。不过，相似预报方法将未来看成是过去某段历史的简单重复，这显然不符合实际。我们的想法是将相似方法和动力方法结合起来，"把要预报的场视为叠加在历史相似上的一个小扰动，就可以把天气学的预报经验吸收到数值预报中来"[6]。这就是相似—动力预报的基本思想。本文将给出具体方法及用准地转模式进行模拟试验的结果。

二、方 法

控制大气运动的方程通常可写为：

本文发表于《大气科学》，1989 年第 13 卷第 1 期，22-28。

$$\frac{\partial}{\partial t}F(t,x) + N(F) = \varepsilon(t,F) \tag{1}$$

这里 F 是描述大气状态的向量,向量 x 表示空间坐标,N 是 F 的已知算子,ε 是未知函数,即预报方程的误差。换言之,预报时采用方程

$$\frac{\partial}{\partial t}F_1(t,x) + N(F_1) = 0, t > t_1 \tag{2}$$

初值

$$F_1(t_1,x) = g(x) \tag{3}$$

不考虑初值及计算误差,则预报误差来源于方程的误差项 $\varepsilon(t,F)$,一般而言,$\|\varepsilon\|$ 越大,预报误差也越大。

从历史资料中选一参考态 $\widetilde{F}$,其起始时间为 $t = t_0$。记 $\tau = t - t_1$,令 $F(t,x) \equiv F(t_1 + \tau, x) = \widetilde{F}(t_0 + \tau, x) + F'(\tau, x)$,$\widetilde{F}$ 应满足方程(1),即

$$\frac{\partial}{\partial \tau}\widetilde{F}(t_0 + \tau, x) + N(\widetilde{F}) = \varepsilon(t_0 + \tilde{\tau}, \widetilde{F}), \tau > 0 \tag{4}$$

$$\widetilde{F}(t_0, x) = \tilde{g}(x) \tag{5}$$

不难看出,扰动态 F' 满足的方程及初值是

$$\frac{\partial}{\partial \tau}F'(\tau, x) + N(\widetilde{F} + F') - N(\widetilde{F}) = \varepsilon(t_1 + \tau, \widetilde{F} + F') - \varepsilon(t_0 + \tau, \widetilde{F}) \equiv \varepsilon' \tag{6}$$

$$F'(0, x) = g(x) - \tilde{g}(x) \tag{7}$$

预报扰动态的近似方程应为

$$\frac{\partial}{\partial \tau}F'(\tau, x) + N(\widetilde{F} + F') - N(\widetilde{F}) = 0 \tag{8}$$

根据(8)和(7)式作出 F' 的预报后再叠加到对应时刻的 $\widetilde{F}$ 观测值上得到最终预报,这就是相似—动力预报的基本方法。由上面的分析可看到,相似—动力方法相当于在原预报方程的误差中扣除了一项 $\varepsilon(t_0 + \tau, \widetilde{F})$。若误差项为常量,$\varepsilon$ 与 t 和 F 无关,则无论怎样选择参考态,相似—动力预报方法都将不出现误差。这表明采用该方法可以消除模式中存在的定常误差。若误差项不显含 F,即 $\varepsilon(t,F) = \varepsilon(t)$,这种情况可以被理解为模式只是在描述外界施于大气的某种强迫作用上存在误差,此时相似-动力方法能否改进预报应与所选择的参考态 $\widetilde{F}$ 本身无关,而取决于 $t = t_0$ 与 $t = t_1$ 及以后一段时间内"强迫作用"的是否相似。一般情况下,ε 是 t 和 F 的函数,那么我们在选择参考态时应力求作到:(1)$\widetilde{F}$ 的起始值与预报量 F 的初值相似,即 $\|F(t_1,x) - \widetilde{F}(t_0,x)\| \ll \|F(t_1,x)\|$;(2)$t = t_0$ 时的气候环境、边界状况等与 $t = t_1$ 时相近。这样,我们可以指望在预报时间不是很长时,$\widetilde{F}$ 与 F 的相似仍能维持,$\varepsilon(t_1 + \tau, F)$ 与 $\varepsilon(t_0 + \tau, \widetilde{F})$ 会存在一定的相似性,从而有 $\|\varepsilon'\| < \|\varepsilon(t,F)\|$。如果情况果真如此,这就意味着预报精度将会提高。

那么,要求参考态有多高的相似性新方法才会优于现行方法;在现有的历史资料中能否保证可以找到符合要求的参考态呢?

另外,在对方程(8)积分时需要知道每一时间节点上的值,显然这不能完全由观测值给出,而需借助插值方法给出无观测记录的部分。插值误差会给结果带来多大影响呢?

在将本方法用于实际预报之前,我们用一个简单的数值模式作若干模拟实验,以期能对上述问题作出初步回答。

三、模拟实验

设控制大气运动的准确方程是带有强迫—耗散项的准地转正压涡度方程,其无量纲形式是

$$\frac{\partial}{\partial t}(\zeta - \lambda^{-2}\psi) = J(\zeta + h, \psi) - 2\frac{\partial \psi}{\partial \lambda} + \mu(\zeta_E - \zeta) \tag{9}$$

其中 $\psi = \Phi/f_0, \zeta - \nabla^2\Phi/f_0, h$ 是无量纲地形高度,ζ_E 是强迫源,μ 是耗散系数,其余符号均为惯用。各个量的特征量同文献[7]。认为位势高度南北半球对称,将其依球函数展开

$$\Phi = \sum_{n=|m|}^{N}\sum_{m=-M}^{M} K_n^m(t) Y_n^m(\lambda, \theta) \tag{10}$$

h, ζ_E 也作相应的展开,截取 $N = M = 8$。代入(9)式得到对系数 K_n^m 的常微分方程。以 3 小时为时间步长,按蛙跃格式作时间积分得到预报。

适当给定方程(9)中的各个参数及强迫源 ζ_E,对给出的预报初值及参考态初值按上述方法积分(9)式,所得结果分别认为是未来的"实况"及参考态。在方程(9)中引入某种误差后作为预报方程,再用通常的数值预报方法(以下简称方法 G)和本文所给方法(以下简称方法 A),对同一初值分别作出预报。将预报结果和相应的"实况"比较即可判断二者的优劣。

在我们的实验中,固定取 1984 年 12 月 16 日 20 时(北京时)北半球 500 hPa 位势高度作为参考态的初值。预报时的初始场则是根据实验要求的不同的相似度,在参考态起始场上叠加一个具有一定幅度的随机扰动构成。这里,我们将场 $\tilde{F}$ 和 F 之间的相似度定义为

$$r(F, \tilde{F}) = \|F - \tilde{F}\| / \|F - \bar{F}\|$$

$\bar{F}$ 是 F 的平均值。r 越小,$\tilde{F}$ 与 F 越相似。利用 ECMWF 的客观分析资料(20°N 以北,5×5 经纬度网格),我们统计了 1984 年 7 月 31 日与同年 7 月 1 日—8 月 31 日(其中 7 月 26 日—8 月 5 日除外)之间 500 hPa 高度场的相似度 r,结果见表1。从这一粗略的统计可以看到,从相距五天以上的实际观测资料中要找到相似度 $r<0.25$ 的两个 500 hPa 高度场不会有什么困难,$r\leqslant0.40$ 的情况则是很普通的。以下我们就按 $r=0.25$ 和 $r=0.40$ 两种情况给出预报初值进行实验。

表 1　各类相似度出现次数的统计

r	$\leqslant0.25$	0.26—0.35	0.36—0.45	0.46—0.55	0.56—0.65	>0.65
出现次数	3	15	18	7	6	2
出现频率(%)	5.9	29.4	35.3	13.7	11.8	3.9

计算参考态时,强迫源 $\tilde{\zeta}_E$ 是按照 48 小时的计算值与实际观测值(即 12 月 18 日 20 时的分析场)之差取极小值的原则,按文献[4]给出的参数反演方法确定的。计算"实况"时,强迫源 ζ_E 是在 $\tilde{\zeta}_E$ 上随机地叠加一扰动而得。扰动的幅度在不同实验中取了不同的值,这在下面有说明。

我们在预报方程中分别引入三种类型的误差,用方法 A 和方法 G 各自作了 48 小时的预报进行对比。方法 A 中又包括两种方案:一种是以 12 小时为间隔,用二次插值方法计算参考

态值(简称方法 A_1);另一种是直接利用积分得到的每一时间节点上的参考态值(简称方法 A_2)。现将实验情况叙述如下:

试验 I　在预报方程的强迫源中引入误差

设预报期间准确的强迫源为 ζ_E,且不随时间变化。而在预报方程中略去该项,即认为 $\bar{\zeta}_E=0$。这是上节提到的误差项与 F 无关的特殊情况。只要 $r(\tilde{\zeta}_E,\zeta_E)<1$,方法 A 就应有较小的误差,而与 $r(f,\tilde{\varphi})$ 无直接关系。不妨取预报初值使 $r(\varphi,\tilde{\varphi})=0.25$,控制在 $\bar{\zeta}_E$ 上所叠加的随机扰动的幅度,使 $r(\tilde{\zeta}_E,\zeta)$ 分别为 0.25,0.50,0.75 和 1.00。对每种情况都用两种方法各作三次预报(每次预报初值相同,但 $\bar{\zeta}_E$ 取不同的扰动)。图 1 是两种方法的均方误差平均值曲线,方法 A 中只绘出了未插值的

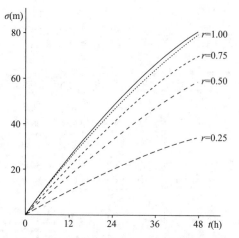

图 1　强迫源引入误差时方法 G(实线)与方法 A_2(点线)的预报误差(σ)比较
r 是计算参考态和"实况"时所用的强迫源之间的相似度。

情况(即 A_2)。试验结果证实了上面的分析,预报误差随 $r(\tilde{\zeta}_E,\zeta_E)$ 的增加而增大,但只要 $r(\tilde{\zeta}_E,\zeta_E)<1$,方法 A_2 的误差总小于方法 G,两者 48 小时预报误差的比值为 0.44($r=0.25$),0.73($r=0.50$),0.87($r=0.75$)和 0.98($r=1.0$)。对于初始场相似度 $r(\varphi,\tilde{\varphi})=0.40$ 的情况所作的试验结果也大体一样。

比较方法 A_1 和 A_2 的预报误差发现,在目前这种截取波数较少的情况下,参考态插值引起的误差是很小的,表 2 给出了一次试验中每一时间节点上的插值均方误差及方法 A_1,A_2 的预报误差。插值误差平均不足 1 gpm(位势米)。在参考态有观测值的时刻(12,24 小时等),方法 A_1 和 A_2 的预报误差几乎没有什么区别。这说明如果以较大尺度的系统作为预报对象,那么在我们的方法中插值引起的误差并不是特别值得忧虑的问题。

为了更具体地比较两种方法的优劣,下面给出一次实验实例。取 $r(\tilde{\zeta}_E,\zeta_E)=0.50$,$r(\tilde{f},f)=0.25$。图 2 给出了试验采用的初始场、48 小时后的"实况"及两种方法(方法 G 和方法 A_1)的 48 小时预报。为节省篇幅,参考态图略去。

表 2　24 小时内参考态插值的均方误差及方法 A_1,A_2 的预报误差(单位:gpm)

时间(h)	3	6	9	12*	15	18	21	24*
插值误差	0.92	0.54	0.84	0	0.33	0.42	0.68	0
A_2 预报误差	3.6	6.8	9.5	12.3	14.3	16.8	18.3	20.4
A_1 预报误差	9.6	6.9	10.4	12.4	13.5	16.0	16.1	20.6

比较图 2a 和图 2b 可以看到,在 48 小时内,高度场变化的主要特点是槽、脊系统普遍加强了。例如在青藏高原地区形成一高压,东亚槽明显加深。美洲大陆西海岸附近的高压脊及北非的低压槽都大大加强了。而方法 G 的预报(图 2c)基本不能反映这种变化。方法 A_1 所作的预报(图 2d)则有了很明显的改进。

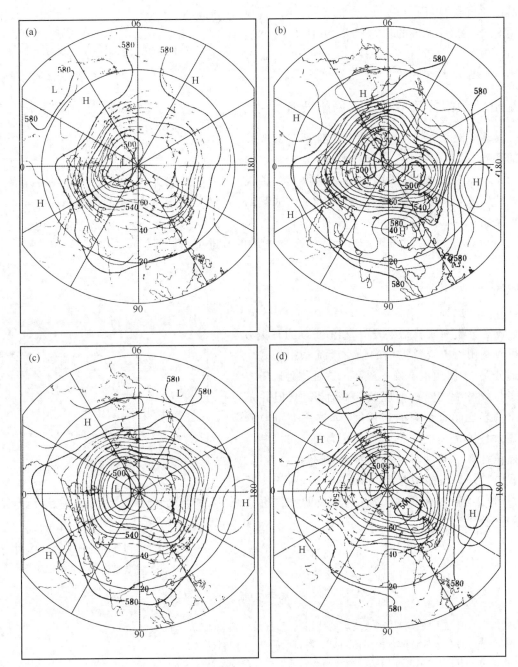

图 2   500 hPa 位势高度图
a:初始场;b:48 小时"实况";c:方法 G 的 48 小时预报;d:方法 A_1 的 48 小时预报

试验 Ⅱ   在预报方程的地形高度中引入误差

具体是在原地形高度上随机地叠加 25% 的扰动作为预报方程中的地形高度。这时,方法 G 中的误差项为 $\varepsilon = J(\delta h, \psi)$,而方法 A 中的误差项为 $\varepsilon' = J(\delta h, \psi')$。这里 δh 是地形误差。只要 $r(\psi, \tilde{\psi}) < 1$,平均而言应有 $\|\varepsilon'\| < \|\varepsilon\|$。现对 $r(\psi, \tilde{\psi}) = 0.25$ 和 0.40 两种情况各作三

次对比预报实验(固定取 $r(\tilde{\zeta}_E, \zeta_E) = 0.50$),结果见图 3。48 小时预报的均方误差,方法 G 与方法 A_2 的比是 $0.61(r = 0.25)$ 和 $0.68(r = 0.40)$。方法 A_1 与 A_2 的结果很接近,不再给出。

试验Ⅲ　预报方程中引入次网格误差

具体方法是在计算参考态及"实况"时截取较高的波数($M = N = 11$),而作预报时仍取原来的 $M = N = 8$。这时预报方程中的误差项将是一种很复杂的形式,不能再用解析形式写出来。试验的结果见图 4。48 小时方法 G 与方法 A_2 的预报误差比是 $0.72(r = 0.25)$ 和 $0.82(r = 0.40)$,方法 A 的改进是明显的。

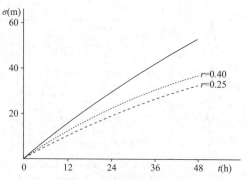

图 3　引入地形误差时方法 G(实线)和方法 A_2(点线)的预报均方误差曲线。

r 是参考态与预报量初始时刻的相似度。

四、结　论

上述分析和实验结果表明,相似—动力预报方法可以利用历史资料提供的信息消除预报模式中的部分误差,使预报准确率提高。这种好处随着参考态与预报量之间相似度的提高而增加,但并不要求两者之间有很高的相似度,本方法即可收到明显效益。在预报对象的空间尺度较大时,参考态插值计算引起的误差对结果影响不大。当然,这些结论还只是来自于数值模拟实验,用于实际预报时可能还会有新的问题,对此我们将作进一步的试验研究。

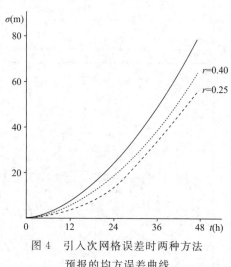

图 4　引入次网格误差时两种方法预报的均方误差曲线

说明同图 3

参考文献

[1] 顾震潮.1958.天气预报中过去资料的使用问题,气象学报,29(3),176-184.

[2] 丑纪范.1974.天气数值预报中使用过去资料的问题,中国科学,635-644.

[3] 郑庆林,杜行远.1973.使用多时刻观测资料的数值天气预报新模式,中国科学,289-297.

[4] 邱崇践,丑纪范.1988.预报模式识别的扰动方法,大气科学,12(3),225-232.

[5] Lorenz, E. N., 1969. Atmospheric predictability as revealed by naturally nalogues, *J. Atmos. Sci.*, 26, 636-651.

[6] 丑纪范.1979.关于长期数值天气预报的若干问题.中长期水文气象预报文集,北京:水利电力出版社,216-221.

[7] Kallen. E., 1981. The nonlinear effects of orographic and momentum forcing in a low-order, barotropic model., *J. Atmos. Sci.*, 38, 2150-2164.

北半球月平均环流与长江中下游降水的关系

李维京　　丑纪范

（兰州大学大气科学系）

提　要：本文利用 1951—1984 年 500 hPa 月平均高度和月总降水资料，着重分析了 500 hPa 距平场对长江中下游夏季降水的影响及其相关关系。针对长江中下游夏季降水这一预报对象，计算了 500 hPa 距平场的信息区，指出在大尺度距平场的演变过程中，不同时间和不同地点距平场的量值对长江中下游这一特定预报区域降水的影响是不同的。并且指出长江中下游地区冬季降水主要是受欧亚型环流的影响，而夏季降水则主要是由于东亚—西太平洋型环流所形成。另外，通过对实际距平场和信息近似距平场的分析表明，信息区的变化在一定程度上反映了实际距平场的大尺度变化特点。

一、引　言

月平均降水量是长期天气预报的主要对象之一。而月平均降水的异常与月平均环流的异常有密切的关系。本文主要是在文献[1]的基础上进一步分析我国长江中下游地区月平均降水与北半球月平均环流场之间的关系，一方面对制作长江中下游夏季的平均降水的长期预报提供依据，另一方面为从理论上进一步研究月平均环流异常提供观测事实。

关于月平均环流与我国不同地区不同时段的降水关系已有许多研究工作并用于实际业务预报[2,3]。这里我们将主要分析长江中下游 6—8 月平均降水与其前期和同期不同地区 500 hPa 距平场之间的关系，给出影响长江中下游地区夏季平均降水量的月平均环流特征和主要信息区。

二、长江中下游降水与 500 hPa 距平场的相关关系

图 1 和图 2 分别是长江中下游地区 10 站（东台、南京、合肥、上海、杭州、安庆、屯溪、九江、汉口、岳阳）6—8 月平均降水量与 1 月和 7 月 500 hPa 高度距平场的相关图。由图 1 可以看出，在阿留伸低压区，新地岛附近和北美大陆东南部分别为正相关最大区，而在中太平洋和阿拉伯半岛有一负相关中心，这说明当冬季 1 月份阿留伸低压区，新地岛的低槽和北美大槽弱时，夏季 6—8 月长江中下游地区降水偏多，反之则偏少；1 月在中太平洋低纬地区与 6—8 月的降水成反相关，从我国大陆到阿拉伯半岛为负相关区域，这说明 1 月我国大陆为负距平区，

本文发表于《气象科学》，1990 年第 10 卷第 2 期，139—146。

即低值系统较常年活跃时,有利于夏季长江中下游的降水,反之则不利。而 1 月低值系统的活跃,有利于 1 月长江流域降水偏多,即 1 月降水偏多时,夏季降水亦偏多,这与我们指出的长江中下游降水具有准半年韵律现象是一致的[1]。

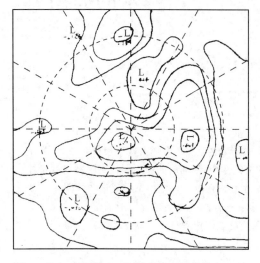 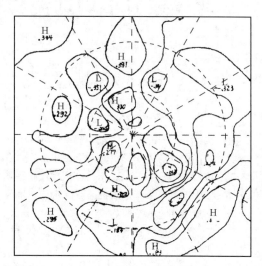

图 1　长江中下游 10 站夏季降水平均值与 1 月　　　　图 2　长江中下游 10 站夏季降水平均值与 7 月
　　　　500 hPa 高度距平场相关图　　　　　　　　　　　　　　500 hPa 高度距平场相关图

图 2 是长江中下游 6—8 月 10 站平均降水与 7 月 500 hPa 距平场的相关图,可以看出,最大相关中心均位于东亚地区,从日本东部经长江流域到青藏高原为负相关区,南海和西太平洋地区以及鄂霍茨克海附近为正相关区。说明夏季长江中下游地区降水主要与西太平洋高压、鄂霍茨克海高压以及青藏高原和长江流域上空的低值系统密切相关。

三、长江中下游夏季降水所对应的信息区

为了进一步估计长江中下游地区夏季降水与 500 hPa 每个格点高度场变化的相关程度,我们采用了文献[4]中确定海温距平场信息区的方法和文献[5]中确定 500 hPa 信息区的方法。所不同的是他们是用一种场的时间序列来计算信息区,而这里我们则利用高度场和长江中下游地区降水的时间序列来估计,即对于长江中下游夏季平均降水这一特定的预报对象,找出所对应的 500 hPa 高度场上的信息区。为了确定降水与 500 hPa 高度场的相似程度,我们先计算二者之间的相似系数,即:

$$R_{ijk} = \left(\frac{Z_{ij} - \bar{Z}}{\sigma_z}\right)\left(\frac{P_k - \bar{P}}{\sigma_p}\right)$$

这里 i 是格点数,j 和 k 为时间序列;Z_{ij} 是每个格点高度资料序列;P_k 是长江中下游 10 站月降水平均量资料序列;并有

$$\bar{P} = \frac{1}{N}\sum_{k=1}^{N} P_k ; \sigma_z = \left[\frac{1}{N}\sum_{j=1}^{N}(Z_{ij} - \bar{Z}_f)^2\right]^{\frac{1}{2}}$$

$$\bar{Z}_i = \frac{1}{N}\sum_{N}^{1} Z_{ij} ; \sigma_p = \left[\frac{1}{N}\sum_{j=1}^{N}(P_j - \bar{P})^2\right]^{\frac{1}{2}}$$

其次计算高度场 Z_{ij} 和 Z_{ik} 的相似距离作为相似指标:

$$d_{ijk} = \left| \frac{Z_{ij} - \bar{Z}_i}{S_j} - \frac{Z_{ik} - \bar{Z}_i}{S_k} \right|$$

上式中, Z_{ij} 和 Z_{ik} 分别为 j 和 k 月的高度值, S_j 和 S_k 是 Z_{ij} 和 Z_{ik} 的方差, 公式如下:

$$S_j = \left[\frac{1}{N} \sum_{j=1}^{N} (Z_{ij} - \bar{Z}_i)^2 \right]^{\frac{1}{2}}; S_k = \left[\frac{1}{N} \sum_{k=1}^{N} (Z_{ik} - \bar{Z}_i)^2 \right]^{\frac{1}{2}}$$

如果 k 点的距平变化服从距平场的大尺度变化, 而且该点的距平变化是长江中下游 6—8 月平均降水的信息点, 则 d_{ijk} 和 R_{ijk} 之间应保持一定的相似。也就是说, 如果大尺度距平场 Z_{ij} 和 Z_{ik} 在结构上是相似的, 则 d_{ijk} 应趋于零(或很小); 如果 k 点的距平变化是长江中下游夏季平均降水的信息点, 则 R_{ijk} 应比较大。为此, 我们定义反映长江中下游 6—8 月平均降水量所对应的前期和同期 500 hPa 距平场上的信息量指标为:

$$I_i = -\frac{1}{C_2^n} \sum_{jk}^{C_2^n} \left(\frac{R_{ijk} - \bar{R}_i}{S_k} \cdot \frac{d_{ijk} - \bar{d}_i}{S_d} \right)$$

其中 $C_2^n = (N \times N)/2$; 式中的负号保证了与网格点信息量程度有正比关系。I_i 值越大, 则既反映了 k 点的距平变化在一程度上表征了距平场的大尺度变化, 又反映了该点与长江中下游夏季平均降水的相关程度。

我们计算了逐月每一个格点信息量 I_i 的空间分布图, 由 12 张图可以看出(图略), 不同月份信息区的分布是不同的, 表明不同时间和不同地区距平场的量值对长江中下游夏季降水的影响不同。图 3 为 12 月、1 月和 2 月 I_i 的平均分布图, 图 4 为 6 月、7 月和 8 月的 I_i 平均图。若取信度 α 分别为 0.1 和 0.001 时, I_i 的临界值分别为 0.098 和 0.196。取冬季 I_i 的临界值为 0.1, 夏季为 0.2, 大于临界值的区域为反映长江中下游夏季降水的信息区(图中的阴影区)。从图 3 可见, 极区的主要信息区偏向东半球的亚洲部分, 说明在冬季亚洲北部极涡强度对长江中下游夏季降水具有指示意义。另外, 大西洋东岸、西太平洋和太平洋东南部以及美洲大陆东部各有一信息区, 这些信息区均位于中低纬地区, 表明这些区域冬季副热带系统的强度可作为我们预报长江中下游夏季降水的依据。

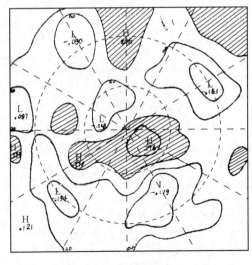 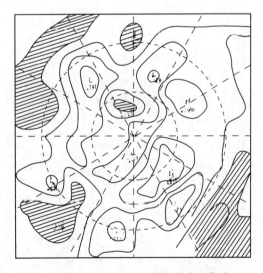

图 3　冬季 I_i 分布图(阴影部分表示信息区)　　　图 4　夏季 I_i 的分布图(阴影部分表示信息区)

图 4 中主要信息区位于西太平洋到南海、大西洋和北美低纬度地区以及阿拉伯半岛等副热带地区,其范围和量值也比冬季大,表明夏季西太平洋副高,北美和阿拉伯高压等副热带系统的强度及其位置对长江中下游夏季降水尤为重要。在中高纬度,从贝加尔湖到鄂霍茨克海和加拿大北部分别有一信息区。图 5 是长江中下游 10 站冬季(12 月,1 月和 2 月)平均降水与冬季同期 500 hPa 高度距平的平均 I_i 分布图,图中信息区分别位于大西洋和太平洋的中低纬和亚洲与美洲北部,其分布特点与文献[5]中图 1.14 中的信息区比较一致。而图 3 和图 5 中的信息区很不相同,说明对于同一地区不同时期的预报对象来说,其信息区有很大的差别。

图 5 冬季降水与同期距平场计算的 I_i 分布图

图 6 是利用夏季(6、7、8 月)500 hPa 距平纬偏场 Z' 计算的点相关图,基点位于 120°E, 60°N,这里 $Z'=Z-\overline{Z^{\lambda}}$,$Z$ 表示距平场,$\overline{Z^{\lambda}}$ 表示距平场的纬向平均。图 7 是用冬季(12、1、2 月) 500 hPa 距平纬偏场 Z' 计算的点相关图,基点位于 10°E,70°N。图 6 在东亚是由南向北正负相间的波列状,这与图 4 中 I_i 的分布一致,表明夏季长江中下游的降水主要是由于这种由南向北传播的波列影响所致,我们将这种在东亚和西太平洋地区的夏季遥相关型称之为东亚西太平洋型(EA-WP)。这种遥相关型与文献[6]中模拟的由于热带西太平洋及南海上空热源异常所引起的 500 hPa 扰动高度场距平的异常分布相类似。图 7 的分布型是典型的冬季欧亚型(EU)遥相关型,正相关区位于东亚、西欧北部和大西洋南部,负中心分别位于乌拉尔山附近和大西洋北部,这与文献[7]中资料分析所得图 1 和模拟结果图 6 比较一致。由冬季长江中下游降水资料和 500 hPa 距平资料计算的图 5,其分布形式与图 7 基本一致,说明长江中下游冬季

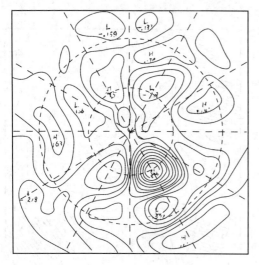

图 6 夏季 500 hPa 纬偏距平场的点相关图,基点位于 120°E,60°N

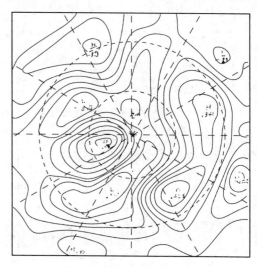

图 7 冬季 500 hPa 纬偏距平场的点相关图,基点位于 10°E,70°N

的降水主要是受 EU 型的影响。由此可见,对于冬季长江中下游降水预报应注重 EU 型遥相关型的形成及其传播的影响,而夏季则应着重研究东亚—西太平洋型(EA-WP)的作用。

四、信息近似距平场

我们将上述信息区以外区域的距平值变为零,仅以信息区的距平值所构成的近似场称为信息近似距平场。文献[5]中曾指出:构造信息近似距平场的目的不仅是为了减少描写长期天气过程的自由度,更重要的是滤去所谓“气候噪音”。但是,我们前面找出的信息区是否既对长江中游夏季降水具有一定的指示意义,又能描述实际距平场大尺度变化的主要特征。图 8 是 6—8 月平均实际距平场(曲线 2)和信息近似距平场(曲线 1)进行 EOF 展开后第一特征向量时间系数演变特征,为了便于比较,曲线 2 中的数值都减去 1。可以看出,两者在大多数的年份变化比较一致,前几个特征时间系数的演变情况也比较类似,说明我们利用长江中下游夏季平均降水在500 hPa 高度距平场上所找出的信息区在一定程度上能够反映实际距平场的大尺度变化特征。

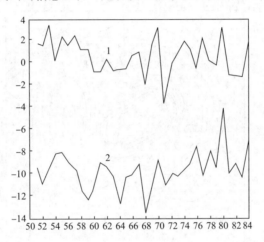

图 8　夏季原始距平场(曲线 2)和信息距平场(曲线 1)第一特征向量时间系数演变特征

我们利用文献[1]中描述的动态聚类方法,将 1951—1984 年的 500 hPa 环流型分为多雨型,少雨型和正常型三种类型,图 9 是利用实际距平场分类后三种类型的平均图。我们还利用信息近似距平场进行分类,同样得到多雨、少雨和正常三种类型的平均图(为省篇幅图略),分别比较两种方法得到的三种类型图,二者非常一致,说明我们只要注重考虑了信息区的变化特征,就可以表征月平均距平场的演变情况。

我们用 1951—1984 年逐月 500 hPa 距平场按多雨、少雨和正常三种类型进行聚类分型,图 9 是历年各月降水三种类型所分别对应的 500 hPa 距平场的平均。从图 9a 可见多雨型环流特征是,西欧到北美东北部和乌拉尔山东北部为正距平区,冰岛和西藏高原经日本到中太平洋地区为负距平区,说明冰岛低压加深,乌山高脊发展,青藏高原到我国长江流域低值系统活跃时,而且西太平洋副高距平场零线位于长江流域时,是长江流域多雨的平均环流形势。图9b 分布形式与图 9a 相反,所以代表了长江流域少雨时的环流型。由图 9c 可见,极区为正距平区,在大西洋东岸和中太平洋为负距平区,而长江中下游以及我国大部分地区距平绝对值很小,接近于零值,这是长江流域降水为正常情况的平均环流形势。

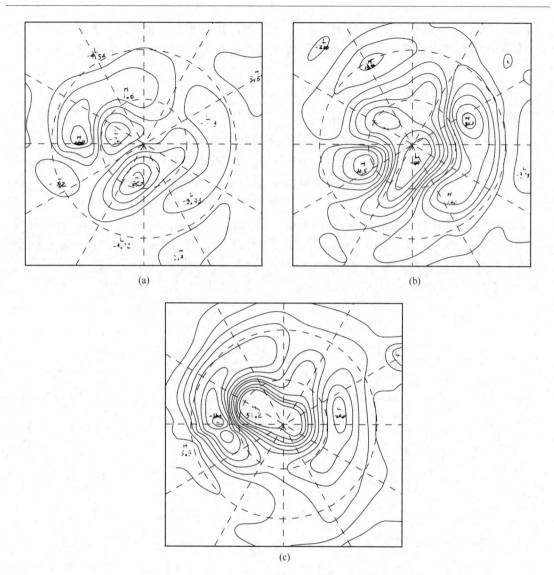

图 9　多雨型(a)、少雨型(b)、正常型(c);500 hPa 高度距平分型平均场

五、结　语

通过分析 1951—1984 年北半球 500 hPa 月平均高度场和长江中下游的降水,主要有以下几点结论:

(1)1 月份我国大陆上空 500 hPa 高度距平场与夏季长江流域的降水为负相关,即这一地区低值系统活跃时,有利于夏季长江流域降水,反之则不利。而夏季长江中下游的平均降水与其同期 7 月份 500 hPa 高度上的西太平洋副高,鄂霍茨克海高压及青藏高原和长江流域上空的低值系统密切相关。

(2)计算的信息区表明不同时期和不同地区距平场的量值对长江中下游夏季降水的影响不同。而且同一地区的距平场对不同时期(冬季和夏季)长江流域的降水影响亦不同。

（3）长江中下游地区的冬季降水主要是受欧亚型（EU）遥相关的影响，而夏季的降水则主要受东亚——西太平洋环流型（EA—WP）的影响。

（4）我们所计算的信息区既在一定程度上能够反映实际距平场的大尺度变化特征，又反映了距平场与长江中下游夏季平均降水的相关程度。所以，只要注重考虑了信息区的变化特征，就可以表征月平均距平场的演变情况及其对长江流域夏季降水的影响。

致谢：中国科学院兰州高原大气物理研究所张明娟同志帮助清绘全部附图，作者深表谢意。

注：本文是在国家教委 1988—1989 年度 8873004 博士点基金资助下完成的。

参考文献

[1] 李维京，丑纪范. 中国月平均降水场的时空相关特征（待发表）
[2] 章基嘉，葛玲著. 中长期天气预报基础，第十一章，北京：气象出版社
[3] 史久恩，徐群. 长江中下游夏季降水长期预报，气象学报，32(2)，1962 年
[4] A. H. 乌格留莫夫著，海洋热状况和长期天气预报，北京：海洋出版社，1984 年
[5] 黄建平，博士论文，兰州大学，1988
[6] 黄荣辉，李维京. 夏季热带西太平洋上空的热源异常对东亚上空副热带高压的影响及其物理机制，大气科学（特刊）1988 年
[7] K. Gambo, Luo Li, Li Weijing, Numerical Simulation of Eurasian Pattern Teleconnection in Atmospheric Circulation During the Northern Hemisphere Winter, *Advance in Atmospheric Sciences*, 4 (4) November 1987

RELATION BETWEEN MONTHLY MEAN CIRCULATION IN THE NORTHERN HEMISPHERE AND THE SUMMER PRECIPITATION IN THE MIDDLE AND LOWER REACHES OF CHANGJIANG RIVER

Li Weijing　Chou Jifan

(Department of Atmospheric Sciences, Lanzhou University)

Abstract：In this paper，the effect of the monthly mean geopotential height departure at 500 hPa on the precipitation in June-August in the middle and lower reaches of ChangJiang River and their relation are analysed by using the monthly height fields at 500 hPa and the precipitation data during 1951—1984. We calculated the information area of mean height departure at 500 hPa in view of forecasting precipitation in the middle and lower reaches of ChangJiang River. It is pointed out that the effect of mean height departure fields of the different period and area on the precipitation in this area is different. We also showed that the precipitation in this area is affected by EU (Eurasia) pattern circulntion in Winter and by EA-WP (East Asia-West Pacific) pattern circulation in summer. The analysed results still show that the changes of height departure fields in the information area can represent the characteristic of the large scale changes of the true height departure fields to a certain degree.

经验正交函数在气候数值模拟中的应用

张邦林　　丑纪范

（兰州大学大气科学系）

摘　要：本文给出了一个缩减大气环流模式自由度的新方法，理论基础是强迫耗散非线性系统的高维相空间将演化到一个低维的吸引子上。具体方法是对模式的一个现实作经验正交函数（EOF）分解，从而找出支撑吸引子的少数自由度，并以此为基底获得简化模型。用一个理论模型进行了数值模拟试验，试验证实了此方法的可行性和有效性。

关键词：气候模拟，数值计算方法，经验正交函数

早在 20 世纪 50 年代初，Колмогоров 就指出："一般说来，在为了考虑某一现象而采取的数学模型中，研究者的技巧在于寻找一个非常简单的位相空间 Ω（即系统的各种可能状态 ω 的集合），使得当我们把实际过程换成点 ω 在这个空间中的因果式的变迁过程时，仍能抓住实际过程的各个主要方面。"[1]

大气环流为一组偏微分方程所描述，系统具有无穷多个自由度，为了进行数值计算，必须进行离散化，用有限个参数（设为 n）来表征大气的状态，现在的大气全球模式，n 已达 500000，需要用现代世界上最大的计算机，而且 n 的数目仍在继续增长。但是，值得注意的是，不论 n 多大，仍然是某种近似，在同等的近似程度下，如何选取合适的参数来描述系统的状态，使 n 最大可能地减小，这样不仅节省计算量，还降低了对计算机的要求，使本来受机器能力限制而不能做的问题也变得可以计算，显然是值得探讨的工作。本文从理论和数值试验两个方面对此问题作了研究。

一、理论基础

大气作为气候系统中的一个成员，是一个强迫耗散的非线性系统，郝柏林指出："由于耗散系统由高维相空间收缩到低维吸引子的演化，实际上是一个归并自由度的过程，耗散消耗掉大量小尺度的较快的运动模式，使决定系统长期行为的有效自由度数目减少，许多自由度在演化过程中成为'无关变量'，最终剩下支撑起吸引子的少数自由度。如果描述系统状态所选取的宏观变量集合中，恰好包括了 $t \to \infty$ 时起作用的自由度，那就会有一个比较成功的宏观描述。"[2]

如所知[3-5]，大气动力—热力的偏微分方程组，可以写成 Hilbert 空间中的算子方程

本文发表于《中国科学（B 辑）》，1991 年第 4 期，442-448。

$$B \frac{\partial \varphi}{\partial t} + N(\varphi)\varphi + P\varphi = \xi \tag{1}$$

这里 B, P 为正定自伴算子，N 为反伴算子。利用算子的特征可以证明整体吸收集及其中不变点集的存在性。随着时间 t 的不断增长，系统将愈来愈靠近某个不变点集，该点集反映了系统的终态。从物理上讲，也就是系统向外源的适应，在相当广泛的条件下，可以证明该点集是有限维的（与 Folas 和 Teman[6] 证明 Navier-Stokes 方程的吸引子是有限维的，Ghidaglia[7] 证明黏性不可压缩流动的各种方程的吸引子均具有有限维数的方法类似）；可以给出吸引子维数的估计（用类似于 Constanin 等[8] 估计非对流型湍流，Folas 等[9] 估计对流型方程的吸引子维数的方法）。任何数值模式的状态变量都是有限的（设为 n），已经把问题由 H 空间转到了 R^n 空间了，转换中应保持算子的性质不变，即仍可以写为 R^n 空间的形如（1）式的算子方程。可以证明在 R^n 中同样存在一个整体吸收的不变点集，且其测度为零。有理由认为 R^n 中的不变点集与 H 空间的不变点集是相当的。现设其维数为 $p, m = 2p+1$，由 Whitney's 定理[10] 可知，此不变点集能嵌入一个 R^m 空间中，这里 $R^m \subset R^n$，一般 $m \ll n$，显然 R^n 中存在（并非唯一的）一组标准正交基 $e_i (i = 1, 2, \cdots, n)$，其中 $e_1, e_2, \cdots, e_m$ 张成 R^m。当系统状态用这种基的分量来表示时，向吸引子的趋近也就是 $e_{m+1}, e_{m+2}, \cdots, e_n$ 的分量趋近于零。通过一个可逆的线性变换可将原方程组化为这个基底中的方程组，可以证明经过变换后方程的算子性质仍保持不变（见附录），对渐近态而言，这方程组实际上只有 m 个，问题是如何找到这组标准正交基。

二、具体方法

出发点是已经有了描述所研究现象的偏微分方程组，甚至已经从理论上估计出了此偏微分方程组的吸引子的维数（或其上界）如为 $p, m = 2p+1$，问题是如何找到这 m 个参数，其所张成的 R^m 空间覆盖了吸引子，并找出支配这 m 个参数的 m 个常微分方程组来代替原偏微分方程组。设取基函数 $Y_1, Y_2, \cdots, Y_n$ 张成 R^n，令

$$\varphi = \sum_{i=1}^{n} \varphi_i Y_i \tag{2}$$

将关于 φ 的偏微分方程用谱方法转化为关于 φ_i 的常微分方程组。进行时间积分后得到模式的一个现实，设为 $[\varphi_i(t)]_n$，认定当时间充分长以后，现实进入吸引子状态。于是 $[\varphi_i(t)]_n \in R^m$，只有 m 个自由度，因此 $\langle \varphi_i(t), \varphi_j(t) \rangle = M_{ij}$ 不全为零。现在如设想 $\varphi = \sum_{k=1}^{n} B_k e_k, e_k = \sum_{i=1}^{n} R_k(i) Y_i$，则在吸引子状态，且当 $k > m$ 时，有 $B_k = 0$。而且自然地可要求：

$$\langle B_K(t), B_{k'}(t) \rangle = \delta_k^{k'} \lambda_k \tag{3}$$

有

$$\varphi(t) = \sum_{k=1}^{n} B_k e_k = \sum_{k=1}^{n} B_k \sum_{i=1}^{n} R_k(i) Y_i \tag{4}$$

由（2），（4）式得

$$\varphi_i(t) = \sum_{k=1}^{n} B_k R_k(i) \tag{5}$$

于是

$$\langle \varphi_i(t), \varphi_j(t) \rangle = \langle \sum_{k=1}^{n} B_K R_k(i), \sum_{k=1}^{n} B_K R_k(j) \rangle \tag{6}$$

即

$$M_{ij} = \sum_k \lambda_k R_k(i) R_k(j) \tag{7}$$

如果 $R_k(i)$ 是正交归一化函数,(7)式即意味着:

$$ME = \lambda E \tag{8}$$

这里

$$M = \begin{vmatrix} M_{11} & M_{12} & \cdots & M_{1n} \\ M_{21} & M_{22} & \cdots & M_{2n} \\ \cdots & \cdots & \cdots & \cdots \\ M_{n1} & M_{n2} & \cdots & M_{nn} \end{vmatrix}, E_k = \begin{vmatrix} R_k(1) \\ R_k(2) \\ \vdots \\ R_k(n) \end{vmatrix}$$

E 的确定实际上就是气象上常用的经验正交函数分解方法,当吸引子能严格嵌入 R^m 空间时,理论上讲只有前 m 个特征值不为零,即用前 m 个 EOFs 就可以完全精确地分解场$[\varphi_i(t)]$,当然在实际分解过程中,由于误差等的作用,λ_k 不会严格为零,根据 λ_k 的分布,用 Monto Carlo 方法剔除那些不能通过显著性检验的特征向量 $e_{m+1}, e_{m+2}, \cdots\cdots e_n$[11],即认定它们的作用均为随机效应,因此就可以用统计方法选出 R^m 的正交基函数 $e_K (K = 1, 2, \cdots, m)$。

在实际研究中,一旦正交基函数确定,我们就可以把$[\varphi_i]$按 e_k 展开,代入偏微分方程组中,直接用 Galerkin 方法获得一个 m 阶的常微分方程组。

三、简单数值试验:一个例证

1. 简单数值模式

考虑外部对系统的加热和系统能量的耗散效应,p 坐标系中的准地转涡度和能量方程为

$$\frac{\partial}{\partial t} \nabla^2 \psi + J(\psi, \nabla^2 \psi) + \beta \frac{\partial \psi}{\partial x} = f_0 \frac{\partial \omega}{\partial p} + \mu \nabla^4 \psi \tag{9}$$

$$\frac{R^2}{c^2} \frac{\partial T}{\partial t} + \frac{R^2}{c^2} J(\psi, T) - \frac{R\omega}{P} = \varepsilon \tag{10}$$

对加热采用简单的参数化方案,并利用环流异常的正压性等基本假定,不难得到无量纲化的大气模式[1]。

$$\frac{\partial}{\partial t} (\nabla^2 - \lambda^2) \psi + \rho J(\psi, \nabla^2 \psi + \alpha h) + \frac{\partial \psi}{\partial \lambda} = \mu_1 \nabla^4 \psi + \mu_2 \nabla^2 \psi + \mu_3 \psi + \mu_4 T_s \tag{11}$$

式中 λ 为无量纲层结参数,ρ 为 Rossby 数,α 为与地形影响有关的参数,μ_1, μ_2, μ_3 和 μ_4 则是与非绝热参数化有关的参数,对 ψ, h, T_s 依球函数展开,截断波数为 13,则方程(11)转化为一个自由度为 112 的常微分方程系统,以 1 h 为时间步长,按蛙跃格式作时间积分。

2. EOF 展开

在方程(11)中给定参数 $\lambda^2 = 25.0, \rho = 0.1, \alpha = 0.1, \mu_1 = 10^{-4}, \mu_2 = 10^{-5}, \mu_3 = 0.0, \mu_4 = 10^{-5}$,地形取实际北半球地形,海表温度取 2 波形,令初值为零,共积分了 4 年得到模式演变的

一个现实。图 1 给出了 A_0^3 在 541—675 模式日间的演变；图 2 则是 A_0^2，B_1^2 对应时段内的二维时间演变。由图可见，演变是混沌的。

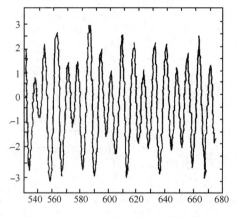

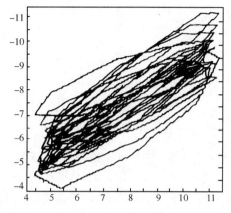

图 1　A_0^3 在 541—675 模式日间的演变　　　图 2　A_0^2，B_1^2 在 541—675 模式日间的二维演变

对模式资料取 135 个模式日为一组资料分段计算其互相关函数矩阵，发现在经过暂态过程之后，许多分量之间的相关系数通过了置信度为 0.05 的显著性检验，这说明各分量间的非独立性是很强的，即从对考虑长期行为而言还可以进一步用较少的自由度来刻划。对各组资料分别作 EOF 分解，表 1 和表 2 给出了各组资料算得的第一特征向量和第二特征向量的互相关系数的绝对值。由表 1 可见，第二组资料开始后的 6 组资料的 EOF 相关性很好，这表明 EOF 展开是稳定的，但第零组资料与其他各组的互相关性较差，则说明在这个时段内运动还在适应过程中，未进入混沌态的演变过程。作为例子，我们再具体研究第四组资料，EOF 展开前 10 个特征向量就解释了方差的 85.96%，根据特征值 λ_K 的分布，得通过置信度为 0.01 的显著性检验的最大允许 $m=30$，即认定 $\lambda_{m+1}, \cdots, \lambda_n$ 解释的分量均为随机效应，因此选定的正交基函数数目为 30 它解释了总方差高达 99.76%，即原先是一个 112 维系统，可以用自由度为 30 的系统来进行研究而不失去其主要特征。图 3 中的曲线 a 给出了 EOF 展开前 30 个时间系数的互相关系数矩阵各元素绝对值的平均值随时间的分布，曲线 b 则是 112 个球谐系数对应的分布。由图可见，当时间超过 120 个模式日以后，曲线 b 的数值趋于定常，也即运动进入了混沌态；而 EOF 展开的数值远小于对应球谐系数的数值，则表明 EOF 展开可使独立性大大增加。

表 1　各组资料 EOFI 的互相关系数绝对值

	0	1	2	3	4	5	6
1	0.223						
2	0.225	0.948					
3	0.241	0.904	0.982				
4	0.229	0.888	0.974	0.998			
5	0.231	0.881	0.971	0.997	0.999		
6	0.224	0.881	0.970	0.995	0.999	0.999	
7	0.222	0.881	0.970	0.994	0.998	0.998	0.999

表 2　各组资料 EOF2 的互相关系数绝对值

	0	1	2	3	4	5	6
1	0.040						
2	0.126	0.937					
3	0.161	0.895	0.989				
4	0.155	0.876	0.980	0.996			
5	0.158	0.863	0.973	0.991	0.998		
6	0.153	0.863	0.972	0.990	0.998	0.999	
7	0.154	0.865	0.972	0.990	0.997	0.997	1.000

此外,对初值、参数和强迫项作用施加小的随机扰动,大量的数值试验结果均表明,EOF 分解有较好的稳定性,这就为由 n 维系统转变为 R^m 空间的甚低维系统提供了基本的保证。

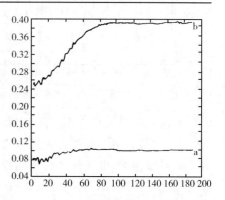

图 3　时间系数的互相关系数矩阵各元素绝对值的平均值随时间的分布
（a—EOF,b—球谐系数）

3. 简化模型试验结果

利用模式现实的 EOF 分解结果,把 112 维系统转换为 30 维的系统作为预报方程,表 3 给出了初值在混沌区（试验 1)和暂态区(试验 2)的 10 个预报个例的预报与实况的平均相关系数。由表 3 可见,在混沌区的预报效果好于暂态区,这就说明了用 EOF 作为正交基函数来简化大气模式是可行的。

表 3　预报与实况的平均相关系数

试验 \ 预报时效（日）	1	2	3
1	0.928	0.867	0.779
2	0.848	0.787	0.698

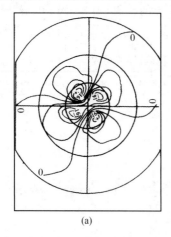

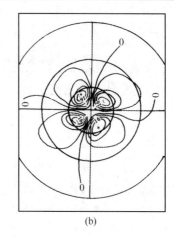

图 4(a)　541—810 模式日间的预报平均场　　图 4(b)　541—810 模式日间的实况平均场

用气候模式不能指望作出超出 2～3 周的逐日预报，只能要求正确模拟出统计特征。平均场是一个最基本的统计量，预报与实况的平均场相关系数达 0.84。图 4(a)和 4(b)分别给出了预报与实况的平均场，由图可见，形势是非常相似的。这也从一个侧面说明了用一个简化的低维模式是可以研究大气的长期行为。

四、结　语

上面讨论的一个前提是我们知道了一个强迫耗散系统准确的偏微分方程，从理论上讲，它的长期行为会收缩到一个有限的自由度较少的吸引子上，这为我们用一个自由度较少的模型研究其长期行为提供了可能性。利用数值积分获得一个现实，作经验正交函数分解，以 EOF 作正交基函数就可以把复杂的偏微分方程转化为一个简化的模型。但是实际问题恰恰相反，描述大气和海洋现象的准确的偏微分方程是我们还不知道的，而实况观测资料却可以看作是这个方程比较准确的积分，在这方面无疑还需进行一些更深入的研究。我们相信，沿着本文的方向可以走向一个新的领域，即对气候形成机制及其预测的问题研究中，把现有物理知识和实际观测资料的知识有机的、更好的结合起来，以求获得一个与实际现象更为一致的模型。另一方面，这样的简化模型不仅节省了计算量，还使本来受机器能力限制而不能做的问题也变得可以计算。这对在相当长一段时间内我国计算机性能还达不到情况下，进行运算是格外有意义的。

附　录

大气模式总可以写成算子方程：

$$B\frac{\partial\varphi}{\partial t}+(N+L)\varphi=\xi \tag{1}$$

其中 B,L 为正定自伴算子，N 为反伴算子。设有变换

$$Z(t)=E^{-1}\varphi(t) \tag{2}$$

则(1)式可转变为

$$E^{-1}BE\frac{\partial E^{-1}\varphi(t)}{\partial t}+(E^{-1}NE+E^{-1}LE)E^{-1}\varphi(t)=E^{-1}\xi$$

$$E^{-1}BE\frac{\partial Z(t)}{\partial t}+(E^{-1}NE+E^{-1}LE)Z(t)=E^{-1}\xi \tag{3}$$

若 E 为归一化正交变换，则 $E^{-1}BE,E^{-1}LE$ 仍为正定自伴算子，$E^{-1}NE$ 为反伴算子。

证，$E^{-1}BE$ 为自伴算子，$E^{-1}NE$ 为反伴算子，即要使

$$(E^{-1}BE)^*=E^{-1}BE,(E^{-1}NE)^*=-(E^{-1}NE)$$

而

$$(E^{-1}BE)^*=E^*B^*(E^{-1})^*=E^*B(E^*)^{-1}$$
$$(E^{-1}NE)^*=E^*N^*(E^{-1})^*=-E^*N(E^*)^{-1}$$

所以要求

$$E^{-1}=E^* \tag{4}$$

此时，$E^{-1}BE$ 必是正定算子，这是因为对任意的 $Z \in L^2(R^n)$ 有

$$(E^{-1}BEZ, Z) = (BEZ, (E^{-1})^* Z) = (BEZ, EZ) = (B\varphi, \varphi) \geqslant 0 \tag{5}$$

又 $E^{-1} = E^*$，即为

$$\sum_{j=1}^{n} e_{ij} e_{Kj}{}^* = \delta_j^K \tag{6}$$

这就是正交归一化矩阵的定义。

反之，由 E 是正交归一化矩阵可推出 $E^{-1}BE$，$E^{-1}LE$ 为正定自伴算子，$E^{-1}NE$ 为反伴算子。显见经验正交函数分解的 EOF 是满足此条件的，所以变换后方程的算子性质仍保持不变。

参考文献

［1］Александров А. Д. и др.，*Математика，Её содержание，методы и значение*，Том 2，издательство Академии Наук СССР，1956.

［2］郝柏林，物理学进展，3(1983)，3.

［3］丑纪范，气象学报，41(1983)，385-392.

［4］汪守宏、黄建平、丑纪范，中国科学 B 辑，1989，3：308-336.

［5］丑纪范，长期数值天气预报，北京：气象出版社，1986，66-78.

［6］Folas，C. & Teman，R.，*J. Math. Pures Appl.*，58(1979)，339-368.

［7］Ghidalia，J. M.，*Siam. J. Math. Anal.*，17(1986)，1139-1157.

［8］Constanin，P.，Folas，C. & Teman，R.，*Mem. Am. Math. Soc.*，53(1985)，No. 314.

［9］Folas，C.，Manley，O. & Teman，R.，*Theory Meth. & Appl.*，11(1987)，939-967.

［10］Whitney，H.，*Ann. Math.*，37(1936)，645.

［11］Preisendorfer，R. W. & Barnett，T. P.，*Am. Met. Soc. Fifth Conf. on probability and Statistics in Atmospheric Sciences*，1977，Las Vegas，169-172.

经验正交函数展开精度的稳定性研究

张邦林　丑纪范

(兰州大学大气科学系)

摘　要:在文献[1]中,我们已从理论和数值模拟两个方面研究了用经验正交函数作基函数缩减气候数值模式自由度的可行性与有效性。用理论模型作数值试验的结果是令人满意的,应用于实际气候数值模拟,一个还需考虑的关键问题是大气外强迫等各种因子变化允许的范围内,对实际资料作 EOF 展开的稳定性问题。本文分别用 1951—1984 年 500 hPa 月平均高度距平场资料, 1966—1975 年 500 hPa 候平均高度距平场资料,1965—1978 年夏季 500 hPa 逐日高度距平场资料作 EOF 展开,并提出了经验正交函数展开精度稳定性的判断方法,旨在证明实际资料 EOF 展开在大气外强迫等各种因子变化的允许范围内是稳定的,以便为我们用实际资料的经验正交函数作基函数建立一个合理的简化动力模型提供坚实的资料基础。

1　月平均高度距平场 EOF 展开精度的稳定性

1951—1984 年 500 hPa 月平均高度距平场在北半球(10°—80°N)的 10°×10°经纬网格点资料构成了一个资料矩阵 $F_{408×288}$,夏季 7—9 月距平场则构成了资料矩阵 $F_{102×288}$,冬季 12 月至次年 2 月距平场也构成了一个资料矩阵 $F_{102×288}$,对它们分别做经验正交函数展开。表 1 给出了直至前 50 个 EOFs 对距平场拟合的方差精度分布。由表 1 可见,前 25 个 EOFs 展开高度距平场的拟合精度已超过 0.90,而前 50 个 EOFs 的方差拟合精度均超过 0.970。比较全年、夏季和冬季 EOF 展开的方差拟合精度,发现按季节 EOF 展开的方差拟合精度略高于全年的拟合精度,这是由于全年有冬、春、秋、夏 4 个季节,在每一个季节里,由于下垫面等外界强迫作用变化相对较小,则用各个季节的资料作 EOF 展开其拟合精度应略高于包含有较大变化的外界强迫作用的全年资料的 EOF 展开。另一方面,对于给定的经验正交函数截断波数 K,其拟合精度基本相同,如 $K=30$ 时,夏季为 0.938,冬季为 0.969,全年为 0.928,这从一个方面说明了 EOF 展开精度的相对稳定性。

为了定量地反映三组经验正交函数的相互关系,我们首先计算全年、夏季和冬季月平均高度距平场的经验正交函数之间的互相关系数矩阵,考虑到一个经验正交函数可以表示为符号完全相反的两个距平型,则用相关系数来衡量经验正交函数的相互联系时,当相关系数为负值很大时,也表明两个经验正交函数是相似的。为此,我们用相关系数的绝对值来衡量经验正交函数的相似性。计算结果表明,全年的经验正交函数与夏季、冬季的 EOF 场均存在在统计上

本文发表于《气象学报》,1992 年第 50 卷第 3 期,342-345。

通过显著性检验的相关关系,例如全年的 EOF 1 与夏季和冬季的 EOF 1 的相关系数绝对值分别达 0.979 和 0.878,夏季 EOF 1 与冬季的 EOF 1 的相关系数的绝对值达 0.794,夏季 EOF 3 与全年 EOF 5 的相关系数绝对值也达 0.592。

表 1　月平均资料前 50 个经验正交函数的方差拟合精度 D_k

D_k ＼ K ＼ 季节	5	10	15	20	25	30	35	40	45	50
全年	0.524	0.724	0.823	0.873	0.905	0.928	0.944	0.954	0.963	0.970
夏季	0.511	0.714	0.815	0.874	0.913	0.938	0.955	0.966	0.975	0.981
冬季	0.625	0.821	0.896	0.933	0.955	0.969	0.978	0.984	0.988	0.991

当然要找到全年、夏季、冬季经验正交函数本身的完全对应关系是困难的;也几乎是不可能的,对我们来说,也不必要这么高的要求。我们更需要的是用冬季月平均高度距平场的 EOFs 展开夏季月平均高度距平场,或用夏季的 EOFs 展开冬季高度距平场,其独立的展开精度与冬季的 EOFs 展开冬季月平均高度距平场或夏季的 EOFs 展开夏季高度距平场的展开精度相距不是太大。本文所指的经验正交函数展开精度的稳定性就是这个意思,特别要指出的是我们均用 EOF 展开的拟合场与实际场的相似系数来衡量 EOF 的展开精度。

我们分别计算了利用全年、夏季和冬季月平均高度距平场的前 K 个经验正交函数,展开全年各月高度距平场获得的拟合场与实际距平场的相似系数的 34 年平均值的月际变化。结果表明,随 K 的增加,三组 EOF 展开高度距平场的拟合场与实际场的相似系数值单调增长。当 K 取定时用全年经验正交函数展开的全年平均相似系数是最高的,如 $K=30$ 时达 0.951,而用夏季经验正交函数展开的全年平均相似系数最低也达 0.922,考虑 34 年平均相似系数的月际变化,则全年经验正交函数展开的相似系数在冬季的 12 月至次年 2 月最高分别达 0.972,0.971 和 0.972,在夏季的 7—9 月最低也达到 0.921,0.937 和 0.944,用夏季的经验正交函数展开时在冬季的 12 月至次年 2 月最低也达到 0.916,0.904 和 0.914,在夏季的 7—9 月最高达 0.957,0.964 和 0.969,相反用冬季的经验正交函数展开时在冬季的 12 月至次年 2 月最高达 0.980,0.981 和 0.981,在夏季最低达 0.879,0.900 和 0.908。在此特别重要的是用夏季经验正交函数展开冬季月平均高度距平场的相似系数与用冬季经验正交函数展开夏季月平均高度距平场的相似系数平均达 0.911 和 0.896,均达到很好的精度要求,与冬季经验正交函数展开冬季月平均高度距平场和夏季经验正交函数展开夏季月平均高度距平场的平均相似系数 0.981 和 0.969 相比仅小 0.070 和 0.073,这是微不足道的。

显而易见,夏季和冬季的太阳辐射、下垫面加热等外界强迫作用差距很大,但是用夏(冬)季的 EOFs 展开冬(夏)季月平均高度距平场当 $K=30$ 时均可以达到满意的精度,这种独立样本的 EOF 展开精度稳定性的检验结果充分说明了用实际大气资料的经验正交函数作基函数缩减大气环流模式的自由度是可行的。

由于月平均高度距平场是对逐日资料很强的低通滤波场,它反映的是月际时间尺度变化过程的 EOF 展开精度的稳定性,我们又用对逐日资料较弱的低通滤场——候平均高度距平场,这种相对短时间尺度的资料作类似的计算,结果也是相同的。

例如用夏季候平均高度距平场的前 30 个经验正交函数展开冬季 12 月至次年 2 月候平均

距平场的相似系数为 0.911, 0.908 和 0.908, 用冬季候平均距平场的 EOF 展开夏季候平均距平场的相似系数在 7—9 月分别是 0.884, 0.887 及 0.907, 均可认为是满意的精度。因此候平均资料的分析结果也说明了 EOF 展开精度随季节是近似稳定的。

2 逐日高度距平场展开精度的稳定性

在上节中我们用月平均高度距平场资料和候平均高度距平场资料分全年、夏季和冬季作经验正交函数展开, 并对其展开精度稳定性作了探讨。结果表明, 尽管由于季节的不同导致下垫面加热等外界强迫作用的不同, 但 500 hPa 月平均高度距平场和候平均高度距平场的 EOF 展开精度是随季节等近似稳定的。但是下垫面加热状况等因子不仅有季节变化, 还有年际变化, 为此本节用 1965—1978 年夏季 6—8 月 500 hPa 逐日高度距平场资料分年作 EOF 展开, 着重探讨不同年份 EOF 展开精度的稳定性问题。

1965—1978 年夏季 6—8 月 500 hPa 逐日高度距平场在北半球 (20°—80°N) 的 $10° \times 10°$ 经纬网格点资料构成了 14 个资料矩阵 $F_{92 \times 252}$ 对这 14 个资料矩阵我们分别用带时空转换的 EOF 分解方法作展开, 图 1 给出了 14 年的直至前 50 个经验正交函数对 92 天的逐日高度距平场的方差拟合精度 D_K。由图可见, 各年经验正交函数方差拟合精度的分布曲线近乎重合, 它也从一个侧面证明了展开精度的稳定性是成立的。

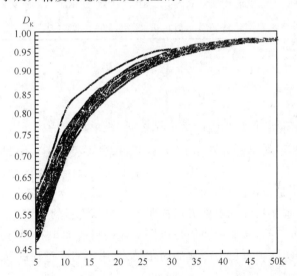

图 1 逐日资料经验正交函数展开的方差拟合精度 D_K 的分布

为了研究不同年份的 EOFs 之间的关系, 我们计算了各年的 EOF 1 和 EOF 2 与其他年的 EOF 1—EOF 10 的相关系数的绝对值, 分析发现每年的 EOF 1 和 EOF 2 与其他年的经验正交函数均有满足统计信度的相互联系。

表 2 给出了用各年夏季逐日高度距平场资料的前 40 个经验正交函数展开全部 14 年的夏季的逐日高度距平场的按年平均相似系数的年际分布, 此表说明了在下垫面等外因强迫因子的正常年际变化范围内, 经验正交函数展开精度的稳定性是近似成立的。

表2　各年 EOF 展开距平场的拟合场与实际场的相似系数年际变化

R　年＼年	1965	1966	1967	1968	1969	1970	1971	1972	1973	1974	1975	1976	1977	1978
1965	0.983	0.825	0.818	0.834	0.829	0.807	0.831	0.817	0.822	0.810	0.829	0.844	0.805	0.810
1966	0.810	0.984	0.808	0.833	0.818	0.828	0.813	0.821	0.820	0.808	0.831	0.812	0.815	0.830
1967	0.811	0.820	0.982	0.812	0.817	0.803	0.822	0.828	0.816	0.807	0.826	0.826	0.808	0.809
1968	0.817	0.832	0.817	0.985	0.829	0.812	0.817	0.820	0.816	0.826	0.831	0.840	0.816	0.832
1969	0.813	0.822	0.818	0.838	0.986	0.801	0.819	0.817	0.831	0.814	0.820	0.831	0.823	0.814
1970	0.805	0.827	0.804	0.818	0.814	0.982	0.817	0.819	0.826	0.817	0.834	0.837	0.834	0.811
1971	0.810	0.820	0.828	0.831	0.836	0.814	0.985	0.827	0.821	0.811	0.832	0.840	0.817	0.817
1972	0.817	0.831	0.817	0.827	0.822	0.800	0.828	0.986	0.803	0.810	0.830	0.832	0.817	0.828
1973	0.817	0.823	0.820	0.821	0.819	0.821	0.818	0.821	0.984	0.822	0.836	0.840	0.811	0.818
1974	0.807	0.877	0.797	0.822	0.813	0.807	0.811	0.812	0.817	0.984	0.813	0.831	0.801	0.802
1975	0.828	0.829	0.830	0.840	0.938	0.816	0.838	0.836	0.825	0.825	0.985	0.843	0.829	0.838
1976	0.828	0.836	0.872	0.846	0.848	0.816	0.835	0.837	0.826	0.831	0.843	0.987	0.813	0.845
1977	0.800	0.820	0.798	0.809	0.809	0.796	0.818	0.816	0.813	0.803	0.831	0.823	0.986	0.822
1978	0.787	0.828	0.812	0.835	0.805	0.813	0.820	0.820	0.819	0.813	0.813	0.832	0.818	0.848

3　小　结

本文用实际的 500 hPa 月平均高度距平场资料、候平均高度距平场资料和逐日高度距平场资料对不同的季节和不同年份分别作 EOF 展开,探讨了经验正交函数展开精度的稳定性问题,结果证实了在考虑下垫面外界强迫等因子的季节变化和年际变化时,生成的经验正交函数对大气要素的展开精度是稳定的,当然这种稳定性与文献[2,3]的稳定性是有区别的,其研究目的更是不同。至此,本文从实际资料方面证明了用实际资料的 EOF 作正交基函数缩减大气环流模式的自由度是可行的,从而使我们可以把实际资料的知识和现有的物理知识有机地结合起来,来获得一个与实际现象更为一致的简化模式,用于实际过程的模拟和预测[4]。

参考文献

[1] 张邦林、丑纪范,经验正交函数在气候数值模拟中的应用,中国科学(4),442-448,1991.

[2] 章基嘉、孙照渤、陈松军,对自然正交函数稳定性条件的讨论,气象学报,39,1,82-89,1981.

[3] 章基嘉、孙照渤、陈松军,应用自然正交函数逐年划分自然天气季节的尝试,气象学报,42,1,46-56,1984.

[4] 张邦林,经验正交函数为基底的气候数值模式的建立及其应用,兰州大学大气科学系博士论文,1990.

A STUDY ON THE STABILITY OF THE EOF EXPANDED PRECISION

Zhang Banglin   Chou Jifan

(*Department of Atmospheric Sciences*)

Abstract: In this paper a new method is given to judge the stability of the EOF expanded precision. The results show that: 1, The expanded precision of summer (winter) anomaly geopotential height by using the EOFs of winter (summer) anomaly geopotential height is approximately equal to that of winter (summer) anomaly geopotential height by using the EOFs in winter (summer); 2, The differences among expanded precision of the anomaly geopotential height in the year and those in other years based on EOFs of the anomaly geopotential height in the correspondent year are small. It means that the expanded precision of the observed data based on the EOFs is stable in the range of the normal variability of external forcing. So it is feasible that a simplified model with the small number of the degrees of freedom can be gotten when the EOFs of the observed data are used as basis.

短期气候预测及其有关非线性
动力学的进展

丑纪范

（北京气象学院）

气候问题最近非常热门,最重要的变化我理解是观念的转变。气候概念本身,20 世纪 80 年代以来有很大的变化。原来的气候是静态的概念,一个地方的气候是指一个地方多少年平均的状况,地球上可以分成多少个气候带。后来发现,随着不同时段的平均,这个平均值本身即气候本身也是变化的。不同的时间尺度,在这个时间尺度里整个统计特征也都是在随时间改变着。这样,气候就变成现在用专业术语来说叫无特征尺度。什么样的时间尺度,都有那个时间尺度上的气候状况,以及它随时间的变化。

目前,国际上比较热门的重点是两个问题:1. 短期气候预测,也就是月、季、年尺度上的预测,对我们国家来说,是月预报、季度或跨季度的半年左右的气候状况的预测。2. 几十年的气候预测,如 20—50 年,或 50—100 年尺度上的预测。气候当然不局限于这二个时段,集中于这二个时段,有一些道理,近些年来,世界上气候的改变跟 CO_2 等温室气体的增加有关,也就是到未来百年之内,下一代到再下一代所面临的气候问题是比较迫切的。

我国的短期气候预测工作开始得较早,解放初期,杨鉴初先生的历史演变法得到发展。前苏联、英国很早也就开始月、季的预测。短期气候预测中,用天气气候学、数理统计学方法的道路本身非常艰难。在此举二点可看出国际上的情况:英国正式开始做月预报是从 1963 年开始,到 1980 年年底,宣布此预告终止,不做了,因为将 1963—1980 年的预告情况跟实际情况进行了严格的检验,发现这种用天气气候、统计学方法做的预报比气候预测的准确率低,效果很差。后来到 1985 年才又恢复,一直继续到现在;1989 年世界气象组织关于长期预报发表了一个声明,国际上正式认为用数理统计方法做长期预报有效果,对这种方法给予肯定,这非常不容易,数理统计方法做的长期预报在太平洋沿岸,其中也包括我国是有效果的。当然,这个方法本身确实也存在一些问题。前苏联(八十年代末期),当时的水文气象局局长在纪念水文气象局成立一百周年大会上,在谈到长期预报(现在叫短期气候预测,因为天气的可预报性在二周左右)状况时,大意说过,这个长期天气预报方法本身(指经验统计)有些问题,在前苏联用经验统计方法做长期预报的经历是,有一批很有才能的人,花了很大力气,在历史阶段分析中,找出的预报指标、预报关系也非常好,可具体一用就不行,于是扔掉,再换另一批同样也是很有才能的人,再重新找,又找了一批指标,仍是报得不行,老处在这么一个状态,提高就不明显。他在会上提出要用动力学方法来做长期预报。从国际上各国试报的结果,越来越多的人寄希望

本文发表于《内蒙古气象》,1995 年第 6 期,1-7。内蒙古气候中心供稿。由温市耕根据王勒、冯晓晶、沈建国的记录和残缺不全的录音整理,未经本人审阅,有不当之处,由整理者负责。

于动力学方法来做,这也可能是受了短期数值预报成功的影响。

数值天气预报的成功引出了可预报性问题,其中美国气象学家 E. N. Lorenz 的一个偶然发现,导致了这样一个观念出现,即从确定论出发走向了不确定(所谓混沌现象),混沌现象实际上推动了非线性动力学的发展,非线性动力学在很大程度上与大气科学中的可预报性问题相联系,也可以说,非线性动力学实质上也就是混沌动力学。

所谓确定论,最早是 1904 年 V. Bjerknes 第一个正式对天气预报问题写了一篇文章,指出天气预报的中心问题,是已经知道了大气状态在一个时刻的观测值,根据这观测值来解一般形式的流体动力学方程,原则上大气在将来任何时刻的状态都是由大气在这一个时刻的状态决定的,即原则上,从一个已知的初始状态解一个确定的方程组,可以预报大气以后的状态,这也是数值天气预报的基础。后来 L. F. Richardson 利用其所提出的数值积分方法,推动了计算机的发展,又经 J. Charney 等人的努力,实现了数值预报试验的成功!

数值预报搞起来之后,确实得到很大进展,效果很明显。美国 1955 年就业务化了,当时报天气形势。欧洲中期天气预报中心自 1980 年 8 月 1 日也发布了中期预报,通过不断研究,提高了预报时效(预报和实况相关系数>0.6 就认为是有效预报)有效预报天数,1980 年全年平均预报还是 4.5 天,到 1989 年全年平均预报提高到 7.5 天,也就是 1989 年预报 7.5 天的准确率相当于 1980 年预报 4.5 天的准确率,其中 1989 年 3 月的预报时效已达到 9.5 天,正在逐渐接近作 10 天中期数值预报的目标。经过 10 年努力,预报准确率稳定上升,预报误差显著减少,欧洲中心的预报水平远远超过了气候预报和持续性预报。

但是在此期间发现了一个问题,按 Lorenz 的话来讲叫蝴蝶效应,即系统的长期行为如何确定问题。Lorenz 用简单的两层地转模式,从两个同样的初始场出发积分,算到第 8 天,一个在欧洲出现阻塞形势,另一个在太平洋出现阻塞形势;积分到第 15 天,更玄了,一个在欧洲、美国西海岸都是阻塞高压,而另一个计算的结果却是纬向气流。这就出现了可预报性问题。这个问题,最早从理论上是 Thompson 很早发现的,可真正在数值预报模式中发现这个现象的是 Lorenz,在六十年代初期,也就是 1963 年当时为了研究统计方法究竟对预报天气时有多大能力?Lorenz 的二层地转模式试验结果表明,尽管初始时刻的值已确定,但未来时刻的值却完全未被确定。原因是他用的初值虽是同一个场,但一次是六位有效数字,一次是三位有效数字,四舍五入了(即有微小差异)。确定论意味着如果初始时刻的值被确定,那末未来时刻的值也应完全被确定。但由于初始值不一定绝对准确,由于观测误差、分析误差等原因,有微小的差异,到最后则会产生重大的差异。后来所有的大气环流模式都进行试验,也得出这一同样的结果。Lorenz 所研究的混沌系统是很有名的,所谓混沌吸引子的发现,第一个就是他 Lorenz,为此他的声望相当高,得了瑞典皇家协会的高尔夫奖(相当于诺贝尔奖)。从数值天气预报里发现的可预报性问题,未来究竟能不能报? 即由于初始时刻的不确定性(观测误差等原因造成)转化为一定时刻以后的不确定性,本质上是这个意思,按混沌现象来说,即微小的不确定性可以指数放大,开始差一点点,经过一段时间以后,差异就变得很大了,假定经过时间 t 如一天以后,误差增加一倍的话,那经过 m 天以后,误差就会增加到 2^m 倍,以二进制来计算,误差增加一倍,就等于丧失了 m 个有效数字。也就是初始时刻误差的不确定转换为一段时间之后的不确定了。

Lorenz 有这样一段话,过去传来传去,传乱了,歪曲了他的本意,我强调一下。他说:"长期预报是不可能的。什么是长期? 我这里说的长期,可能是几天,也可能是几个世纪、几百年,具体时间要根据具体问题来定,我只是原则上说,预报不是无限期的,未来事物的可预见是有期限的。"混沌现象是普遍的世界发展的性质,可预见是有期限的,超过这个期限是不确定的。确定论系统具有随机性,这就是大气湍流性(混沌性),最早引出大气湍流性是在我国南北朝的《梁书·范缜传》中。

大量的试验结果,现在都公认逐日天气预报不超过两周,两三周之后逐日的天气状况是不确定的。数以百计的文章研究了这个问题。这叫做蝴蝶效应,其他一切都不变,比如在北京有一只蝴蝶,翅膀一动,以后可能在纽约引起一场风暴!这就给气候系统带来一个很重要的认识。所谓气候系统是一个各种时间尺度相互作用的复杂的非线性动力系统,系统中有混沌分量和稳定分量,混沌分量存在着可预报时段并与稳定分量相互作用,气候系统的非线性特征实际上指的是它的混沌特征。这就给我们做短期气候预测从理论上讨论带来了困难,也带来一个很明显的问题,首先你得承认逐日天气在2~3周以后是不确定的东西,而又要做月、季的预报,这个预报能不能做?能做,因为存在稳定分量,可以做预测,预报的就是这个稳定分量,而这个稳定分量,却要受到不可预报的混沌分量的影响。气候系统的复杂性、困难也就在于此。

大气状态的描述可用多变量函数组表示,具体在电子计算机上处理问题时,还要对状态变量离散化,可通过下图转换成胞,以便在计算机上实现。

多变量函数组 偏微分方程 H 泛函分析 (希尔伯特空间) 无限维	⇒ 空间变量离散化	一元函数组 常微分方程 R^n 矩隙理论 线性代数 一个格点上的 T.u.v.w $\frac{\partial x}{\partial t}$方向场 解就是轨线和流线 陷阱定理	⇒ 时间变量离散化	实数 点映射 (差分方程) R^n 不变点集 吸引子 吸引域 数值模式	⇒ 状态变量离散化	胞(有限) 胞映射 Z^n 周期胞 暂态胞 马尔柯夫链

相空间的引进,用几何语言代替代数语言,推动了非线性动力学当今的进展,是突破性的进展。公式是代数语言表示的图形,而图形是几何形象表示的公式(方程式)。

把偏微分方程无穷多个参数问题,对它的空间变量进行离散化,得到有限个空间变量如差分方法的格点值、谱方法的谱系数。多元函数组变成了一元函数组,经过空间变量离散化,偏微分方程转换成常微分方程,谱系数全体组成 n 维欧氏空间(实际上是几何三维空间的推广)。

再对时间变量离散化,离散化的要害就是把无穷变成有限的数,R^n 空间的点(经过物理规律—模式),映射成另一个点,建立了点映射。在计算机上具体处理动力模型时,建立点映射还不够,还必须对状态变量本身也离散化。表示系统的状态不是 R^n 空间的一个点,而是 R^n 空间被离散化了,任何计算机的字长也是有限的,舍入误差不可避免,带来的结果是 R^n 空间里,电子计算机能表示的数是一个数的四舍五入,绝不可能很严格,而观测误差比计算机的舍入误差要粗糙得多也即大得多,观测对应是比较大的胞。变成胞映射,这是研究非线性系统的有力数学工具,胞映射的概念给我们的气候系统研究带来了很大方便。R^n 空间里每个气候系统,譬如给个模式,在机器上算,永远不会溢出,即 R^n 空间里的数是在有限的区域内考虑的。R^n

空间的外界条件有两种:①随时间变化;②严格的周期如太阳黑子。以这个周期作步长的话,映射是定长映射,那么这个气候模式有最终的特点。由于舍入误差由于观测误差,状态空间离散化了,R^n 空间变成 S^n 空间,在 S^n 空间里,至少有一个周期解(由周期胞来的,周期胞是经过有限步映射仍能够回到自己的胞),当然不止一个,胞又是有限个,即 R^n 空间的任何气候模式最终是有若干个周期解。如在气候模拟里面 Philips 计算过,从等温静止大气出发,不管算到什么时候,绝对不会再算出等温静止大气来。那种解、那种状态也就是暂态胞,即经过多少步映射都不能回到自己的胞。每个气候系统至少有一个周期胞。现在有一套方法,研究气候模式,对每个胞的状态可用 G、k、r 三个数来刻画,第一是有多少周期解,这个胞属于第几个周期解,第二是这个周期解是周期几的解,第三是达到这个周期解的步数、即映射到这个周期解的步数,若这个步数 r 是 0,本身就是周期胞,如果 r 不是 0,那就是暂态胞。结果就得到结论,假设计算的大气现象的时间尺度有一个 T(一万年,也可能是一千年),计算机上算的时间不长于T,那么在 S^n 中的这个周期 k 的解实际上是非周期解,也就是总存在一个周期解,不过其周期很长,我们算不到那么长,差得很远,也许算了一半,这个解也就是混沌解,设想计算机的字长增加,胞距缩小,组成的胞数增多,它的极限状态是混沌解,此时周期趋于 ∞,混沌解是一系列周期解的极限,相当于一个圆,其内接多边形的边数增多,以此内接多边形的边长代替圆。

胞映射是对非线性系统进行全局性分析的强有力工具,通过这样一个办法,可以具体计算出方程奇怪吸引子上的概率分布函数,这是我们作短期气候预测的理论基础。

一段线,分成 1/3 和 2/3,拿掉 1/3,其余的再分成 1/3 和 2/3,再拿掉 1/3,这个过程无限地进行下去,最后剩下的点是永远也没有拿掉的点的集合,叫康托(法国数学家)集,Lorenz 系统非线性的结果刚好在康托集上,康托集上的点有一个非常重要的性质,这些点存在着相似的结构,里面任何一块拿出来放大,利用数学工具分型、分维来研究其结构,这结构说穿了就是气候系统里面最要命的东西,气象上很早就有认识,Richardson 1922 年就问过,什么叫分型? 没办法定义,什么叫温度? 每个地方都可以放大,不同地点的温度就不同,但整个合起来就是无特征尺度的东西。从空间上、时间上湍流都是大涡旋套小涡旋,里面又套小涡旋……真正又是没有明确的,又如海岸线,不断的弯弯曲曲,也必须有一个标度力才能量出其长度,这长度是变化的,风、温度也都是这样的东西。气候系统复杂,也就是月的、季度的、年的都是不断地平滑后得到的东西,都是在某个尺度不断平滑后得到的。

马尔柯夫链是研究得很好的数学工具,现在用它来研究气候系统。系统在 k 时刻有一个概率分布,经过 $\triangle t$,在 $k+1$ 时刻,又有一个新的概率分布,数值模式就变成马尔柯夫链的概率转移,可以证明,在 $k \rightarrow \infty$ 时有一固定的分布,那就是气候分布,也就是系统的渐近态,跟初值没有关系,也就可以进行预测。

概括一下,得到几个结论:

1. 由确定论出发走向不确定——蝴蝶效应。

2. 由不确定出发走向确定,对它进行全局分析,有混沌吸引子,混沌吸引子存在着总体统计特征,这个总体统计特征跟初值反而没有关系,本身是气候系统的稳定分量。

3. 对混沌系统进行全局分析的数学方法——胞映射的方法。

4. 利用上面的分析,可以给出"气候"、"可预报性"、"气候预测"的数学定义,对气候系统的研究由定性转到定量。

对短期气候预测来说,可预报性带来了一个现实问题,系统客观上存在着混沌分量和稳定分量,混沌分量是不可预测的,能报的是那个稳定分量,不能说不能做预报,也不能说完全能做像确定论那样,这就出现了信息和噪音的问题,信息是稳定分量,而噪音是混沌分量,这样就存在着潜在的可预报性,做月、季的预测,即做短期气候预测时受到两个限制,即要报的东西有可预测时段,即使在可预测时段中还有一个可预测的最高精度,也就是能报到什么程度。现在的认识是,潜在的可预报性在热带高于热带以外地区,且依赖于地区、季节、对象以及初始状态。这样就提出一个问题,如何对信噪比进行估算,和月预报的技巧即准确率。美国有人做了一个很有意义的工作,从理论上算出了各地的信噪比即潜在的可预报性,跟实际的业务预报评分,发现两者对应关系相当好。对我们来说,有一个工作是可以做的,对内蒙古地区,在短期气候预测中,研究一下各地信噪比的情况,即研究一下潜在的可预报性,因为它依赖于地区、季节等等,在理论上已经解决了,具体的我们从资料里用数值模拟的办法,或用统计的办法,近似地计算得出信噪比,找出那些可预报性比较大的,经过鉴定之后,然后从那潜在可预报性比较大的地方先开始做,从政府部门、社会需要是什么重要,就要做什么预报,就要研究什么,我们不能完全跟那个走,要在重要的之中排一下队,先做那些可预报性大一些的,也即先做那些容易取得效果的,预报效果也就可以显现出来,好心要看实际的可能,对那些潜在可预报性小的,分辨出来,暂时避开一点。另外,在短期气候预测中,月预告里面,各种形势差异很大,年均也就准确率为 0.4,这样带来另一个问题,即预告准确率的预报,现在也有相应的一些方法。首先是如何报好但有困难,全世界都在尽量提高,但受到很多限制;再则从可预报性角度研究一下。第三,对不同的预告,找出其预告准确率如何预报。这样对外服务也就更加主动,如上海、北京的降水预报已改成概率预报,短期降水预报是报降水出现的概率,对外服务突出有把握的,没有把握的就告诉人家没把握,把没把握的低调处理,面对现实,区分一下,也可改善服务效果。

月、季尺度数值预测的水平和困难:

对于月预报——月平均环流的预报:现在发现,1. 前 10 天实况解释月方差的 1/2,数值预报 GNMP 只能再解释 1/2,所以实际上前 10 天的只解释了 1/4。2. 月平均距平预报的相关,总体上大概在 0.4,这是接近可以发布月预告的水平(0.5),糟糕的是,经过很多努力,仍是提不高,方法可能还有问题。3. 出现了一部分准确率高,与 PNA 指数(太平洋、北美遥相关)显著相关。4. 初值误差引起的不确定性对月平均场影响也很严重。5. 预报技巧随时间下降未见改进,即 10 天以上的预报改进不大。6. 当前的改进对后半月得到负效应。原来统计经验方法遇到了很大困难,寄希望于数值预报,但从数值预报发展看,仍不容乐观。

对于季度和跨季度:1. 热带地区的数值预报和可预报性得到公认。2. 热带、副热带环流从冬到夏有很强的持续性,中高纬地区冬季和夏季之间的韵律还是有效的。把热带的遥相关和中高纬度的韵律关系结合起来,现在证明是有效的。3. 比较重要的进展是大气物理所建立了数值预报系统(二层大气、四层海洋),1989 年做的是事后预报,从 1991 年起到 1994 年都是会商前先算出来,结果应该说还没达到经验统计方法的准确率,但对数值预报来说,已相当好了,达到了国际水平,用海气耦合模式算出来的降水,起码正负可以分开,这两个模式系统对这几年夏季降水异常的实际预测试验,计算结果令人鼓舞。4. 从气候模拟来看,大气的非线性作用足以形成实际年际变率。5. 结果对参数化方法和参数值都很敏感,不同的模式算出的结果呈多样性。6. 海气模式需机时太多,目前的试验极不充分。

再谈几点看法:

1. GCM 作月预报,使用集合预报,在这个基础上月预报有较大的发展。英国人发现,月预报的稳定提高,得益于数值预报。也就是月预报的数值预报有很好的参考价值,在这个时间尺度上,要研究如何借助数值天气预报改进月预报。

2. 用海—地—气耦合模式作季预报。

3. 天气学和统计学方法的主要困难:样本不足,资料短,效果不稳定,而且未充分利用动力方面已有认识。要想办法将动力理论和数值模拟的成果用到经验方法中去。以经验统计方法为主,尽量吸收数值模式的成果,从多方面提高服务效果。

4. 研究潜在的可预报性,寻找突破口。

5. 研究预报准确率的预报。

6. 应通过 GCM 数值试验,揭示预报因子、指标,经过验证再应用,现在大气物理所的模式已用到 486 上了。气候比较重要的一点是时间尺度更长一些,现在短期行为很严重,目前一系列环境变化,如未来 20—50 年的干旱化、沙漠化应该受到重视。短期气候预测的现实性很大,要足够重视。

有关名词浅释:

气候模拟(Climate modelling)　采用数学物理方法,在电子计算机上计算,对模仿各种气候条件的不同数学模型进行试验,以求得揭示气候形成及其变化的规律。由于气候系统的复杂性,在实验室内极难重现气候变化的物理过程,所以对描述地球气候系统的数学模型,做不同程度的简化后,采用在计算机上数值积分来重现。气候数值模拟是研究气候形成、气候变化及其预告的有效途径。

气候模式(Climate model)　研究气候的理论体系,所用方程有大气、海洋、冰雪的动力学方程和热力学方程,各种大气成分的状态方程和连续方程等,利用这些数学方程并根据问题的时间、空间尺度和要求的精度作适当的简化可以建立起气候的数学模式,这个数学模式非常复杂,求其数值解的方案即气候模式。当前气候模式可分为四大类:能量平衡模式;辐射对流模式;统计动力模式;大气环流模式。

马尔柯夫过程(Markov process)　对一随机过程 $x(t)$,若系统在已知时刻 t 处于状态 E_i $(i=1,2,\cdots)$ 的条件下,而在时刻 $\tau(\tau>0)$ 所处的状态与时刻 t 以前所处的状态无关,称这一过程为时间连续、状态离散的马尔柯夫过程。从一种状态转变到另一种状态,只能在 $t=t_n(n=1,2,3,\cdots)$ 时发生的马尔柯夫过程称做马尔柯夫链。已知时刻 t,系统处于状态 E_i 的条件下,在时刻 $\tau(\tau>0)$ 系统处于状态 E_j 时的概率称为转移概率,可以用转移概率矩阵和初始分布来描述马尔柯夫链。马尔柯夫过程及其中的转移概率常用在随机气候模型的建立及气候变化分析的研究中。

吸引子(Attractor)　这是一个新的数学概念,它是极限点集 A 内的一个子集,任何在其邻域内的运动都随时间增长愈来愈靠近它,在普遍的意义下,它表示系统在足够长时间以后的状态。如果方程有一个定常解,而这个定常解近旁的运动都趋向于它,则这个定常解就是一个吸引子;如果方程有一个周期解,而这个周期解近旁的运动都趋向于它,则这个周期解是一个吸引子;如果方程有这样的解,当 $t\rightarrow\infty$ 既不趋向于定常状态,也不趋向于周期状态,则在各种衰变成分阻尼之后,就趋向于变成为一个吸引子。Lorenz 用简化的模式,表明大气的吸引子所表示的运动是接近地转平衡的,没有大振幅的迅速的重力波振荡,实际大气应该处于吸引子的状态,但吸引子只是位相空间中的一个体积为零的集合,根据观测资料所确定的初值,由于观测误差和缺测引起的内插就不大可能处于吸引子的状态,因而和实际大气情况不一致,这样给出了对短期数值预报中初值化问题实质的、满意的解释。

气候系统　这是 20 世纪 60 年代以后提出的新概念,包括大气圈、水圈(海洋、湖泊等)、岩石圈(平原、高山、盆地、高原等地形)、固体水圈(极地冰雪覆盖、大陆冰川、高山冰川等)、生物圈(动、植物群落以及人类)中与气候有关的各自的以及相互影响的化学和生物学的运动变化过程。每种过程的空间尺度和时间尺度可能很大,也可能很小,它是决定了气候形成、气候分布和气候变化的物理系统。

集合积分(Ensemble integrations)　目前用大气环流模式做月平均环流预报时,广泛采用集合预报的办法,用几个初始场做积分然后求平均,这对初始场敏感的那些地区,特别必要。

一种改进我国汛期降水预测的新思路

董文杰[①]　韦志刚[②]　丑纪范[③]

（①中国科学院大气物理研究所；②中国科学院寒区旱区环境与工程研究所；③北京气象学院）

摘　要：1998 年 1 月赤道东太平洋海温为正异常、1 月黑潮—西风漂流区海温为负异常、青藏高原冬春积雪为正异常。通过对 1998 年汛期降水的预测实践分析研究指出，当此三因子同时异常时，利用其中任何一个单因子都难以较好地同时预测出 1998 年发生在我国长江中下游和东北嫩江流域的多雨区和华北平原的少雨区。而通过 EOF 分解和动力模式对三因子异常进行综合集成所作的预测与实况基本一致。对多因子异常的综合集成是改进和提高汛期降水预测水平的有效手段，沿着这一新思路，利用 EOF 筛选出前期明显异常的重要因子，选择一个较好的区域气候模式，有希望通过综合集成作出比较可信的预报。

关键词：汛期降水；预测

中图分类号：P457.6　**文献标识码**：A

1　引　言

对于天气气候预报问题，气象中有动力和统计两种方法。动力方法认定天气气候的变化属于确定论的研究范畴，而统计方法认定这一变化是概率论的研究范畴，存在不确定性。动力方法把问题提为初值问题，不使用也不能使用近期演变资料，它利用了物理知识。统计方法实质上是一种数据分析方法，它利用了大量的实况资料，但没有利用或充分利用物理知识。目前，汛期降水预测主要还是统计学方法，动力方法的预测试验仅在少数几个国家展开。我国跨季度的降水动力预测试验始于 1989 年[1]，是在中科院大气物理研究所 IAP-AGCM 和 IAP-CGCM 上实现的，但由于问题的复杂和困难，近期内还难以达到业务应用的水平。从预报方法上看，动力和统计相结合，取长补短，是解决长期预报比较正确的一条路[2]。

但是，究竟如何实现动力与统计相结合，一直是困扰我们并影响预测水平提高的一个重要问题。动力方法的主要困难在于广义初值的不完整、不准确和理想化的模型在某些方面与真实气候系统不一致；在多因子同时异常时，根据统计方法我们无法知道究竟应该主要参考哪一个因子作出预报，而在实际的汛期降水预测中，往往存在的是多因子异常。对于这种情形，我们的研究表明，可利用动力模式分离各因子的单独贡献和它们非线性项的贡献，改进综合集成，此时主要应参考模式的结果[3]。青藏高原积雪、黑潮—西风漂流区海温和赤道东太平洋海温异常是影响我国汛期降水的重要因子。本文以此三因子异常对 1998 年我国汛期降水的预

本文发表于《高原气象》，2001 年第 20 卷第 1 期，36-40。

测为例,具体介绍我们的做法。首先,我们应该对此三因子的单独贡献加以了解。

2　高原冬春积雪对后期降水的影响

青藏高原积雪对气候特别是对我国的旱涝变化的影响引起许多科学家的关注。韦志刚等[4]在总结分析的基础上,比较了地面站、NOAA 卫星和美国宇航局被动微波遥感仪观测的三种积雪资料,选取其中变化比较一致的 5 个冬春多雪年(1971/1972、1972/1973、1977/1978、1982/1983 及 1985/1986)及 5 个冬春少雪年(1968/1969、1969/1970、1970/1971、1975/1976 及 1984/1985)作为高原地区的典型冬春多雪年及少雪年,具体分析了青藏高原冬春积雪对我国汛期各月降水的影响。结果表明,6、7、8月长江流域为正相关区,其南北两侧为两片负相关区。对汛期总的降水的影响如何呢? 图 1 给出了 5 个冬春多雪年(图 1a)、5 个冬春少雪年(图 1b)后期汛期(4—9 月,下同)平均的年降水距平百分率。由图可以看出,多雪年长江以北地区除新疆西北部多雨外,均为正常或少雨区,华北平原、淮河流域、内蒙古中西部、南疆、青海东部为明显的少雨中心;长江以南为正常或多雨区,华南沿海、重庆附近为明显的多雨中心。

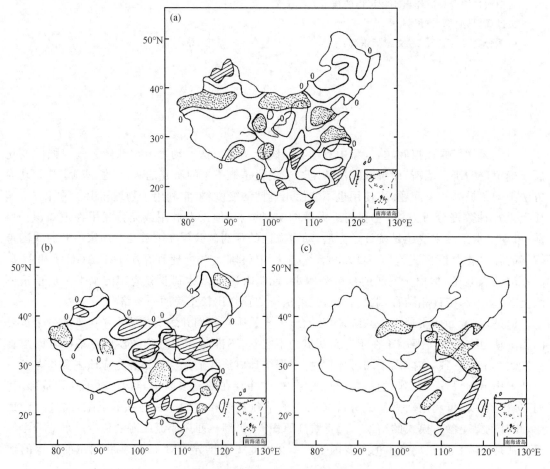

图 1　高原多雪年(a)、少雪年(b)后期汛期平均的年降水距平百分率分布及两者之差(c)
粗实线为零线,斜线区值≥15,加点区值≤−15

少雪年长江以北地区除南疆和甘陕川交界区少雨外,均为正常或多雨区,华北平原、甘新蒙交界处为明显的多雨中心;东南沿海少雨,云、贵、粤多雨。

由此来看,多雪年的多(少)雨中心与少雪年的少(多)雨中心不是一一对应的。我们认为,多雪年和少雪年降水明显反相变化的地区才是后期降水对积雪的敏感区。为此,我们绘制了多雪年后期汛期降水距平百分率大于5%,且少雪年后期汛期降水距平百分率小于-5%的区域(图1c中斜线区);也绘制了少雪年后期汛期降水距平百分率大于5%,且多雪年后期汛期降水距平百分率小于-5%的区域(图1c中加点区)。由图可以看出,华北平原和山东半岛是明显的高原冬春积雪与随后汛期降水的反相关区,甘新蒙交界处也为一反相关区;华南沿海为明显的正相关区,甘陕川交界区也为一正相关区。

3 前期海温异常对后期降水的影响

关于海温异常对我国旱涝变化的影响,已有不少的研究成果。对此,董文杰[3]通过比较分析、进行均值检验得出以下重要结论:1月赤道东太平洋海表温度距平(简称SSTA,下同)与夏季(6—8月)我国降水的相关系数分布存在三个相关显著区(见图2a):长江流域及其以南地区(正相关区)、淮河流域(负相关区),新疆北部(正相关区)。也就是说,ENSO年后期我国长江流域及其以南地区多雨,新疆北部多雨,而淮河流域少雨。1月黑潮—西风漂流区SSTA与夏季(6—8月)我国降水的相关系数显著区(见图2b)为江淮流域(正相关)与黄河中上游地区(负相关)。也就是说,冬季黑潮—西风漂流区海温负异常则后期我国江淮流域少雨,黄河中上游地区多雨。

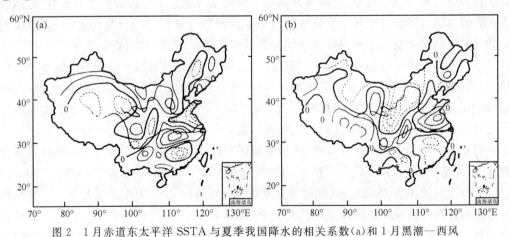

图2 1月赤道东太平洋SSTA与夏季我国降水的相关系数(a)和1月黑潮—西风
漂流区SSTA与夏季我国降水的相关系数(b)分布

($|r| \geqslant 0.30, a = 0.05$),粗实线为零线,实线为正值,虚线为负值,等值线间隔为0.1

4 利用数值模式对1998年汛期降水预测的综合集成

根据文献[3]中给定的公式,利用拉萨、西宁、玛多和玉树四个站1997年11月—1998年2月的气温和降水资料,我们拟合了青藏高原1998年冬春累积积雪量S。

$$S = 85.56 - 33.79T + 22.66P$$

$$T = \frac{3}{9}T_L + \frac{2}{9}(T_X + T_M + T_Y)$$

$$P = \frac{3}{9}P_L + \frac{2}{9}(P_X + P_M + P_Y)$$

式中 T、P 分别表示冬春(11月至次年4月)气温和降水的年际距平,下标 L、X、M、Y 分别代表拉萨、西宁、玛多和玉树四个气象站。同时我们计算了赤道东太平洋($5°N—5°S, 180°—90°W$)和黑潮—西风漂流区($20°—45°N, 145°E—150°W$)1998年1月海表温度距平。经聚类分析表明,前期青藏高原积雪为正异常,赤道东太平洋海温为正异常,而黑潮—西风漂流区海温为负异常。

在文献[3]中,我们已利用 IAP CGCM 分别进行了积雪异常和赤道东太平洋海温异常对我国汛期降水影响的数值模拟研究,并与其他一些模拟结果做了比较,基本上得到了图1和图2所示的统计形势,表明 IAP CGCM 有较好的模拟预报能力。另外,还揭示了积雪和海温影响我国汛期降水多寡分布的机理,也探讨了积雪和海温之间的相互关系。积雪异常能够通过大气环流影响到海温异常,激发出不同的海温分布型。海温异常通过沃克环流影响到降水和积雪异常。

积雪和海温的异常对我国汛期降水都有显著的影响,但它们又不是相互独立的,它们之间存在某种关联,我们进行三因子异常的数值模拟研究,应该首先对它们同时异常时的配置加以分析。张邦林和丑纪范[5]的研究表明,EOF 分解能够帮助我们获得有关信息,一般的数值模拟存在一个问题,就是在 $t=0$ 时刻(模式积分初始时刻)之前是否要进行一段时间的协调积分后再开始进行数值试验积分。显然,协调积分可以使模式中变量相互适应,从不协调的暂态过程过渡到适应过程,从积分结果中减少或消除了由初始时刻的不协调所产生的影响;但问题是原本在数值试验方案设计中初始不异常的因子在协调积分过程中变得异常了,原先考虑的单因子异常的数值试验变成了有多种因子异常共同参与下的气候异常试验,失去了原试验方案的意义。若不做协调积分同样也存在问题,因为实际大气系统中,某种因子的异常不是单独存在的,它必然与有关的其它变量相互匹配,一旦不考虑这种真实存在的协调或匹配,模式受到"初值冲击",模式结果会受到一定影响。当使用 EOF 分解后,至少我们已考虑了研究的几个因子之间的相互协调,这种模拟无疑与实际更接近一步。

我们对赤道东太平洋海温、黑潮—西风漂流区海温、青藏高原积雪这三个与我国夏季降水异常最为密切的因子做 EOF 分解[3]。结果表明:第一特征向量为($0.5953, -0.1902, 0.1276$),所占方差比为48.2%,反映的是赤道东太平洋海温与青藏高原积雪的同相关系和它们与赤道东黑潮—西风漂流区海温的反相关系,第一特征向量的时间系数 $T1$ 显示了它们的演变过程。$T1$ 为正异常,反映了赤道东太平洋海温正异常、黑潮—西风漂流区海温负异常、青藏高原积雪正异常,与1998年前期因子的异常相符合。$T1$ 为负异常则反之。

根据计算结果,$T1$ 的最大正异常值为2.923,取第二、三特征向量的时间系数($T2$、$T3$)为正常值,$T2=0.0$,$T3=0.0$,则可由 $T1$、$T2$、$T3$ 构成 $T1$ 最大正异常,$T2$、$T3$ 正常时的时间系数向量

$$T = (2.923, 0.0, 0.0)$$

集成预报的数值试验所用模式为 IAP CGCM,控制试验完全与文献[3]的相同,对比试验取 $T1$ 正异常,即数值试验中的初始异常值 A 为

$$A = T \times V = (1.74, -0.556, 37.3)$$

式中 V 为 EOF 分解所得的特征向量场(见文献[3]),也就是赤道东太平洋 SSTA 取 1.74℃,黑潮 SSTA 取 -0.556℃,高原积雪异常取原积雪量的 37.3%。

图 3 为由对比试验和控制试验所得的我国夏季(6—8 月)降水分布的差值。从图中可以看出,长江中下游为多雨区,东北北部为多雨区,东南沿海为少雨区,华北平原为少雨区。我们预测,1998 年的汛期降水形势如图 4 所示,该预测结果刊登在 1998 年国家气候中心内部刊物《气候评论》上。图 4 为 1998 年 6—8 月降水量距平百分率实况图[6]。对比图 3 和图 4 可以看出,降水的大形势基本一致,图 4 中的几个主要的多雨区和少雨区在图 3 中都有较好的对应。当然,由于 IAP CGCM 是一粗网格(4°×5°)的模式,一些细微的结构,无法用它模拟出来。

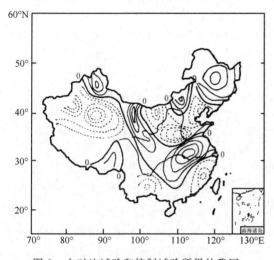 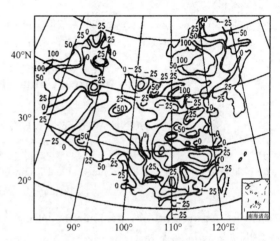

图 3　由对比试验和控制试验所得的我国
夏季降水的差值分布

粗实线为零线,实线为正值,虚线为负值,
等值线间隔为 50 mm

图 4　1998 年 6—8 月降水量距平分布

5　结论和讨论

(1)从单因子的单独贡献来讲,华北平原和山东半岛是明显的青藏高原冬春积雪与随后汛期降水的反相关区,甘新蒙交界处也为一反相关区;华南沿海为明显的正相关区,甘陕川交界区也为一正相关区。1 月赤道东太平洋 SSTA 与夏季我国降水的相关系数分布存在三个相关显著区:长江流域及其以南地区(正相关区),淮河流域(负相关区),新疆北部(正相关区)。1月黑潮—西风漂流区 SSTA 与夏季我国降水的相关系数显著区为江淮流域(正相关)与黄河中上游地区(负相关)。

(2)当三因子同时异常(例如 1 月赤道东太平洋海温正异常,黑潮—西风漂流区海温负异常,高原积雪正异常)时,比较图 4 和图 1、图 2 可以看出,利用上述三因子中任何一个单因子都难以较好地同时预测出 1998 年发生在我国长江中下游和东北嫩江流域的多雨区和华北平原的少雨区。而通过 EOF 分解和动力模式对多因子异常进行综合集成所作的预测与实况基本一致。我们有理由认为,对多因子异常的综合集成是改进和提高汛期降水预测水平的有效手段,沿着这一新思路,利用 EOF 筛选出前期明显异常的重要因子,选择一个较好的区域气候模式,有希望通过综合集成作出比较可信的预报。

参考文献

[1] 曾庆存,袁重光,王万秋等.跨季度气候距平预测试验[J].大气科学,1990,14(1):10-15

[2] 王绍武.长期天气预报发展途径[C].中长期水文气象预报文集.北京:水利电力出版社,1979.270-276

[3] 董文杰.我国夏季降水异常的统计分析、模式研究及预测方法探讨[D].兰州大学博士论文,1996

[4] 韦志刚,罗四维,董文杰等.青藏高原积雪资料分析及其与我国夏季降水的影响[J].应用气象学报,1998,9(增刊):39-46

[5] 张邦林,丑纪范.经验正交函数在气候数值模拟中的应用[J].中国科学(B辑),1991,(4):442-448

[6] 中国气象局国家气候中心.'98 中国大洪水与气候异常'[C].北京:气象出版社,1998.2

A New Idea to Improve China Summer Precipitation Forecasting

DONG Wen-jie[1] , WEI Zhi-gang[2] , CHOU Ji-fan[3]

([1] Institute of Atmospheric Physics,Chinese Academy of Sciences;

[2] Cold and Arid Regions Environmental and Engineering Research Institute,Chinese Academy of Sciences;

[3] Beijing Meteorological College)

Abstract:At present, the dynamic model method and the statistical climatic method are used at flood-season precipitation forecasting. The difficulty of the dynamic method is that it is too far a way to fit an operational prediction's requirement and the limit of the statistical method is that it has no power facing the case that the multi-factors are simultaneously abnormal. By the examples to predict the precipitation of summer in 1998 in China, a new idea of the dynamical-statistical forecasting combination is found out. In the case that two or more factors are simultaneously abnormal, use the dynamical model to separate and diagnose the dependent contribution of each abnormal factor and the combing contribution of multiple abnormal factors. The EOF analysis is applied to the numerical experiment to predict summer precipitation anomalies. The main forecasting result accords with the real distribution of summer precipitation anomalies in 1998 in China.

Key words:Flood-season precipitation;Forecasting

相似—动力模式的月平均环流预报试验

鲍　名[①]　　倪允琪[②]　　丑纪范[③]

（①南京大学大气科学系；②中国气象科学研究院；③兰州大学资源环境学院）

摘　要：在过去相似-动力模式研究的基础上，建立了以 T63L16 月动力延伸业务预报模式为动力核的相似-动力月预报模式。原 T63 模式的月平均环流预报为控制试验，所建立的相似-动力模式的月平均环流预报为对比试验。通过 4 个相似-动力模式预报成员的集合平均，对比试验结果显示了优于控制试验的月平均环流预报技巧。

关键词：相似-动力模式　月平均环流　预报试验　集合平均

目前利用大气环流模式（AGCM）制作月尺度动力延伸预报的水平仍然比较低。最近 10 年对大气环流模式作了很大的改进，10 天以内的预报技巧有了较大的提高，但是对 10 天以后的预报技巧收效甚微，因此月平均环流的预报技巧停滞不前，达不到可用预报的最低标准。中国科学家们创造性地先后提出了基于强迫耗散非线性系统演化理论的一种利用历史天气资料改进月预报的方法[1,2]，基于大气自忆原理的大气自忆谱模式预报方法[3]，集合预报最优初值形成的四维变分同化方法[4]，构建纬圈平均环流月尺度逐候非线性动力学区域预报模型改善月预报的方法[5]，通过数值预报试验都显示了一定的预报技巧。

长期预报中利用相似原理方法已有相当多的研究[6~8]，同时人们还通过环流相似研究了大气可预报性[9,10]。这些研究都是基于统计相似预报。黄建平等人[11,12]提出了一个大气相似原理和动力模式相结合的方法来制作长期预报，他们在一个准地转模式基础上建立了相似-动力模式进行季节预报试验，结果表明考虑了环流异常相似性演变的动力过程，其预报准确率得到明显的提高。但是其所用的模式太简单，很自然地产生这样的问题，对于精细复杂的业务预报模式，相似-动力模式是否仍能够有明显的提高？

本文在过去相似-动力模式研究的基础上，将相似原理与动力模式相结合的方法应用到国家气候中心的 T63L16 月动力延伸业务预报模式[13]上，建立了 T63 相似-动力模式。通过数值预报试验，对比研究了月平均环流的预报技巧。本文使用的资料是 NCEP/NCAR 1948～2002 年逐日 4 时次的再分析资料。

1　T63 相似-动力模式的建立

一般意义上，数值预报模式可以表示成下面 Cauchy 问题的解：

$$\frac{\partial \Psi}{\partial t} + L(\Psi) = F(\Psi) \tag{1}$$

$$\Psi(x,0) = G(x), t = 0 \tag{2}$$

其中，x 是空间坐标向量，Ψ 是预报的状态向量，L 是 Ψ 的微分算子（通常是非线性），F 是模式中忽略的误差算子。在相似-动力模式中，Ψ 被分成参考态和扰动态，即 $\Psi = \widetilde{\Psi} + \hat{\Psi}$，$\widetilde{\Psi}$ 是从历史观测资料中选出相似的状态向量。参考态按照下面方程表示：

$$\frac{\partial \widetilde{\Psi}}{\partial t} + L(\widetilde{\Psi}) = F(\widetilde{\Psi}) \tag{3}$$

将(1)，(3)两式相减，可以得到扰动态的方程：

$$\frac{\partial \hat{\Psi}}{\partial t} + L(\widetilde{\Psi} + \hat{\Psi}) - L(\widetilde{\Psi}) = F(\widetilde{\Psi} + \hat{\Psi}) - F(\widetilde{\Psi}) \tag{4}$$

从上面分析中可以看出，在一般的数值预报模式中误差项是 $F(\Psi)$，但是对于相似-动力方法来说误差项是 $F(\widetilde{\Psi} + \hat{\Psi}) - F(\widetilde{\Psi})$，比 $F(\Psi)$ 要小，即：

$$\frac{\partial \hat{\Psi}}{\partial t} + L(\widetilde{\Psi} + \hat{\Psi}) - L(\widetilde{\Psi}) = 0 \tag{5}$$

比

$$\frac{\partial \Psi}{\partial t} + L(\Psi) = 0 \tag{6}$$

要准确，这说明由于考虑环流异常相似演变的作用，相似-动力模式将会比动力模式或相似预报方法的精度更高。相似-动力模式原理说明参见文献[11,12]。将上述原理在 T63 月尺度动力延伸预报中应用，就得到以 T63 动力模式为动力核的 T63 相似-动力模式。

2　月平均环流预报试验

将 2002 年 12 个月作为试验预报对象，其他年份作为历史资料。以全球 500 hPa 高度场的平均距离作为相似的判据，平均距离越小表示越相似。根据相似原理，选取相似时挑选与初始场在相近季节的相似场，为了保证样本独立性，根据与初始场平均距离的大小从 1948—2001 年逐日资料中得到 54 个各年某日和初始场最相似的场，在这 54 个场中再选出 4 个最为相似的场，对于每个预报个例都同样进行这种选法。T63L16 预报模式垂直方向混合坐标 16 层，三角形谱截断最大波数 63 波，海温等物理场取预报月的气候场[13]。初始场由 NCEP/NCAR 再分析资料生成。集成方法采用算术平均做月平均预报结果。统计检验标准采用 WMO 推荐的标准化检验方案，选用其中较常用的距平相关系数（ACC）和均方根误差（RMSE）。

2.1　单个相似成员预报

图 1 和图 2 是 2002 年 12 个月 500 hPa 高度场月平均 T63 模式预报和 4 个相似-动力预报及相似-动力集合预报的比较，分别考察相似-动力预报对全球、北半球中高纬地区、热带副热带地区的预报改善状况。

从 ACC 和 RMSE 评分来看，单个相似-动力预报改进月平均环流预报的占多数，其中热带副热带地区特别明显。以 ACC 评分来看，全球、北半球中高纬地区、热带副热带地区改进预报的分别占总个数（12×4）的 62.5%，62.5% 和 77.1%。以 RMSE 评分来看，对应的结果为 72.9%,62.5%和 97.9%。统计表明,相似-动力预报对热带副热带地区改善最大,ACC 提高到 0.70 以上的有相当个数,RMSE 下降的幅度也比较大。单个成员的相似-动力预报有的对预报的调整相当大,如北半球中高纬地区 1—3 月预报中的相似-动力预报成员 1 和 2。相似-动力预报是在动力模式的基础上根据历史相似原理对模式预报的误差算子的一种估计,由于不同的大气环流形势以及大气运动的非线性动力学特征,这种估计是包含了统计和经验上的信息。因此,这可以解释部分预报无改进的原因。从 12 例的统计结果来看,相似-动力预报比原动力预报的效果要好。

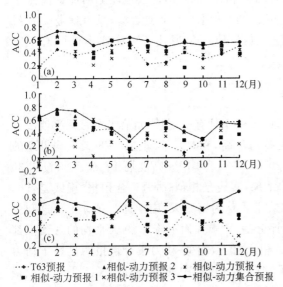

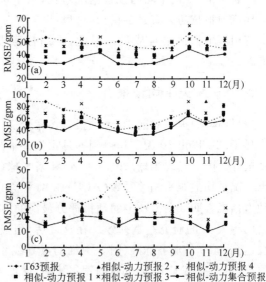

图 1　2002 年 1—12 月 500 hPa 高度场月
平均预报 ACC 评分比较
(a)全球(90°S～90°N);(b)北半球中高纬地区
(30°～90°N);(c)热带副热带地区(30°S～30°N)

图 2　2002 年 1—12 月 500 hPa 高度场月
平均预报 RMSE 评分比较
(a)全球(90°S～90°N);(b)北半球中高纬地区
(30°～90°N);(c)热带副热带地区(30°S～30°N)

2.2　集合平均预报

从历史中选出若干个相似进行相似-动力预报,每个相似动力预报都是对原 T63 模式预报的相应订正。不同的历史相似对应了不同的模式误差算子的估计。将 4 个单干成员相似-动力预报结果进行集合平均,称为相似-动力集合预报。

原 T63 模式的月平均环流动力预报为控制试验,相似-动力集合预报为对比试验。图 1 和图 2 中虚线和实线,分别是 2002 年 12 个月 500 hPa 高度场月平均 T63 模式预报和相似-动力集合预报的比较。考察了全球、北半球中高纬地区、热带副热带地区的改进情况。从评分来看,相似-动力集合预报方法对月平均环流预报改进非常明显,几乎 12 个月不同区域都有改进。从 ACC 评分来看,全球月平均预报 12 个例子中除了 8 月(0.49)接近 0.50 的业务标准以外,均超过了 0.50 的标准,而控制试验中只有 3 个。全球月平均预报对比试验比控制试验均方根误差平均减少了 10.0 gpm 以上。同样热带副热带地区改进最为显著,其他层次如 200 和 700 hPa 的预报情况有类似结果。从图 1 和图 2 中 1—12 月逐月预报评分也可以看出,相似-动力集合预报(实线)技巧总体上依赖于 T63 动力预报(虚线)技巧。

表 1　2002 年 12 例平均 500 hPa 高度场各区域月预报评分比较

区域试验对比	ACC			RMSE/gpm		
	90°S～90°N	30°N～90°N	30°S～90°S	90°S～90°N	30°N～90°N	30°S～90°S
T63 动力预报	0.37	0.30	0.49	48.9	63.5	30.8
相似-动力集合预报	0.59	0.53	0.71	36.2	45.8	16.9

　　表 1 是 12 例平均的预报情况对比,从中可以看出相似-动力集合预报能够明显提高月平均环流预报技巧。有必要指出,这里 T63 动力预报试验只用了一个初始场,没有像业务预报中使用多个初值集合成员。因此,采用初值集合预报以后,预报技巧可能比本试验有一定提高。

2.3　1～N 天平均预报

　　目前动力模式对前 10 天预报有参考价值,第 11～15 日有一定技巧,后半个月几乎就没有技巧了。所以由 30 天平均得到的月预报并不是技巧最高,有时还不如前 7～8 天平均得到的预报好。图 3 是北半球(20°～90°N)和南半球(20°～90°S)500 hPa 高度场 1～N 天预报同 30 天实况平均的距平相关系数(ACC)12 例平均的结果,实线是相似-动力集合预报,虚线是 T63 动力预报。T63 动力预报的预报评分最高的 N 在北半球为第 5 天,南半球为第 9 天。这和张道民等人[14] 的研究基本一致。在这之后,预报评分随 N 增大而下降。30 天平均的月预报都没达到 0.50 的业务标准(图 3 中细的点划线)。相比之下,相似-动力集合预报明显好于动力预报,由于提高了 10 天以后的预报技巧,增加了它们在月预报中的贡献,1～N 天平均的预报评分随 N 增加而增大,南北半球月平均 ACC 均超过了 0.50。

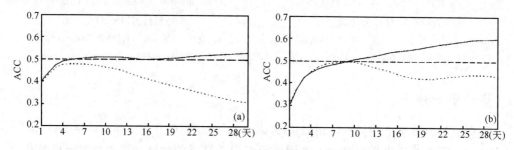

图 3　1～N 天 500 hPa 平均高度预报同 30 天平均实况的距平相关系数(ACC)(12 例平均)
(a)北半球 20°～90°N;(b)南半球 20°～90°S,实线:相似动力集合预报,虚线:动力预报,细点划线:ACC=0.50 的标准

2.4　不同尺度的预报

　　表 2 是 2002 年 12 例全球 500 hPa 高度场月平均的预报 ACC 对比,分别比较了纬向平均场(0 波)、超长波(1～3 波)、天气尺度波(4～9 波)的 T63 动力预报和相似-动力集合预报的结果。对于月平均预报,纬向平均场和超长波部分多数得到改进,天气尺度波则相当。

　　图 4 是各个尺度逐日动力预报与相似-动力集合预报的对比,从图中我们发现,12 例平均的逐日预报中纬向平均场预报改进比较显著,从预报起始日就有改进;超长波部分在前 15 日相似-动力集合预报和动力预报技巧相当,15 日后有较大程度的改善;而天气尺度波前 10 天

的预报反而低于动力预报,10 天以后预报技巧相当。

表 2　500 hPa 高度场全球月平均预报 ACC 不同尺度的控制与对比试验

尺度	纬向平均场(0 波)		超长波(1～3 波)		天气尺度波(4～9 波)	
	控制	对比	控制	对比	控制	对比
1 月	0.17	0.60	0.18	0.56	0.34	0.79
2 月	0.68	0.92	0.28	0.41	0.17	0.18
3 月	0.61	0.81	0.24	0.70	0.35	0.62
4 月	0.41	−0.14	0.48	0.65	0.27	0.48
5 月	0.38	0.55	0.58	0.64	0.39	0.35
6 月	0.72	0.85	0.57	0.64	0.66	0.25
7 月	0.70	0.88	0.08	0.54	0.23	0.45
8 月	0.53	0.27	0.18	0.65	0.16	0.29
9 月	0.44	0.65	0.38	0.57	0.53	0.21
10 月	0.34	0.69	0.35	0.47	0.11	0.44
11 月	0.66	0.72	0.17	0.56	0.38	0.33
12 月	0.42	0.91	0.66	0.51	0.22	0.27

注:阴影部分表示对比试验不如控制试验。

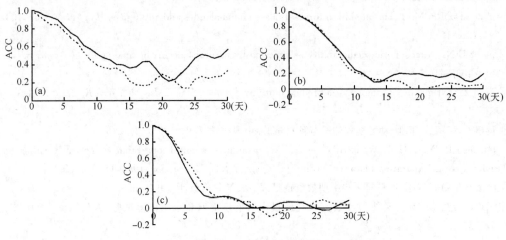

图 4　全球 500 hPa 高度逐日预报与实况的 ACC

(a)纬向平均场部分;(b)超长波部分;(c)天气尺度波部分。实线:相似动力集合预报;

虚线:动力预报(12 例平均,预报时间/d)

3　结语

　　将大气相似原理与动力模式相结合,本文研究了这一方法在月尺度动力延伸业务预报模式上的应用。相似-动力模式显示了对月平均环流预报的优越性。12 例试验表明,单个成员的相似-动力预报总体上比动力预报的评分高,其中低纬地区改进最明显。引入集合平均方法后,相似-动力集合预报可以有效稳定地提高月平均环流的预报技巧。

通过对不同尺度预报的比较,发现相似-动力集合预报改进的尺度主要在 0～3 波上。天气尺度波的预报反而不如原动力预报好,这有待于我们进一步地作动力学意义上的探讨。

致谢:作者十分感谢黄建平教授和张培群博士所提的宝贵建议。本工作受国家自然科学基金重点项目(批准号:40135020)资助。

参考文献

[1] 丑纪范,徐明. 短期气候数值预测的进展和前景. 科学通报,2001,46(11):890-895

[2] 张培群,丑纪范. 改进月延伸预报的一种方法. 高原气象,1997,16(4):376-388

[3] 谷湘潜. 一个基于大气自忆原理的谱模式. 科学通报,1998,43(1):1-9

[4] 龚建东,李维京,丑纪范. 集合预报最优初值形成的四维变分同化方法. 科学通报,1999,44(10):1113-1116

[5] 陈伯民,纪立人,杨培才,等. 改善月动力延伸预报水平的一种新途径. 科学通报,2003,48(5):513-520

[6] Schuurmans C J E. A 4-year experiment in long-range weather forecasting using circulation analogues. *Meteorol Resch*, 1973, 26:2-4

[7] Barnett T P, Preisendorfer R W. Multifield analog prediction of short-term climate fluctuations using a climate state vector. *J Atmos Sci*, 1978, 35(10):1771-1787

[8] van den Dool H M. A bias in skill in forecasts based on analogues and antilogues. *J Appl Meteor*, 1987, 26(9):1278-1281

[9] Lorenz E N. Atmospheric predictability as revealed by naturally occurring analogues. *J Atmos Sci*, 1969, 26(4):636-646

[10] Toth Z. Estimation of atmospheric predictability by circulation analogs. *Mon Wea Rev*, 1991, 119(1):65-72

[11] 黄建平,王绍武. 相似-动力模式的季节预报试验. 中国科学,B 辑,1991,(2):216-224

[12] Huang J P, Yi Y H Z, Wang S W, *et al*. An analogue-dynamical long-range numerical weather prediction system incorporating historical evolution. *Quart J Roy Meteor Soc*, 1993, 119:547-565

[13] 国家气象中心编译. 资料同化和中期数值预报. 北京:气象出版社,1991.54-60

[14] 张道民,纪立人. 动力延伸(月)数值天气预报中的信息提取和减小误差试验. 大气科学,2001,25(6):778-786

动力相似预报的策略和方法研究

任宏利①② 丑纪范①

（①兰州大学大气科学学院；②中国气象局国家气候中心气候研究开放实验室）

摘 要：为了在现有模式和资料条件下有效提高数值预报水平，深入开展了动力相似预报（DAP）的策略和方法研究。提出"利用历史相似信息对模式预报误差进行预报"的新思路，从而将动力预报问题转化为预报误差的估计问题，并发展了一种基于相似误差订正的预测新方法（FACE）。进一步将 FACE 应用于业务海气耦合模式的跨季度预测试验，夏季平均环流和降水的预测结果表明，FACE 能在一定程度上减小预报误差、恢复预报方差、提高预报技巧。此外，敏感性试验显示，相似的个数、选取变量和度量标准都对 FACE 预报有显著影响。

关键词：动力相似预报 预报策略 相似误差订正 跨季度预测

随着观测资料和模式状况的不断改善，数值天气预报和短期气候预测得以快速发展，但目前应用水平依然不高，仍需进一步提升预报能力[1~3]。相比之下，在过去的几十年中，数值模式的预报策略和方法日益发展，国内外相关研究工作不断涌现[4]，已成为改进预报的一条重要途径。因此，在现有模式和资料条件下，深入开展预报策略和方法的发展和创新，对于提高数值预报水平具有重要意义。

实际上，预报策略和方法研究的基本思路就是寻求动力和统计两种方法的结合使用。目前，将数值模式和统计经验预报相结合业已形成共识，但对于怎样实现有效结合的问题亟待深入加以研究。早在 1950 年代，顾震潮[5,6]就指出了在数值预报中引入历史资料的重要性和可行性。事实上，短期气候预测模式中发展的预报订正技术[7~9]，正是利用了历史回报与实况资料之间的统计规律。围绕如何从源头上实现动力和统计相结合的问题，中国学者开展了一系列独具特色的工作，例如使用过去演变资料的多时刻预报方法[10,11]、相似—动力方法[12~15]、基于大气自忆性原理的方法[16,17]等。这些研究展现了提高数值预报水平的新途径，但要应用于实际业务仍需进一步的工作。那么，在当前数值模式不断进步和历史资料大量积累的形势下，如何将上述具有理论优势的预报思想有效地运用到这些优质资料和先进模式中去呢？这是本文工作的根本出发点，相关研究无疑具有重要科学价值和现实意义。

近期工作中提出了动力相似预报（DAP）的概念和方法，初步试验证明是有效的[18,19]，本文将深入开展 DAP 的策略和方法研究，通过引入"利用历史相似信息对动力模式的预报误差进行预报"的新思路，发展新的预报方法，并进行实际业务模式的跨季度预测试验。

本文发表于《中国科学（D辑：地球科学）》，2007 年第 37 卷第 8 期，1101-1109。

1　动力相似预报的策略

一般来讲,数值预报是作为偏微分方程的初值问题提出来的,可以数学表示为

$$\frac{\partial \Psi}{\partial t} + L(\Psi) = 0,$$
$$\Psi(r,t_0) = \Psi_0(r),$$
(1)

其中 $\Psi(r,t)$ 为模式预报变量,r 和 t 分别表示空间坐标向量和时间,L 是 Ψ 的微分算子,它对应于实际的数值模式。t_0 为初始时刻,Ψ_0 为初值,当 $t>t_0$ 时,可以由初值进行数值积分得到 Ψ 或者其泛函 $P(\Psi)$。如果把实际大气所满足的准确模式表示为

$$\frac{\partial \Psi}{\partial t} + L(\Psi) = E(\Psi)$$
(2)

其中,E 是 Ψ 的泛函,表征模式描述的动力过程与实际大气过程的误差,它所反映的正是实际数值模式中未知的总误差项,即通常所说的模式误差。那么,以动力学观点来看,我们所掌握的大量观测资料就是满足(2)式的一系列特解 $\breve{\Psi}$ 或者特解的泛函 $\breve{P}(\Psi)$。

为了减小模式误差,一般是通过理论和试验研究来改进动力框架和物理过程等方面,从正面发展数值模式,削减 $E(\Psi)$。但无论模式怎样发展,误差仍将是客观存在和相当可观的。因此,从预报策略研究来看,在现有模式条件下,可以从反问题角度利用历史资料信息估计和减小模式误差 $E(\Psi)$,本文正是要研究理论和实际均可行的新方法。

对于任一初值 Ψ,为了有针对性地选取适合于估计模式误差的观测资料,可以考虑使用与 Ψ 相似的历史实况 $\tilde{\Psi}$ 所提供的模式误差信息。相对于传统的统计相似预报[20],我们引入了动力相似预报(DAP)的概念,DAP 着眼于"在动力预报中如何有效地运用历史相似性信息",从而实现动力-统计的有机结合[4,19]。为此,将 $\tilde{\Psi}$ 代入(2)式,得到

$$\frac{\partial \tilde{\Psi}}{\partial t} + L(\tilde{\Psi}) = E(\tilde{\Psi})$$
(3)

考虑到 Ψ 与 $\tilde{\Psi}$ 非常接近,可以将 $E(\Psi)$ 关于 Ψ 在 $\tilde{\Psi}$ 附近进行一阶 Taylor 展开:

$$E(\Psi) = E(\tilde{\Psi}) + (\Psi - \tilde{\Psi})D\mid_{\tilde{\Psi}}$$

其中 D 代表 E 关于 Ψ 各分量偏微商的总和。当满足 $D\mid_{\tilde{\Psi}}$ 有界,并且 $\parallel \Psi - \tilde{\Psi} \parallel$ 足够小时,可以使用(3)式右端误差项 $E(\tilde{\Psi})$ 来近似估计(2)式右端 $E(\Psi)$,得到相似误差订正方程(ACEE)

$$\frac{\partial \Psi}{\partial t} + L(\Psi) = \frac{\partial \tilde{\Psi}}{\partial t} + L(\tilde{\Psi})$$
(4)

不难看出,(4)式右端第一项是已知的,第二项可由数值模式算出,因此,(4)式相当于在(1)式中添加了一个相似误差订正项 $E(\tilde{\Psi})$,使之更接近于(2)式的真实大气模式。

对于当前预报的初值 Ψ_0,把(1)式的预报记为 $P(\Psi_0)$,(2)式的预报记为 $\breve{P}(\Psi_0)$(即实况,未知)。在不考虑观测误差条件下,对(1)和(2)式分别进行时间积分并相减,可得

$$\hat{E}(\Psi_0) \equiv \int_{t_0}^{t_0+\delta t} E(\Psi)\mathrm{d}t = \breve{P}(\Psi_0) - P(\Psi_0)$$

其中,δt 为积分时间长度,$\breve{P}(\Psi_0)$ 为 $P(\Psi_0)$ 对应的实况。显然,它是模式误差项 $E(\Psi)$ 对预报结果的贡献。如果能预先估计 $\hat{E}(\Psi_0)$,也就得到了所求的预报是 $P(\Psi_0)+\hat{E}(\Psi_0)$,问题归结为求取 $\hat{E}(\Psi_0)$,它是对动力预报 $P(\Psi_0)$ 所做的误差订正。

由此可见,在改进动力模式预报的问题上,可以换一种思路,着眼于对动力模式的预报误差进行预报的思路,将动力预报问题转化为预报误差的估计问题,它可由统计学方法加以实现。预报误差的信息就蕴涵在作为准确模式的大气或气候系统的一系列特解中,需要借助于现有数值模式加以提炼,因此,探讨基于这些误差信息的估计方式尤为关键。

2 动力模式预报误差的预报

把历史资料中的实况 Ψ_i 作为初值,(1)式预报记为 $P(\Psi_i)$,(3)式的预报记为 $\breve{P}(\Psi_i)$(即历史实况,这里 $i=1,2,\cdots,N$,其中 N 最大可以取为全部历史资料的样本数)。这样可以得到 N 个已知的历史预报误差 $\hat{E}(\Psi_i)=\breve{P}(\Psi_i)-P(\Psi_i)$,如果取它们的算术平均来估计 $\hat{E}(\Psi_0)$,这就是系统性误差。它虽然利用了历史资料信息来改进模式预报,但对于不断变化的初值而言,这样的误差估计并不具备针对性。

对于不同的 Ψ_0,可有针对性地选取适于估计当前预报误差的历史相似 $\widetilde{\Psi}_j$(这里 $j=1,2,\cdots,m$,m 为所选取的相似状态个数),它们所提供的预报误差信息,可仿照 $\hat{E}(\Psi_0)$ 求取为

$$\hat{E}(\widetilde{\Psi}_j) \equiv \int_{t_h}^{t_h+\delta t} E(\widetilde{\Psi})\mathrm{d}t = \breve{P}(\widetilde{\Psi}_j)-P(\widetilde{\Psi}_j)$$

这就是由历史相似 $\widetilde{\Psi}_j$ 提供的预报误差,其中 t_h 为历史上的时间,$\breve{P}(\widetilde{\Psi}_j)$ 为 $P(\widetilde{\Psi}_j)$ 对应的历史实况,都是已知的。由此,本文提出"利用历史相似信息对模式预报误差进行预报"的新思路,从而将动力预报问题转化为预报误差估计问题:$\hat{E}(\widetilde{\Psi}_j)\to\hat{E}(\Psi_0)$。

进一步地,可由(4)式的微分方程进行时间积分,得到

$$\int_{t_0}^{t_0+\delta t}\frac{\partial\Psi}{\partial t}\mathrm{d}t+\int_{t_0}^{t_0+\delta t}L(\Psi)\mathrm{d}t = \int_{t_h}^{t_h+\delta t}\frac{\partial\widetilde{\Psi}}{\partial t}\mathrm{d}t+\int_{t_h}^{t_h+\delta t}L(\widetilde{\Psi})\mathrm{d}t \tag{5}$$

并由当前初值以及历史资料分别求得

$$\int_{t_0}^{t_0+\delta t}\frac{\partial\Psi}{\partial t}\mathrm{d}t = \hat{P}(\Psi_0)-\Psi_0$$

和

$$\int_{t_h}^{t_h+\delta t}\frac{\partial\widetilde{\Psi}}{\partial t}\mathrm{d}t = \breve{P}(\widetilde{\Psi}_j)-\widetilde{\Psi}_j$$

其中,$\hat{P}(\Psi_0)$ 表示在(5)式右端进行误差项相似估计的情况下所能得到的预报结果。对于预报方程(4),如果右端为 0,$\hat{P}(\Psi_0)$ 将变成 $P(\Psi_0)$;如果右端是 $E(\Psi)$,那么它就变为未知实况 $\breve{P}(\Psi)$。对于 Ψ 和 $\widetilde{\Psi}_j$,通过(1)式表示的预报模式,可分别得到

$$\int_{t_0}^{t_0+\delta t}L(\Psi)\mathrm{d}t = \Psi_0-P(\Psi_0)$$

和

$$\int_{t_h}^{t_h+\delta t}L(\widetilde{\Psi})\mathrm{d}t = \widetilde{\Psi}_j-P(\widetilde{\Psi}_j)$$

将它们代入(5)式,整理可得当前 $t_0+\delta t$ 时的最终预报结果为

$$\hat{P}(\Psi_0) = P(\Psi_0)+\breve{P}(\widetilde{\Psi}_j)-P(\widetilde{\Psi}_j) \tag{6}$$

这就是动力相似预报方程(DAPE),它与统计相似预报方程(SAPE)$\hat{P}(\Psi_0)=\breve{P}(\widetilde{\Psi}_j)$ 显著不同,差别在于动力相似预报增量(DAPI)$P(\Psi_0)-P(\widetilde{\Psi}_j)$,这也是"动力相似"的意义所在。

(6)式右端显然是用历史相似对应的预报误差 $\hat{E}(\widetilde{\Psi}_j)$ 来估计 $\hat{E}(\Psi_0)$[18]。因此,(6)式是在动力模式预报结果的基础上添加了一个历史相似误差订正项,实现了对当前预报误差的预报。

3　动力相似预报的新方法

DAPE 无疑适用于各种尺度预报,对于短期气候预测中极为关注的月、季节平均量预报问题,可以在(6)式基础上进一步发展一种适用于平均量预报的相似误差订正方法。

3.1　相似误差订正(ACE)

考虑将 $t_0 + \delta t$ 时刻的一般性公式(6),分别写在 $t_0 + \delta t, t_0 + 2\delta t, \cdots, t_0 + k\delta t$ 上,其中 k 可以随预报对象而有所改变。对(6)式在初始时刻 t_0 以后的一段时间 $[t_1, t_2]$ 进行积分,可得

$$\int_{t_1}^{t_2} \hat{P}(\Psi_0) \mathrm{d}t = \int_{t_1}^{t_2} P(\Psi_0) \mathrm{d}t + \int_{t_1}^{t_2} \breve{P}(\widetilde{\Psi}_j) \mathrm{d}t - \int_{t_1}^{t_2} P(\widetilde{\Psi}_j) \mathrm{d}t \qquad (7)$$

这是一个时间积分意义的动力相似预报方程。如果预报对象是未来某个月平均或者季节平均量,那么,将(7)式在预报时段 $[t_1, t_2]$ 上分别取月或者季节平均,就可推得

$$\hat{P}_{MM}(\Psi_0) = P_{MM}(\Psi_0) + \breve{P}_{MM}(\widetilde{\Psi}_j) - P_{MM}(\widetilde{\Psi}_j) \qquad (8)$$

$$\hat{P}_{SM}(\Psi_0) = P_{SM}(\Psi_0) + \breve{P}_{SM}(\widetilde{\Psi}_j) - P_{SM}(\widetilde{\Psi}_j) \qquad (9)$$

分别称为月平均和季节平均的 DAPE。对应 DAPI 为 $P_{MM}(\Psi_0) - P_{MM}(\widetilde{\Psi}_j)$ 和 $P_{SM}(\Psi_0) - P_{SM}(\widetilde{\Psi}_j)$,它们是分别基于当前初值和历史相似初值的平均预报之差。令 DAPI 为 0,则(8)和(9)式变为月平均和季节平均的 SAPE:$\hat{P}_{MM}(\Psi_0) = \breve{P}_{MM}(\widetilde{\Psi}_j)$ 和 $\hat{P}_{SM}(\Psi_0) = \breve{P}_{SM}(\widetilde{\Psi}_j)$,即将当前的时间平均预报简单取为历史相似初值对应的平均实况。

由此可见,(8)和(9)式给出了一种适用于短期气候预测的新方法,与(6)式中一般性定义的相似误差订正方法(ACE)[18]不同,它是着眼于事后的相似误差订正(即 final ACE,记为FACE)。需要指出的是,FACE 推导过程中并未使用预报变量 Ψ 本身、而一直采用其泛函 $P(\Psi)$ 来表示预报对象,表明 FACE 可对预报变量(如高度场)或其泛函(如降水量)直接进行订正。

3.2　预报误差的估计问题

在利用历史资料相似信息对预报误差进行估计时,与当前初值较为相似的状态往往有很多个,单纯按照动力相似预报方程仅使用一个历史相似进行误差估计,必然浪费大量有用信息,预报效果可能会受到很大影响。因此,基于多个相似信息来估计预报误差的方法问题,就显得尤为重要,下面将从理论和实践两方面加以探讨。

3.2.1　超平面近似法(HAM)

在由历史相似资料得到了 m 个预报误差 $\hat{E}(\widetilde{\Psi}_j)$ 后,如何来估计当前预报误差 $\hat{E}(\Psi_0)$ 呢?设预报变量 $\Psi \in R^n$,可以把误差估计问题以数学形式表示为

$$\hat{E}(\Psi_0) = C(\hat{E}(\widetilde{\Psi}_1), \hat{E}(\widetilde{\Psi}_2), \cdots, \hat{E}(\widetilde{\Psi}_m)) \qquad (10)$$

其中 Ψ_0 为当前初值,$\widetilde{\Psi}_j$ 为相似初值($j = 1, 2 \cdots m$),m 为选取相似个数。C 为由历史相似误差

估计当前误差的算法,可根据情况确定具体形式。如图1所示,可以把 $\hat{E}(\Psi_0)$ 和 $\hat{E}(\Psi_j)$ 所满足的关于 Ψ 的泛函 $\hat{E}(\Psi)$ 考虑为一个曲面 S。类似于气象资料客观分析中的曲面拟合法,通过观测的台站资料,确定出曲面中 S 解析表达式的系数,然后就可以计算出曲面上任意点的值。当然,对于这里面对的 n 维问题,先验地假设曲面 S 的表达形式也是很困难的。

下面考虑对曲面 S 的切线性近似,可以形象地理解为 S 上经过 $\hat{E}(\Psi_0)$ 存在一个切平面,如图1所示。取 Ψ 为 $\Psi=(\varphi_1,\varphi_2,\cdots,\varphi_i,\cdots,\varphi_n)$ 所表示的向量形式,令 $\Psi_j=\Psi_0+\Psi'_j$,假设所选的相似 Ψ_j 足够接近 Ψ_0,将 $\hat{E}(\Psi_j)$ 在这个平面上关于 Ψ_0 做 Taylor 展开,取一级近似有

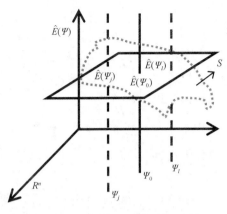

图 1 n 维空间 $\hat{E}(\Psi)$ 所满足泛函曲面及其切平面近似的示意图

$$\hat{E}(\Psi_j) = \hat{E}(\Psi_0) + \frac{\partial \hat{E}}{\partial \varphi_1}\Big|_{\Psi_0} \varphi'_1(j) + \frac{\partial \hat{E}}{\partial \varphi_2}\Big|_{\Psi_0} \varphi'_2(j) + \cdots + \frac{\partial \hat{E}}{\partial \varphi_n}\Big|_{\Psi_0} \varphi'_n(j) \tag{11}$$

其中 $\varphi'_i(j)=\varphi_i(j)-\varphi_i(0)$。令 $\hat{E}_j=\hat{E}(\Psi_j)=\hat{E}(\Psi_0+\Psi'_j)$,$\hat{E}_0=\hat{E}(\Psi_0)$,$d_i=\partial\hat{E}/\partial\varphi_i|_{\Psi_0}$,$\varphi'_{ji}=\varphi'_i(j)$,可将(11)式改写成矩阵形式

$$Au = v \tag{12}$$

其中,

$$A = \begin{pmatrix} 1 & \varphi'_{11} & \varphi'_{12} & \cdots & \varphi'_{1n} \\ 1 & \varphi'_{21} & \varphi'_{22} & \cdots & \varphi'_{2n} \\ \vdots & \vdots & \vdots & & \vdots \\ 1 & \varphi'_{m1} & \varphi'_{m2} & \cdots & \varphi'_{mm} \end{pmatrix}, u = \begin{pmatrix} \hat{E}_0 \\ d_1 \\ \vdots \\ d_n \end{pmatrix}, v = \begin{pmatrix} \hat{E}_1 \\ \hat{E}_2 \\ \vdots \\ \hat{E}_m \end{pmatrix}$$

对某个 j 如果有 $\varphi'_{j1}=\varphi'_{j2}=\cdots=\varphi'_{jn}=0$,则由方程(12),易得 $\hat{E}(\Psi_0)=\hat{E}(\Psi_j)$。当 $m=n+1$ 时,若 $|A|\neq0$,则(12)式存在唯一解 $u=A^{-1}v$。事实上,$\hat{E}_0,\hat{E}_j\in R^n$,因此,前面仅得到 $\hat{E}_0$ 的一个分量,将方程(12)对于 $\hat{E}_j$ 的所有分量($v_k,k=1,2,\cdots,n$)重复求解 n 遍,就可以得到 n 个分量($u_k,k=1,2,\cdots,n$),即得到 $\hat{E}(\Psi_0)$。

由此可见,(12)式已将误差估计问题转变成为了线性代数方程组的反演问题。这样就得到了一种用于历史相似预报误差估计当前预报误差的超平面近似法,它更适用于低维模式的理论研究。在实际应用中,需要根据不同对象的特点,设计简化方案。

3.2.2 最小二乘意义下的简单线性估计算法(SLEM)

如果 $m\leqslant n$,即所能寻找到合适历史相似个数远小于预报变量的维数,那么,按照方程(12)所提供的线性代数方程组的反演问题,是不大可能行得通的。实际上,从图1可以看出,由 $\hat{E}(\Psi_j)$ 求取 $\hat{E}(\Psi_0)$ 的情形,与资料客观分析中由站点资料插值成格点资料的过程非常相似,差别仅在于资料插值是在二维平面上,而误差估计则是 n 维的,由此形成了超平面上的多元函数插值问题,可以考虑把 C 取为最小二乘意义下的简单线性估计算法。考虑一个简单的最优化问题,为使 $\hat{E}_0$ 与所有 $\hat{E}_j$ 的总距离最小,目标函数可表示为

$$J(\hat{E}) = \frac{1}{2}\sum_{j=1}^{m} b_j(\hat{E}-\hat{E}_j)^2$$

不难由 J 取极小时的必要条件

$$\frac{\partial J}{\partial \hat{E}} = \sum_{j=1}^{m} b_j (\hat{E}^* - \hat{E}_j) = 0$$

得到最小二乘意义下最优的 $\hat{E}_0 = \hat{E}^*$，即(10)式变为

$$E(\Psi_0) = \sum_{j=1}^{m} b_j \hat{E}(\widetilde{\Psi}_j) \Big/ \sum_{j=1}^{m} b_j = \sum_{j=1}^{m} a_j \hat{E}(\widetilde{\Psi}_j) \tag{13}$$

其中 $a_j = b_j \Big/ \sum\limits_{j=1}^{m} b_j$ 为归一化权重系数，b_j 为待定系数。这一算法可以看作是对超平面近似法的极大简化版本，即 $d_i = 0$，并且按某种权重进行加权平均。

4 FACE 的跨季度预测试验

在 FACE 预报过程中，首先由初始信息选取历史相似，然后利用模式提取历史误差信息，形成当前预报误差的估计，并订正到原始预报中。为考察 FACE 的实际预报能力，我们开展了月、季节预测试验，这里给出的是 FACE 对夏季环流和降水的跨季度预测结果。

4.1 大气韵律现象与相似选取

历史相似的选取是动力相似预报的重要环节，不同尺度预报问题需要采用有针对性的相似选取方案。对于夏季环流和降水的跨季度预测而言，我们考虑使用广义初值、即模式初值所在的前期冬季要素场作为相似选取指标。其物理依据在于大气长期天气过程中显著地存在着 3～6 个月的韵律现象。Wang[21] 对环流异常相似演变的研究显示，在两年内如果 1 月份环流异常相似，则 6 月或 8 月的环流异常也会有一定相似。有关相似韵律现象形成的动力学机制可由一个相似离差形式的海气耦合模式来探讨[22]，分析表明，相似韵律现象的产生是由于在月平均环流季节变化的强迫下，海气系统非线性耦合相互作用造成的相似离差扰动的不均匀振荡，这已被数值模拟和敏感性试验所证实。

上述相似韵律现象，是指在两个不同年份的月平均距平场在某个起始月相似后，相似性会随之变差，过了几个月后变得又相似，这是一种环流自身演变的韵律活动，很多统计事实证实了长期天气异常演变过程中普遍存在半年左右的相似韵律[21]。因此，为了体现海气耦合系统中大气准半年相似韵律特征，这里使用前冬平均要素场来选取历史相似。事实上，当前我国汛期预测中，利用前冬要素场的异常信号来预报夏季异常状况是较常用方法之一。

4.2 模式、数据和试验方案

本文试验利用了国家气候中心的 NCC/IAP T63 海气耦合模式（CGCM）在 1983—2005 年共 23 年的历史回报数据。这里选取从 2 月底起报（预测在 3 月初完成）的每年 6—8 月集合平均结果。大气模式初值采用 2 月最后 8 天 00Z 的 NCEP/NCAR 再分析资料（NNRA）；海洋初值场为海洋资料同化系统经过扰动得到（1 个控制场和 5 个扰动场）的海洋同化场；海洋和大气初始场经组合构成季节预报的 48 个成员初值集合。有关 CGCM 的详细情况已有文献介绍[23,24]。

夏季环流和降水的 FACE 预报试验方案：①从 23 a 回报数据中提取夏季平均 500 hPa 高度场和总降水量；②提取 1982/83～2004/05 年共 23 个冬季季节平均的 NNRA 的 500 hPa 高度场、海平面气压场、1000～500 hPa 厚度场以及 NOAA/NCDC 的 ERSST 资料，用于历史相

似选取;③提取夏季平均 500 hPa 高度场和 CMAP 总降水量资料,用于预报结果检验;④基于
(9)式的 FACE 采用(13)式的 SLEM 来估计误差,b_j 取季节平均场之间的距平相关系数
(ACC)和均方根误差(RMSE)作为距离来度量相似性,所用相似个数待定;⑤预报试验采用交
叉检验方式,即每次取出 1 年夏季作为预报目标,利用其余年的已知信息来预报目标年的夏季
环流和降水;⑥检验评分采用时间相关系数(TCC)和空间型相关系数(PCC)或 ACC。

4.3 夏季平均环流的 FACE 预报试验

作为对比,图 2 给出经过系统性误差订正(SPEC)的 CGCM 夏季 500 hPa 高度场预报结果。

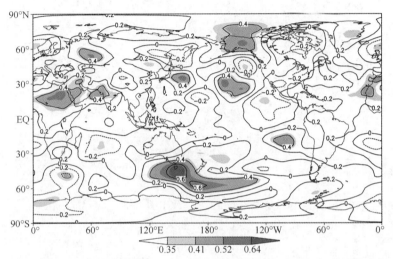

图 2 基于 SPEC 的夏季平均 500 hPa 高度预测与实况的时间相关系数分布
图中标记阴影层次的相关系数 0.35、0.41、0.52 和 0.64,分别对应着
10%、5%、1% 和 0.1% 的 t 检验显著性水平

从图 2 中看到,夏季环流预报与实况的时间相关系数不高,仅有较少区域达到了 t 检验的
10% 以上显著性水平,这表明单纯进行系统性误差订正的环流预报效果并不理想。按照前面
讨论,FACE 使用前冬要素场来选取历史相似时,由于年代很短,每次预报最多可选出 22 个相
似,为了保证相似质量,仅使用前面几个最好的相似来进行 FACE 预报试验。图 3 给出了由
前冬 500 hPa 高度场选取的 4 个历史相似来进行 FACE 的预报结果。

与图 2 相比可以看到,整个低纬地区几乎被超过 5% 统计显著性水平的高正相关区所覆
盖。特别在亚洲季风区、非洲季风区乃至南美季风区存在高相关的极值中心,通过了 0.1% 的
显著性水平这无疑为季风区的季节预测提供了重要参考。对于气候变率大、可预报性低的东
亚季风区,它是图 3 中北半球中纬度地区仅有的显著正相关区,其中一个高相关中心覆盖在中
国东北西部到华北北部,长江以南大片地区呈现更为显著的正相关。

大量实践表明,动力预报结果存在波动振幅阻尼现象,随着积分时间的延长逐渐趋向于模
式气候平均态,虽然通过 SPEC 可以剔除气候平均态漂移现象,但却不能保持年际变率的方
差。图 4 给出了实况和预测的夏季环流年际变率比较情况。

对比图 4(a)中实况资料的年际变率均方差分布,由于预报的年际变率太小,SPEC 图上几
乎没有显示,而 FACE 提供了非常不错的均方差订正效果,虽然其在数量上大约仅恢复了实
况的 50%,但主要的高变率中心区都保持得很好。特别是南北太平洋上以及中高纬地区的几

个大值区都对应得很好。事实上,有关振幅阻尼的方差订正问题,可通过对预报值乘上"膨胀因子"的办法实现振幅的恢复[25],但预报方差接近于 0 时可能会产生奇异值。FACE 没有专门对振幅加以"膨胀",却能对原本阻尼严重的预报场进行有效的振幅修复,这与 FACE 中的误差估计过程密不可分。历史相似提供的误差中包含有预报与实况之间振幅偏差过大的信息,通过误差估计得以将信息传递到新的误差场中,进而传递到 FACE 的预报场中。

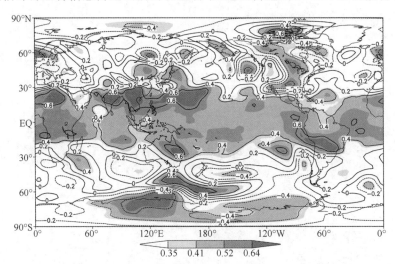

图 3 基于 ACC 选取 4 个相似的 FACE 夏季平均 500 hPa 高度
预测与实况的时间相关系数分布
图中说明同图 2

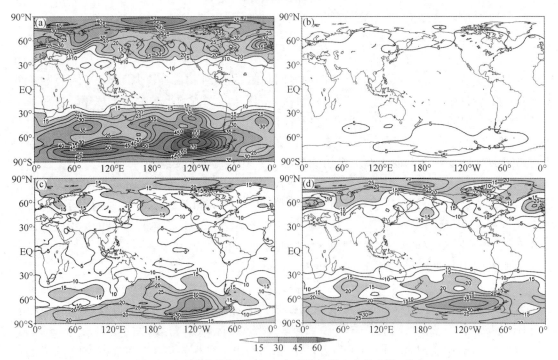

图 4 实况和预测夏季平均 500 hPa 高度的年际变率均方差(单位:gpm)
(a)VERI;(b)SPEC;(c)FACE;(d)VERI-FACE;阴影区表示大于 15 gpm

4.4 夏季降水的 FACE 预报试验

下面将 FACE 进一步应用到夏季降水的预报试验。由于降水尺度较小、局地性强,这里选取了 4 个区域分别计算预测与实况的型相关系数(PCC),表 1 给出了 23 年平均结果。可以看到,在 4 个区域的 PCC 中,SPEC 都提供了正技巧,但量值很小,而基于前冬 500 hPa 高度选相似并使用 4 个相似的 FACE 预报技巧评分则明显提高,PCC 都超过了 0.1。

表 1   不同区域夏季降水量的预测与实况的 23a 平均 PCC[a]

空间区域	全球	热带	东亚	中国
	60°S~70°N	30°S~30°N	100°E~140°E,10°N~40°N	72°E~136°E,21°N~54°N
SPEC	0.009	0.010	0.003	0.052
FACE	0.101	0.168	0.127	0.110

a)FACE 基于 ACC 和前冬 500 hPa 高度选相似并使用前 4 个最好相似

图 5 进一步给出了表 1 中 PCC 的年际变化情况。可以看到,SPEC 的技巧曲线几乎都是在 0 线两侧正负振荡;而 FACE 的曲线大部分位于 0 线上方。特别是中国区域有 17 年 PCC

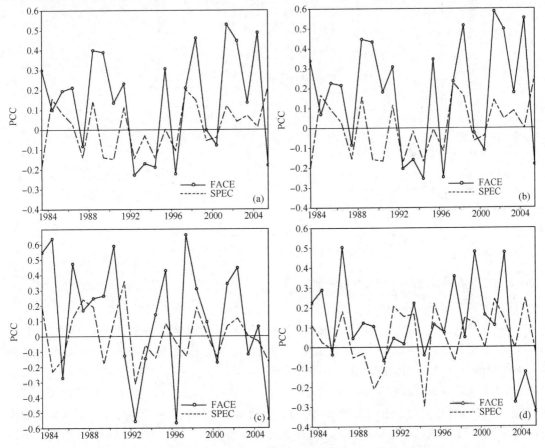

图 5   基于 ACC 选取 4 个相似的 FACE 做 4 个区域夏季降水量预测与实况的 PCC

(a)全球;(b)热带;(c)东亚;(d)中国

大于 0,这反映出 FACE 的性能优势,但最近 3 年 PCC 都小于 0,也体现了夏季降水预测的复杂性。另外,SPEC 和 FACE 都表现出全球和热带 PCC 曲线的一致性,这表明夏季降水型的主要贡献来自于热带。

4.5　敏感性试验

4.5.1　相似个数对 FACE 预报技巧的影响

下面考察相似个数的改变对 FACE 预报的影响。从图 6 中可以看到,相似个数对高度场和降水预报的影响都很大。对于前者,随着引入相似个数的增加,PCC 经历短暂振荡后逐渐增大并趋于稳定(如果相似度量 ACC 变成负的,就不引入这个相似)。对于后者,PCC 随相似个数增加而迅速达到最大,经历短暂振荡后略有下降并趋于稳定,这里可能存在最优相似个数。可见,选用 4 个相似的预报效果并非最好,仍可通过调整相似个数加以改善。

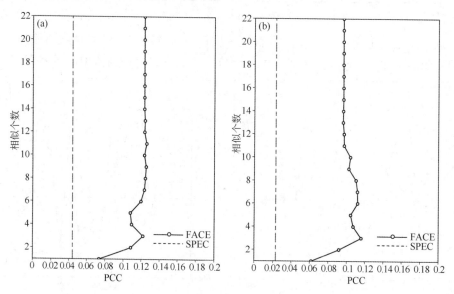

图 6　基于 H500 和 ACC 选相似的 FACE 做夏季 500 hPa 高度
(a)和降水(b)预报的全球 PCC 随相似个数的变化

4.5.2　相似选取变量对 FACE 的影响

使用何种变量场来选相似是很重要的问题,它取决于用来选相似的变量能在多大程度上反映目标变量场之间的物理相似性。表 2 给出了基于不同变量选相似的 FACE 试验结果。就 23a 平均而言,使用前冬 500 hPa 高度作为选相似变量更有优势,其预报 ACC 评分都是最高的;使用前冬 SST 选相似的效果略有下降;厚度场对环流预报的效果远好于对降水预报;而海平面气压对环流的预报效果很一般。由此,前冬 500 hPa 高度可作为夏季环流和降水预测的相似选取变量,这与跨季节的大气相似韵律关系密切,它源于月平均环流在季节强迫下受到海气系统相互作用造成的相似离差扰动形成的不均匀振荡[22],而 FACE 试验所应用的正是海气耦合模式产生的预报结果。

表 2 基于不同变量选取相似的 FACE 做夏季环流和降水预报的 23a 平均全球评分[a]

预报对象	夏季平均 500hPa 高度		夏季总降水量	
预报评分	RMSE/gpm	ACC	RMSE/gpm	ACC
前冬 500 hPa 高度选相似	18.18	0.108	49.91	0.101
前冬低纬度 SST 选相似	17.87	0.099	52.03	0.062
前冬 1000～500 hPa 厚度选相似	17.87	0.107	51.66	0.050
前冬海平面气压相似	17.89	0.067	51.39	0.067

a)相似度量为 ACC;使用前 4 个最好相似

4.5.3 相似选取中相似度量的影响

相似性程度的度量一般可由 ACC 和 RMSE 表征变量场之间的距离加以实现,对于季节尺度两者的性能如何呢? 前面 FACE 试验均使用 ACC 来选相似,表 3 给出了与 RMSE 选相似的比较结果。可见,分别使用 ACC 和 RMSE 选相似的 FACE 预报检验统计量存在明显差别。由 ACC 选相似预报的降水技巧可达 0.1,而 RMSE 选相似的技巧为负值;对夏季环流的预报仍是前者效果更好,预报的 RMSE 评分差别不大。总体来讲,使用 ACC 选取相似的预报效果较好,这可能与季节预测中型异常信号比振幅异常信号更具相似性有关。

表 3 基于不同相似度量选相似的 FACE 做夏季环流和降水预报的 23a 平均全球评分[a]

预报对象	夏季平均 500 hPa 高度		夏季总降水量	
预报评分	ACC	RMSE/gpm	ACC	RMSE/gpm
ACC 选相似	0.108	18.18	0.101	49.91
RMSE 选相似	0.005	17.92	−0.034	53.30

a)相似选取变量为前冬 500 hPa 高度;使用前 4 个最好相似

综上所述,季节预测的可预报性信号主要来源于热带海洋的外强迫作用,这就不难理解 FACE 对低纬度预报效果的改善尤其显著,而热带外地区的问题要复杂得多。FACE 通过寻找前冬历史相似,能够反映出海气相互作用产生的大气准半年韵律信号,而海气作用最活跃的地区就是在低纬度。因此,在这样的物理背景下,前期相似所反映的跨季度可预报信息仍是源于低纬海气相互作用。对于中高纬地区的 FACE 预报,如何找到物理上代表其可预报信息的相似指标,是改善预报效果的关键所在,这将在下一步工作中深入研究。

5 结论与讨论

在现有模式和资料条件下,深入开展动力-统计相结合的预报策略和方法研究,对于提高数值预报水平是非常重要的。本文在已有动力相似预报策略研究基础上,提出"利用历史相似信息对模式预报误差进行预报"的新思路,将动力预报问题转化为预报误差的估计问题。发展了一种能够有效利用历史资料相似信息的相似误差订正新方法(FACE),可适用于包括大气模式在内的气候系统各分量模式预报。该方法旨在提取相似误差信息改进模式预报,无需构建新模式,将有赖于数值模式和资料的发展。

将 FACE 应用到海气耦合模式的跨季度预测试验,利用前冬环流选取相似来预报夏季环流和降水的试验结果表明,FACE 能有效提高低纬地区环流和区域降水型的预报技巧,特别是东亚地区,比单纯系统性误差订正预报有明显改善;FACE 还具有不错的恢复模式预报方差的能力。敏感性试验也显示相似的个数、选取变量和度量标准都对 FACE 预报有显著影响。总体来看,FACE 能在一定程度上减小模式预报误差,恢复预报方差,提高预报技巧。

目前,使用数值模式进行短期气候预测还存在许多不足之处,采取动力—统计相结合、从历史相似资料中提炼信息的预报策略是提高预报水平的可行之路[26]。当然,中纬地区 FACE 预报效果仍不理想,有待于从相似选取方面加以改善。下一步工作将着重于研究适用于跨季度环流和降水预测的前期相似选取方案,设计更有代表性的相似指标和选取方法。

致谢:张培群、李维京研究员、封国林、黄建平教授和评审专家为本文提出了宝贵建议,特此一并致谢。

参考文献

[1] Kalnay E. *Atmospheric Modeling, Data Assimilation and Predictability*. Cambridge: Cambridge University Press, 2003. 1-341

[2] 李泽椿,毕宝贵,朱彤,等. 近 30 年中国天气预报业务进展. 气象,2004,30(12):4-10

[3] 王绍武. 现代气候学研究进展. 北京:气象出版社,2001. 306-311

[4] 任宏利,丑纪范. 数值模式的预报策略和方法研究进展. 地球科学进展,2007,22(4):376-385

[5] 顾震潮. 作为初值问题的天气形势预报与由地面天气历史演变作预报的等值性. 气象学报,1958,29: 93-98

[6] 顾震潮. 天气数值预报中过去资料的使用问题. 气象学报,1958,29(3):176-184

[7] Zeng Q C, Zhang B L, Yuan C G, *et al*. A note on some methods suitable for verifying and correcting the prediction of climate anomaly. *Adv Atmos Sci*, 1994, 11(2):121-127

[8] Wang H J, Zhou G Q, Zhao Y. An effective method for correcting the seasonal-interannual prediction of summer climate anomaly. *Adv Atmos Sci*, 2000, 17(2):234-240

[9] Chen H, Lin Z H. A correction method suitable for dynamical seasonal prediction. *Adv Atmos Sci*, 2006, 23(3): 425-430

[10] 丑纪范. 天气数值预报中使用过去资料的问题. 中国科学,1974,17(6):635-644

[11] 郑庆林,杜行远. 使用多时刻观测资料的数值天气预报新模式. 中国科学,1973,16(2):289-297

[12] 邱崇践,丑纪范. 天气预报的相似-动力方法. 大气科学,1989,13(1):22-28

[13] 黄建平,王绍武. 相似-动力模式的季节预报试验. 中国科学 B 辑,1991,(2):216-224

[14] Huang J P, Yi Y H, Wang S W, *et al*. An analogue-dynamical long-range numerical weather prediction system incorporating historical evolution. *Quart J Roy Meteor Soc*, 1993, 119:547-565

[15] 鲍名,倪允琪,丑纪范. 相似-动力模式的月平均环流预报试验. 科学通报,2004,49(11):1112-1115

[16] 曹鸿兴. 大气运动的自忆性方程. 中国科学 B 辑,1993,23(1):104-112

[17] 谷湘潜. 一个基于大气自忆原理的谱模式. 科学通报,1998,43(1):1-9

[18] 任宏利,丑纪范. 统计-动力相结合的相似误差订正法. 气象学报,2005,63(6):988-993

[19] 任宏利,张培群,李维京,等. 基于多个参考态更新的动力相似预报方法及应用. 物理学报,2006,55(8): 4388-4396

[20] Livezey R E, Barnston A G, Gruza G V, *et al*. Comparative skill of two analog seasonal temperature

prediction systems: Objective selection of predictors. *J Climate*, 1994, 7:608-615

[21] Wang S W, The rhythm in the atmosphere and ocean in application to long-range weather forecasting. *Adv Atmos Sci*, 1984, (1):7-18

[22] 黄建平, 丑纪范. 海气耦合系统相似韵律现象的研究. 中国科学 B 辑, 1989, (9):1001-1008

[23] 丁一汇, 刘一鸣, 宋永加, 等. 我国短期气候动力预测模式系统的研究及试验. 气候与环境研究, 2002, 7 (2):236-246

[24] 李维京, 张培群, 李清泉, 等. 动力气候模式预测系统业务化及其应用. 应用气象学报, 2005, 16(增刊): 1-11

[25] Feddersen H, Navarra A, Ward M N, Reduction of model systematic error by statistical correction for dynamical seasonal predictions. *J Climate*, 1999, 12:1974-1989

[26] 任宏利. 动力相似预报的策略和方法. 博士学位论文. 兰州：兰州大学, 2006.

丑纪范文选
CHOUJIFAN WENXUAN
文选

第三部分

在延伸期数值预报中分离空间尺度
直面混沌的理论和方法

改进月延伸预报的一种方法

张培群　　丑纪范

（兰州大学大气科学系）

摘　要：基于强迫耗散非线性系统的高维相空间将演化到一个低维吸引子上，在此过程中要耗散大量小尺度的较快的运动模式的理论，提出了一种利用历史天气资料来改进月动力延伸预报的新方法。用 T42 全球谱模式分别做了 1 月和 7 月两个月平均预报的试验进行检验。结果表明，用该方法改进后的月平均距平相关系数有明显的提高，1 月北半球 500 hPa 月平均距平相关系数由 0.25 提高到 0.51，7 月由 0.27 提高到 0.39，说明该方法对改进月动力延伸预报是有效的，值得进一步试验。

关键词：低维吸引子　经验正交函数　月动力延伸预报

众所周知，造成数值预报不准确的原因有两个方面，即模式不准确和初始场不准确。初始场不准确包括观测误差和分析误差；模式不准确则可分为描述物理过程的公式不准确（数值模式内部物理过程描述的不完整或者所处理的外在物理影响的不完全）和数值求解的误差。但是，即使有了很准确的模式和非常准确的观测资料，对任意长期的天气做出足够准确的预报也是不可能的。

按照经典的可预报性研究[1~4]，天气尺度系统可预报性的理论上限大约是两个星期。为了延伸预报时效，人们提出了时间平均预报。时间平均消除了环流中可预报性差的小尺度和高频分量，而保留了低频的行星尺度和一些天气尺度的波。因此，用动力模式做出的 1~30 天平均的预报总是比持续性预报的技巧要高。Tracton 等[5]利用美国国家气象中心（NMC）的模式，以 1986 年 12 月 14 日到 1987 年 3 月 31 日的每天实况作为初值做了 108 个连续 30 天积分的动力延伸预报（DERF）个例试验。他们的试验清楚地表明，1~30 天时间平均预报的高技巧评分主要都集中在预报时段的前期，以 1~30 天的平均预报作为 30 天平均预报的距平相关系数在 7~10 天处达到最大值，随着平均天数的增加，距平相关系数不但没有增加，反而逐渐降低。事实上，随着平均时段的延伸，时间平均抵消了发展的小尺度和高频分量，因此，距平相关系数开始随着平均时段的增加而增大，但是，当平均时段继续增加时（大于 10 天），平均场又包括进去了许多精度较差的日预报，这些精度较差的日预报是由大气中小尺度、高频扰动不断发展而造成的，它们使得预报技巧逐渐降低。

因此，前 7 天或 8 天的平均预报就足以提供 30 天平均预报的最佳估计了，而加进了后 20

本文发表于《高原气象》，1997 年第 16 卷第 4 期，41-45 页。

多天的日预报之后的平均预报却使得 30 天平均预报变得更糟。对此,Roads[6]建议:为保留 30 天平均的信息、消除毫无技巧的后一部分积分的影响,将时间平均的天数截断在 30 天以内或许是更可取的。而 Tracton 等[5]则干脆认为,就月平均预报来说,积分根本没有必要超过一个星期。然而,事实上在延伸预报中的后一部分积分并非完全没有技巧。108 个个例的平均逐日预报的距平相关系数在积分的后一部分仍然是大于零的,即仍具有一定的技巧,只不过由于受到小尺度扰动发展的影响,预报场充满了大量的噪音。将这一部分预报截去,固然可以使距平相关系数不至于因为加进了技巧较差的预报而降低,但同时也截去了一部分可用的被噪声所掩盖的信号。

由此可见,如果能够在预报过程中设法不断抑制或消除小尺度、高频分量的扰动,甚至还包括由于计算方法的不精确而产生的计算误差,使它们不至于混淆或掩盖大尺度形势,则必然会提高时间平均预报的技巧,延长预报的时效。

1　原理与方法

郝柏林[7]曾指出:"由于耗散系统是由高维相空间收缩到低维吸引子的演化,实际上是一个归并自由度的过程,耗散消耗掉大量的小尺度的较快的运动模式,使决定系统长期行为的有效自由度数目减少,许多自由度在演化过程中成为'无关变量',最终剩下支撑起吸引子的少数自由度。如果在描述系统状态所选取的宏观变量集合中,恰好包括了 $t \to \infty$ 时所起作用的自由度,那么就会有一个比较成功的宏观描述。"那么,作为气候系统组成部分的大气是否存在这样的吸引子呢?

作为强迫耗散非线性系统的大气系统在定常外源(或者外源的变化相对于大气本身的长期变化的时间尺度来说是一个慢过程)的强迫下,将最终进入一个吸引子点集内[8,9],但是,要找到像郝柏林所指出的那样一个较为成功的宏观描述是相当困难的。我们现在建立的所有的数值模式都是对大气实际物理规律在某种程度上的近似描述。这些模式在进行数值计算过程中并不一定会使大量小尺度的、较快的运动模式逐渐被耗散掉而成为"无关变量",相反,还会由于数值计算方法的不够精确而产生许多计算上的误差。不过,大尺度大气运动最终将进入的那个低维吸引子对于我们来说却并不陌生,它正是我们所观测到的长期气候状态。张邦林、丑纪范[10]曾指出,可以利用已经掌握的大量的历史天气资料找到一组支撑该吸引子的正交基底。设该吸引子的维数是 m,则这组基底支撑起一个 m 维的空间 R^m,且属于气候吸引子的任何一个点(即任一时刻的气象要素场)都可以用这组基底来展开。由于这组基底是支撑低维气候吸引子的,亦即刻划气候状态的(本文主要关心的是 1~30 天的月平均状态),因此,某一气象要素场在这组基底上的投影将不再包括那些对该气候状态没有贡献的小尺度、高频的快变分量。从而在利用这组基底对某一时刻的气象要素场进行展开的过程中,就自然地把小尺度的扰动滤掉了。

对于我们所观测的实际大气,设其具有 n 个变量,可以在 R^n 空间对其进行描述。实际大气的观测值可以看作大气运动方程的特解,那么,显然有 $R^m \subset R^n$,一般 $m \ll n$。在 R^n 中必然存在一组标准正交基底(但并不一定唯一) $e_i (i=1,2,\cdots,n)$,其中 $e_1, e_2, \cdots, e_m$ 扩展成 R^m。当系统的状态由这组基底上的分量表示时,随着时间 t 的增加,$e_{m+1},e_{m+2},\cdots,e_n$ 上的分量就将如郝柏林所指出的那样趋近于零。然而对于数值模式来说,由于使用的初始场中含有小尺度和高频分量,且计算方法带有不精确性以及模式仅仅是实际大气物理规律的某种程度的近似,因而模式变量在 $e_{m+1},e_{m+2},\cdots,e_n$ 上的分量在长时间的积分过程中并不一定是趋近于零的。从物理意义上讲,也就是那些大量小尺度的较快的运动模式在演变过程中并未被耗散掉,它们没有成为"无关变量",相反通过非线性的相互作用,削弱甚至掩盖了大尺度形势,使得长时间数值积分的结果受到了很大程度的影响。如果我们在数值预报过程中,把这部分本来应是趋于零却因上述原因而没有趋近于零的 $e_{m+1},e_{m+2},\cdots,e_n$ 上的分量赋值为零,就将消除它们在动力模式中对预报结果的影响。

设任一时刻的气象要素场为 $F(t)$,它在 R^n 空间可以表示成

$$F(t) = \sum_{i=1}^{n} f_i(t)\varepsilon_i \tag{1}$$

其中 ε_i 为 R^n 空间的基底,$f_i(t)$ 是 $F(t)$ 关于 ε_i 的分量。从过去积累的历史天气资料中我们可以得到一系列的 $F(t)$ 和 $f_i(t)$。对于足够长的资料我们可以认为 $[f_i(t)]_n \subset R^m$,即大气运动已经进入气候吸引子状态,而 $<f_i(t),f_j(t)>=A_{ij}$ 不全为零。又设:

$$F(t) = \sum_{k=1}^{n} c_k e_k \tag{2}$$

而

$$e_k = \sum_{i=1}^{n} \eta_k(i)\varepsilon_i \tag{3}$$

在吸引子状态时,当 $k>m$,有 $c_k=0$,则要求:

$$<c_k(t),c_{k'}(t)>=\delta_{kk'}\lambda_k \tag{4}$$

由(2),(3)式则有

$$F(t) = \sum_{k=1}^{n} c_k e_k = \sum_{k=1}^{n} c_k \sum_{i=1}^{n} \eta_k(i)\varepsilon_i \tag{5}$$

由(1)和(5)式得

$$f_i(t) = \sum_{k=1}^{n} c_k \eta_k(i) \tag{6}$$

则

$$<f_i(t),f_j(t)>=<\sum_{k=1}^{n} c_k \eta_k(i),\sum_{k=1}^{n} c_k \eta_k(j)> \tag{7}$$

即

$$A_{ij} = \sum_k \lambda_k \eta_k(i)\eta_k(j) \tag{8}$$

若 $\eta_k(i)$ 是正交归一化函数,(8)式即意味着:

$$AE = \lambda E \tag{9}$$

其中

$$A = \begin{bmatrix} A_{11} & A_{12} & \cdots & A_{1n} \\ A_{21} & A_{22} & \cdots & A_{2n} \\ \cdots & \cdots & \cdots & \cdots \\ A_{n1} & A_{n2} & \cdots & A_{nn} \end{bmatrix}, E = \begin{bmatrix} \eta(1) \\ \eta(2) \\ \vdots \\ \eta(n) \end{bmatrix}$$

E 的确定实际上就是气象上常用的经验正交函数（EOF）分解[10]。当吸引子能够严格嵌入R^m空间时，从理论上讲，只有前面m个特征值不为零。即用前面m个EOFs就可以精确地描述气象要素场$F(t)$在气候吸引子上的状况。但是在实际分解中，由于误差等的干扰，λ_k在$k>m$时不会严格为零。为简便起见，我们将m取为前面若干个EOFs的累积解释方差占到总方差80%以上的EOF的个数，而把其余的EOFs认为是由对气候状态没有贡献的随机误差造成的。这样就得到了一组R^m空间的标准正交基底$e_k(k=1, 2, \cdots, m)$。

在实际应用中，还有一个需要考虑的关键问题就是在大气外源强迫等各种因子变化允许的范围内，对实际资料做EOF展开的稳定性问题。张邦林等[11]用实际观测的500 hPa月平均高度距平场资料、候平均高度距平场资料、逐日高度距平场资料对不同的季节和不同的年份分别做了相应的EOF展开，探讨了这一问题。结果证实在考虑了下垫面外界强迫等因子的季节变化和年际变化后，生成的经验正交函数对大气要素场的展开精度是稳定的。这就表明，在求取气候吸引子的支撑基底时，尽管基底并不唯一，但是不同的基底都能在一个稳定的精度上刻划该气候吸引子。

确定出了气候吸引子的一组标准正交基底，则有：

$$F(t) = \sum_{k=1}^{n} c_k e_k \approx \sum_{k=1}^{m} c_k e_k = \tilde{F}(t) \tag{10}$$

$\tilde{F}(t)$为去除了小尺度扰动后的$F(t)$。

2　数值试验及结果

为检验以上理论和方法对于改进延伸预报是否有效，我们利用数值模式进行了试验。本文采用$T42$谱模式①。该模式是一个非绝热模式，它包括大尺度凝结降水、积云对流参数化等物理过程，垂直方向分为5层。设$X_{m,n}(\sigma,t)$是变量$X(\lambda,\mu,\sigma,t)$的球谐函数：

$$X_{m,n} = \frac{1}{2\pi} \int_{-1}^{1} \int_{0}^{2\pi} X P_{m,n}(\mu) e^{-im\lambda} d\lambda d\mu \tag{11}$$

2.1　气候吸引子基底的求取

前面讨论了利用气候吸引子基底消除小尺度、高频分量误差的原理和方法。在实际操作中为了计算方便，直接对气象要素场谱展开的球谐系数做经验正交函数分解，把由此得到的经验正交函数作为气候吸引子的基底。

---

① 模式由中国科学院大气物理研究所二室提供。

利用(11)式,将气象要素变量 $X(\lambda,\mu,\sigma,t)$ 展开成 $T42$ 谱模式中对应的球谐谱系数 $X_{m,n}(\sigma,t)$。在 $T42$ 谱模式中,每层每个变量($U,V,q,T',\ln P$)的球谐系数都相应地存放在一个一维数组中,记此数组为 $c(i)(i=1,2,\cdots,p)$,其中 p 为球谐系数的个数。在历史资料中取变量 $X(\lambda,\mu,\sigma,t)$(X 分别为 $U,V,q,T',\ln P$)的一个序列,将其展开成 $T42$ 谱模式中对应的球谐谱系数,这样就得到一数组 $c(i)$ 的序列,它形成一个矩阵 $C=(c_{ij})_{n\times p}(i=1,2,\cdots,p;j=1,2,\cdots,n)$,其中 n 为序列长度。对矩阵 C 做经验正交函数分解,即 $C=VT$。T 为时间函数矩阵,V 为空间函数矩阵。由于实际计算的矩阵 C 的 p 远较 n 大,因而在做经验正交函数分解时采用了时空转换的处理。又因为矩阵 C 较大,在求取 C 的特征值和特征向量时,未采用通常的雅可比(Jacobi)算法,而是使用了 QL 算法[12]。QL 算法同雅可比算法相比,具有运行时间短、占用内存少、舍入误差小、计算精度高的优点。

求取气候吸引子基底所用的历史天气资料为 FGGE 资料。首先,分别取从 1978 年 11 月 30 日和 1979 年 5 月 30 日起的各 94 天 00:00(GMT,下同)的全球 FGGE 资料,计算出相应时次 $T42$ 模式变量的球谐系数。这些模式变量分别是 ζ,D,T',q 和 P^*。每个变量得到两个球谐系数序列,一个为冬季的,一个为夏季的。然后分别对每个序列进行一次 5 天滑动平均滤波并标准化。最后对每个变量的球谐系数阵 $X_{m,n}$(m 为球谐函数的个数,n 为时间序列的长度)进行 EOF 分解,取前 20 个 EOFs 作为基底(事实上,前 20 个特征向量的累积已揭示方差占到总方差的 81% 以上)。这样就得到了描述冬、夏两个季节的气候吸引子的基底。

2.2 数值试验及结果

以 1979 年 1 月 1 日 00:00 的 FGGE 资料为初始场,代入数值模式做了 30 天的数值预报试验。在积分过程中,每隔 120 h 按(10)式进行一次变换运算。其中 $F(t)$ 为模式变量的球谐系数,e_k 为相应的用 EOFs 表示的冬季气候吸引子的基底(这里的 m 取到 20),相当于对模式变量进行了 EOF 滤波以消除小尺度扰动。为对比起见,用相同的初始场做了没有 EOF 滤波的 30 天积分。按照同样的做法,取 1979 年 7 月 1 日 00:00 的 FGGE 资料作为初始场,利用夏季基底做了夏季情况的 30 天积分。表 1 给出了这两次试验 30 天平均的 500 hPa 高度场距平相关系数和均方根误差。图 1～图 6 分别给出了这两次试验 30 天平均的 500 hPa 高度场和相应的距平场。

表 1 两次试验 1 月和 7 月 500 hPa 月平均高度场与实况的相关系数和均方根误差

		相关系数			均方根误差		
		1～3 波	4～9 波	所有波	1～3 波	4～9 波	所有波
1 月	改进前	0.52	0.19	0.25	114.17	34.90	153.96
	改进后	0.55	0.64	0.50	47.71	26.05	67.40
7 月	改进前	0.39	0.11	0.28	37.40	20.33	49.74
	改进后	0.46	0.28	0.30	26.32	19.33	40.81

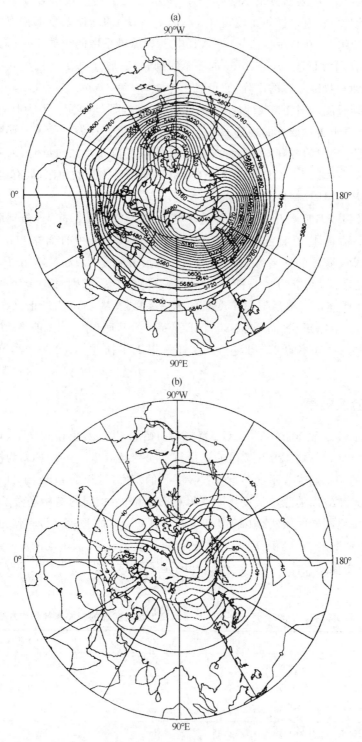

图1　1979年1月北半球500 hPa位势高度场

(a)平均,(b)距平

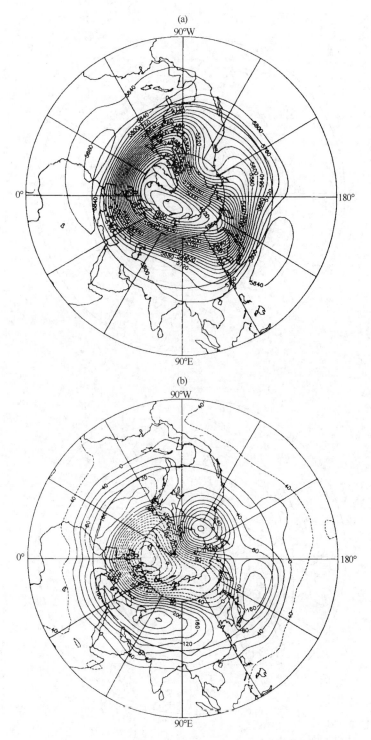

图 2 模式未改进预报的 1979 年 1 月北半球 500 hPa 位势高度场

(a)平均,(b)距平

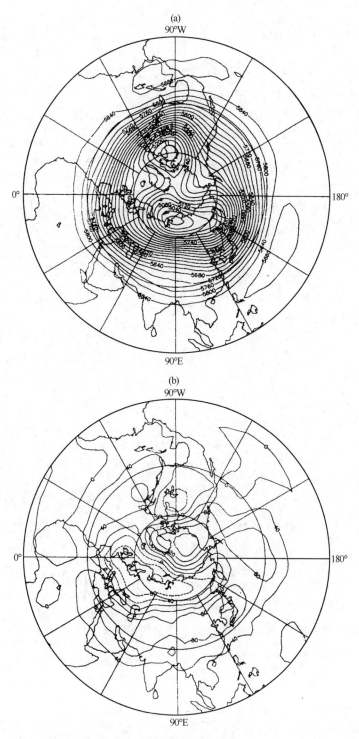

图3 模式改进后预报的1979年1月北半球500 hPa位势高度场

(a)平均,(b)距平

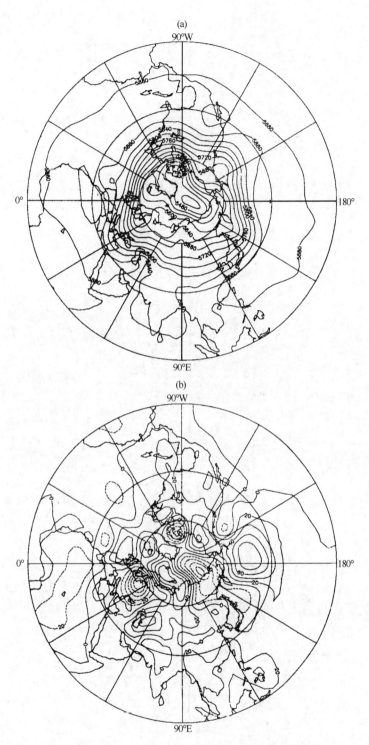

图 4 1979 年 7 月北半球 500 hPa 位势高度场

(a)平均,(b)距平

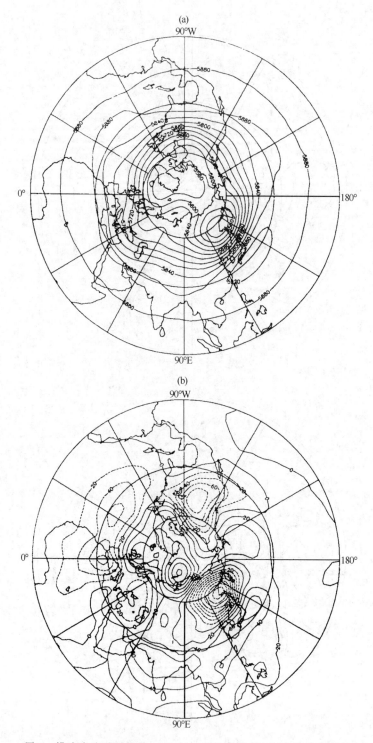

图 5　模式未改进预报的 1979 年 7 月北半球 500 hPa 位势高度场

(a)平均,(b)距平

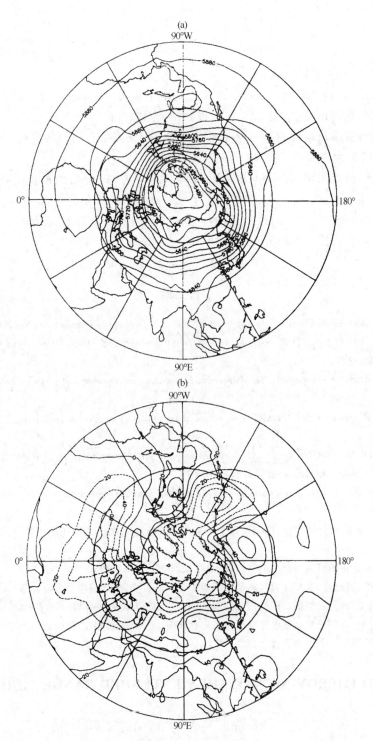

图 6 模式改进后预报的 1979 年 7 月北半球 500 hPa 位势高度场

(a)平均,(b)距平

3　结　语

从所给出的图表中可以看到：

（1）在两次试验中，改进后的预报效果无论是距平相关系数，还是均方根误差都有明显的提高，特别是在冬季的试验中，30天平均预报的相关系数提高得更多；

（2）预报场所有波长运动的距平相关系数和均方根误差都有明显的提高，尤其以天气尺度波（4～9波）的提高为最大；

（3）改进前的模式预报存在着系统误差，冬季尤为明显，改进后的预报中系统误差都有所减小。

这表明本文所提出的方法对改进延伸预报确实是有效的。但本文只计算了两个例子，所得结论是初步的，有待进一步研究。

参考文献

[1] Lorenz E N. A study of the predictability of a 28-variable atmospheric model. *Tellus*,1965,17:321-333

[2] Charney J G, R G Fleagle, H Riehl,*et al*. The feasibility of a global observation and analysis experiment. *Bull Amer Meteor Soc*,1966,47:200

[3] Lorenz E N. Atmospheric predictability experiments with a large numerical model. *Tellus*,1982,34(6): 505-513

[4] Lorenz E N. Atmospheric predictability as revealed by naturally occurring analogues. *J Atmos Sci*,1969, 26:636-646

[5] Tracton M S,K Mo,W Chen ,*et al*. Dynamical extended range forecasting (DERF)at the national meteorological center. *Mon Wea Rev*,1989,117(7):1604-1653

[6] Roads J O. Forecasts of time averages with a numerical weather prediction model. *J Atmos Sci*,1986,43 (9):871-892

[7] 郝柏林.分叉、混沌、奇怪吸引子、湍流及其它——关于确定论系统中的内在随机性.物理学进展,1983,3 (3):329-415

[8] 丑纪范.初始场作用的衰减与算子的特性.气象学报,1983,41(4):385-392

[9] 汪守宏,黄建平,丑纪范.大尺度大气运动方程组解的一些性质.中国科学(B辑),1989,(3):328-336

[10] 张邦林,丑纪范.经验正交函数在气候数值模拟中的应用.中国科学(B辑),1991,(4):442-448

[11] 张邦林,丑纪范.经验正交函数展开精度的稳定性研究.气象学报,1992,50(3):342-345

[12] 何光渝.FORTRAN 77算法手册.北京:科学出版社,1993.73-81

A METHOD IMPROVING MONTHLY EXTENDED RANGE FORECASTING

Zhang Peiqun　Chou Jifan

(Department of Atmospheric Science,Lanzhou University)

Abstract:Based on the theory that the high dimensional phase space of a forced dissipative nonlinear system will eventually evolve into a low dimensional attractor,while a great deal of small-scale high frequency patterns are dissipated, an approach of improving extended range forecast is put forward. In which a set of EOF bases holding up the climatic attractor is gained from historical weather data to remove small-scale high-frequency disturbances which distort the monthly mean field. Two numerical experiments of monthly mean forecast, for January and July, have been performed by using T42 global spectral model and FGGE data. The results show that the AC of monthly mean forecasting field is apparently increased by applying the approach put forward in this thesis, which means the approach has effect on enhancing the forecast skill.

Key words: Low dimensional attractor EOF Monthly dynamical extended range forecasting

10～30 天延伸期数值天气预报的策略思考

——直面混沌

丑纪范[①,②]　　郑志海[③]　　孙树鹏[①]

（①兰州大学半干旱气候变化教育部重点实验室；②中国气象局培训中心；③国家气候中心）

摘　要：针对大气系统的混沌特性，提出了 10～30 天延伸期数值天气预报的策略思考。可预报性问题，实质上是时空尺度问题，10～30 天的预报虽然超出了逐日天气的可预报时限，但仍存在着可预报的分量。以数值模式为基础，阐述了 10～30 天延伸期可预报分量的提取方法。在此基础上，提出了针对可预报分量和混沌分量应采用不同的策略和方法。该设想可借鉴利用现有数值模式的变分同化系统，且无需构建新的模式，因此具有可行性。

关键词：延伸期预报　可预报性　可预报分量　混沌分量

1　引　言

自 *Charney* 等基于正压涡度方程第一次成功作出 24 小时的数值天气预报以来，经过几十年的发展，数值天气预报取得了很大的进步，目前天气形势的可用预报已达 5～7 天[1-2]。在短期数值天气预报取得成功的基础上，世界上主要的数值预报中心均在努力研发各种技术来提高天气预报的准确率与时效[3-5]。但目前对更长时间尺度，如 10～30 天，预报技巧仍然很低，需要进一步提高预报能力[6-11]。

大气是一个复杂的非线性系统，由于其内在随机性，存在可预报期限。大气可预报性理论研究表明，逐日天气可预报时效的理论上限一般为 2 周[12-19]。可预报性问题，实质上是时空尺度问题，不同时空尺度有不同的可预报性，超过了逐日天气预报时效理论上限，则未来某日或某个具体时刻的天气预报将变得不可能，然而，这并不意味着超过逐日天气预报时效理论上限以后的大气运动没有可预报的分量[20-22]。

莫宁[22]曾指出："确定可预报性期限本身并不是一个建设性的课题（本身也不应该是目的），建设性的解决某个长时期的可预报性问题应该是指出这时期中所预报的气象场的特征。"对于 10～30 天的数值天气预报，是否仍有可预报的气象场的特征？一些观测事实表明，行星尺度的大气活动中心，特征时间尺度比天气尺度更长。动力理论研究表明，绝热、无耗散的方程组（线性理论）中的各种波动中，最慢的是天气尺度波（*Rossby* 波），其时间尺度为几天，这是中短期天气预报重要的预报对象。巢纪平等[23-24]发现有了非绝热耗散后，出现了一组比 *Rossby* 波移动更慢的非绝热波，并认为它代表了半永久的活动中心，是长期数值天气预报的

本文发表于《气象科学》，2010 年第 30 卷第 5 期，569-573。

预报对象。观测和动力理论研究[23-32]均表明,在10～30天的时间尺度,客观存在可预报的分量。延伸期预报的困难在于大气系统的混沌特性使得预报误差不可避免地快速增长和模式误差的稳定增长[33],因此预报中应区分哪些特征是可预报的,哪些特征是不可预报的,并针对可预报分量和混沌分量采取不同的预报方案和策略。

2 原理与方法

2.1 可预报分量

数值天气预报是作为初值问题提出的,它的中心问题是已知大气在一个时刻观测值来解一般形式的流体动力学方程,即由已知的初始时刻的大气状态预报未来时刻的大气状态,数学上可表示为:$\varphi_\tau = M(\varphi_0)$,其中 $\varphi_0 \in \mathbf{R}^n$ 为初始时刻 t_0 的近似真实的观测场,$\varphi_\tau \in \mathbf{R}^n$ 为 T 时刻的预报场,M 是数值模式根据初始条件到 T 时刻的积分。如果在初始场上加一个小扰动 φ'_0,则在时刻 T 有一个预报增量 η,它们之间的非线性关系可表示为:

$$\eta = M(\varphi_0 + \varphi'_0) - M(\varphi_0) \tag{1}$$

当 φ'_0 很小时,即 $\|\varphi'_0\| \ll \|\varphi_0\|$,那么根据(1)式可得到预报增量与初始扰动的近似切线性关系:

$$\eta = M(\varphi_0 + \varphi'_0) - M(\varphi_0) \approx L_{\varphi_0,\tau}(\varphi'_0) \tag{2}$$

$L_{\varphi_0,\tau}$ 可视为线性算子,它依赖于初始场 φ_0 和预报时刻 T,$\mathbf{R}^n$ 空间的线性算子 $L_{\varphi_0,\tau}$ 就是一个矩阵。它和传统的切线性模式不一样,不再需要将数值模式演变的轨迹在每个时间间隔内都切线性化,而是将预报过程看成一个非线性映射,预报增量是由于初始小扰动由非线性映射而来,$L_{\varphi_0,\tau}$ 是对非线性映射的切线性化。由奇异向量分解理论可知[34],对任意向量 $L_{\varphi_0,\tau}$,存在两个正交矩阵 U 和 V 使得:

$$L = U\Lambda V^T \tag{3}$$

其中

$$\Lambda = \begin{bmatrix} \lambda_1 & 0 & \cdots & 0 \\ 0 & \lambda_2 & \cdots & 0 \\ \vdots & \vdots & \ddots & \vdots \\ 0 & 0 & \cdots & \lambda_n \end{bmatrix}, U = \begin{bmatrix} u_1(1) & u_1(2) & \cdots & u_1(n) \\ u_2(1) & u_2(2) & \cdots & u_2(n) \\ \vdots & \vdots & \vdots & \vdots \\ u_n(1) & u_n(2) & \cdots & u_n(n) \end{bmatrix}$$

$$V = \begin{bmatrix} v_1(1) & v_1(2) & \cdots & v_1(n) \\ v_2(1) & v_2(2) & \cdots & v_2(n) \\ \vdots & \vdots & \vdots & \vdots \\ v_n(1) & v_n(2) & \cdots & v_n(n) \end{bmatrix}$$

上式中 λ_i^2 为奇异值,是 $L^T L$ 的第 $i(i-1,2,\cdots,n)$ 个特征值,且有 $(\lambda_1^2 \leqslant \lambda_2^2 \leqslant \cdots \leqslant \lambda_n^2)$,$u_i$ 和 ν_i 分别为 LL^T 和 $L^T L$ 的第 $i(i=1,2,\cdots,n)$ 个标准化特征向量。

$\varphi'_0 \in \mathbf{R}^n$ 为叠加在初始场上的一个小扰动,$\eta \in \mathbf{R}^n$ 为 T 时刻后的预报增量,如果预报增量 η 对初始场扰动 φ'_0 不敏感,即满足 $O(\eta) \sim O(\varphi'_0)$,则表明在时刻 T 动力学方程对初值不敏感,是可预报的,反之则是不可预报的。如何确定可预报分量呢?

将 φ'_0 以标准正交基 v_i 展开,有:

$$\varphi'_0 = \boldsymbol{VA} = \sum_{i=1}^{n} v_i a_i \tag{4}$$

同时:

$$\| \varphi'_0 \|^2 = \sum_{i=1}^{n} a_i^2, \quad \| \eta \|^2 = \sum_{i=1}^{n} \lambda_i^2 a_i^2 \tag{5}$$

将 η 以标准正交基 u_i 为基底展开,有:

$$\eta = \boldsymbol{UB} = \sum_{i=1}^{n} u_i b_i, \quad \| \eta \|^2 = \sum_{i=1}^{n} b_i^2 \tag{6}$$

由(5)、(6)两式得:

$$\sum_{i=1}^{n} b_i^2 = \sum_{i=1}^{n} \lambda_i^2 a_i^2 \tag{7}$$

(7)式表明在运行切线性模式后,初始误差沿着初始向量 v_i 的分量将伸长到与特征值 λ_i^2 相等的倍数(如果 $\lambda_i^2 < 1$ 将收缩),而且其方向将旋转到被演化向量 u_i 的方向。最大特征值对应的初始向量 v_n 为最优向量,因为它给出了扰动在相空间中的方向,将在积分时间间隔内获得最大增长 λ_n^2。传统的可预报性和集合预报研究往往关注最优向量的发展,因为它代表了相空间中误差增长最快的方向。相反,较小特征值对应的初始向量 v_i 方向上增长较小,表明初始误差在该方向上在预报时段内误差增长很小,即对初值不敏感,这正是可预报的稳定分量。在确定误差增长的最大容许倍数后,就可确定出可预报的 p 个分量,即:

$$\| \eta_p \|^2 = \sum_{i=1}^{p} \lambda_i^2 a_i^2 \leqslant \sum_{i=1}^{p} \lambda_p^2 a_i^2 = \lambda_p^2 \| \varepsilon_p \|^2 \quad (\text{因为 } \lambda_1^2 \leqslant \lambda_2^2 \leqslant \cdots \leqslant \lambda_n^2) \tag{8}$$

式中,λ_p^2 为 $(1,2,\cdots,p)$ 初始误差前 p 个分量的最大放大倍数,如果 λ_p^2 小于某个阈值,则可认为,前 p 个分量是可以预报的,剩下的 n-p 个分量不可预报。

定理:与特征值 $\lambda_1, \lambda_2, \cdots, \lambda_p$ 相应的特征向量 $\vec{u}_1, \vec{u}_2, \cdots, \vec{u}_p$ 张成的子空间 $\sum_{i=1}^{p} \alpha_i \vec{u}_i$,即 R^p 的 $\alpha_1, \alpha_2, \cdots, \alpha_p, p$ 个变量对初值误差不敏感。

大气系统的混沌特性,使得解敏感地依赖于初始条件,即初始误差不可避免地会增长,在预报时段内,误差增长小于某个阈值的分量为可预报分量,它不但依赖于初始条件和数值模式,还依赖于流型本身的稳定性。

2.2　可预报度

基于以上分析,定义由 n 个变量描述的 30 天预报的气象场,在数值模式算子(线性假定)确定的一组标准正交基底 u_i 张成的空间中(R^n 维)的一个子空间 R^p 的 p 个变量,对该模式的初值误差不敏感,称为可预报的气象场特征。对于 n 个变量描述的气象场,由 p 个可预报变量(R^p)解释的方差,称为该气象场的该 R^p 子空间的可预报度,记为 μ。这种情况下所有可能的 R^p 的全体构成的集合,记为 Ω(此集非空),构造泛函 $\mu(R^p)$,

$$\mu_M = \max_{R^p \in \Omega} \mu(R^p) \tag{9}$$

称为该气象场的可预报度。

2.3　可预报分量的计算

由于实际的数值模式非常复杂,通过直接求得 L 的具体形式,再计算特征值 λ_i^2 和标准化

向量 u_i、v_i 在现有条件下是不可行的,必须通过其它方法来实现。下面给出具体计算方法。

由(3)式有:

$$LV = U\Lambda \tag{10}$$

写成列向量形式:

$$\|Lv_i\|^2 = \|u_i\lambda_i\|^2 = \lambda_i^2 \tag{11}$$

当 $\|\varphi'_0\|^2 = 1$ 时,$\|L\varphi'_0\|^2 = \sum_{i=1}^{n}\lambda_i^2 a_i^2 \geqslant \lambda_1^2 = \|Lv_1\|^2$,$v_1$ 相当于求在 $\|\varphi'_0\|^2 = 1$ 的约束条件下,$\|L\varphi'_0\|^2$ 泛函的极小值:

$$v_1 - \min_{\varphi'_0 = \{\varphi'_0 \mid \|\varphi'_0\|^2 = 1\}}(\|L\varphi'_0\|^2) \tag{12}$$

约束条件为:$\varphi'_0 = \{\varphi'_0 \mid \|\varphi'_0\|^2 = 1\}$。根据变分法,在约束条件 $\|\varphi'_0\|^2 = 1$ 下的 $\|L\varphi'_0\|^2$ 的最小值可以通过不受约束的另一函数的最小值得到:

$$J(\varphi'_0) = \|L\varphi'_0\|^2 + P(\|\varphi'_0\|^2 - 1)^2 \quad (P \to \infty) \tag{13}$$

对现有数值模式的变分同化系统加以修改[35],即可求解(13)式的泛函的极小值 v_1。求出 v_1 后,可再求得,

$$\begin{cases} \lambda_1^2 = \|Lv_1\|^2 \\ u_1 = \dfrac{1}{\lambda_1}Lv_1 \end{cases} \tag{14}$$

同理可求得 v_2 的值,只需要再增加与 v_1 正交的约束条件,即:

$$v_i = \min_{\substack{\varphi'_0 = \{\varphi'_0 \mid \|\varphi'_0\|^2 = 1\} \\ (\varphi'_0, v_1) = 0 \\ (\varphi'_0, v_2) = 0 \\ \vdots \\ (\varphi'_0, v_{i-1}) = 0}}(\|L\varphi'_0\|^2) \tag{15}$$

并可求得:

$$\begin{cases} \lambda_i^2 = \|Lv_i\|^2 \\ u_i = \dfrac{1}{\lambda_i}Lv_i \end{cases} \tag{16}$$

至此可求出所有满足要求的可预报分量。可预报分量的计算可利用现有的变分同化程序,只需将其计算泛函极大值的过程转换为计算极小值,并且增加一些约束条件即可。

2.4　可预报分量模式的建立

　　大气系统的不稳定性会导致误差增长,意味着初始很小的误差,都将不可避免地在一段时间后导致天气预报技巧完全丧失,而这种不稳定性不仅与初始条件和数值模式符合实际的程度有关,还取决于大气流型本身的稳定性。可预报分量是动力方程在预报时段内对初值不敏感的分量,它的信息来源于初值,其演变是满足某些特定物理规律,可用数值模式进行预报。求出可预报分量后,可令:

$$H = \begin{bmatrix} v_1(1) & v_1(2) & \cdots & v_1(p) \\ v_2(1) & v_2(2) & \cdots & v_2(p) \\ \vdots & \vdots & \vdots & \vdots \\ v_n(1) & v_n(2) & \cdots & v_n(p) \end{bmatrix}_{n \times p}, G = \begin{bmatrix} v_1(1) & v_2(1) & \cdots & v_n(1) \\ v_1(2) & v_2(2) & \cdots & v_n(2) \\ \vdots & \vdots & \vdots & \vdots \\ v_1(p) & v_2(p) & \cdots & v_n(p) \end{bmatrix}_{p \times n}$$

G 为对初值不敏感的稳定分量组成的矩阵,H 为它的转置。则有 $\psi = G\varphi, \varphi = H\psi$

$$\varphi_0 \Rightarrow G\varphi_0 = \psi_0 \Rightarrow H\psi_0 = \varphi_0^* \Rightarrow M\varphi_0^* = \varphi_T \Rightarrow G\varphi_T = \psi_T \qquad (17)$$

即对稳定分量的预报方程为：$\psi_T = GMHG\varphi_0$，由此即可将现有的数值模式转化成可预报分量的模式。

　　与原始的数值模式一样，可预报分量的数值模式不可避免的存在预报误差，针对如何减小模式的预报误差，丑纪范等[8,36-38]提出了一种改进数值预报的另类途径，改变数值预报的提法，由微分方程的初值问题转化为求解微分方程的反问题。将历史数据应用到数值模式的预报中去，提出了相似误差订正方法，数值试验显示出较好的应用前景[39-41]。同时，本文的可预报分量对初值不敏感，用相似误差订正方法能更有效地改进其预报技巧。对不可预报的混沌分量，由于大气演变具有随机性，确定性预报已不可能，只能给出其概率分布特征。集合预报是解决该问题的常用途径之一[42]，但由于模式误差的存在，集合初值的演变结果的概率分布与实况也会有偏差。鉴于此，本文作者怀疑仅依靠集合预报来解决10～30天延伸期预报问题的有效性。而从气候信息中提取混沌分量的概率分布，能消除模式由系统误差造成的分布偏差，获得合理的概率分布特征，因此，通过对可预报分量和混沌分量采取不同的预报策略和方法，来构建10—30天延伸期数值天气预报系统。

3　结　论

　　10～30天的延伸期预报是有相当难度的科学问题，当前的水平仍然比较低。本文从气候系统的混沌性质出发，提出了10～30天天气预报的设想。结合可预报性理论，强调了超过逐日天气预报的理论上限（2周）仍有可预报的气象场特征，并以数值模式为基础，详细阐述了提取可预报分量的方法和可预报度的定义，并讨论了针对可预报分量和不可预报分量应采用不同的预报策略和方案，避免误差增长很快的不可预报的混沌分量对可预报的稳定分量的影响，并从气候信息中获取混沌分量的概率分布。该设想的好处在于，可利用现有的变分同化程序获取可预报分量，并且在现有模式基础上即可构建针对可预报分量的预报模式，无需重新构建新的模式，因而是完全可行的。

参考文献

[1] Simmons A J, Hollingsworth A. Some aspects of the improvement in skill of numerical weather prediction. *Quart. J. Roy. Meteor. Soc.*, 2002, 128:647-677.

[2] 陈德辉, 薛纪善. 数值天气预报业务模式现状与展望. 气象学报, 2004, 62(5):623-633.

[3] Molteni F, Buizza R, Palmer T N. The ECMWF ensemble prediction system. *Quart. J. Roy. Meteor. Soc.*, 1996, 122:73-119.

[4] Kalnay E, Lord S J, McPherson R D. Maturity of operational numerical weather prediction: Medium range. *Bull. Amer. Meteor. Soc.*, 1998, 79:2753-2769.

[5] Vitart F. Monthly Forecasting at ECMWF. *Mon. Wea. Rev.*, 2004, 132: 2761-2779.

[6] Anderson, J L, Van den Dool H M. Skill and return of skill in dynamic extended-range forecasts. *Mon. Wea. Rev.*, 1994, 122:507-516.

[7] 王绍武. 短期气候预测的可预报性与不确定性. 地球科学进展, 1998, 13(1):8-14.

[8] 丑纪范, 谢志辉, 王式功. 建立6—15天数值天气预报业务系统的另类途径. 军事气象水文, 2006, (3):

4-9.

[9] 陈伯民,纪立人,杨培才,等.改善月动力延伸预报水平的一种新途径.科学通报,2003,48(5):513-520.

[10] 李维京,纪立人.月动力延伸预报研究.北京:气象出版社,2000:1-168.

[11] 张培群,丑纪范.改进月延伸预报的一种方法.高原气象,1997,16(4):376-388.

[12] Thompson P D. Uncertainty of initial state as a factor in the predictability of large-scale atmospheric flow pattern. *Tellus*, 1957,9:275-295.

[13] Lorenz E N. A study of the predictability of a 28-variable atmospheric model. *Tellus*, 1965,17:321-333.

[14] Lorenz E N. Atmospheric predictability as revealed by naturally occurring analogues. *J. Atmos. Sci.*, 1969,26:636-646.

[15] Lorenz E N. Atmospheric predictability experiments with a large numerical model. *Tellus*, 1982,34:505-513.

[16] Chou J F. Predictability of the Atmosphere. *Adv. Atmos. Sci.*, 1989, 6(3):335-346.

[17] 穆穆,段晚锁.条件非线性最优扰动及其在天气和气候可预报性研究中的应用.科学通报,2005,50(24):2695-2701.

[18] Ding R Q, Li J P. Nonlinear finite-time Lyapunov exponent and predictability. *Phys. Lett. A.*, 2007,364:396-400.

[19] 范新岗,张红亮,丑纪范.气候系统可预报性的全局研究.气象学报,1999,57(2):190-197.

[20] 丑纪范.大气科学中的非线性与复杂性.北京:气象出版社,2002:149-166.

[21] 穆穆,李建平,丑纪范,等.气候系统可预报性理论研究.气候与环境研究,2002,7(2):227-235.

[22] 莫宁.天气预报——一个物理学的课题.林本达,王绍武译.北京:气象出版社,1981:118-128.

[23] 长期数值天气预报研究小组.一种长期数值天气预报方法的物理基础.中国科学,1977,(2):162-172.

[24] 长期数值天气预报研究小组.长期数值天气预报的滤波方法.中国科学,1979,(1):75-84.

[25] Barnett T P, Preisendorfer R. Origins and levels of monthly and seasonal forecast skill for United States surface air temperatures determined by canonical correlation analysis. *Mon. Wea. Rev.*, 1987,115:1825-1850.

[26] Palmer T N. Medium and extended range predictability and stability of the Pacific/North American mode. *Quart. J. Roy. Meteor. Soc.*, 1988,114:691-713.

[27] Blackmon L Y H, Wallace J M. Horizontal structure of 500mb height fluctuations with long, intermediate and short time scales. *J. Atmos. Sci.*, 1984, 41:961-979.

[28] Blackmon L Y H, Wallace J M, *et al*. Time variation of 500mb height fluctuations with long, intermediate and short time scales as deduced from lag-correlation statistic. *J. Atmos. Sci.*, 1984,41:981-991.

[29] Plaut G, Vautard R. Spells of low-frequency oscillations and weather regimes in the Northern Hemisphere. *J. Atmos. Sci.*, 1994,51:210-236.

[30] Chao J P, Guo Y F, Xin R N. A theory and method of long-range numerical weather forecast. *J. Meteor. Soc. Japan*, 1982, 60:282-291.

[31] Yang Hui, Zhang Daomin, Ji Liren. An approach to extract effective information of monthly dynamical prediction—The use of ensemble method. *Adv. Atmos. Sci.*, 2001,18(2):283-293.

[32] Madden R A, Shea D J. Potential long-range predictability of precipitation over North America. *Proceedings of the Seventh Annual Climate Diagnostics Workshop*. NCAR, U. S. Department Commerce, 1982:423-426.

[33] Hamill T M, Whitaker J S, Wei X. Ensemble re-forecasting: Improving medium-range forecast skill using retrospective forecasts. *Mon Wea Rev*, 2004, 132:1434-1447

[34] Eugenia Kalnay. 大气模式、资料同化和可预报性.蒲朝霞,杨福全,邓北胜等译.北京:气象出版社,

2005:178-190.

[35] 王斌,谭晓伟. 一种求解条件非线性最优扰动的快速算法及其在台风目标观测中的初步检验. 气象学报, 2009, 67(2):175-188.

[36] Huang J P, Yi Y H, Wang S W, *et al*. An analogue-dynamical long-range numerical weather prediction system incorporating historical evolution. *Quart J Roy. Metor. Soc*, 1993, 119, 547-565.

[37] 鲍名, 倪允琪, 丑纪范. 相似—动力模式的月平均环流预报试验. 科学通报, 2004, 49(11):1112-1115.

[38] 丑纪范,任宏利. 数值天气预报—另类途径的必要性和可行性. 应用气象学报, 2006, 17(2):240-244.

[39] 任宏利,张培群,李维京,等. 基于多个参考态更新的动力相似预报方法及应用. 物理学报, 2006, 55(8):4388-4396.

[40] 郑志海,任宏利,黄建平. 基于季节气候可预报分量的相似误差订正方法和数值实验. 物理学报, 2009, 58(10):7359-7367.

[41] 郑志海,封国林,丑纪范,等. 数值预报中自由度的压缩及误差相似性规律.应用气象学报, 2010, 21(2): 139-148.

[42] 朱玉祥,俞小鼎. 10—30天延伸期天气预报及其策略思考. 气象继续教育, 2009, (1):82-85.

The think about 10~30 days extended-range numerical weather prediction strategy—facing the atmosphere chaos

Chou Jifan[1][2]　　Zheng Zhihai[3]　　Sun Shupeng[1]

(① Key Laboratory for Semi-Arid Climate Change of the Ministry of Education, Lanzhou University College of Atmospheric Sciences)
(② Training Center of China Meterological Administration)
(③ National Climate Center, China Meterological Administration)

Abstract:In the light of the chaotic characteristics inherent in the atmosphere, a strategy about 10~30 d forecasting is developed. Actually, the atmospheric predictability depends on the spatial and temporal scales. Although the 10~30 d forecasting has exceeded the limit of predictability of daily weather, some predictable components, like some planetary-scale motions which could be forecasted very well in 10~30 d forecasting, could also be found. Based on the numerical models, a method to obtain the predictable components in 10~30 d forecasting is illustrated in this study. Furthermore, the theory promoted methods and strategies for obtaining the predictable components and chaotic components. Our conceiving of 10~30 d forecasting can directly employ the current variational data assimilation system and numerical model, which make sure its feasibility.

Key words:Extended-range prediction, Predictability, Predictable components, Chaotic components

数值模式延伸期可预报分量提取及预报技术研究

王启光[①②]　　丑纪范[①②]　　封国林[③]

（①兰州大学大气科学学院；②中国气象局气象干部培训学院；③中国气象局国家气候中心）

摘　要：本文针对延伸期尺度的可预报分量，借鉴了 CNOP 相关算法，形成了在数值模式中提取可预报分量的实用方法和预报技术。从模式预报误差增长的角度将模式变量分为可预报分量和不可预报的混沌分量，将可预报分量定义为在预报时段内误差增长较慢的分量。基于现有的国家气候中心月动力延伸预报业务模式，建立了针对可预报分量的数值模式。同时结合历史资料有用信息，对数值模式的可预报分量，在历史资料的可预报分量中寻找相似场，降低了相似判断过程中变量的维数，进一步对可预报分量的预报误差进行订正。对混沌分量利用历史资料，通过集合预报方法得出其期望值和方差。数值试验结果表明，该方法能有效提高 10～30 天延伸期数值模式大气环流场的预报技巧，具有良好的业务应用前景。

关键词：延伸期预报，可预报分量，混沌分量，相似误差订正，免伴随快速算法

大气系统是一个非常复杂的强迫耗散的非线性系统，Lorenz(1963,1969)的相关研究认为逐日天气预报的可预报时限一般不超过 2 周。丑纪范(2002,2010)则提出复杂的大气系统中可能存在预报时限远超过 2 周的可预报分量，在一定的预报时段内，不同气象场的特征量的可预报性并不相同。我国气象部门根据时间将预报预测业务划分为 1～3 天短期预报、4～10 天中期预报、10～30 天延伸期预报、月尺度以上的气候预测等，其中延伸期预报是衔接天气预报和气候预测之间的天气过程预报。相关研究表明，在延伸期的时间尺度内，可以将气象场分为可预报分量和混沌分量(丑纪范等，2010)，这一理论为发展新的 10～30 天延伸期预报技术奠定了基础。以往的研究表明(Dool,1989；李志锦等，1996；Boer,2003)空间尺度越大，对应的天气系统的可预报时限就越长，一般认为行星际尺度的超长波具有最高的预报技巧，长波次之，短波部分的预报技巧最低。相关研究(Boer,1984)还表明小尺度的预报(甚至超过 10 天以后)也存在一定的预报技巧，其误差并不如想象中的那样快速增长。此外，Saha 等(1988)的研究结果表明数值模式的预报技巧依赖于展开的球谐函数的总波数，而同纬向波数关系不大。张培群等(1997)利用经验正交函数(EOF)分解提取了历史资料中气候吸引子作为基底，并在 T42 数值预报模式中展开模式变量消除小尺度、高频分量误差，从而提高了模式的月动力延伸预报(DERF)水平。鲍名等(2004)将大气相似性原理应用于 T63 月 DERF 模式，进行了月平均坏流预报试验，取得了较好的预报效果。郑志海(2010)利用历史资料提取气候吸引子基底展开模式变量并结合方差分析方法，确定模式变量的可预报分量，并在 T63L16 模式上对 6～15 天的中期延伸期预报进行了应用研究，比较明显地提高了 6～15 天的数值预报水平。但是

本文发表于《中国科学(D 辑：地球科学)》，已录用，待刊。

需要注意的是利用历史资料确定的大尺度分量,与数值模式中误差增长较慢的分量并不能保证一一对应。这一方面是因为数值模式在刻画大气系统过程中比较粗糙,无法真实无误地反映实际大气系统的发展规律;另一方面在多年历史资料中提取的基底比较固定,对于具体的延伸期预报个例而言,不能很好地考虑初始状态所处的大气流型特殊性及其随时间的演化规律。

在全面发展动力预报模式的同时,利用历史资料信息对模式误差进行预报日益成为引人注目的研究方向。我国学者顾震潮先生(1958)早在1958年就提出将数值预报从初值问题改为演变问题,指出了数值天气预报中使用历史资料的重要性和可行性;丑纪范(1974,1986)从理论上探讨了在长期预报中实现动力和统计相结合的做法,并提出和发展了一种将天气学经验和动力预报有机结合,相互取长补短的相似—动力方法(丑纪范,1979),并进一步阐明了建立相似动力模式的理论,在准地转模式及业务模式上进行的试验结果表明,这一方法能够明显改善数值模式的预报效果(邱崇践等,1987,黄建平等,1989,1991);曹鸿兴(1993)提出一种基于大气自记忆原理的方法,从而把大气运动方程推广为包含多时次观测的自忆性方程;龚建东等(1999)将基于四维同化的新方法应用到月DERF当中;Feng等(2001,2003,2004)提出了一种回溯阶差分格式方法,给出了由过去时次资料动态求取记忆函数的方法;任宏利等(2005,2006,2007)和郑志海等(2009)提出和发展了一种基于动力相似预报原理的相似误差订正方法,这些都从不同角度表明相似动力方法能有效改善数值模式的预报技巧。

本文从数值预报模式预报误差增长的角度出发,研究了不同分量方向上误差增长速度的差异,借鉴了条件非线性最优扰动(CNOP)(Mu et al.,2003;穆穆等,2005)相关算法,提取出延伸期预报中误差增长较慢的可预报分量,改进了国家气候中心现有的月DERF模式,建立了基于T63L16的可预报分量模式。在此基础上对可预报分量模式的预报误差采用相似误差订正的方法,发展了利用历史资料中可预报分量相似信息在模式积分过程中订正误差的技术,开展了有针对性的10~30天延伸期预报的技术研发和业务应用试验研究。

1　提取可预报分量原理方法

1.1　数值模式可预报分量定义

数值天气预报的本质是通过大气在某一个时刻的观测值来求解刻画大气内部物理过程的动力学微分方程,从而由已知的初始时刻的大气状态预报未来时刻的大气状态。大气数值预报模式可以简化表示为:

$$\begin{cases} \dfrac{\partial \varphi}{\partial t} + H(\varphi) = 0 \\ \varphi(x,t_0) = \varphi_0(x) \end{cases} \tag{1}$$

其中 $\varphi(x,t)$ 为模式预报变量,x 和 t 分别表示空间坐标和时间,H 是 φ 的微分算子,对应于实际的数值模式。t_0 为初始时刻,φ_0 为初值。将(1)式离散化后,可以得到一个非线性模式的解,它只依赖于初始条件:$\varphi_T = K(\varphi_0)$,其中 $\varphi_0 \in R^n$ 为初始时刻 t_0 的近似真实的初始场,$\varphi_T \in R^n$ 为 T 时刻的预报场,K 是模式积分算子。如果在初始场上加一个小扰动 φ_0',则在时刻 T 有一个预报增量 η,如果预报增量 η 对初始扰动 φ_0' 不敏感,即满足 $O(\eta) \sim O(\varphi_0')$,则表明在时刻

T,动力学方程对初值不敏感,是可预报的,反之则是不可预报的。当 φ_0' 很小时,即 $\|\varphi_0'\| \ll \|\varphi_0\|$,那么可得到预报增量与初始扰动的近似切线性关系:

$$\eta = K(\varphi_0 + \varphi_0') - K(\varphi_0) \approx L_{\varphi_0,T}(\varphi_0') \tag{2}$$

其中,$L_{\varphi_0,T}$ 为线性误差算子,R^n 空间的线性算子 $L_{\varphi_0,T}$ 即为一矩阵。(2)式是将预报过程看成一个非线性映射 $K:R^n \to R^n$,不再考虑积分过程中的演变,认为预报误差增量是由初始小扰动由非线性映射而来,$L_{\varphi_0,T}$ 是对非线性映射的切线性化。由奇异值分解理论可知(张永领等,2006),对任意向量 $L_{\varphi_0,T}$,存在两个正交矩阵 U 和 V,

$$L = U\Lambda V^T \tag{3}$$

其中,

$$U = \begin{bmatrix} u_1(1) & u_1(2) & \cdots & u_1(n) \\ u_2(1) & u_2(2) & \cdots & u_2(n) \\ \vdots & \vdots & \vdots & \vdots \\ u_n(1) & u_n(2) & \cdots & u_n(n) \end{bmatrix},$$

$$\Lambda = \begin{bmatrix} \lambda_1 & 0 & \cdots & 0 \\ 0 & \lambda_2 & \cdots & 0 \\ \vdots & \vdots & \ddots & \vdots \\ 0 & 0 & \cdots & \lambda_n \end{bmatrix},$$

$$V = \begin{bmatrix} v_1(1) & v_1(2) & \cdots & v_1(n) \\ v_2(1) & v_2(2) & \cdots & v_2(n) \\ \vdots & \vdots & \vdots & \vdots \\ v_n(1) & v_n(2) & \cdots & v_n(n) \end{bmatrix}.$$

Λ 是 L 的特征值($\lambda_1 \leqslant \lambda_2 \leqslant \cdots \lambda_n$)组成的对角矩阵,$U$ 和 V 分别是 L 左、右特征向量组成的矩阵。每列 u_i、v_i 是 R^n 空间的一个向量,全体构成一组标准正交基,任一向量 φ_0(或 φ_T)可按此基展开,一般称 u_i 为演化特征向量,v_i 为初始特征向量。可以证明,对于特征值($\lambda_1 \leqslant \lambda_2 \leqslant \cdots \lambda_n$),$\lambda_m(1,2,3,\cdots,m<n)$ 为初始误差前 m 个分量的最大放大倍数,如果 λ_m 小于某个允许的阈值,则可认为前 m 个分量对初值误差不敏感,是可以预报的,称为可预报分量。剩下的 $n-m$ 个分量即为混沌分量(丑纪范等,2010)。这里定义由 n 个变量描述的 30 天预报的气象场,在数值模式算子(线性假定)确定的一组标准正交基底张成的空间中(R^n 维)的一个子空间 R^m 的 m 个变量,对该模式的初值误差不敏感,称为可预报的气象场特征。对于 n 个变量描述的气象场,由 m 个可预报变量(R^m)解释的方差,称为该气象场的该 R^m 子空间的可预报度,记为 μ。由于实际的数值模式非常复杂,通过直接求得 L 的具体形式,再计算特征值 λ_i^2 和标准化向量 u_i、v_i 计算量极其巨大,必须通过其它方法来实现,已有的 CNOP 方法的相关算法为其实现提供了可能途径。

1.2 CNOP 方法简介

在数值天气预报的可预报性研究中,最快增长的扰动具有重要意义,一般假定初始扰动很小,可以利用数值模式的切线性模式得到初始扰动的发展。但是采用切线性近似求得的初始扰动往往不能反映误差的非线性发展,因此 Mu 等(2003)、穆穆等(2005)提出了条件非线性最优扰动(CNOP)的新方法,该方法所定义的扰动为在一定约束条件下,在预报时刻具有最大非线性发展的一类初始扰动。具体的 CNOP 定义如下(Mu et al.,2003;穆穆等,2005;Mu et al.,2006):

假定 K_T 是模式的传播算子,φ_0 是初值为 ψ_0 的初始扰动,当 φ_0 满足一定的约束条件,即 $\|\varphi_0\| \leqslant \delta$ 时初始扰动 $\varphi_{0\delta}^*$ 满足

$$J(\varphi_{0\delta}^*) = \max_{\|\varphi_0\| \leqslant \delta} \| K_T(\psi_0 + \varphi_0) - K_T(\psi_0) \| \tag{4}$$

称此初始扰动为条件非线性最优扰动,显然在给定的约束条件下,$\varphi_{0\delta}^*$ 在预报时刻 T 具有最大的增量。此方法是线性奇异向量在非线性框架下的推广,利用该方法在模式上进行集合预报试验,结果表明在快速增长的误差情况下,CNOP 作为集合扰动的引入提高了集合平均预报的技巧,并提高了集合预报的可靠性程度(Mu et al.,2008)。同时,该方法还被应用于研究 ENSO 的可预报性(Duan et al.,2008,2009;Yu et al.,2012)及探讨海洋热盐环流(THC)的敏感性问题(Mu et al.,2004),研究结果表明,CNOP 方法是研究非线性系统可预报性和敏感性问题的有用工具之一,并且将该方法用于目标观测研究也取得了很好的效果(穆穆等,2007;王斌等,2009;Qin,2010;Chen,2011)。

CNOP 是满足一定的约束条件,在预报时段内有最大增长的初始扰动,因此该方法中的部分算法可以反其道而行之,为计算满足一定的初始扰动条件下,误差增长最小的情况提供便利。近来,王斌等(2009)发展了计算 CNOP 的免伴随算法,李红祺等(2011)同样基于差分进化算法将 CNOP 扩展应用于陆面过程模式参数的优化工作中,这些工作不仅避免了编写复杂模式的伴随模式的巨大工作量,而且大大减小了计算量,为在复杂的业务预报模式中提取可预报分量提供了可能。本文在求解 CNOP 的免伴随算法的基础上,对算法进行了改进,应用于计算构建的目标函数极小值的过程之中。

可以将逐步求取模式可预报分量基底的过程(丑纪范等,2010)化为如下无约束的极小值问题,

$$J(\varphi_0') = \lim_{p \to \infty} [\text{Min}(\| k(\varphi_0 + \varphi_0') - k(\varphi_0) \|^2 + P(\| \varphi_0' \|^2 - 1)^2)] \tag{5}$$

其中 P 为相对于模式变量而言趋于无穷大的常数,对式(5)的目标泛函极小值,可以利用免伴随快速算法进行求解,即在数值模式中,当初始扰动 $\| \varphi_0' \|^2 = 1$ 时,使得目标泛函 $J(\varphi_0')$ 具有最小值。求出 v_1 后,可再求得,

$$\begin{cases} \lambda_1 = \dfrac{\| y_1' \|}{\| v_1 \|} \\ \vec{u}_1 = \dfrac{y_1'}{\lambda_1} \end{cases} \tag{6}$$

其中,预报误差增量 $y_1' = k(\varphi_0 + \varphi_0') - k(\varphi_0)$。同理可求得 v_2 的值,只需要在以上过程中添加与 v_1 正交的约束条件即可。此时,

$$\begin{cases} \lambda_2 = \dfrac{\| y_2' \|}{\| v_2 \|} \\ \vec{u}_2 = \dfrac{y_2'}{\lambda_2} \end{cases} \tag{7}$$

在此处理过程中,采用初始扰动与对应的误差增量直接线性映射的思想,通过运行原模式,无需运行切线性模式和伴随模式。当 λ_i 超过误差增长的最大容许倍数后,就可以确定出数值模式前 m 个可预报分量对应的向量基底。

1.3 可预报分量模式建立

可预报分量模式的建立可以通过以下途径实现,在积分过程中将模式变量投影到可预报稳定分量的基底上,再利用矩阵逆变换得到针对可预报分量的模式变量,然后向前积分,依次逐步变换积分即可。在已有的模式基础上进行改进,无需开发新模式,使用方便且可移植性强。其过程可简要表示如下:

$$正变换:R^n \rightarrow R^m, \psi = A\varphi$$
$$逆变换:R^m \rightarrow R^n, \varphi = A^T\psi \tag{8}$$

其中 A 为数值模式稳定分量投影基底,φ 为模式变量,ψ 为模式变量在可预报分量上的投影。设 K 为数值模式的积分算子,稳定分量的预报方程即为,

$$\psi_T = AKA^TA\varphi_0 \tag{9}$$

2　相似误差订正方法及应用

相似误差订正法具有应用简便、可移植性强、适用范围广等优点,可以在天气气候等各种时间尺度的预报方面进行应用。目前,对于该方法相似场选取的技术、误差订正间隔、相似更新周期及相似个数选取等方面已经进行了大量富有意义的研究(鲍名等,2004;任宏利等,2006,2007),并将该方法应用到中期预报和季节预测等方面(郑志海等,2009;杨杰等,2011;王启光等,2011,2012a),取得了较好的应用效果。

2.1 延伸期可预报分量的相似误差选取方案

对于数值模式预报过程中选取相似的问题,D'Andrea 等(2000)尝试使用历史实况资料的 EOF 主要模态选取相似,由于数值模式性能的限制,在历史实况资料中提取的 EOF 空间主模态可能与数值模式预报场的 EOF 空间主模态差别比较大,此时若在积分过程中将预报场投影到实况场提取的 EOF 正交基上,很可能无法反映预报场的主要特征。此外,需要注意的是,当前大气模式的自由度非常庞大,并且模式对初值敏感,如果直接利用模式的预报初始场在历史资料中选取相似,基本不可能找到初值误差与原始初始场的误差相当的历史相似场。因此对于延伸期预报而言,这就难以得到较好的相似误差订正项。不过,如果在数值预报模式中求取可预报分量后,将模式初始场各变量用自由度较小的 $\varphi_{q \times 1}$ 来近似代表,则对所有初始场数据资料中 j 时刻模式的第 i 个可预报分量进行标准化后可得,

$$\varphi'_{ij} = \frac{\varphi_{ij} - \bar{\varphi}}{\sqrt{\frac{1}{n}\sum_{j=1}^{n}(\varphi_{ij} - \bar{\varphi})^2}}, i = 1,2,\cdots,q; j = 1,2,\cdots,n \tag{10}$$

其中,$\bar{\varphi}$ 代表历史资料中所有初始场的第 i 个可预报分量的均值,n 表示初始场的数据资料个数。则两个变量场之间的相似指数(A)可定义为,

$$A = \sum_{i=1}^{q}(\varphi'_{ij} - \varphi'_{ik})^2 \tag{11}$$

其中 j 和 k 分别表示两个不同时刻的可预报分量场。分别计算出每个分量与历史资料场中对应的可预报分量的相似指数,然后取平均得到整个可预报分量初始场的相似指数,即初值相似

指数(A_i)。相似指数越小,代表这两个场越相似。以上定义的初值相似指数是在可预报分量基底上计算获得的,这比原始模式的自由度大为减小。从投影到可预报分量基底上的历史资料中选取 A_i 较小的前 n_q 个相似场,将这些相似场代入到可预报分量模式中进行积分,然后在延伸期预报的 t 时刻,用历史实况的可预报分量减去模式预报的可预报分量值,即可得到 t 时刻可预报分量模式的相似误差,最后将 n_q 个相似误差求平均后作为可预报分量模式的预报误差,从而进行模式积分过程的误差订正。在 10~30 天的延伸期预报过程中,由于提取可预报分量的过程每天进行一次,因此初始相似的选取状态也每天更新一次,即在历史资料中再重新选取 n_q 个相似场。

2.2　混沌分量的集合预报方法

在数值模式中提取可预报分量之后,模式变量将有一部分混沌分量被滤除,本节对可预报分量进行相似误差订正时,考虑到第 i 个历史资料中的可预报分量相似场 $\varphi_i(0)$ 在预报时刻 t 有相应的可预报分量的预报场 $\varphi_i(t)$,此时刻历史资料对应的实况场设为 $\psi_i(t)$,将该时刻的模式的混沌分量定为 $\phi_i(t)=\psi_i(t)-\varphi_i(t)$,对选取的 n_q 个相似场得到的模式混沌分量进行集合平均,可以得到相似误差订正方法下的数值模式的混沌分量 $\overline{\phi}(t)$,

$$\overline{\phi}(t)=\frac{\sum_{i=1}^{n_q}\phi_i(t)}{n_q} \tag{12}$$

该方法得到的混沌分量,在一定程度上考虑了相似的初始流型条件下,模式混沌分量的可能分布情况。

3　延伸期可预报分量模式建立及预报流程

3.1　基于可预报分量模式的延伸期预报流程

本文主要根据图 1 的流程,在现有数值模式基础上建立针对 10~30 天的可预报分量模式,并结合历史资料对可预报分量模式进行积分过程的相似误差订正。对混沌分量则利用历史相似资料中的混沌分量的信息进行集合平均得到。图 1 所示基于可预报分量模式的延伸期预报流程主要包含以下五步:

第 1 步:利用免伴随快速算法提取数值模式在给定初始场条件下 10~30 天延伸期的逐日可预报分量基底;

第 2 步:针对延伸期预报的第 $t(10\leqslant t\leqslant 30)$ 天,将数值模式初始场和历史资料场分别在可预报分量基底上投影,利用式(10)和(11)在历史资料中选取可预报分量初始场的 n_q 个历史可预报分量相似场;

第 3 步:对可预报分量初始场及其 n_q 个相似场采用式(8)和(9)的变换在数值模式中进行积分预报,将 μ 天的相似可预报分量实况减去历史相似场的预报结果,得到 n_q 个可预报分量的历史相似误差,利用这些误差的算术平均值对当前可预报分量模式的预报结果进行订正;

第 4 步:利用 2.2 节介绍的方法对混沌分量进行计算;

第5步:将相似误差订正后可预报分量与混沌分量两部分相加,得到基于可预报分量的延伸期的预报结果。

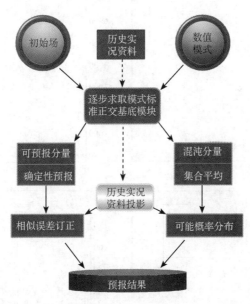

图1 基于可预报分量模式的10～30天延伸期预报流程

3.2 基于 Lorenz 模式的初步试验

对于图1所示的预报流程首先采用 Lorenz 模式进行试验,以便检验系统的可行性和有效性。本节在 Lorenz 模式产生的长度为 20000 的数据集中随机选取(0.21494,-3.40148,25.52086)、(0.7915,0.949,15.8349)、(-10.8605,-14.9779,24.44)(分别记为 $I1$,$I2$,$I3$)三个点作为初值进行相关试验。为提高计算效率,在计算过程中每隔10步提取一次可预报分量基底,即此处 $t=1$ 时代表积分步长 steps=10,类比于实际大气12小时。图2为采用免伴随快速算法计算得到的 Lorenz 模式不同初值条件下误差算子随时间演化情况。

从图2可以看出,误差增长算子特征值在不同的向量方向增长速度差别很大,其中 λ_3 对应了模式积分过程中误差增长最快的方向分量。Lorenz 模式试验结果还表明不同初值条件下相同初始误差所产生的误差增长是不同的,对以上三个初值而言,$I2$ 的误差增长最快的方向出现局部峰值的时间比较早,λ_3 在积分300步以前即接近2000,这与数值模式在不同流型下可预报性不同是一致的。因为 λ_3 在积分过程中值域范围很大,为了解另外两个向量方向 λ_1 和 λ_2 的演化状况,图2(d)展示了 $I3$ 条件下模式前500步误差算子特征值的增长情况,可以发现 λ_3 仅在前100步左右小于10,而 λ_1、λ_2 基本处于1左右,表示其对应的初始向量方向误差基本不增长。文中还分别计算了不同 λ_i 对应的模式分量所占的解释方差,并取 $\lambda_i \leqslant 10$ 对应的向量为不同初值条件下 Lorenz 模式的可预报分量,计算了各自的可预报度 μ(丑纪范等,2010)演化情况(如图3所示)。

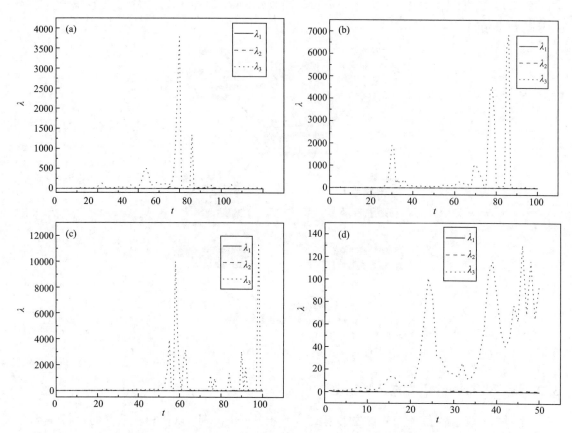

图 2　不同初值条件下 Lorenz 模式误差算子特征值演化情况
(a)初值 $I1$；(b)初值 $I2$；(c)初值 $I3$；(d)初值 $I3$ 前 500 步

　　图 3(a)是 $I1$ 条件下不同 λ_i 对应的各分量的解释方差，λ_2 对应的分量解释方差在模式积分 800 步以前所占的解释方差明显比其他两个分量要大，基本维持在 0.8 左右，λ_1 和 λ_3 在此过程中所占解释方差较小，特别是误差增长最快的 λ_3 对应的分量，所占解释方差在前 800 步基本维持在0.1以下，因此易知在积分过程中将该方向滤除，将会改善模式预报效果。图 3(b)中给出了 $I1$ 条件下模式的可预报度 μ，可以发现 μ 在模式积分的前 550 步基本维持在 0.8 以上，代表了提取模式可预报分量进行预报，可以给出预报变量所包含的大部分信息。图 3(c)为初值 $I2$ 条件下各分量解释方差，各分量解释方差情况与 $I1$ 类似，λ_2 对应的方向仍然占最大的比重。该初值条件下模式在 800 步以前的可预报度基本都在 0.9 以上。$I3$ 条件下的各分量解释方差如图 3(e)所示，此时 λ_1 对应的分量在积分过程中解释方差比前两种情况要大，基本维持在 0.2 左右，而 λ_3 在积分过程的前 600 步解释方差仍然接近于 0，这为提取可预报分量进行预报提供了良好的基础，模式变量在 600 步以前的可预报度维持在 0.9 以上。综上所述，Lorenz 模式三初值条件下不同分量的解释方差的具有较为一致演化特征，误差增长最快方向对应的分量在模式预报开始的一段时间内所占的比重往往比较小，为该段时间内建立可预报分量模式进行有效预报提供了依据。

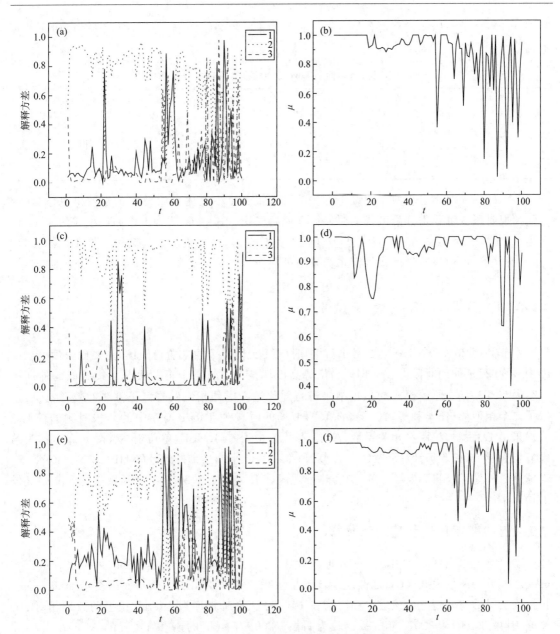

图 3　不同初值条件下 Lorenz 模式各分量解释方差和可预报度 μ

(a)(b)初值 $I1$ 条件下；(c)(d)初值 $I2$ 条件下；(e)(f)初值 $I3$ 条件下

　　基于以上三初值条件下 Lorenz 模式预报误差增长及可预报度情况的分析,采用图 1 所示流程对该模式进行了数值试验,其中历史资料数据集长度为 20000。计算中取 $\delta=10.0, b=8/3$, $r=28$,积分步长 $\Delta h=0.01$,对 Lorenz 模式的控制参数 r 采用了大小为 0.01 的微小扰动,以模拟数值模式自身存在的误差。这里对 Lorenz 系统采用如下定义的相对预报误差 $R(T)$,

$$R(T) = \left[\frac{(X_F(T) - X_R(T))^2 + (Y(T)_F - Y_R(T))^2 + (Z(T)_F - Z_R(T))^2}{(X_R(T))^2 + (Y_R(T))^2 + (Z_R(T))^2} \right]^{1/2} \qquad (13)$$

其中 T 为预报时间,F 代表预报,R 代表实况。由大量的预报试验发现,当 $R(T)$ 超过 1.0 时,预报就已经失效了,所以将此时对应的时间作为预报临界时间 T_C,到达该时刻后预报将失去意义。计算出的原始模式和可预报分量模式的预报临界时间(王启光等,2012b)T_c(如表1所示)。

表1　不同初值条件下 Lorenz 模式及其可预报分量模式的

初值	初值扰动量	原始模式 T_c	可预报分量模式 T_c
$I1$	0.1	4.11	5.21
$I2$	0.1	2.61	4.81
$I3$	0.1	3.71	5.71

表1结果表明结合相似误差订正方法的可预报分量模式比原始模式预报效果更佳,在给定的预报时段内可预报分量模式的明显大于原始模式。其中 $I1$ 条件下由原始模式的 4.11 增大为 5.21,即表示模式在存在大小为 0.1 的初始扰动时,可预报步数提高了 110 步。同样,$I2$ 和 $I3$ 条件下,可预报分量模式将模式变量的可预报步数分别提高了 220 步和 200 步。

4　延伸期业务模式数值试验

本节利用 2007—2010 年 12 月 1 日 12 时(UTC)的 4 个独立的初始场,主要比较预报结果中 10~30 天延伸期时段内 500 hPa 的位势高度场情况。将基于可预报分量模式的延伸期预报结果与 T63L16 原始模式的预报结果进行对比。考虑到相似误差订正方法的效率,文中选取了 4 个相似场(任宏利等,2006),选取相似场的时段为在历史资料中的预报时刻的前后 3 天。采用了面积加权距平相关系数(ACC)和均方根误差(RMSE,单位:位势米(gmp))作为结果的检验标准,检验仍针对全球(GLO,90°N~90°S),北半球热带外地区(NHE,20°N~90°N),南半球热带外地区(SHE,20°S~90°S)和热带地区(TRO,20°N~20°S)4 个区域进行。文中气候平均态采用 1971—2000 年的 NCEP 再分析资料进行计算得到。

4.1　延伸期逐日位势高度场预报

本节首先以全球和北半球热带外地区为例,考察经过相似误差订正后的可预报分量模式(stab)和 T63 原始模式(ctrl)延伸期逐日预报效果。图 4 给出了 500 hPa 高度场 stab 及 ctrl 预报与实况的比较情况。该层次高度场在 10~30 天延伸期时段内 stab 预报的效果相对 ctrl 要好,其中 2008 年与 2010 年提高的较为明显。2008 年 stab 的预报与实况的 ACC 在 10~30 天时段内基本维持在 0.2 以上;2010 年 stab 的 ACC 提高更为显著,基本维持在 0.4 以上。在 10~20 天的预报时段内,2007 年和 2009 年的 ACC 基本都有所提高,但对于延伸期最后 10 天的预报结果进行检验,stab 相对于 ctrl 并没有提高。这一方面可能是因为该时段距起报时间较长,提取可预报分量过程中预报误差增长受模式误差影响较大,提取的可预报分量不能较准确地反映初始误差的增长情况;另一方面,对于 10~30 天延伸期时间尺度,初值和边值都有非常重要的作用,特别是随着预报时间的增长,初值信息逐渐耗散,外强迫的作用逐渐增强,因此仅根据初值的相似性进行相似误差订正对较长时段可能会产生比较大的偏差。

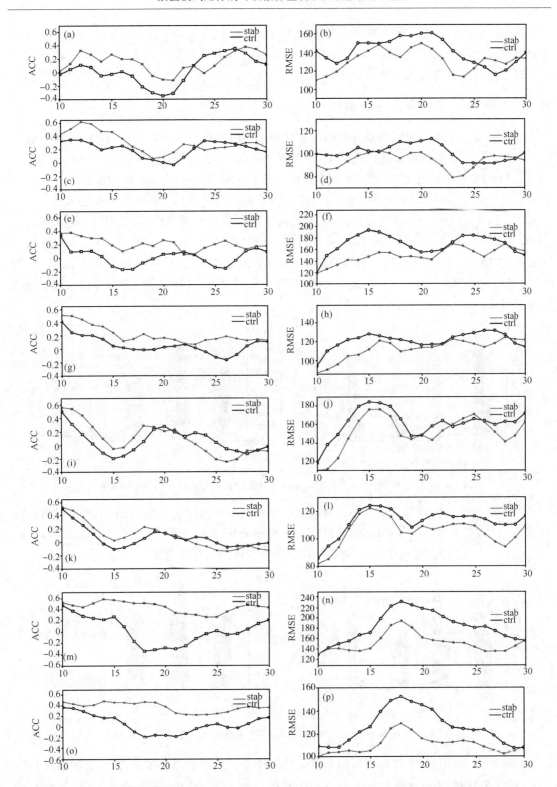

图 4　2007—2010 年北半球热带外地区和全球 500 hPa 高度场逐日预报与实况 ACC、RMSE

(a)～(d)2007 年;(e)～(h)2008 年;(i)～(l)2009 年;(m)～(p)2010 年. (a),(b),(e),(f),(i),(j),(m),(n)
北半球热带外地区;(c),(d),(g),(h),(k),(l),(o),(p)全球

从 RMSE 来看,各年份 RMSE 减小的时段和 ACC 提高时段基本吻合,并且 stab 和 ctrl 逐日 RMSE 的演化规律比较类似,这一结果表明 stab 具有比较好的预报效果,可以在一定程度上提高延伸期大气环流预报技巧。

4.2　延伸期平均位势高度场预报

为了更为全面地了解可预报分量模式在延伸期不同时段的效果,以及比较 stab 在全球不同区域相对于 ctrl 的预报技巧改进情况,本节将 10~30 天延伸期按照 10~20 天、21~30 天、10~30 天三个时段进行划分,研究不同时段内 ctrl 和 stab 对环流平均场的预报效果。每一个时段分别比较了全球、北半球热带外地区、南半球热带外地区和热带地区的预报结果。

图 5 给出了 10~20 天时段内的 500 hPa 高度场预报与实况 ACC 及 RMSE,从全球范围来看,stab 比 ctrl 的预报与实况 ACC 有了较明显的提高,从 0.13 提高到 0.41;北半球热带外地区预报与实况 ACC 从 −0.05 提高到 0.30;南半球热带外地区 stab 预报与实况 ACC 为 0.05,仅比 ctrl 提高了 0.04;热带地区预报与实况 ACC 从 0.02 提高到 0.31。同时,对于不同区域 RMSE,stab 比 ctrl 都有一定的减小。

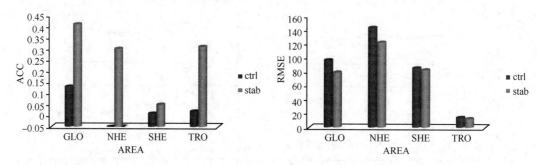

图 5　4 个个例 10~20 天平均 500 hPa 高度场预报与实况 ACC 及 RMSE

21~30 天时段内预报与实况的比较如图 6 所示。对于该时段,stab 比 ctrl 的预报与实况 ACC 在全球、北半球热带外地区、热带地区都有所较明显提高。但是对于南半球热带外地区,stab 比 ctrl 预报效果略差,这在 RMSE 的比较中也呈现出同样的规律。

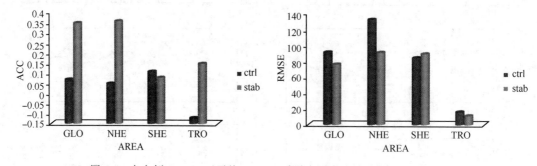

图 6　4 个个例 21~30 天平均 500 hPa 高度场预报与实况 ACC 及 RMSE

10~30 天 500 hPa 平均环流场的预报效果比较如图 7 所示。总体而言,stab 的预报与实况 ACC 在全球范围较 ctrl 有所提高,从 0.06 提高到 0.32。对于三个分区域而言,stab 的 ACC 比 ctrl 也都有一定提高,其中北半球热带外地区和热带地区提高较明显,而南半球热带外地区的预报技巧改善较小。从图 5~图 7 可以看出,stab 对预报技巧的改进存在一定的区域差异,对于北半球热带外地区和热带地区的预报技巧提高相对较好,而对于南半球热带外地区的预报技巧提高有限。文中数值试验时段是北半球冬季,相对而言北半球冬季大气环流形势较为稳定,可预报性较好,在进行可预报分量基底求取时更有利于保留相对较多的该区域的可预报信息。并且大气环流在冬季具有更为稳定的形式,可以提供相对较多的相似信息,因此在进行相似误差订正时北半球回报效果也会得到相对较好的改善。

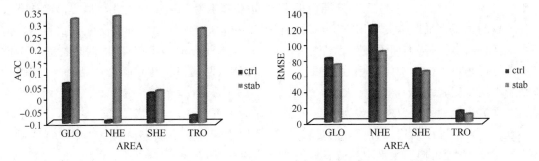

图 7　4 个个例 10～30 天平均 500 hPa 高度场预报与实况 ACC 及 RMSE

为了更为细致比较模式不同尺度变量在 stab 中的作用,图 8 给出了 4 例平均的全球不同尺度波的预报效果。总体而言,0 波及 1～3 波在 ctrl 和 stab 中预报效果普遍较好,stab 预报和实况 ACC 相较于 ctrl 提高比较明显,其中 0 波和 1～3 波 ACC 分别提高了 0.11 和 0.49。这说明对可预报分量进行提取及其相似误差订正过程中,比较准确地抓住了环流场的特征,数值模式的可预报分量在一定程度上和实际大气的大尺度缓变分量相符合。在对全球不同尺度波预报效果的比较中可以发现,1～3 波 stab 的预报效果,经过积分过程中的相似误差订正后,无论是从 ACC 还是从 RMSE 上来比较,都比 4～9 波的要好,这说明经过相似误差订正的可预报分量模式,可以在一定程度上弥补数值模式自身的缺陷,订正模式描述实际大气不准确所导致的系统性偏差。这与提取可预报分量的方法相互配合,分别针对数值预报模式的初始误差和模式误差进行改进,因此可以获得更高的预报技巧。

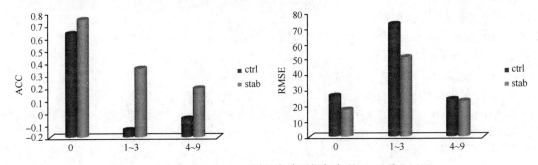

图 8　4 个个例 10～30 天不同尺度波预报与实况 ACC 及 RMSE

5　小结

本文基于新的理念和新的方法进行延伸期预报的探索。在已有的国家气候中心月动力延伸预报模式的基础上,根据提取可预报分量的原理,借鉴了 CNOP 相关算法,从数值模式预报变量误差增长的角度出发,发展了在实际大气模式中提取可预报分量的实用方法。通过免伴随快速算法在数值模式预报过程中提取可预报性较高的可预报分量,在现有数值预报模式基础上建立了10~30天延伸期可预报分量模式,避免小尺度分量预报误差的快速增长对预报效果的影响。文中对10~30天延伸期可预报分量模式借鉴动力—统计相结合的原理,发展了针对可预报分量模式的相似误差订正技术,降低了相似判断过程中变量的维数,在一定程度上弥补了模式误差对预报结果的影响;对混沌分量利用历史资料的统计信息进行估算,进一步完善了基于可预报分量的10~30天延伸期预报模式,数值试验结果表明该模式可以提高延伸期大气环流场的预报水平。本文所用方法在进行相似误差订正的过程中,目前仅考虑到利用初值的相似性,但是对于延伸期预报而言,也需要考虑海温等外强迫的相似性,同时可能还要考虑某些关键可预报源(如MJO)的相似性等,这对改善延伸期预报技巧将会有所帮助,这在今后工作中将逐步完善。

本文方法以现行的业务模式为出发点,将其作为子程序调用,无需作任何修改,技术上不难实现。开发的程序模块具有良好的可移植性,适用于任何数值预报模式。文中取得的研究成果在10~30天延伸期预报中具有良好的业务应用前景。

致谢:衷心感谢审稿专家提出的宝贵修改建议。

参考文献

鲍名,倪允琪,丑纪范.2004.相似—动力模式的月平均环流预报试验.科学通报,49(11):1112-1115

曹鸿兴.1993.大气运动的自忆性方程.中国科学(B辑),23(1):104-112

丑纪范,郑志海,孙树鹏.2010.10~30天延伸期数值天气预报的策略思考—直面混沌.气象科学,30(5):569-573

丑纪范.1974.天气数值预报中使用过去资料的问题.中国科学(A辑),6(11):635-644

丑纪范.1979.长期数值天气预报的若干问题.中长期水文气象预报文集,北京:水利电力出版社,216-221

丑纪范.1986.为什么要动力—统计相结合—兼论如何结合.高原气象,5(4):367-372

丑纪范.2002.大气科学中的非线性与复杂性.北京:气象出版社

龚建东,李维京,丑纪范.1999.集合预报最优初值形成的四维变分同化方法.科学通报,44(10):1113-1116

顾震潮.1958.天气数值预报中过去资料的使用问题.气象学报,29(3):176-184

黄建平,丑纪范.1989.海气耦合系统相似韵律现象的研究.中国科学(B辑),(9):1001-1008

黄建平,王绍武.1991.相似—动力模式的季节预报试验.中国科学(B)辑,(2):216-224

李红祺,郭维栋,孙国栋,等.2011.条件非线性最优扰动方法在陆面过程模式参数优化中的扩展应用初探.物理学报,60(1):019201

李志锦,纪立人.1996.实际预报可预报性的时空依赖性分析.大气科学,20(3):290-297

穆穆,段晚锁.2005.条件非线性最优扰动及其在天气和气候可预报性研究中的应用.科学通报,50(24):2695-2701

穆穆,王洪利,周菲凡.2007.条件非线性最优扰动方法在适应性观测研究中的初步应用.大气科学,31(6):1102-1112

邱崇践,丑纪范.1987.改进数值天气预报的一个新途径.中国科学(B)辑,(8):903-910

任宏利,丑纪范.2005.统计—动力相结合的相似误差订正法.气象学报,63(6):988-993

任宏利,丑纪范.2007.动力相似预报的策略和方法研究.中国科学,37(8):1101-1109

任宏利,丑纪范.2006.在动力相似预报中引入多个参考态的更新.气象学报,64(3):315-324

王斌,谭晓伟. 2009. 一种求解条件非线性最优扰动的快速算法及其在台风目标观测中的初步检验. 气象学报, 67(2):175-188

王启光,封国林,郑志海,等. 2011. 长江中下游汛期降水优化多因子组合客观定量化预测研究. 大气科学,35 (2):287-297

王启光,封国林,支蓉,等. 2012a. 长江中下游汛期降水数值预报业务模式误差场预报研究. 气象学报,70(4): 789-796

王启光,封国林,郑志海,等. 2012b. 基于 Lorenz 系统提取数值模式可预报分量的初步试验. 大气科学,36(3): 539-550

杨杰,王启光,支蓉,等. 2011. 动态最优多因子组合的华北汛期降水模式误差估计及预报. 物理学报,60 (2):029204

张培群,丑纪范. 1997. 改进月延伸预报的一种方法. 高原气象,16(4):376-388

张永领,吴胜安,丁裕国,等. 2006. SVD 迭代模型在夏季降水预测中的应用. 气象学报,64(1):121-128

郑志海,任宏利,黄建平. 2009. 基于季节气候可预报分量的相似误差订正方法和数值实验. 物理学报,58(10): 7359-7367

郑志海. 2010. 基于可预报分量的 6~15 天数值天气预报业务技术研究. 兰州大学博士学位论文

Boer G J. 1984. A spectral analysis of predictability and error in an operational forecast system. *Mon. Wea. Rev.*, 112:1183-1197

Boer G J. 2003. Predictability as a function of scale. *Atmosphere-Ocean*, 41(3):203-215

Chen B Y. 2011. Observation system experiments for typhoon Nida (2004) using the CNOP method and DOTSTAR data. *Atmos Oceanic Sci Lett*, 4(2), 118-123

D'Andrea F, Vautard R. 2000. Reducing systematic errors by empirically correcting model errors. Tellus, 52A:21-41

Dool V D H M. 1989. A new look at weather forecasting through analogues. *Mon. Wea. Rev.*, 117: 2230-2247

Duan W S, Liu X, Zhu K Y, *et al*. 2009. Exploring initial errors that cause a significant spring predictability barrier for El Nino events. *J Geophys Res*, 114, C04022, doi: 10.1029/2008JC004925

Duan W S, Xu H, Mu M. 2008. Decisive role of nonlinear temperature advection in El Nino and La Nina amplitude asymmetry. *J Geophys Res*, 113, C01014, doi: 10.1029/2006JC003974

Feng G L, Dong W J, Jia X J. 2004. Application of retrospective time integration scheme to the prediction of torrential rain. *Chin. Phys.*, 13(3):413-422

Feng G L, Dong W J. 2003. Evaluation of the applicability of a retrospective scheme based on comparison with several difference schemes. *Chin. Phys.*, 12:1076-1086

Feng G L,Cao H X,Gao X Q,*et al*. 2001. Prediction of Precipitation during Summer Monsoon with Self-memorial Model. *Adv. Atmos. Sci.* 18(5), 701-709

Lorenz E N. 1963. Deterministic Nonperiodic Flow. *J. Atmos. Sci.*, 20:130-141

Lorenz E N. 1969. Atmospheric predictability as revealed by naturally occurring analogues. *J. Atmos. Sci.*, 26:636-646

Mu M, Duan W S, Wang B. 2003. Conditional nonlinear optimal perturbation and its applications. *Nonlin. Processes Geophys.*, 10:493-501

Mu M, Duan W S, Xu H, *et al*. 2006. Applications of conditional nonlinear optimal perturbation in predictability study and sensitivity analysis of weather and climate. *Advan. Atmos. Sci.*, 23(6):992-1002

Mu M, Jiang Z N. 2008. A new method to generate the initial perturbations in ensemble forecast: Conditional nonlinear optimal perturbations. *Chinese Science Bulletin*, 53, 2062-2068

Mu M,Sun L,Dijkstra H A. 2004. Sensitivity and stability of thermolhaline circulation of ocean to finite ampli-
　　tude perturbations. *J Physical Oceanography*, 34:2305-2315

Qin X H. 2010. The sensitive regions identified by the CNOPs of three typhoon events. *Atmos Oceanic Sci
　　Lett*, 3(3), 170-175

Saha S, Van Den Dool H M. 1988. A measure of the practical limit of predictability. *Mon. Wea. Rev.*, 116:
　　2522-2526

Yu Y, Mu M, Duan W S. 2012. Does model parameter error cause a significant "spring predictability barrier"
　　for El Niño events in the Zebiak-Cane model?. *J Climate*, 25, 1263-1277

Extracting Predictable Components and Forecasting Techniques in Extended-range Numerical Weather Prediction

Wang Qiguang[1][2]　　Chou Jifan[1][2]　Feng Guolin[3]

(① College of Atmospheric Sciences, Lanzhou University; ② China Meteorological Administration
Training Center, CMA;③ National Climate Center, China Meteorological Administration)

Abstract: This paper refers to the CNOP-related algorithms and formulates the practical method and forecast techniques of extracting predictable components in a numerical model for predictable components on extended-range scales. Model variables are divided into predictable components and unpredictable chaotic components from the angle of model prediction error growth. The predictable components are defined as those with a slow error growth at a given range. A targeted numerical model for predictable components is established based on the operational dynamical extended-range forecast (DERF) model of the National Climate Center. At the same time, useful information in historical data are combined to find the fields for predictable components in the numerical model that are similar to those for the predictable components in historical data, reducing the variable dimensions in a similar judgment process and further correcting prediction errors of predictable components. Historical data is used to obtain the expected value and variance of the chaotic components through the ensemble forecast method. The numerical experiment results show that this method can effectively improve the forecast skill of the atmospheric circulation field in the $10 \sim 30$ days extended-range numerical model and has good prospects for operational applications.

Key words: Extended-range forecast, Predictable components, Chaotic components, Analogue correction of errors, Fast non-adjoint algorithm

一个创新研究

——大气数值模式变量的物理分解及其在极端事件预报中的应用

丑纪范

（中国气象局气象干部培训学院）

摘　要：大气温度、湿度、位势高度和风等数值模式变量可以物理分解为纬圈-时间平均的对称部分和时间平均的非对称部分，以及行星尺度瞬变扰动和天气尺度瞬变扰动等四个部分。区域持续性干旱、暴雨、热浪、低温和雨雪冰冻等极端天气事件与前期及同期数值模式中的行星尺度和天气尺度大气扰动系统之间呈现出密切的关系。瞬变扰动天气图可成为预报极端天气事件的新工具。本文在归纳本期 9 篇原创性文章的基础上，探讨大气变量物理分解后需要进一步研究的理论问题和应用前景。

关键词：物理分解，数值模式，极端天气事件，天气尺度扰动，创新研究

1 引　言

极端天气和异常气候事件，比如洪涝、干旱、高温热浪和低温冻雨等，对社会经济和人们的生产、生活有着特别重大的影响。领导和公众格外希望获得对它们的准确预报。随着经济发展和人们活动范围的扩大，短期预报已不能满足社会需求，迫切需要中期—延伸期的极端天气预报。然而，暂且不论"极端"的确切定义，对这些小概率事件，统计预报方法难以奏效。中期数值天气预报模式给这些预报带来了希望，但模式变量的温、压、风与极端天气和异常气候事件之间又缺乏明确的联系。对此，有长期实践经验的个别专家有可能会悟出一些门道[1]，但这终究不是办法。面临的科学问题是，如何客观地建立它们之间的联系，从而可用中期天气预报模式提供的 9～10 天预报产品作出某种极端气象事件的预报，建立模式变量与天气状况的关系，用气象术语表达是模式输出产品的统计释用，称为 MOS。然而对暴雨等极端事件，样本不多，统计方法并非良策。在中小尺度的暴雨短期预报中，Gao 等[2]开创性地采用湿位温、湿涡度等可称为模式预报产品的动力释用，得到了广泛的应用，取得了很好的效果。现在钱维宏等在这一期《地球物理学报》中的文章所建立的关系可称为模式预报产品对极端气象事件的天气学释用。如果人们希望把预报时效提前到 10 天以上，仅仅凭模式变量与极端事件的同期关系已经不够了，需要找出前期的关系，这是面临的又一个科学问题。北京大学大气科学系的钱维宏研究组对这两个问题进行了系统的、创造性的研究，取得了丰富的成果。首先，该研究组基于中国台站气象观测资料和他们为区域持续性暴雨、热浪、低温、干旱等四类极端天气事件的

本文发表于《地球物理学报》，2012 年第 55 卷第 5 期，1433-1438。

明确定义,确定了我国近 60 年来发生的上千次暴雨事件和上百次热浪、低温和干旱事件,出版了《气候变化与中国极端气候事件图集》[3]。以此为基础,该研究组致力于在观测的大气变量和数值模式变量中,突出其中的异常值,即提炼出对区域极端天气事件预报有用的信息。办法是将规则的外强迫形成的气候变化部分从观测变量和模式变量中分离。据此,他们用观测大气变量和数值模式变量制作了扰动天气图。扰动天气图上的扰动系统与极端天气事件之间有密切的联系。该研究组从已有的某种极端天气事件的全部样本出发,寻找同期或前期瞬变扰动天气图上的共同特征,是为倒向问题。依据寻找出的共同特征作为历史的回报和预报,是为正向问题。这一期《地球物理学报》中的 9 篇文章反映了他们在这方面创新研究的部分成果。本文在归纳钱维宏研究组已有研究的基础上,对大气数值模式变量物理分解的理论意义和潜在的可能应用做进一步的探讨。

2　揭开面纱的分解法

大气中充满了各种时空尺度的变化。在引导天气预报革命性的大气动力学理论中,意义最重大的是尺度分离。从原始的 Navier-Stokes(N-S)方程出发,比较方程中惯性力与地转偏向力的大小,从而得到了 Rossby 数。当 Rossby 数小于 1(运动尺度大于百公里量级)的时候,简化并得到了可指导逐日天气预报的 Rossby 波方程,从而滤去了与逐日天气变化无关的那些波动,更重要的是把逐日短期天气预报提升到了理论的高度,即天气动力学。这套流体力学的尺度分离思想与方法,后来也为数值天气预报的成功作出了贡献[4]。

天气动力学对逐日天气预报的突出贡献就是 Rossby 波,也就是预报员每天做天气预报时在天气图上跟踪的“槽来脊去”波动。我们曾经考虑,Rossby 波仅仅是全球大气三维空间中波动的水平分支,另外两支分别是经向垂直剖面内的 Hadley 环流和纬向垂直剖面内的 Walker 环流[5]。理论上,用这三支环流就可以描写全球大气的主要运动形态了。

上述的例子只是说明,要做好天气预报和气候预测,从混沌的大气变量中得到简化了的有用信息,是多么的重要。在钱维宏的《图集》[3]中,他提出了气候钟的概念,认为观测和模式输出的大气变量中包含着日循环、年循环、十年际和年代际等多时空尺度的已知外强迫下的变化[6]。这些因果关系比较清楚的规则变化就是气候钟,它们是需要认识的,相对这些规则变化的偏差及其出现的极端天气事件和异常气候事件才是需要预报的[7]。他对天气与气候的关系描述是,认识气候及其变化是天气预报的基础。

我们确信,极端天气和异常气候事件与大气的异常运动有关,而大气运动总是有外强迫或激发源的。大气作为相对稀薄的耗散流体,异常运动会滞后激发源,并且异常波动能够传播。大气的这些特性表明,极端天气和异常气候的预报可以找到前期信号。姑且不考虑十年际和年代际以上时间尺度的气候钟或异常强迫,而只关注年(季节)循环的气候钟及其大气的异常变化。钱维宏研究组的一套创新体系的基础就表现在,对大气变量所作的四部分分离,即纬圈-时间平均的对称部分和时间平均的非对称部分,以及行星尺度瞬变扰动和天气尺度瞬变扰动[8]。前两部分是太阳季节辐射和海陆调节的气候钟,第三部分是赤道海洋与极地热力强迫的行星尺度扰动,第四部分是局地强迫或大气内部运动引起的天气尺度扰动。他们得到,对观测的大气不同连续变量,从 1 到 30 天,四部分的相对贡献率是随平均时间变化的。

与球谐函数形式的数学分解有所不同,他们把这四部分的变化与太阳辐射、海陆分布和年际及季节内的强迫联系起来,称为物理分解[8]。在分解的第一个层面上,他们看到了南北半球大气变量以及全球季风降水随季节的变化,并滞后太阳辐射的变化一个月[9]。在分解的第二个层面上,他们认识到了全球对流层低层大气中存在 19 个大气活动中心,在 22 个气候槽中有3 个行星尺度的季风槽和 6 个半岛尺度的季风槽[9]。在分解的第三个层面上,他们看到了在对流层顶,有来自赤道与 El Niño 年际海温增暖有关的行星尺度大气扰动向赤道外的传播,有来自赤道向副热带和中纬度传播的季节内行星尺度扰动,和有来自极地向高纬度传播的季节内行星尺度扰动。南极涛动和北极涛动正是这些行星尺度扰动与稳定的天气尺度扰动在极锋对流层顶叠加的表现[10]。经向行星尺度传播的大气扰动与那些大范围持续性的异常气候事件有联系,如 2009 年秋季至 2010 年春季的我国西南干旱事件[11]和 2011 年初夏江南地区的"旱涝急转"事件[12]。

　　极端天气事件和异常气候事件往往与分解的天气尺度大气扰动有关。在传统的天气图上,江淮气旋的冷、暖锋面是随高度向冷区倾斜的,暴雨带多位于低空急流的左侧。但在分解后的扰动天气图上,江淮气旋冷、暖锋在 700 hPa 以下几乎是垂直的[12],暴雨带位于低层大气扰动气流对峙的辐合线上[13]。每年夏季,我国东部都会出现高温热浪事件。钱维宏研究组的分解分析认识到,江南部分地区在 7 月底出现 35℃ 的高温是正常的气候,而不出现高温才是异常的事件[14]。如果没有足够的经验,在传统的对流层天气图上,从大气变量中很难看到明显的热浪事件异常信号。但在扰动天气图上,显著的 250 hPa 高度扰动和 400 hPa 温度扰动的下方就是地面热浪区,并且这些大气扰动是在几天前,对有些强热浪事件甚至是在十多天前从远方移动而来的,大多数是从欧亚中高纬度移动来的[15]。利用大气变量天气尺度扰动的分析,他们发现 2008 年初发生在我国南方的雨雪冰冻极端天气的前期冷信号,来自北非—中亚,并绕过青藏高原北侧,最后才到达我国南方地区[16]。利用得到的这一认识,他们提前预报了2011 年初的南方地区雨雪冰冻天气过程[17]。

　　利用大气变量物理分解的扰动,不但可以绘制水平的扰动天气图,还可以绘制垂直剖面上的扰动天气图。如在垂直剖面的热带地区扰动天气图上,早年 Madden 和 Julian[18]提出的热带大气向东传播的 40～50 天振荡就更清楚了[12]。有些天气尺度扰动当它们的尺度比较大时会在一些地区稳定很长的天数。对天气尺度扰动变量先做月平均,再做旋转经验正交函数展开,钱维宏研究组不但得到了早年 Wallace 和 Gutzler[19]用北半球冬季 500 hPa 位势高度计算点相关发现的 5 种遥相关型,还新发现了北极地区的"两对偶极涛动"、"欧亚涛动(EAO)"和"大西洋-欧亚型"(AEA)波列[20]。这些涛动连接了相邻地区的异常天气和异常气候。

　　对物理分解后的四个部分,钱维宏研究组把第二部分气候钟描述的季节变化与扰动结合起来,他们又很好地揭示了华南沿海台风在初秋增强的季节锁相[21]。北京大学这个研究组用这套物理分解的方法把前人多年分散研究得到的这么多时空尺度的大气环流系统在一个统一的框架下联系起来了,同时在此框架下还发现了前人没有发现和命名的环流系统,包括遥相关系统。这让我们回想起,门捷列夫化学元素周期表的摸索制作过程,及其对后来化学发展的深远影响。

3　理论问题研究的意义

　　经过化学领域研究人员的长期努力,今天化学元素的排列关系清楚了,人们利用这些组成关系合成和制造了很多新型材料。人们认识了化学,并利用了化学为人类服务。大气运动中的多时空尺度变化关系也需要先认识,最后预报它们的变化,可为人类利用天气气候资源和避免气象灾害服务。北京大学钱维宏研究组虽然做了努力,但大气运动的复杂性及其与外强迫的关系动力学问题和大量的扰动环流理论问题还没有完全解决,需要更多研究人员的长期不懈奋斗。

既然大气变量四个部分分解是有物理意义的,那么我们希望了解太阳辐射季节强迫引起的大气环流纬圈对称结构的具体演变图像。强迫与大气响应的过程,包括全球季风对强迫响应的滞后时间关系,南海夏季风暴发在南、北半球季节转换突变中的表现,经向-垂直剖面上 Hadley 环流的演变等。我们希望认识,对流层低层的 19 个大气活动中心在垂直方向上是怎么变化的?这些大气活动中心的强度和位置季节变化和年际变化会带来哪些地区的异常气候?需要定义和构造怎样的一些大气环流异常指数(指标)?哪些季风(或环流)指数之间是有内在联系(或是独立)的?全球 22 个气候槽在季节变化上随高度是怎样变化的?它们有怎样的年际和年代际变化,如何表达?它们与区域和全球季风强弱变化有什么联系?这些时间平均的海陆尺度非对称系统季节演变的动力学是否还满足传统大气动力学的那些平衡关系?纬向-垂直剖面上 Hadley 环流的演变怎样?

大气是一部多时空尺度的热机。只要有冷热源的变化,这些热机就会被启动起来。如果把冷热源也分解成气候钟式的冷热源和异常的冷热源,那么我们只需关注异常的那些冷热源。赤道太平洋上的年际 El Nino 事件、热带海洋上的季节内热力变化和地球上的冰雪面积季节内变化都会形成行星尺度的冷热源异常。它们在大气变量中的反映可集中在物理分解的行星尺度纬圈平均的瞬变扰动中。在这些行星尺度强迫源的作用下,经向剖面上的半球三圈环流会发生怎样的变化,特别是不同时间尺度强迫源变化与大气行星尺度波动的关系,以及不同行星尺度大气波动在传播中的相互作用,这些问题都需要研究。

更为复杂的问题是天气尺度的大气扰动。它们的激发源是来自外强迫,还是大气内部的运动不稳定?钱维宏等用大量的区域暴雨、热浪、低温、冰冻等例子,分析了天气尺度扰动信号来源的地理位置和垂直结构。但不同扰动变量之间,为什么有这样的配置,并且牵涉到对流层顶,甚至平流层的扰动?很多的动力学问题,特别是扰动系统的发展问题并没有回答。

可以预见,天气尺度扰动变量描述的大气动力学可能会与不分解的传统大气动力学有所不同。传统天气动力学中的表现形式是 Rossby 波,是否在扰动天气动力学中的表现形式成了一些扰动涡旋的"粒子"了呢?正像光的波粒二相性那样,即光传播的波动性和粒子性。不管光是按照什么理论传播的,人们总是把光利用起来了,照相机、望远镜、显微镜、汽车后视镜,无一不是。

4 天气扰动应用的前景

在规则强迫的气候钟下,钱维宏研究组提出了大气变量可物理分解得到扰动分量。他们通过大量例子,建立了天气尺度扰动分量与极端天气和异常气候事件之间的联系,这是天气扰动的应用。在天气预报中,当家的预报工具是天气图。根据大气变量四个部分物理分解的关系,自从第一张天气图问世以来的二百多年中,预报员使用的天气图上的信息包含了对指示极端天气和异常气候事件无关的气候分量部分和有关的扰动部分。钱维宏研究组把这部分对极端天气和异常气候事件有指示意义的扰动部分单独提取出来,绘制的变量空间分布称为扰动天气图。长期以来,人们得到的经验是,每个时次的 700 hPa 以下 2—3 个气压层上的常规天气图上的天气系统可用于预报当日区域暴雨等极端天气发生的具体位置,500 hPa 形势图用于短期 2~3 天的天气过程预报,而对对流层上部和平流层的天气图很少在业务中使用。钱维宏等的扰动天气图恰反映出,对流层至平流层的各层变量的扰动都会对区域极端气象事件有指示和预报意义。预报员需要通过大量的例子分析,建立极端天气和异常气候事件与相关扰动量之间的联系。

各级政府和公众对气象预报的要求越来越高。尽管我们现在除了有分布全球的常规探空气象观测网外,覆盖全球的气象卫星观测资料和产品也越来越多。随着全球城市化的发展和高速交通线路的运营,城市局地和交通沿线短时(2~6 h,或 2~12 h)的详细天气预报,特别是高影响天气预报,成为人们的迫切需求。为了预报短时高影响天气,时空加密探测要先行。现在的上海地区,除了常规的气象雷达和 10 km 分辨率的自动气象站观测外,还分布有 11 部风廓线雷达。风廓线雷达提供了地面至 3000 m 高度上高分辨率风的瞬时观测。这些气象仪器探测到的资料可以在每 5 min 内通过计算机自动收集和处理显示在预报员的面前。按照钱维宏的理论探讨[6],显示在预报员面前的这些要素中包含了逐时和逐日变化的气候钟式的分量。这些与局地高影响天气关系不大的大气分量要去除。留下的与高影响天气有关的扰动分量还需要进行分析和加工,最后的信息会大大地减少漏报和空报。

在天气预报走向客观定量化的道路上,数值天气预报模式无可替代。在时空尺度上,现代数值预报向两极发展,"一是向行星环流的中长期演变和气候预测发展,另一是向中小尺度的灾害性天气的'甚短期预报'发展"[22]。建立什么样的模式? 提供模式什么样的启动预报的资料? 又如何从海量资料中,依据什么物理规则提炼出有用信息? 这些又是业务应用中的一系列问题。

问题多并不可怕。过去我们搞气象的人,怕的是没有资料。现在有那么多的资料,怕的应该是没有物理思路和方法。如果我们能够找到一条合理的物理思路和解决问题的方法,各种时空尺度的预报前景应该看好。

5 结 语

现实的对极端气象事件的预报问题研究途径,包括倒向问题和正向问题的双向探索。首先,作为倒向问题,即从已发生的某种极端气象事件的全部样本出发,做大量的例子分析,寻找其数值模式同期和前期来自观测的大气变量的共有特征。然后作为正向问题,依据近期观测的实况或数值模式的预报,当出现倒向问题得出的指标时,作出某种极端气象事件的预报。作为倒向问题寻找出的指标往往不能概括所有全部样本,总有些例外,埋下了漏报的隐祸。这些指标是必要条件,而非充分条件,由此而产生的正向问题存在着空报的可能。如何减少漏报和空报率是今后努力奋斗的目标。从根本上说,是需要将上述物理气候统计的方法发展为动力学的方法。具体的,要研究瞬变扰动天气图上哪些指标有物理意义,以及哪些扰动可能引发极端气象事件的物理机制。这显然是个困难的问题,因为瞬变扰动天气图上的量,比如风速,并非实际的气流。这需要从动力学上证明,实际气流中被分离出的部分,它们对该现象不起作用,犹如实际风在分解为速度势部分和流函数部分时,辐合辐散(垂直运动)完全由速度势部分所产生的那样。只有倒向问题得出的指标获得动力学的阐明，并为实际预报所证实时，那才是真正的指标。显然，要攻克极端气象事件预报的难题，人们还有很长的路要走。

参考文献

[1] 谢义炳. 今后天气学走向何方？中国气象学会讯，1983，5：8-12.

[2] Gao S T，Wang X，Zhou Y. Generation of generalized moist potential vorticity in a frictionless and moist adiabatic flow. *Geophysical Research Letters*，2004，31，L12113.

[3] 钱维宏. 气候变化与中国极端气候事件图集，北京：气象出版社，2011.

[4] Channey J G. On the scale of atmospheric motions. *Geophys. Bubl.*，1948，XVII(2)：3-17.

[5] 刘海涛，胡淑娟，徐明，丑纪范. 全球大气环流三维分解. 中国科学 D 辑，2007，12：1679-1692.

[6] 钱维宏. 如何提高天气预报和气候预测的技巧？地球物理学报，2012，55(5)：1532-1540，doi：10.6038/j.issn.0001-5733.2012.05.010.

[7] 钱维宏. 认识气候变化与极端气候预报. 科学，2008，60(5)：12-15.

[8] 钱维宏. 天气尺度瞬变扰动的物理分解原理. 地球物理学报，2012，55(5)：1439-1448，doi：10.6038/j.issn.0001-5733.2012.05.002.

[9] Qian W H，Tang S Q. Identifying global monsoon troughs and global atmospheric centers of action on a pentad scale. *Atmospheric and Oceanic Science Letters.*，2010，3(1)：1-6.

[10] Qian W H，Liang H Y. Propagation of planetary-scale zonalmean anomaly winds and polar oscillations. *Chinese Sci. Bull.*，2012，doi：10.1007/s11434-012-5168-1

[11] 钱维宏，张宗婕. 西南区域持续性干旱事件的行星尺度和天气尺度扰动信号. 地球物理学报，2012，55(5)：1462-1474，doi：10.6038/j.issn.0001-5733.2012.05.004.

[12] 钱维宏. 中期-延伸期天气预报原理. 北京：科学出版社，2012.

[13] 钱维宏，单晓龙，朱亚芬. 天气尺度扰动流场对区域暴雨的指示能力. 地球物理学报，2012，55(5)：1513-1522，doi：10.6038/j.issn.0001-5733.2012.05.008.

[14] 丁婷，钱维宏. 中国热浪前期信号及其模式预报. 地球物理学报，2012，55(5)：1472-1486，doi：10.6038/j.issn.0001-5733.2012.05.005.

[15] 钱维宏，丁婷. 中国热浪事件的大气扰动结构及其稳定性分析. 地球物理学报，2012，55(5)：1487-1500，doi：10.6038/j.issn.0001-5733.2012.05.006.

[16] 钱维宏，张宗婕. 南方持续低温冻雨事件预测的前期信号. 地球物理学报，2012，55(5)：1501-1512，doi：10.6038/j.issn.0001-5733.2012.05.007.

[17] 钱维宏. 基于大气变量物理分解的低温雨雪冰冻天气的中期预报系统和方法：中国，CN10222174A. 2011-10-19.

[18] Madden R A，Julian P R. Detection of a 40～50 day oscillation in the zonal wind in the tropical Pacific. *J. Atmos. Sci.*，1971，28：702-708.

[19] Wallace J M，Gutzler D S. Teleconnections in the geopotential height field during the Northern Hemisphere winter. *Mon. Wea. Rev.*，1981，109：784-812.

[20] 钱维宏，梁浩原. 北半球大气遥相关型与区域尺度大气扰动. 地球物理学报，2012，55(5)：1449-1461，doi：10.6038/j.issn.0001-5733.2012.05.003.

[21] 陆波，钱维宏. 华南近海台风突然增强的初秋季节锁相. 地球物理学报，2012，55(5)：1523-1531，doi：10.6038/j.issn.0001-5733.2012.05.009.

[22] 丑纪范. 天气预报、气候预测与防灾减灾.《院士展望二十一世纪》.上海：上海科学技术出版社，2000：128-135.

An innovation study on the physical decomposition of numerical model atmospheric variables and their application in weather extreme events

CHOU Ji-Fan

(CMA Training Center, China Meteorological Administration, Beijing 100081, China)

Abstract: Numerical weather model variables such as temperature, humidity, pressure (geopotential height) and winds can be decomposed as four components, including the zonal time-average climate symmetric part, the time-average climate asymmetric part, the planetary-scale zonal-average transient symmetric anomaly, and the regional-scale transient asymmetric anomaly. Regional persistent extreme weather events such as drought, flood, heat wave, low temperature and freezing rain have closely relations with the present and previous planetary-scale and regional-scale atmospheric anomalies based on the numerical model output. The anomaly weather map may be a new tool to predict the extreme weather events. After a summery of innovation results from 9 papers published in this volume, some theoretical problems and applying foregrounds of variable physical decomposition are discussed in this paper.

Key words: Physical decomposition, Numerical model, Extreme weather event, Regional-scale anomaly, Weather prediction

丑纪范文选
CHOUJIFAN WENXUAN

第四部分

定常强迫下气候动力学的全局分析
和可预报性理论

初始场作用的衰减与算子的特性

丑纪范

（兰州大学）

摘　要：本文根据描述大气运动的原始方程的算子的性质论证了初始场影响的衰减。对研究某些实际问题来说原始方程必须简化，作者建议，在进行这样那样的简化或离散化时应注意保持算子的性质不变。

一、引　言

　　大气的大尺度运动，摩擦力与科氏加速度和压力梯度相比，几乎处处很弱，它很少在最低阶上破坏地转平衡，因此，许多大气动力学的工作，略去摩擦力的作用，同时引用绝热近似。在讨论以一天为时间单位的运动特征时，这大体上是可以的。但是，摩擦力及其所隐含的机械能耗散，是不可忽略的。据估计，如果外界不供给能量，全球大气的能量，只能维持它运转一星期左右。由此可见，为时一星期以上的长期天气过程的特征将取决于能量耗散和补充的特征。或者用 I. Prigogine[1] 的术语说，大气环流是一个耗散结构。所谓耗散结构是一个开放体系，新陈代谢不断在进行，其时空有序是靠不停的与外界交换能量来维持的。如果与外界的能量交换停止，体系变成了一个封闭的死的结构，其特征便完全两样了。

　　由此看来，用略去摩擦和采用绝热近似的方程组来讨论长期过程可能是不适当的。

　　有外源和耗散的大气运动的重要特征是初始场作用的衰减。在本文中，我们首先指出方程算子所具有的性质，并由此推出初始场作用衰减。建议在对方程组进行这样那样的简化以及为了进行数值计算而离散化时，应注意使算子的这种性质不要遭到破坏。

二、算子的性质

　　大气的行星尺度的运动，在球坐标系中满足如下方程：

$$\frac{\partial v_\lambda}{\partial t} + \Lambda v_\lambda + \left(2\Omega\cos\theta + \frac{\mathrm{ctg}\theta}{a}v_\lambda\right)v_\theta + \frac{1}{a\sin\theta}\frac{\partial \phi}{\partial \lambda} = F_\lambda \tag{1}$$

$$\frac{\partial v_\theta}{\partial t} + \Lambda v_\theta - \left(2\Omega\cos\theta + \frac{\mathrm{ctg}\theta}{a}v_\lambda\right)v_\lambda + \frac{1}{a}\frac{\partial \phi}{\partial \theta} = F_\theta \tag{2}$$

本文发表于《气象学报》，1983 年第 41 卷第 4 期，385—392。

$$\frac{\partial \phi}{\partial p} = -\frac{R}{p} T \tag{3}$$

$$\frac{1}{a\sin\theta}\left(\frac{\partial v_\lambda}{\partial \lambda} + \frac{\partial v_\theta \sin\theta}{\partial \theta}\right) + \frac{\partial \omega}{\partial p} = 0 \tag{4}$$

$$\frac{R^2}{C^2}\frac{\partial T}{\partial t} + \frac{R^2}{C^2}\Lambda T - \frac{R}{p}\omega = \frac{R^2}{C^2}F_T + \frac{R^2}{C^2}\frac{1}{C_p}Q \tag{5}$$

其中

$$\Lambda = \frac{v_\lambda}{a\sin\theta}\frac{\partial}{\partial \lambda} + \frac{v_\theta}{a}\frac{\partial}{\partial \theta} + \omega\frac{\partial}{\partial p}$$

$$C^2 = \frac{R^2 \overline{T}}{g}(\gamma_d - \overline{\gamma})$$

F_λ, F_θ, F_T 可以写成[2]

$$F_\lambda = \frac{1}{a\sin\theta}\frac{\partial}{\partial \lambda}[\mu_1 D_T(\vec{u})] - \frac{1}{a}\frac{\partial}{\partial \theta}[\mu_1 D_s(\vec{u})] + \frac{\partial}{\partial p}\nu_1\left(\frac{gp}{R\overline{T}}\right)^2\frac{\partial v_\lambda}{\partial p}$$

$$F_\theta = \frac{1}{a\sin\theta}\frac{\partial}{\partial \lambda}[\mu_1 D_S(u)] + \frac{1}{a}\frac{\partial}{\partial \theta}[\mu_1 D_T(\vec{u})] + \frac{\partial}{\partial p}\nu_1\left(\frac{gp}{R\overline{T}}\right)^2\frac{\partial v_\theta}{\partial p}$$

$$F_T = \frac{1}{a^2\sin^2\theta}\frac{\partial}{\partial \lambda}\mu_2\frac{\partial T}{\partial \lambda} + \frac{1}{a^2\sin\theta}\frac{\partial}{\partial \theta}\mu_2\sin\theta\frac{\partial T}{\partial \theta} + \frac{\partial}{\partial p}\nu_2\left(\frac{gp}{R\overline{T}}\right)^2\frac{\partial T}{\partial p}$$

$$D_T(\vec{u}) = \frac{1}{a\sin\theta}\left(\frac{\partial v_\lambda}{\partial \lambda} + \frac{\partial v_\theta \sin\theta}{\partial \theta}\right)$$

$$D_s(\vec{u}) = \frac{1}{a\sin\theta}\left(\frac{\partial v_\theta}{\partial \lambda} - \frac{\partial v_\lambda \sin\theta}{\partial \theta}\right)$$

以上 $\overline{T} = \overline{T}(p)$ 为等 p 面上时间平均值，T 为相对于 $\overline{T}$ 的偏差。ϕ 为相对于 $\overline{\phi}$ 的偏差。μ_1, μ_2 与 ν_1, ν_2 分别为大气在水平方向与垂直方向的湍流扩散系数。

我们研究围绕着地球的整个大气圈内的运动，所以大气除在地表面和无穷远上界外，再没有别的边界。为了简单起见，考虑 $0 \leqslant p \leqslant P$，这里 $P = 1000$ hPa。

虽然大气延伸至无穷远，但单位截面的垂直气柱内的能量是有限的[3]，即

$$v_\theta \in L_{\zeta 2}, \qquad v_\lambda \in L_{\zeta 2} \tag{6_1}$$

v_θ, v_λ 在区间 $0 \leqslant \zeta \leqslant 1$ 平方可积。由此可有，

$$\lim_{p \to 0} p^2 v_\theta = \lim_{p \to 0} p^2 v_\lambda = 0 \tag{6_2}$$

此外，尚有

$$\lim_{p \to 0} \omega = \lim_{p \to 0} p^2\frac{\partial T}{\partial p} = 0 \tag{7}$$

当 $p = P$ 时，

$$v_\lambda = v_\theta = \omega = 0 \tag{8}$$

$$\frac{\partial T}{\partial p} = \alpha_S(T_S - T) \tag{9}$$

这里 T_S 为地表面（海面和陆面）上的温度。α_S 是与湍流导热率有关的参数。依赖地表面的特性。

初始条件：当 $t = t_0$ 时

$$v_\lambda = v_\lambda^{(0)}(\theta, \lambda, p), v_\theta = v_\theta^{(0)}(\theta, \lambda, p), T = T^0(\theta, \lambda, p) \tag{10}$$

认定方程(1)—(5)在条件(6)—(10)下有存在唯一解。这里将 Q 视为已知函数。

引进向量函数可将方程组(1)—(5)写成算子形式。

令 $\varphi = (v_\lambda, v_\theta, \omega, \phi, T)^T$（这里 T 表转置）。$\mathscr{E} = \left(0, 0, 0, 0, \dfrac{R^2}{C^2}\dfrac{1}{C_p}Q\right)^T$，

$$
B = \left\|
\begin{array}{ccccc}
1 & 0 & 0 & 0 & 0 \\
0 & 1 & 0 & 0 & 0 \\
0 & 0 & 0 & 0 & 0 \\
0 & 0 & 0 & 0 & 0 \\
0 & 0 & 0 & 0 & \dfrac{R^2}{C^2}
\end{array}
\right\|
$$

$$
N = \left\|
\begin{array}{ccccc}
\Lambda & 2\Omega\cos\theta + \dfrac{\mathrm{ctg}\theta}{a}v_\lambda & 0 & \dfrac{1}{a\sin\theta}\dfrac{\partial}{\partial\lambda} & 0 \\[2ex]
-\left(2\Omega\cos\theta + \dfrac{\mathrm{ctg}\theta}{a}v_\lambda\right) & \Lambda & 0 & \dfrac{1}{a}\dfrac{\partial}{\partial\theta} & 0 \\[2ex]
0 & 0 & 0 & \dfrac{\partial}{\partial p} & \dfrac{R}{p} \\[2ex]
\dfrac{1}{a\sin\theta}\dfrac{\partial}{\partial\lambda} & \dfrac{1}{a\sin\theta}\dfrac{\partial}{\partial\theta}\sin\theta & \dfrac{\partial}{\partial p} & 0 & 0 \\[2ex]
0 & 0 & -\dfrac{R}{p} & 0 & \dfrac{R^2}{C^2}\Lambda
\end{array}
\right\|
$$

$$
\mathscr{L} = \left\|
\begin{array}{ccccc}
K & M & 0 & 0 & 0 \\
-M & K & 0 & 0 & 0 \\
0 & 0 & 0 & 0 & 0 \\
0 & 0 & 0 & 0 & 0 \\
0 & 0 & 0 & 0 & Y
\end{array}
\right\|
$$

其中

$$
K = -\frac{1}{a^2\sin^2\theta}\frac{\partial}{\partial\lambda}\mu_1\frac{\partial}{\partial\lambda} - \frac{1}{a^2}\frac{\partial}{\partial\theta}\frac{\mu_1}{\sin\theta}\frac{\partial}{\partial\theta}\sin\theta - \frac{\partial}{\partial p}\nu_1\left(\frac{gp}{R\overline{T}}\right)^2\frac{\partial}{\partial p}
$$

$$
M = -\frac{1}{a^2\sin^2\theta}\frac{\partial}{\partial\lambda}\mu_1\frac{\partial}{\partial\theta}\sin\theta + \frac{1}{a^2}\frac{\partial}{\partial\theta}\frac{\mu_1}{\sin\theta}\frac{\partial}{\partial\lambda}
$$

$$
Y = -\frac{R^2}{C^2}\left\{\frac{1}{a^2\sin^2\theta}\frac{\partial}{\partial\lambda}\mu_2\frac{\partial}{\partial\lambda} + \frac{1}{a^2\sin\theta}\frac{\partial}{\partial\theta}\mu_2\sin\theta\frac{\partial}{\partial\theta} + \frac{\partial}{\partial p}\nu_2\left(\frac{gp}{R\overline{T}}\right)^2\frac{\partial}{\partial p}\right\}
$$

则方程组可写为

$$
B\frac{\partial\varphi}{\partial t} + (N + \mathscr{L})\varphi = \mathscr{E} \tag{11}
$$

$$
B\varphi = B\varphi_0 \qquad \text{当 } t = t_0 \text{ 时} \tag{12}
$$

我们引入相(态)空间。在向量函数 $\varphi = (v_\lambda, v_\theta, \omega, \phi, T)^T$（其中每个分量都定义在 $0 \leqslant \lambda \leqslant 2\pi$, $0 \leqslant \theta \leqslant \pi$, $0 \leqslant p \leqslant P$ 上，并且是满足球面的周期性条件和边界条件(6)—(8)的按勒贝格意义平方可积的函数）的全体所成的集合上，按如下法则定义内积和范数，

$$
(\varphi_1, \varphi_2) = \int_0^p\int_0^\pi\int_0^{2\pi}(v_{1\lambda}v_{2\lambda} + v_{1\theta}v_{2\theta} + \omega_1\omega_2 + \phi_1\phi_2 + T_1T_2)\sin\theta\,\mathrm{d}\lambda\,\mathrm{d}\theta\,\mathrm{d}p
$$

$$\|\varphi\|^2 = (\varphi, \varphi)$$

并完备化，即得一希尔伯特空间 H。方程(11)在条件(12)下的解 $\varphi(t)$ 可看成这空间中经过"点"$B\varphi_0$ 的一条"轨线"。方程(11)可看成是定义在 H 上的有所需各种微商和满足方程(3)、(4)的集合 M 上的算子方程。设 A 为定义在 M 上的算子，A^* 为定义在 M^* 上的算子，如对任意切任 $\varphi \in M, \varphi^* \in M^*$ 有

$$(\varphi^*, A\varphi) = (\varphi, A^*\varphi^*) + \mathscr{R}$$

式中 R 是与垂直边界条件有关的项，则称 A^* 为 A 的伴随算子（在拉格朗日意义下）

根据数量积的定义，利用球面的周期性，经过几次分部积分后可以求得

$$B^* = \left\|\begin{array}{ccccc} 1 & 0 & 0 & 0 & 0 \\ 0 & 1 & 0 & 0 & 0 \\ 0 & 0 & 0 & 0 & 0 \\ 0 & 0 & 0 & 0 & 0 \\ 0 & 0 & 0 & 0 & \dfrac{R^2}{C^2} \end{array}\right\|$$

$$N^* = \left\|\begin{array}{ccccc} -\Lambda & -\left(2\Omega\cos\theta + \dfrac{\mathrm{ctg}\theta}{a}v_\lambda\right) & 0 & -\dfrac{1}{a\sin\theta}\dfrac{\partial}{\partial\lambda} & 0 \\ 2\Omega\cos\theta + \dfrac{\mathrm{ctg}\theta}{a}v_\lambda & -\Lambda & 0 & -\dfrac{1}{a}\dfrac{\partial}{\partial\theta} & 0 \\ 0 & 0 & 0 & -\dfrac{\partial}{\partial p} & -\dfrac{R}{p} \\ -\dfrac{1}{a\sin\theta}\dfrac{\partial}{\partial\lambda} & -\dfrac{1}{a\sin\theta}\dfrac{\partial}{\partial\theta}\sin\theta & -\dfrac{\partial}{\partial p} & 0 & 0 \\ 0 & 0 & \dfrac{R}{p} & 0 & -\dfrac{R^2}{C^2}\Lambda \end{array}\right\|$$

$$\mathscr{L}^* = \left\|\begin{array}{ccccc} K & M & 0 & 0 & 0 \\ -M & K & 0 & 0 & 0 \\ 0 & 0 & 0 & 0 & 0 \\ 0 & 0 & 0 & 0 & 0 \\ 0 & 0 & 0 & 0 & Y \end{array}\right\|$$

易见，$B = B^*$，$\mathscr{L} = \mathscr{L}^*$，$N = -N^*$。我们称 $B, \mathscr{L}$ 为自伴算子，N 为反伴算子。可求得

$$(\varphi, B\varphi) = \iiint\limits_{0\ 0\ 0}^{p\ \pi\ 2\pi} \left(v_\lambda^2 + v_\theta^2 + \dfrac{R^2}{C^2}T^2\right)\sin\theta\,\mathrm{d}\lambda\,\mathrm{d}\theta\,\mathrm{d}p$$

易见，$(\varphi, B\varphi) \geqslant 0$

等号只在 $v_\lambda = v_\theta = T = 0$ 时成立。这时由方程(4)和边界条件(8)、(7)知 $\omega = 0$，再由方程(1)—(4)知 $\phi = 0$（由 $\nabla^2\phi = 0$ 推得），这就意味着 $|\varphi| = 0$，即 B 为正定算子。

如认定 M 中满足条件 $p = P$ 时，$\dfrac{\partial T}{\partial p} = 0$ 的函数全体所成的集合为 M^*，显然 $M^* \subset M$，则易证 $\mathscr{L}^*$ 为正定算子。

至此，我们看到大气的行星尺度的运动，可以满足形如(11)的算子方程。其中算子具有上述的性质。

算子 N 是非线性算子,但我们暂时形式地把其中的 $v_\theta, v_\lambda, \omega$ 看作给定的函数而与 φ 无关、(即简化为线性问题了)。关于在大气系统中可以作这样的假定而不损害问题的物理本质被称为"可允许的替代",不过这样一来,就非线性问题来说,下节所求得的关于 φ 的解只是形式上的解,其实是将方程(1)—(5)化成了积分—微分方程的形式,便于进行理论分析(参看[3])。

三、初始场作用的衰减

设 φ 为某一向量函数,属于某一希尔伯特空间 H。算子方程

$$B\frac{\partial \varphi}{\partial t} + (N + \mathcal{L})\varphi = \mathcal{E} \tag{13}$$

定义在 H 中的集合 M 上。B 为自伴正定算子,N 为反伴算子,$\mathcal{L}$ 为自伴算子,$\mathcal{L}^*$ 为 M^* 上的正定算子。$\mathcal{E}$ 属于 H。不失普遍性,设

$$\varphi = (\varphi^{(1)}, \varphi^{(2)}, \cdots, \varphi^{(n)})$$

设方程(13)在初始条件

$$B\varphi = B\varphi_0 \qquad t = t_0 \text{ 时}$$

有存在唯一解。这解可形式地求得

方程(13)有伴随问题

$$-B^* \frac{\partial \varphi^*}{\partial t} + N^* \varphi^* + \mathcal{L}^* \varphi^* = 0 \tag{14}$$

$$B\varphi^* = B\varphi_1^* \qquad t = t_1 \text{ 时} \tag{15}$$

这里 $\varphi^* = (\varphi^{*(1)}, \varphi^{*(2)}, \cdots, \varphi^{*(n)})^T$,伴随问题定义在 M^* 上 $(M^* \subset M)$。

以 φ^* 标乘(13)作内积并减去以 φ 标乘(14)作的内积,考虑到 $B^* = B, N^* = -N, \mathcal{L}^* = \mathcal{L}$ 可得

$$\frac{\mathrm{d}}{\mathrm{d}t}(\varphi, B\varphi^*) = (\varphi^*, \mathcal{E}) + \mathcal{R} \tag{16}$$

将上式从 t_0 到 t_1 积分得

$$(\varphi_1, B\varphi_1^*) - (\varphi_0, B\varphi_0^*) = \int_{t_0}^{t_1} (\varphi^*, \mathcal{E}) \mathrm{d}t + \int_{t_0}^{t_1} \mathcal{R} \mathrm{d}t \tag{17}$$

这里 $\varphi_1 = \varphi|_{t=t_1}, \varphi_0^* = \varphi^*|_{t=t_0}$

考虑到 $(\varphi_0, B\varphi_0^*) = (\varphi_0^*, B\varphi_0)$,(17)式可写为

$$(\varphi_1, B\varphi_1^*) = (\varphi_0^*, B\varphi_0) + \int_{t_0}^{t_1} (\varphi^*, \mathcal{E}) \mathrm{d}t + \int_{t_0}^{t_1} \mathcal{R} \mathrm{d}t \tag{18}$$

设取 $B\varphi_1^* = (\delta(\theta'-\theta, \lambda'-\lambda, p'-p), 0, 0, \cdots, 0)^T$

这里 $\delta(\theta'-\theta, \lambda'-\lambda, p'-p)$ 为 δ 函数。

易见

$$(\varphi_1, B\varphi_1^*) = \varphi_1^{(1)} \tag{19}$$

由(18)、(19)得

$$\varphi_1^{(1)} = (\varphi_0^*, B\varphi_0) + \int_{t_0}^{t_1} (\varphi^*, \mathcal{E}) \mathrm{d}t + \int_{t_0}^{t_1} \mathcal{R} \mathrm{d}t \tag{20}$$

上式右端第一项反映初值的影响,第二项反映外源的影响,第三项反映边值的影响。

若取 $B\varphi^* = (0, \delta(\theta'-\theta, \lambda'-\lambda, p'-p), 0, \cdots, 0)^T$

则可得

$$\varphi_1^{(2)} = (\varphi_0^*, B\varphi_0) + \int_{t_0}^{t_1} (\varphi^*, \mathscr{E}) \mathrm{d}t + \int_{t_0}^{t_1} \mathscr{R}\mathrm{d}t \tag{21}$$

类似的可得 $\varphi_1^{(3)}, \cdots, \varphi_1^{(n)}$ 的相同表达式。应该指出表达式虽相同,但 φ^* 的意义不同,数值不同,而且 φ^* 还依赖于 φ,所以(20),(21)等式的右端还有 φ,这是积分—微分方程的形式,并非把 φ 用显式解出来了。但这并不妨碍我们进行如下的理论讨论。

如对 $\varphi_1^{(1)}, \varphi_1^{(2)}, \cdots, \varphi_1^{(n)}$ 都有

$$\lim_{t_1 \to \infty} \| \varphi_0^* \| = 0 \tag{22}$$

则称初始场作用衰减。

以 φ^* 标乘(14)作内积

得

$$\frac{1}{2} \frac{\mathrm{d}(\varphi^*, B\varphi^*)}{\mathrm{d}t} = (\varphi^*, \mathscr{L}^* \varphi^*) \tag{23}$$

这里利用了 B 为自伴算子,N^* 为反伴算子,故 $(\varphi^*, N^* \varphi^*) = 0$ 的性质。

由于 $B, \mathscr{L}^*$ 为正定算子,故 $(\varphi^*, B\varphi^*) \geqslant 0$,$(\varphi^*, \mathscr{L}^* \varphi^*) \geqslant 0$,由(23)可知,当 $t \to -\infty$ 时,$(\varphi^*, B\varphi^*)$ 单调不增,且保持大于零,故必趋于一极限。于是

$$\lim_{t \to -\infty} \frac{\mathrm{d}(\varphi^*, B\varphi^*)}{\mathrm{d}t} = 0 \tag{24}$$

由(23)、(24)得

$$\lim_{t \to -\infty} (\varphi^*, \mathscr{L}^* \varphi^*) = 0 \tag{25}$$

但 $\mathscr{L}^*$ 中为正定算子,(25)意味着

$$\lim_{t \to -\infty} \| \varphi^* \| = 0 \tag{26}$$

亦即,对任意给定的小数 ε,当 t_1 足够大时,有 $\| \varphi_0^* \| < \varepsilon$,即(22)式成立。

可见,形如(13)的方程所描写的体系具有初始场作用衰减的特征。

如果略去摩擦并引用绝热近似,则方程为

$$B \frac{\partial \varphi}{\partial t} + N\varphi = 0 \tag{27}$$

有

$$\frac{\mathrm{d}(\varphi, B\varphi)}{\mathrm{d}t} = 0 \tag{28}$$

即

$$(\varphi_1, B\varphi_1) = (\varphi_0, B\varphi_0) \tag{29}$$

这在物理本质上是两样的。

四、简化方程的准则

进行大气动力学的研究和长期数值预报时,不可避免地要对方程(1)—(5)进行这样那样的简化,当要进行数值计算时,还必需离散化。这就是说,必须将偏微分方程组化为常微分方程组(最终变成代数方程组),用差分方法时是网格点上的数值,用谱方法时是某种正交函数族的系数。作者认为,在作每一步近似时,应该注意不破坏初始场衰减的物理本质。从最普遍的意义下说,当经过种种近似及离散化之后,大气的状态必将由有限个(记为 n)实参数来描写。其随时间的变化为 n 个一元函数 $f_i(t), i=1, 2, \cdots, n$,所描述。这时偏微分方程(1)—(5)将变

为一个 n 阶的常微分方程组。应能设法将这个方程组写成如下的算子方程

$$B \frac{\partial \varphi}{\partial t} + (N + \mathscr{L}) \varphi = \mathscr{E}$$

这里 $\varphi = (f_1(t), f_2(t), \cdots, f_n(t))^T$，这时，$B, N, \mathscr{L}$ 为 n 阶矩阵。$B, \mathscr{L}$ 是正定对称矩阵，N 为反对称矩阵(其对角线元素为零)，这是一个准则。

从物理观点看，流体运动中非线性平流作用，地转偏向力的作用，球面效用，气压梯度力的作用，尽管各自有其特点，但它们都不改变总能量，而摩擦则总是耗散能量。从最普遍的意义上对此进行抽象的数学表示就是前者的作用应是一个反伴算子，后者则是正定自伴算子。在简化方程或离散化时注意保留算子的这种性质，也就是注意不要歪曲这种物理本质。产生虚假的能"源"或"汇"。

五、结 语

形如(13)的方程，蕴含了初始场影响衰减的特征。对大气而言衰减的时间尺度可以认为是能量耗散的时间尺度。对长于这一时间尺度的长期变化的动力学研究而言，算子 $\mathscr{L}$ 项和 $\mathscr{E}$ 项实在是更重要的。以上的讨论，假定了 $\mathscr{E}$ 是已知函数，实际上，$\mathscr{E}$ 并不是与 φ 无关的，考虑这一关系，并认定初始场影响已经衰减之后，再来研究过程的演变规律，应当是大气动力学的重要课题。这是需要进一步做的。

参考文献

[1] Nicolis, G., I. Prigogine, *Self-Organization in Nonequilibrium Systems*. John Wiley and Sons. 1977.

[2] Пененко, В. В,. Энергетически сбалансированнвые дискретнвые модели динамики атмосфернвых продессов 《Метеоролоия и гидролоия》1977 No 10,3-20.

[3] 曾庆存，数值天气预报的数学物理基础(第一卷). 北京：科学出版社. 1977.

SOME PROPERTIES OF OPERATORS AND
THE EFFECT OF INITIAL CONDITION

Chou Jifan

（Lanzhou University）

Abstract：In this Paper, some Properties of operators of the full equations governing the motion of the atomosphere are applied to discuss the decay of the effect of initial conditions.

The full equations are too complicated to the study of some practical problems, for this reason, we have to simplify them into a more simply form. In such cases, we suggest, it should keep the properties of operators being unchanged in all steps of operation.

Predictability of the Atmosphere

Chou Jifan(丑纪范)

Department of Atmospheric Sciences, Lanzhou University

Abstract: This paper makes a review on the predictability of the atmosphere. The essential problems of predictability theory, i. e. , how a deterministic system changes to an undeterministic system (chaos) and how is the opposite (order within chaos), are discussed. Some applications of predictability theory are given.

Ⅰ. INTRODUCTION

If the influence of human activity on weather and other similar effects are not considered, the atmospheric system can be regarded as a deterministic system. Its future state is completely determined by physical laws (differential equations) governing the system evolution, environmental conditions (boundary conditions) and initial situation (initial conditions). Numerical weather prediction is based on this viewpoint. It seems that if once there were a fully accurate model and an observational system, one could do sufficiently accurate weather forecast over an arbitrarily long period. In the circumstances, however, small errors, which are unavoidable, at initial moment may still produce very large deviations at a certain moment with increasing time.

During early 1940s, in a series of reports, Kolmogoroff demonstrated that the small errors of initial atmosphere state may lead to different atmosphere state in a long time. However, it was Thompson(1957) who first raised the problem of predictability. Lorenz(1969a) showed that there are three approaches to the study of atmospheric predictability. Up to date, most predictability studies have been based upon numerical models. Solutions originating from a "correct" initial state are determined, and the rate at which these solutions diverge is observed. It has become customary to summarize the results in terms of a doubling time for small-amplitude errors. In fact, whenever there is a model, this can be done. Some famous examples of numerical experiments have been done by Lorenz (1965, 1969a, 1982), Charney et al. (1966) and Smagorinsky (1969). The main achievement is the finding that weather forecast has a limit of predictability. The doubling time of small initial errors is 2-5

本文发表于 Advances in Atmospheric sciences, 1989 年第 6 卷第 3 期,335-346.

days. Estimates of the limit to the predictability of the total flow range from 8 to 16 days. Predictability decreases with decreasing horizontal scale. It is lower in the tropics than in the middle and the high latitudes, and higher in winter than in summer for the Northern Hemisphere. Predictability also relies on synoptic systems, i. e., some atmospheric states are more predictable than others. Ageostrophic, random initial perturbations develop more slowly than geostrophic, systematic perturbations do. This method suffers from the fact that the growth of errors is model-dependent, therefore different models yield different estimates of error growth for predictability. Another method is to calculate the growth of errors in homogeneous turbulence models (Leith, 1972). This method suffers from the limitation that the real atmosphere does not always behave as the idealized models, especially in the presence of forcing at the lower boundary and diabatic heating. The method suggested by Lorenz (1969c) is to examine the rate of divergence of pairs of close analogs in the real atmosphere. This method, which is the most attractive one from the conceptual point of view because it makes use of real atmospheric behaviors, suffers from the absence of close analogs.

After exceeding the limit of predictability, individual synoptic-scale perturbation goes from determinant to undeterminant. In this case, it is more helpful to study the forecasting of spatial and temporal mean values. Monin (1972) considered that it is not a constructive problem to determine the limit of predictability in itself (it itself must not be the goal). To solve the problem of long-term predictability constructively, it is required to point out the characteristic of meteorological fields predicted in this period. However, Marchuk (1974) believed that it is more suitable to do every ten-day averaged forecasts for near a monthly weather forecast, i. e., the means of the first, the second and the last ten days of a month. If we are interested in the weather forecasts of the next season, then we do the time-mean forecasts of the first, second, and third month of the season. The characteristic scale of forecast area (i. e., the range of the average of area) increases with the increase of forecast time limitation. For instance, the scale is 1000×1000 km for ten-day average, and 3000×3000 km for monthly mean. In the recent years, most researches were made for the predictability and the limit of predictability of spatial and temporal mean fields. A series of work of Shukla (1981, 1982, 1983, 1986) proposed the concepts of dynamic and forcing predictability for monthly mean fields and showed that the predictability of atmospheric dynamics exceeds a month, but the anomaly of underlying surface plays greater roles in two months or seasonal long-term forecasts. In this respect, the seasonal variation also becomes an important element. Based on experiments by using GFDL model, Miyakoda (1980) found that ten-day mean is better than daily forecast, and twenty-day mean is better than ten-day mean forecast. Mansfield(1986) and Miyakoda et al. (1987) studied prediction of monthly mean circulation by using numerical model, and showed that the predictive accuracy is seemingly dependent on flow pattern. Madden (1982) first proposed the concept of climate noise, and discussed the potential predictability of long-term forecast. These works are equivalent to the works which treats from an undeterministic system to a deterministic system. The essential problem of predictability theory is how a deterministic system changes to an undeterministic system (chaos) and how is the opposite (order within chaos). The following section will discuss this essential problem. Finally, some applications of predictability theory are given.

II. MATHEMATICAL THEORY

1. An Intuitive Example

The future evolution of a deterministic system is uniquely determined by initial values. However, under certain conditions, small initial differences can lead to large ones at a certain time. Since initial values may not be known accurately, its evolution then can not be predicted. Chou (1986) gave an intuitive example, which vividly demonstrates the production of this situation, using the following famous maximum simplified model proposed by Lorenz (1960) and expressed in the form of the dynamic equations, thus their most essential properties are maintained:

$$\frac{\mathrm{d}X}{\mathrm{d}t} = -\frac{1}{\sqrt{2}}\left(\frac{1}{k^2} - 1/(k^2 + l^2)\right)klYZ \tag{1}$$

$$\frac{\mathrm{d}Y}{\mathrm{d}t} = \frac{1}{\sqrt{2}}\left(\frac{1}{l^2} - 1/(k^2 + l^2)\right)klXZ \tag{2}$$

$$\frac{\mathrm{d}Z}{\mathrm{d}t} = -\frac{1}{\sqrt{2}}\left(\frac{1}{l^2} - 1/k^2\right)klXY \tag{3}$$

It maintains the characteristics of conservation of mean kinetic energy E and of mean vorticity squared V of primary barotropic vorticity equation. When $\alpha = k/l > 1$, these conservative properties can be written as

$$X^2 + Y^2 + Z^2 = X_0^2 + Y_0^2 + Z_0^2 \tag{4}$$

$$\frac{\alpha^2 - 1}{2}X^2 - \frac{1}{2(1 + \alpha^2)}Z^2 = \frac{\alpha^2 - 1}{2}X_0^2 - \frac{1}{2(1 + \alpha^2)}Z_0^2 \tag{5}$$

where X_0, Y_0, Z_0 are the initial values. The X, Y, Z are regarded as a point of the space. This point $(X(t), Y(t), Z(t))$ draws a curve in the space. It equals to determine a direction fields in the space for solving the ordinary differential equations of (1)-(3). There exists a unique solution at given initial values. It means that any point in space is always passed by one and only one curve. How are these curves? We can easily see that in $\alpha > 1$ case, they satisfy Eqs. (4) and (5). Eq. (4) represents a sphere, and its center is located at the origin of the coordinates. When $X_0 = Z_0 = 0$, Eq. (5) represents two planes which intersect at Y-axis, i. e., $Z = \sqrt{\alpha^2 - 1}X$, $Z = -\sqrt{\alpha^2 - 1}X$, they divide the space into four parts which contain positive Z-axis, negative Z-axis, positive X-axis, negative X-axis, separately. When both X and Z are not zero, Eq. (5) represents an one sheet hyperboloid located in certain region of four parts. The integral curve is the intersection line of hyperboloid and sphere. No matter how close two points (which are situated at two sides of a plane) may be, (for example, the precision of modern computer is 10^{-15}, the initial location difference is ε), if these two points of $\varepsilon \ll 10^{-15}$ are in different regions, then the integral curve of one point is a closed curve around Z-axis and another is around X-axis. Their distance will be sufficiently far sooner or later. It is seen directly that a deterministic system changes to an undeterministic one at a certain time, due to the fact that the initial values are not known exactly. In addition, one can assume that the initial values are known in the way of absolutely accurate and are near the plane, but the parameter α in the equation cannot be known absolutely accurately and has an extremely small error. This will lead to the change of intersection angle between the planes and the region which initial value belongs to, and also the change of a deterministic system to an undeterministic one at a certain time. This characteristic is different from the former, the reason of the difference is caused either by initial error (equation is accurate), or by the parameter error in equation (initial values are accurate). In fact, both errors exist at the same time. For the real world, we have nothing that can be known absolutely exactly.

Nevertheless, the above situation solely occurs near particular points, i. e. , near the points on plane. All of the points on the whole plane are set zero about their measure. The atmospheric sensitivity to initial values is much more common. It is concerned with non-periodic solution of dissipative system rather than periodic solution of conservative system.

2. The Sensitive System to Initial Values: Chaos and Turbulence

When Lorenz (1963) studied finite-amplitude convection, he proposed 3-order ordinary differential equations and gave the first example of the strange attractor which is the strictly non-periodic special solution of the equations. The motions outside attractor are all close to it. The whole is stable. When the orbits go into attractor, they are separated exponentially and become a sensitive system to initial values. Just because of the sensitivity to initial values, it makes the mean values on strange attractor of the physical variable be contrarily no longer sensitive to initial values. The motions on the strange attractor are not only ergodic but also mixing. One can introduce a stable distribution function and make statistical description. Ruelle and Takens (1971) connected the strange attractor with turbulence behaviors, thus, the predictability is physically the problem of turbulence out-growth.

There are conditions for the production of predictability. For a forced dissipative nonlinear system, the conditions leading to its sensitivity to initial value are:

1. There is a strange attractor in the system and the initial values are on the attractor.

2. There are many attractors in the system and initial values on dividing line of domains of attraction.

3. The system parameters are of small errors and lead to instability.

If initial values are not on attractors or there is no strange attractor, the initial errors do not increase rapidly.

All mentioned above, of course, are idealized, the real atmosphere is close to one of these only in some time and some aspects.

Since the above discussions are based on a low order model it is naturally to ask whether they are tenable for real complex atmospheric system. In recent years, the author and his collaborator did a series of studies, and showed that the above results of low order model are of universal significance. The summary is given as follows.

3. The Global Asymptotic Behaviors of the Partial Differential Equations for the Atmospheric System

After introducing Hibert space which consists of the vector functions, Chou (1983) proved that the large-scale atmospheric dynamic equations can be written as the following operator equation.

$$B \frac{\partial \varphi}{\partial t} + N(\varphi)\varphi + L\varphi = \zeta \tag{6}$$

$$B\varphi = B\varphi_0, \quad \text{when} \quad t = t_0 \tag{7}$$

where B. L are self-adjoint and positive definite operators; N, anti-adjoint operator, i. e. ,

$$(\varphi_1, B\varphi_2) = (\varphi_2, B\varphi_1)$$
$$(\varphi_1, L\varphi_2) = (\varphi_2, B\varphi_1)$$
$$(\varphi, B\varphi) \geqslant 0, (\varphi, L\varphi) \geqslant 0$$
$$(\varphi_1, N(\varphi)\varphi_2) = -(\varphi_2, N(\varphi)\varphi_1)$$

By using the above-mentioned properties of the operators, we have discussed the characteristic of the global asymptotic behaviors of the partial differential equations of the atmospheric system. Wang, Huang and the author (1988) have proved that the large-scale atmospheric dynamic equations exist in a bounded global absorbing set B_K In addition, they estimated a definite critical time t_0, and proved that if the orbits which start from φ_0 must go into B_K, and remain in B_K. Based on this proving they further proved the existence of invariant set in B_K, and revealed that the system is nonlinearly adjusted to exterior sources.

$$t > t_0 = \frac{1}{\tilde{c}_1} \ln \frac{|B\varphi_0|^2 - \frac{1}{\tilde{c}_1 c_1} \|\zeta\|^2}{K - \frac{1}{\tilde{c}_1 c_1} \|\zeta\|^2} \tag{8}$$

On the other hand, Folas and Temem (1979) first proved that the attractor for the Navier-Stokes equations is finite-dimensional, while Constantin et al. (1985) have derived sharp estimates of the fractional dimension for nonconvection turbulent flow. More recently, Ghidaglia (1986) proved that attractors to various equations of viscous incompressible fluid flows, such as thermo-hydraulic equations and magnetohydrodynamic equations, have finite fractional dimension and lie in the set of C^∞. Folas et al. (1987) have obtained bounds for the dimension of attractors which have physical interest (i. e. , in terms of nondimensional physical numbers) in case of convection equations

$$\rho_0 \left(\frac{\partial u}{\partial t} + (u \cdot \nabla)u \right) - \rho_0 v \Delta u + \nabla p = \rho_0 g [1 + \alpha(T_1 - T_0)] \tag{9}$$

$$\rho_0 C_v \left(\frac{\partial T}{\partial t} + (u \cdot \nabla)T \right) - \rho_0 C_v K \nabla T = 0 \tag{10}$$

where $u=(u_1,u_2)$ or $u=(u_1,u_2,u_3)$ is the velocity of the fluid, p is the pressure, g is the gravity, $\rho_0 > 0$ is the constant mean density, α is the volume expansion coefficient of the fluid, C_v is the specific heat at constant volume and r and k are the (constant)coefficients of kinematic viscosity and thermometric couductivity, respectively. T_0 and T_1 are the temperature at lower and upper plates. We introduce the usual nondimensional numbers, i. e. Grashof (G_r), Prandtl (P_r) and Rayleigh (R_a):

$$G_r = (v')^2, \quad p_r = \frac{v'}{K'}, \quad R_a = (v'K')^{-1}$$

where

$$v' = \frac{v}{(h^3 g\alpha (T_0 - T_1))^{\frac{1}{2}}}, \quad k' = \frac{k}{h^3 g\alpha (T_0 - T_1)^{\frac{1}{2}}}$$

They proved the existence of functional invariant sets in dimensions 2 and 3. The fractional dimension of the attractor is found by 2 m. In the two-dimensional case,

$$m \leqslant C_1 \{G_r^{\frac{1}{2}}(1 + P_r) + G_r(1 + P_r)^2 \}$$

In the three-dimensional case

$$m \leqslant C_2 \left\{ (R_a + G_r^{\frac{1}{2}})^{\frac{3}{2}} + \left(\frac{l_0}{l_d}\right)^3 \right\} (1 + P_r)^{\frac{3}{2}}$$

where

$$l_d = (v^3/\varepsilon)^{\frac{1}{4}}$$

ε is the Kolmogoroff dissipation length (the dissipation rate of the energy per unit mass and time averaged on the attractor), l_0 is a (dimensional) typical macroscopic length.

Based on the works mentioned above, Wang, Huang and the author (1988) made use of the similar method under suitable widespread conditions, and proved that large-scale atmospheric system of equations has finite fractional dimension, and obtained bounds for the dimension of attractors. They showed that the global asymptotic behaviors of the partial differential equations of atmospheric dynamics which have infinite freedoms can be described by finite ordinary differential equations in ideal stable surrounding conditions.

4. in Space R^n

The replacement of partial differential equations by ordinary differential equations is equivalent to the change from state space H to state space R^n. The operator equation in H space must also be changed to that in space R^n, correspondingly. It is suggested that the properties of the equation operators must be kept unchanged during such transformation (Chou, 1983), Chou (1986) proved that almost all curves asymptotically approach to a special set having zero volume-the attractor by only using the properties of the operator like Eq. (6) in R^n space. A few attractors can exist at the same time and have respective region of attraction. Lyapunov's characteristic exponent is an important numerical figure which describes the stability and randomness of the motion orbits. If at least one exponent is positive, then the attractor is "strange", and consists of an infinite complex of manifolds of degree less than n. The motion on strange attractor is locally unstable. This is the source from deterministic to undeterministic. The existence of attractors (including strange attractor) reflects the global stability of the orbits in phase space. This is the source from undeterministic to deterministic.

The system tends to an attractor state spontaneously if the environmental conditions do not change with time. It is a limitation of idealization. In reality, it is unavoidable that the environmental conditions change with time, and it leads to the change of the attractor structure. Especially, when the external parameter passes a bifurcation value, the attractor will be runaway. It leads to fully undeterministic of another kind of motion. The predictability study with respect to this kind of motion is still not satisfactory.

Ⅲ. APPLICATION

1. The Prediction of Predictive Skill

The key of the classical predictability is the variation of initial errors with time. If the system has only an attractor and the attractor is a constant solution, initial errors decrease with time. If the attractor is a period solution, initial errors may not change with time. If the attractor is a strange attractor and initial values are on the attractor, initial errors increase rapidly.

The real atmosphere is among these three situations. Under different initial fields, the evolution of initial errors with time is different.

Zeng (1979) showed that the evolution of some flow fields is stable, and the effect of initial errors is not strong, so the limit of predictability for these processes may be well above the mean value. Identification of these processes is very useful for actual forecast.

Palmer (1987) found from an assessment of a small set of extended range forecasts which are from two centres, and from a much large set of medium range forecasts which are from one centre, that the variability in predictive skill is strongly related to fluctuations in the Pacific / North American (PNA) mode of low frequency variability. A physical hypothesis is put forward that the growth of analysis errors or short range forecast errors depends on the barotropic stability of the forecast flow. The hypothesis is tested in a barotropic model, using basic states, composite skillful and unskillful forecasts from a set of 500 wintertime medium range forecasts. It is found that the degree of instability strongly depends on the amplitude of the PNA mode.

Discussing of the evolution of initial errors is only limited in theory, the stability of the forecast flow. Hydrodynamic instability including the instability of atmospheric motions is a classical but difficult problem. It is noteworthy that Zeng (1987) developed a generalized variational method which is universal for obtaining criteria of instability in all models with all possible basic flows, i. e. , the model can be barotropic or baroclinic, quasi-geostrophic or nongeostrophic; and the basic flow can be zonal or nonzonal, steady or unsteady. To analyse actual flow by using this theory and to compare it with the time evolution of numerical weather forecast accuracy will help us in getting a deeper understanding on the mechanism of the time evolution of predictability. This is the work which needs to be done.

2. A Possible Physical Mechanism about a Few Very Bad Predictive Skill

As the improving of our understanding of physical processes in the atmosphere and the developing of computer technique in treating data, numerical weather forecasts have become more and more skillful. Despite this, forecasts still show considerable variability in predictive skill. Analyses of the skill of numerical weather forecast in the main forecasting centres showed that although the average scores of predictions were very good, some unsatisfactory episodes i. e. a few very bad forecasts still took place quite often (Lange and Hellsten, 1984; Bengtsson, 1985; Wash and Bogle, 1986). What caused these extremely unsuccessful forecast? How can we improve the forecast in these cases? Qiu and the author (1987) discussed these problems in detail. The foundamental idea is that the errors of the parameters in the models exist inevitably and give rise to forecast errors which depend on the initial values. Generally the forecasts are not sensitive to small errors of the model parameters, but for certain particular initial values the forecasts are highly sensitive. This is probably one of the reasons to bring about serious failures to the forecast. An example of numerical experiments shows that for certain particular initial fields, the errors in the parameters, though they are very small, may bring about serious consequence. It is suggested that drawing support from the invertion method one can modify the parameters in the models with the aid of the information provided by the observational data of the recent atmospheric evolution. The simulation experiments with the simple barotropic model show that the improvement over the forecast by this method is obvious. It is feasible that this method can be applied to the realistic operational models.

3. Predictability of Mesoscale Circulation

The increasing of initial errors is the source of producing inherent predictability. In theory, the rate of error increasing of three-dimensional turbulence is larger than that of two-dimensional turbulence. Since the mesoscale spans scales of motion from the synoptic scale, which behaves as two-dimensional turbulence (for the microscale, which behaves as three-dimensional turbulence) one would expect that mesoscale atmospheric systems, especially at the smaller scales, would have considerably less inherent predictability than synoptic scale system (Tennekes, 1978). An obvious difficulty is the lower resolution of the routine meteorological observational network, so the errors of initial fields are very large. However, it is quite expensive and impossible at least today to maintain a high resolution observational network similar to operational forecast ones. This leads to pessimistic conclusions concerning mesoscale predictability. However lower boundary forcing can strongly affect the behaviors of many atmospheric mesoscale phenomena and make them differ from those in turbulence model. Boundary forcing on the synoptic and planetary scale associated with land-sea contrasts and orography appears to be the reason of the more predictable of these scales of motion in the Northern Hemisphere than in the Southern Hemisphere (Shukla, 1984). In mesoscale problems, surface inhomogeneities including elevation and surface characteristics (albedo, heat capacity, moisture availability) generate many phenomena (such as mountain waves, sea breezes, convection, orographic precipitation, coastal fronts) and modulate their behaviors. Such surface inhomogeneities, if incorporated properly with numerical models, are likely to increase the predictability of motions they force.

Anthes (1984) classified the development of mesoscale weather systems into two types: (1) those resulting from forcing by surface inhomogeneities and (2) those resulting from internal modifications of large-scale flow patterns. On his opinion, a subset of the second class of phenomena are those mesoscale features that develop in regions of instability produced by large-scale flows; an example is the isolated thunderstorm which develops in a region of large-scale convective instability. Such individual phenomena are likely to have little predictabiliy, even though the development of the large-scale area of instability may have significant predictability. An optimistic hypothesis is that many significant mesoscale atmospheric phenomena evolve from an interaction between large-scale flow and known or predictable surface inhomogeneities. In that case there is hope for skillful forecasts over period of 1-3 days using deterministic methods, and provided the synoptic-scale motions are predicted correctly.

Anthes et al. (1985), in some cases studies with a regional-scale numerical model, indicate that 72h simulations are not sensitive to random uncertainty errors in initial wind, temperature, and moisture fields. It is not like the behavior of global models. In contrast, the simulations are more sensitive to large variations in lateral boundary conditions. The most important practical result suggested by these experiments is that meso-α-scale models depend critically on accurate specification of the large-scale atmospheric variables at lateral boundaries.

It is possible that the above-mentioned mathematical theory provided a key for understanding the difference between global models and regional-scale models in the growth of initial errors. In global models initial values are always on the attractor and the attractor is a strange one, but in regional-scale models initial values are not on attractor and the attractor may not be a strange.

4. Predictability of Monthly Mean Ocean Atmosphere Variables

It is inevitable to make some approximations and simplifications in the atmospheric governing equations in developing a numerical weather prediction model, because of two demands: (1) the governing equation must be closed; (2) the variables required for the definite conditions of solving the equations must be known. Different kinds of approximations and simplifications will result in different models and bring about different forecasting accuracies.

In fact, the different definite conditions may be employed for the same predictand, and the different forecast schemes may also be developed by usiug the same definite conditions. That is often the case in developing a long-range weather forecasting model. Is it possible to compare the potential predictability among different schemes in advance?

There are two basic factors determining the forecast accuracy of a dynamical model, i. e. how much information about predictands is included in the difinite conditions and how efficiently the model picks up the information, in order to improve the forecasting accuracy, first we must try to select some definite conditions which include the information as much as possible, and then to develop an available model.

As well known, it is difficult to extend the daily forecasting up to two or three weeks. Therefore, the long-range numerical forecast turns into predicting the mean values of the variables in a definite period, such as the monthly averaged anomalies of geopotential height and temperature. In recent years, a few forecast schemes have been presented, which can be divided into two kinds. One is getting the monthly averaged values of the daily forecasts computed by the GCM (General Circulation Model) and the other is making out monthly averaged forecast directly by using the governing equations for the mean variables. The definite conditions required in the above two kinds of models are different, although their eventual objects are the same. The former requires the instantaneous values of the atmosphere/ocean variables at a certain time but the latter requires the monthly averaged ones.

Qiu and the author (1987) studied the potential predictability levels of forecasting the monthly mean ocean/atmosphere variables, which are only based on the monthly averaged data of sea surface temperature and geopotential height. Using the analysis of naturally oc curring analogues, which is quite alike the method used to study the atmospheric predictability of daily weather forecast by Lorenz (1969), they found that in the ocean-atmosphere system the forecast of geopotential height may be more difficult than SST, and that the predictability level of monthly mean geopotential height anomaly calculated from the corresponding monthly mean SST appears relatively poor, but it can be improved by using the past observational data of monthly mean SST/geopotential field.

5. Change over to New Ways

Assuming that the atmosphere is expressed in n real parameters and written by $X = (X_1, X_2, \cdots X_n)$, the space R^n is its state space. The state $X_{t+\Delta t}$ at $t + \Delta t$ moment can be solely determined by the state X_t, at t moment. This is a deterministic model which numerical weather forecast is seemiugly like. From mathematical viewpoint, this is equal to determining a point mapping in R^n space

$$X_{n+1} = G(X_n) \quad n = 0, 1, 2, \cdots$$

where X_n is the value of X in $t + n\Delta t$ moment. So, we can demonstrate the X_n value based on initial value, X_0. This is the deterministic forecast. The problem is that initial observational errors are not completely negligible, even if one assumes that the point mapping has no errors (in reality unlike this). It is inevitable to be limited by computer word length when we do the numerical computation by using computer. Assuming that h is the observational error (or rounding error of computer), the initial states between $a-h/2<x<a+h/2$ are expressed by a and in turn the state a might be the state between $a-h/2<x<a+h/2$. Thus the state space is not really continuous, and is discretized. Through a process of discretization the point mapping in R^n should be replaced by a cell-to-cell mapping (Chou, 1987). The point mapping is that a point maps a point; the cell mapping is the point mapping of all points in cell, its result is usually scattered in a few cells and is not correspondence one by one. Hsu (1981) pointed out such a cell mapping can be identified with a Markov chain and the well-developed mathematical theory can be immediately applied. So, for an ordinary deterministic model, it becomes that the probability is 1 at only one cell and is 0 at all the others at the initial moment, with the evolution of time, the probability at a group of cells is not 0. When the number of these cells is increased to certain degree, it happens that the instantaneous state cannot be determined in reality. However, the states display on a certain group of cells based on certain probability distribution; there are some deterministics, i. e. , the weather is not determinant and the climate is determinant. The characteristics of underlying surface (for examples, sea-surface temperature, soil moisture, ice cap and snow cover and so on) changed more slowly than the atmosphere. Assuming that this external forcing is idealized to be stable, we know, because of the turbulent properties of atmosphere, the asymptotic behaviour is non-periodic, we can determine the probability distribution only for some states in phase space. When we further consider the evolution of underlying surface, the atmosphere is changed to a random input (the atmospheric exact state cannot be determined, only a probability distribution is determined). It is better to change from deterministic forecast to probability forecast for long-term forecast or short-term climatic forecast.

Ⅳ. DISCUSSION

The predictability problem refers to those sources of uncertainty as "model uncertainty" and "initial uncertainty", respectively. Assuming that the model is accurate, to discuss "initial uncertainty" is much easier than its opposite. So, most theoretical studies of atmospheric predictability tend to focus on the initial uncertainty and its propagation forwards in time through the integration of an otherwise deterministic flow model. The atmospheric phenomena studied by us are numerous and varied, such as, mesoscale and small-scale phenomena, synoptic and planetary scale phenomena, monthly and seasonal mean fields, and so on. Models built for different phenomena are different, so the predictability of the different mathematical models are different. But objectively existing physical systems have the determinant predictability. Initial error has its certain characteristic with respect to time, including rapid growth of small errors and the disappearance of prominent differences with time. Naturally, it should be required to keep these characteristics agreement between mathematical model and the real system described by mathematical model. Notice that nonlinear effects make the predictability decrease and the forcing and dissipative effects make the predictability increase. Therefore, it is suggested that the relative intensity of nonlinearity, forcing and dissipation in a mathematical model must be kept in agreement with those in real situation. How available are models in these respects? Discussions on these respects are not sufficient and further studies are required.

As to "model uncertainty", it is not enough that only discuss the possible effect of the small difference in physical parameters in a model (whether this effect really exists in reality is still unclear). This requires further study as well.

REFERENCES

Anthes, R. A. (1984a), The general question of predictability, lecture for AMS intensive course on mesoscale meteorology and forecasting, 9-20 July 1984, Boulder, Colorado.

Anthes, R. A. (1984b), Predictability of mesoscale meteorological phenomena. In: *Predictability of Fluid Motions* (Lajolla Institute-1983), Greg Holloway and Bruce J. West, Editors, American Institute of Physics, New York,247-270.

Anthes, R. A. , Y. H. , Kuo, D. P. , Baumhefnes, R. M. , Errico. and T. W. , Bettge (1985), Predictability of mesoscale atmospheric motions, *Advances in Geophysics*, 28b: 159-202.

Bengtsson, L. (1985), Medium-range forecasting——The experience of ECMWF, *Bull. Amer. Meteor. Soc.* , 66:1133-1146.

Bennett, A. F. , and P. E. , Kloeden (1981), The quasi-geostrophic equations: approximation, predictability an equilibrium spectra of solutions, *Q. J. R. M.* , 107: 121-136.

Charney, J. G. , R. G. , Fteagle, H. , Riehl, V. E. , Lally, and D. Q. , Wark (1966), The feasibility of a global observation and analysis experiment, *Bull. Amer. Meteorol. Soc.* , 47: 200-220.

Charney, J. Q. (1969), Predictability, plan for U. S. participation in the global atmospheric research program, National Academy of Sciences, Washington, 8-14.

Chou, J. F. (1983), The decay of the influences of initial fields and some properties of their operations, *Acta Meteor. Sinica*, 41: 385-392.

Chou, J. F. (1986), *Long-range numerical weather prediction*, Meteorological Press, Beijing, pp. 329 (in Chinese).

Chou, J. F. (1987), Some general properties of the atmospheric model in H space, R space, point mapping, cell maping, *Proceedings of International Summer Colloquium on Nonlinear Dynamics of the Atmosphere*, Sciences Press, 10-20 Aug. , 1986, 187-189.

Constanin, P. , C. , Folas, and R. , Temam (1985), Attractors representing turbulent flows, *Mem. Am. Math. Soc.* ,53: No. 314.

Folas, C. , and R. , Temam (1979), Some analytic and geometric Properties of the solutions of the Navier-Stokes equations, *J. Math. Pures Appl.* , 58: 339-368.

Ghidaglia, J. M (1986), On the fractional dimension of attractors for viscous incompressible fluid flows, *Siam. J. Math. Anal.* , 17: 1139-1157.

Hsu, C. S. (1981), A generalized theory of cell-to-cell mapping for nonlinear dynamical system, *ASME Journal of Applied Mechanics*, 48: 634-642.

Lange, A., and E., Hellsten (1984), Results of the WMO/CAS NWP data sutdy and intercomparison project for forecasts for the Northern Hemisphere in 1984, WMO PSMP Report Series, No. 16, 25.

Leith, C. E., and R. H., Kraichnan (1972), Predictability of turbulent flows, *J. A. S.*, 29: 1041-1058.

Leith, C. E. (1978), Predictability of climate, *Nature*, 276: 352-355.

Leith, C. E. (1983), Predictability in theory and practice, Large Scale Dynamics Process in the Atmosphere, 365-383.

Lorenz, E. N. (1960), Maximum simplification of dynamic equation, *Tellus*, 12: 243-254.

Lorenz, E. N. (1963), Deterministic nonperiodic flow, *J. A. S.*, 23: 130-141.

Lorenz, E. N. (1965), A study of the predictability of a 28 variable atmospheric model, *Tellus*, 17: 321-333.

Lorenz, E. N. (1969a), Three approaches to atmospheric predictability, *Bull. Amer. Meteor. Soc.*, 50: 345-349.

Lorenz, E. N. (1969b), The predictability of a flow which possesses many scales of motion, *Tellus*, 21: 289-307.

Lorenz, E. N. (1969c), Atmospheric predictability as revealed by naturally occurring analogues, *J. A. S.*, 26:636-646.

Lorenz, E. N. (1975), *Climatic Predictability*, GARP Pub. Ser., No. 16, the physical basis of climate and climate modelling, 132-136.

Lorenz, E. N. (1981), Some aspects of atmospheric predictability, Seminar 1981, problem and prospects in long and medium range weather forecasting 14-18 Sept.

Lorenz, E. N. (1982), Atmospheric predictability experiments with a large numerical model, *Tellus*, 34: 505-513.

Madden, R. A., and D. J., Shea (1982), Potential long-range predictability of precipitation over North America, *Proceedings of the Seventh Annual Climate Diagnostics Workshop*, 18-22 Oct. 1982, 423-426.

Mansfield, D. A. (1986), The skill of dynamical long-range forecasts, including the effect of sea surface temperature anomalies, *Q. J. Roy. Met. Soc.*, 112: 1145-1176.

Marchuk, G. I. (1974), Numerical solution of problems related to atmospheric and oceanic dynamics, Gidrometeoizdat, 303 (in Russian).

Miyakoda, K., J., Sirutis, and J. Ploshay (1987), One month forecast experiments without anomaly boundary forcings, *Mon. Wea. Rev.*, 114: 2363-2401.

Monin, A. S. (1972), *Weather forecasting as a problem in physics*, MIT Press, Cambridge, Mass. and London, England, pp. 199.

North, G. R., and R. F., Cahalan (1981), Predictability in a solvable stochastic climate model, *J. A. S.* 38: 504-513.

Palmer, T. N. (1987), Medium and extended range predictability, stability of the PNA model, and atmospheric response to sea surface temperature anomalies.

Qiu, C. J., and J. F., Chou (1987), A new approach to improve the numerical weather prediction, *Sci. Sinica* (B),903-910.

Qiu, C. J., and J. F., Chou (1987), Predictability levels of monthly forecast based on time-averaged ocean/atmosphere variables——a naturally occurring analogue study, *Acta Meteor. Sin.*, 1: 34-42.

Robinson, G. D. (1967), Some current projects for global meteorological observation and experiment, *Q. J. Roy. Meteor. Soc.*, 93: 409-418.

Ruelle, D., and F., Takens (1971), On the nature of turbulence, *Comm. Math. Phys.*, 20: 167-192.

Shukla, J. (1981), Dynamical prediction of monthly means, *J. A. S.*, 38: 2547-2572.

Shukla, J, (1982), Predictability of monthly means Part Ⅰ: Dynamical predictability, Seminar 1981, problems and prospects in long and medium range weather forecasting, 14-18 Sept. , 185-260.

Shukla, J. (1982), Predictability of monthly means Part Ⅱ: Influence of the boundary forcings, Seminar 1981, problems and prospects in long and medium range weather forecasting, 14-18 Sept. , 261-312.

Shukla, J. (1983), Comments on "Natural variability and predictability", *Mon. Wea. Rev.* , 111: 581-585.

Shukla, J. (1984), Predictability of a large atmospheric model, In: *Predictability of fluid motions* (Lajolla Institute-1983), Greg Holloway and Bsuce, J. West, Editors, American Institute of Physics, New York, 449-456.

Shukla, J. (1986), Physical basis for monthly and seasonal prediction, 549, *Proceedings of the first WMO workshop on the diagnosis and prediction of monthly and seasonal atmospheric variations over the globe*, 29 July—2, August, 1985.

Smagorinsky, J. (1969), Problems and promises of deterministic extended range forecasting, *Bull. Amer. Meteor. Soc.* , 50: 286-311.

Somerville, R. C. J. (1980), Tropical influences on the predictability of ultralong waves, *J. A. S.* , 37: 1141-1156.

Tennekes, H. (1978), Turbulent flow in two and three dimensions, *Bull. Amer. Meteor. Soc.* , 59: 22-28.

Thompson, P. D. (1957), Uncertainty of initial state as a factor in the predictability of large-scale atmospheric flow patterns, *Tellus*, 9: 275-295.

Vallis, G. K. (1983), On the predictability of quasi-geostrophic flow: the effects of Bata and baroclinicity, *J. A. S.* ,40:10-27.

Wash, C. H. , and J. S. , Boyle (1986), WMO PSMP Report Series, No. 19, 543.

Wang, S. H. , J. P. , Huang and J. F. , Chou (1988), Some peoperties for the solutions of the large-scale equations of atmosphere, *submitted* to Sci. Sinica.

Zeng, Q. C. (1979), *Mathematical and physical basis for numerical weather prediction*, Science Press, Beijing, pp. 543(in Chinese).

Zeng, Q. C. (1987), *Variational principle of instability of atmospheric motion*, *Proceedings of international summer colloquium on nonlinear dynamics of the atmosphere*, Science Press, 1987.

大尺度大气运动方程组解的一些性质

——定常外源强迫下的非线性适应

汪守宏[①]　　黄建平[②]　　丑纪范[②]

（①兰州大学数学系；②兰州大学大气科学系）

摘　要：本文从大尺度大气运动方程组出发，讨论了定常外源强迫下大气系统的长期行为。建立了基本的泛函空间和算子方程，证明了解的存在唯一性定理，在此基础上讨论了整体吸收集以及其中的不变点集的存在性。揭示了系统向外源的非线性适应过程。

关键词：大气运动方程组解，非线性适应，吸收集

一、引言

长期数值预报和气候理论涉及大气系统的长期行为，因此在设计模式之前首先必须了解模式所应有的特征。为了奠定更坚实的数学物理基础，需要进行一些基础理论的研究，在这方面建立起较严谨的理论和新的计算方法。

作为开始，可在理想化假定下，即在定常（或严格周期变化）的环境条件下，研究大气系统的全局渐近行为以及这种行为对环境条件的依赖情况。丑纪范[1,2]首先讨论了定常外源强迫下，n 维空间中非线性大气系统向外源适应的问题。他发现在这种情况下，R^n 中存在一吸引点集，不论初始状态如何，系统的状态都将随着时间的增长，演变到吸引点集中的状态。作者猜想上述结论在无穷维的 Hilbert 空间中也成立。本文的目的旨在证实这一猜想，并作进一步深入的研究。

文中首先给出了基本的泛函空间和算子方程，证明了解的存在唯一性定理，在此基础上讨论了整体吸收集以及其中不变点集的存在性。最后对所得结论的物理意义进行了说明。

二、基本方程

由于我们感兴趣的只是大尺度大气运动，所以采用如下球面(λ, θ, p, t)坐标下的方程组[2]：

$$\frac{\partial V_\lambda}{\partial t} + \mathscr{N}_\lambda + \left(2\Omega\cos\theta + \frac{\text{ctg}\theta}{a}V_\lambda\right)V_\theta + \frac{1}{a\sin\theta}\frac{\partial \phi}{\partial \lambda}$$

本文发表于《中国科学（B辑）》，1989 年第 3 期，328-336。

$$-\frac{\partial}{\partial p}\Big[\nu_1\Big(\frac{g\,p}{R\,\overline{T}}\Big)^2\frac{\partial V_\lambda}{\partial p}\Big]-\mu_1\,\nabla^2 V_\lambda=0 \tag{2.1}$$

$$\frac{\partial V_\theta}{\partial t}+\mathscr{L}V_\theta-\Big(2\Omega\cos\theta+\frac{\mathrm{ctg}\theta}{a}V_\lambda\Big)V_\lambda+\frac{1}{a}\frac{\partial \phi}{\partial \theta}$$

$$-\frac{\partial}{\partial p}\Big[\nu_1\Big(\frac{g\,p}{R\,\overline{T}}\Big)^2\frac{\partial V_\theta}{\partial p}\Big]-\mu_1\,\nabla^2 V_\theta=0 \tag{2.2}$$

$$\frac{\partial \phi}{\partial p}+\frac{R}{p}T=0 \tag{2.3}$$

$$\frac{R^2}{C^2}\frac{\partial T}{\partial t}+\frac{R^2}{C^2}\mathscr{L}T-\frac{R}{p}\omega-\frac{\partial}{\partial p}\Big[\nu_2\Big(\frac{g\,p}{R\,\overline{T}}\Big)^2\frac{\partial T}{\partial p}\Big]$$

$$-\mu_2\,\nabla^2 T=\frac{R^2}{C^2}\frac{\varepsilon}{c_p} \tag{2.4}$$

$$\frac{1}{a\sin\theta}\Big[\frac{\partial V_\lambda}{\partial \lambda}+\frac{\partial V_\theta\sin\theta}{\partial \theta}\Big]+\frac{\partial \omega}{\partial p}=0 \tag{2.5}$$

式中

$$\mathscr{L}=\frac{V_\lambda}{a\sin\theta}\frac{\partial}{\partial \lambda}+\frac{V_\theta}{a}\frac{\partial}{\partial \theta}+\omega\frac{\partial}{\partial p}$$

$$\nabla^2=\frac{1}{a^2\sin\theta}\frac{\partial}{\partial \theta}\sin\theta\frac{\partial}{\partial \theta}+\frac{1}{a^2\sin^2\theta}\frac{\partial^2}{\partial \lambda^2}$$

$$C^2=\frac{R^2\overline{T}}{g}(\gamma_d-\gamma)$$

$\overline{T}=\overline{T}(p)$ 为等 p 面上时间平均值，T 为相对于 $\overline{T}$ 的偏差，ϕ 为相对于 $\overline{\phi}$ 的偏差，ε 是对大气的非绝热加热，其余符号都是气象上常用的。

由于我们讨论的是整个球面的运动，求解区域为 $S^2\times(p_0,P)=\Omega$，这里 $p_0>0$ 是某个小正数。因此相应的边界条件可取为：

在地面，$p=P$ 上，

$$\left.\begin{aligned}\boldsymbol{V}&=0,\omega=0\\\frac{\partial T}{\partial p}&=\alpha_s(T_s-T)\end{aligned}\right\} \tag{2.6}$$

在大气层顶，$p=p_0$ 上

$$\left.\begin{aligned}\frac{\partial \boldsymbol{V}}{\partial p}&=0,\omega=0\\\frac{\partial T}{\partial p}&=0\end{aligned}\right\} \tag{2.7}$$

其中 T_s 为地表面上的温度，α_s 是与湍流导热率有关的参数，依赖于地面特征。

三、基本空间及算子方程

令 W_0 是 $C_0^\infty(\Omega)$ 在下列范数下的完备化空间：

$$\parallel\omega\parallel=\Big(\int_\Omega\Big(\omega^2+\Big(\frac{\partial \omega}{\partial p}\Big)^2\Big)\mathrm{d}S^2\,\mathrm{d}p\Big)^{1/2}$$

则显然 W_0 是一个 Hilbert 空间，且其可赋以如下的等价范数：

$$\| \omega \| = \left(\int_\Omega \left(\frac{\partial \omega}{\partial p} \right)^2 \mathrm{d}S^2 \mathrm{d}p \right)^{1/2} \tag{3.1}$$

令 $T\Omega|_{S^2}$ 是 Ω 的切丛在 S^2 上的限制。于是 $T\Omega|_{S^2}$ 的截面是定义于 Ω 上,而取值于 S^2 的切空间的光滑向量场。

再令 $C^\infty_{P,0}(T\Omega|_{S^2})$ 表示在 $S^2 \times \{P\}$ 邻近取零值的 $T\Omega|_{S^2}$ 的截面全体,则我们可以定义:

$$\mathscr{V} = \left\{ (\boldsymbol{V}, \omega) \in C^\infty_{P,0}(T\Omega|_{S^2}) \times C^\infty_0(\Omega) \,\middle|\, \nabla \cdot \boldsymbol{V} + \frac{\partial \omega}{\partial p} = 0 \right\}$$

$$\mathscr{V}_T = \mathscr{V} \times C^\infty_0(\Omega)$$

$\boldsymbol{V}_T = \mathscr{V}_T$ 在 $H^1(T\Omega|_{S^2}) \times W_0 \times H^1(\Omega)$ 中闭包

$\boldsymbol{H}_T = \mathscr{V}_T$ 在 $L^2(T\Omega) \times L^2(\Omega)$ 中闭包

这里 $H^1(\Omega)$ 是标准的 Sobolev 空间,$H^1(T\Omega|_{S^2})$ 是 Ω 上定义的具属于 L^2 的一阶弱导数,取值于 S^2 切空间截面组成的 Hilbert 空间(见文献[4])。

利用诊断方程(2.5),易见[①]存在常数 $m_1, m_2 > 0$,使得

$$m_1(\| \boldsymbol{V} \|^2 + \| T \|^2) \leqslant (\| \boldsymbol{V} \|^2 + \| \omega \|^2 + \| T \|^2) \leqslant m_2(\| \boldsymbol{V} \|^2 + \| T \|^2)$$

其中 $\| \boldsymbol{V} \|$ 取 $H^1(T\Omega|_{S^2})$ 中范数,$\| T \|$ 取 $H^1(\Omega)$ 中范数,而 $\| \omega \|$ 取 W_0 中范数。

因此在 $\boldsymbol{V}_T$ 中,我们可以使用如下的等价范数:

$$\| \varphi \| = (\| \boldsymbol{V} \|^2 + \| T \|^2)^{1/2}, \forall \varphi = (\boldsymbol{V}, \omega, T) \in \boldsymbol{V}_T$$

为处理方程中二阶导数项,现我们定义一个线性算子 $\mathrm{A}: \boldsymbol{V}_T \to \boldsymbol{V}_T^*$ 为:

$$\langle A\varphi, \varphi_1 \rangle = \int_\Omega \left[\mu_1 \nabla \boldsymbol{V} \cdot \nabla \boldsymbol{V}_1 + \nu_1 \left(\frac{gp}{R\bar{T}} \right)^2 \frac{\partial \boldsymbol{V}}{\partial p} \cdot \frac{\partial \boldsymbol{V}_1}{\partial p} \right.$$

$$\left. + \mu_2 \nabla T \cdot \nabla T_1 + \nu_2 \left(\frac{gp}{R\bar{T}} \right)^2 \frac{\partial T}{\partial p} \frac{\partial T_1}{\partial p} \right] \mathrm{d}S^2 \mathrm{d}p$$

$$+ \int_{S^2 \times \{p\}} \nu_2 \left(\frac{gp}{R\bar{T}} \right)^2 a_s T \cdot T_1 \mathrm{d}S^2 \tag{3.2}$$

其中 $\varphi = (\boldsymbol{V}, \omega, T)$,$\varphi_1 = (\boldsymbol{V}_1, \omega_1, T_1) \in \boldsymbol{V}_T$ 以及 $\boldsymbol{V}_T^*$ 为 $\boldsymbol{V}_T$ 的对偶空间。

显见[①]存在常数 $C_1, C_2 > 0$,使得

$$C_1 \| \varphi \|^2 \leqslant \langle A\varphi, \varphi \rangle \leqslant C_2 \| \varphi \|^2, \forall \varphi \in \boldsymbol{V}_T \tag{3.3}$$

令 $\boldsymbol{V}_k(k \geqslant 0) = \boldsymbol{V}_T \bigcap (H^k(T\Omega) \times H^k(\Omega))$,则我们可以定义一个三线性泛函 $b_1: \boldsymbol{V}_T \times \boldsymbol{V}_T \times \boldsymbol{V}_3 \to R^1$ 为:

$$b_1(\varphi, \varphi_1, \varphi_2) = \int_\Omega \left[\left(\boldsymbol{V} \cdot \nabla \boldsymbol{V}_1 + \omega \frac{\partial \boldsymbol{V}_1}{\partial p} \right) \cdot \boldsymbol{V}_2 \right.$$

$$+ \frac{R^2}{C^2} \left(\boldsymbol{V} \cdot \nabla T_1 + \omega \frac{\partial T_1}{\partial p} \right) \cdot T_2$$

$$\left. - \left(\left(\boldsymbol{k} \cdot \left(\frac{\boldsymbol{V} \cdot \nabla \sin\theta}{\sqrt{G}} \right) \right) \boldsymbol{k} \times \boldsymbol{V}_1 \right) \cdot \boldsymbol{V}_2 \right] \mathrm{d}S^2 \mathrm{d}p \tag{3.4}$$

其中 $\varphi = (\boldsymbol{V}, \omega, T)$,$\varphi_1 = (\boldsymbol{V}_1, \omega_1, T_1) \in \boldsymbol{V}_T$,$\varphi_2 = (\boldsymbol{V}_2, \omega_2, T_2) \in \boldsymbol{V}_3$,$G$ 为 S^2 的 Rieman 度量矩阵的行列式。而 θ 是 S^2 上点的余纬度。在球坐标系下有 $G = a^2 \sin\theta^{[3]}$,并且 b_1 正是体现了方程中的平流项和曲率项。

---

① 汪守宏,兰州大学数学系博士论文。

进一步我们定义双线性泛函 $b_2: \boldsymbol{V}_T \times \boldsymbol{V}_T \to R^1$ 为：

$$b_2(\varphi_1, \varphi_2) = \int_\Omega \left[\frac{R}{p}(T_1\omega_2 - T_2\omega_1) + 2\Omega\cos\theta(\boldsymbol{k} \times \boldsymbol{V}_1) \cdot \boldsymbol{V}_2 \right] \mathrm{d}S^2 \mathrm{d}p$$

$$\forall \varphi_i = (\boldsymbol{V}_i, \omega_i, T_i) \in \boldsymbol{V}_T, (i = 1, 2)$$

则利用诊断方程(2.5)式以及分部积分可证 b_1, b_2 都是有定义的，且成立

$$b_1(\varphi, \varphi_1, \varphi_1) = 0, \forall \varphi \in \boldsymbol{V}_T, \varphi_1 \in \boldsymbol{V}_3 \tag{3.5}$$

$$b_2(\varphi_1, \varphi_1) = 0, \forall \varphi_1 \in \boldsymbol{V}_T \tag{3.6}$$

上两式相当于文献[1,2]中 N 算子的反伴性质，它们是流体运动的平流作用，地球球面效应以及地转偏向力等不改变总能量这一重要物理本质的表征。

命题 1[①]　令

$$\alpha_s \in C^2(S^2), T_S \in H^2(S^2), 0 < m \leqslant \alpha_s \leqslant M < \infty \tag{3.7}$$

则存在 $T^* \in H^2(\Omega)$，使

$$| b_1(\varphi, \psi, \varphi) | \leqslant \frac{1}{2} C_1 \parallel \varphi \parallel^2, \forall \varphi \in \boldsymbol{V}_T \tag{3.8}$$

且

$$\frac{\partial T^*}{\partial p} = \begin{cases} \alpha_s(T_s - T^*), & p = P \\ 0, & p = p_0 \end{cases}$$

其中 $\psi = (0, 0, 0, T^*)$，C_1 为(3.3)式中所给。

根据前面讨论，不难看出初边值问题(2.1)—(2.7)式等价于下列 Cauchy 问题：

问题 1　找 $\varphi \in L^2(0, \tau; \boldsymbol{V}_T)(\tau > 0)$，使

$$B\varphi \in L^\infty(0, \tau; (L^2(T\Omega) \times L^2(\Omega)))$$

$$\frac{\partial}{\partial t} B\varphi + A\varphi + N_1(\varphi, \varphi) + N_2(\varphi) + N_1(\varphi, \psi) + N_1(\psi, \varphi) = \boldsymbol{f} \tag{3.9}$$

$$B\varphi|_{t=0} = B\varphi_0$$

其中(3.9)式在 $\boldsymbol{V}_3^*$ 的意义下成立，$\varphi_0 \in H_T$，且 B 是对角矩阵 $B = diag(1, 1, 0, R^2/C^2)$。另外，对 $\varphi, \varphi_1 \in \boldsymbol{V}_T, N_1(\varphi, \varphi_1) \in \boldsymbol{V}_3^*, N_2(\varphi_1) \in \boldsymbol{V}_T^*$ 定义为

$$\langle N_1(\varphi, \varphi_1), \varphi_2 \rangle = b_1(\varphi, \varphi_1, \varphi_2), \forall \varphi_2 \in \boldsymbol{V}_3$$

$$\langle N_1(\varphi_1), \varphi_2 \rangle = b_2(\varphi_1, \varphi_2), \forall \varphi_2 \in \boldsymbol{V}_T$$

此外在(3.9)式中

$$\boldsymbol{f} = \left(0, 0, -\frac{R}{p}T^*, \frac{R^2}{C^2}\frac{\varepsilon}{c_p} + \mu_2 \nabla^2 T^* + \nu_2 \frac{\partial}{\partial p}\left(\left(\frac{gp}{RT}\right)^2 \frac{\partial T^*}{\partial p} \right) \right) \tag{3.10}$$

问题 1 与原问题的等价性是指：如果 φ 是问题 1 的解，则 $\varphi + \psi$ 是原问题之解；反之，如 $\tilde{\varphi}$ 是原问题的解，则 $\tilde{\varphi} - \psi$ 是问题 1 之解。

显然，问题 1 中(3.9)式等价于如下的变分方程：

$$\frac{d}{dt}(B\varphi, \varphi_1) + \langle A\varphi, \varphi_1 \rangle + b_1(\varphi, \varphi, \varphi_1) + b_2(\varphi, \varphi_1) + b_1(\varphi, \psi, \varphi_1)$$

$$+ b_1(\psi, \varphi, \varphi_1) = \langle \boldsymbol{f}, \varphi_1 \rangle, \forall \varphi_1 \in \boldsymbol{V}_T \tag{3.11}$$

---

① 汪守宏，兰州大学数学系博士论文。

利用对时间 t 作有限差分,我们可以证明下面存在性定理(其证明见汪守宏博士论文)[①]:

定理 1[①] 对任给时间 $\tau > 0$,在(3.7)式的假定下,再令 $\varepsilon \in L^2(0, \tau; H^1(\Omega))^*$,则问题 1 至少有一个解 $\varphi \in L^2(0, \tau; \boldsymbol{V}_T)$,使

$$B\varphi \in L^\infty(0, \tau; L^2(T\Omega) \times L^2(\Omega))$$

$$|B_1\varphi|^2 + \frac{1}{2}C_1\int_0^t \|\varphi(t)\|^2 \mathrm{d}t$$

$$\leqslant |B_1\varphi_0|^2 + \frac{1}{C_1}\int_0^t \|f(t)\|_{\boldsymbol{V}_T^*}^2 \mathrm{d}t, t \in [0, \tau], \mathrm{a.e.} \tag{3.12}$$

其中 $|B_1\varphi|$ 表示 $B_1\varphi$ 的 $L^2(T\Omega) \times L^2(\Omega)$ 范数,且 $B_1 = \mathrm{diag}(1, 1, 0, R/C)$。

说明 1 汪守宏的工作中得到的不等式(3.12)中最后一项是 $\frac{1}{C_1}\int_0^\tau \|f(t)\|_{\boldsymbol{V}_T^*}^2 \mathrm{d}t$,但其证明无须改动也可得这里的(3.12)式。

说明 2 从(3.12)式不难看出存在 $\widetilde{C}_1 > 0$,使

$$|B_1\varphi|^2 + \widetilde{C}_1\int_0^t |B_1\varphi|^2 \mathrm{d}t \leqslant |B_1\varphi_0|^2 + \frac{1}{C_1}\int_0^t \|f(t)\|_{\boldsymbol{V}_T^*}^2 \mathrm{d}t$$

从而可得:

$$|B_1\varphi|^2 \leqslant \left\{|B_1\varphi_0|^2 + \frac{1}{C_1}\int_0^t e^{\widetilde{C}_1 t} \|f(t)\|_{\boldsymbol{V}_T^*}^2 \mathrm{d}t\right\} e^{-\widetilde{C}_1 t}, \mathrm{a.e.}, t \in [0, \tau] \tag{3.13}$$

四、一个唯一性定理

定理 1 给出了弱解的存在性,但不知其唯一性。本节给出一个唯一性定理,其要求定理 1 中解有更好的光滑性。

定理 2 如 $T^* \in H^3(\Omega)$,则问题 1 至多有一个解 φ,使

$$B\varphi \in L^2(0, \tau; H^3(T\Omega) \times H^3(\Omega)) \tag{4.1}$$

$$\varphi \in L^2(0, \tau; H^2(T\Omega) \times H^2(\Omega)) \tag{4.2}$$

证。因为

$$|b_1(\varphi, \varphi, \varphi_1)| \leqslant C\|\varphi\|_{H^2} |B\varphi|_{L^2} \cdot \|\varphi_1\|$$

于是

$$\|N_1(\varphi, \varphi)\|_{\boldsymbol{V}_T^*} \leqslant C\|\varphi\|_{H^2} \cdot |B\varphi|_{L^2}。$$

从条件(4.2)式以及 $B\varphi \in L^\infty(0, \tau; L^2(T\Omega) \times L^2(\Omega))$,我们立得

$$N_1(\varphi, \varphi) \in L^2(0, \tau; \boldsymbol{V}_T^*)$$

类似地可得 $N_2(\varphi), N_1(\varphi, \psi), N_1(\psi, \varphi) \in L^2(0, \tau; \boldsymbol{V}_T^*)$。

这样从方程(3.9)立即可证明

$$B\varphi' \in L^2(0, \tau; \boldsymbol{V}_T^*) \tag{4.3}$$

并且 $B\varphi$ 几乎处处等于一个从 $[0, \tau]$ 到 $(L^2(T\Omega) \times L^2(\Omega))$ 中的连续函数。

现令 φ_1, φ_2 是两个满足条件(4.1)—(4.2)式的问题(1)的解。又令 $\varphi = \varphi_1 - \varphi_2$,则从前面的讨论不难看出

---

① 汪守宏,兰州大学数学系博士论文。

$$\frac{\mathrm{d}}{\mathrm{d}t} \mid B_1\varphi \mid^2 + 2\langle A\varphi, \varphi \rangle + 2b_1(\varphi_1, \varphi_1, \varphi) - 2b_1(\varphi_2, \varphi_2, \varphi)$$

$$+ 2b_2(\varphi, \varphi) + 2b_1(\psi, \varphi, \varphi) + 2b_1(\varphi, \psi, \varphi) = 0 \qquad (4.4)$$

因而我们有：

$$\frac{\mathrm{d}}{\mathrm{d}t} \mid B_1\varphi \mid^2 + 2C_1 \parallel \varphi \parallel^2 \leqslant 2 \mid b_1(\varphi, \varphi_2, \varphi) + b_1(\varphi, \psi, \varphi) \mid \qquad (4.5)$$

但是

$$\mid b_1(\varphi, \varphi_2, \varphi) \mid \leqslant C \mid \varphi \mid \cdot \mid B_1\varphi \mid \cdot \parallel B_1\varphi_2 \parallel_{H^3}$$

$$\leqslant \frac{C_1}{4} \parallel \varphi \parallel^2 + \tilde{C} \mid B_1\varphi \mid^2 \parallel B\varphi_2 \parallel_{H^3} \qquad (4.6)$$

以及

$$\mid b_1(\varphi, \psi, \varphi) \mid \leqslant \frac{C_1}{4} \parallel \varphi \parallel^2 + \tilde{C} \mid B_1\varphi \mid^2 \parallel \psi \parallel_{H^3} \qquad (4.7)$$

于是有：

$$\frac{\mathrm{d}}{\mathrm{d}t} \mid B_1\varphi \mid^2 + C_1 \parallel \varphi \parallel^2 \leqslant \tilde{C}(\parallel \psi \parallel_{H^3} + \parallel B_1\varphi_2 \parallel_{H^3}) \cdot \mid B_1\varphi \mid^2$$

即得

$$\frac{\mathrm{d}}{\mathrm{d}t} \mid B_1\varphi \mid^2 \leqslant \tilde{C}(\parallel \psi \parallel_{H^3} + \parallel B_1\varphi_2 \parallel_{H^3}) \cdot \mid B_1\varphi \mid^2$$

积分以上方程立即可证明 $\mid B_1\varphi \mid^2 \leqslant 0$，于是不难得到 $\varphi_1 \equiv \varphi_2$。证毕。

五、一个整体吸收集

为简明起见，我们令 ε 是与时间无关的函数。至于 ε 与时间有关的情况，可类似地讨论。从定理 1，我们可知问题 1 有解 φ，使得

$$\varphi \in L^2_{\mathrm{loc}}(0, \infty; \boldsymbol{V}_T), B\varphi \in L^\infty_{\mathrm{loc}}(0, \infty; L^2(T\Omega) \times L^2(\Omega)) \qquad (5.1)$$

且成立能量不等式(3.12)。

在不等式(3.12)中由于 ε 是与时间无关的，我们有

$$\mid B_1\varphi(t) \mid^2 + \frac{1}{2}C_t \int_1^\tau \parallel \varphi(t) \parallel^2 \mathrm{d}t \leqslant \mid B_1\varphi_0 \mid^2 + \frac{t}{C_1} \parallel \boldsymbol{f} \parallel_{\boldsymbol{V}_T^*}^2$$

于是取 $\tilde{C}_1 > 0$，使

$$\mid B_1\varphi(t) \mid^2 + \tilde{C}_1 \int_0^t \mid B_1\varphi(t) \mid^2 \mathrm{d}t \leqslant \mid B_1\varphi_0 \mid^2 + \frac{t}{C_1} \parallel \boldsymbol{f} \parallel_{\boldsymbol{V}_T^*}^2$$

因而我们有：

$$\mid B_1\varphi(t) \mid^2 \leqslant e^{-\tilde{C}_1 t} \mid B_1\varphi_0 \mid^2 + \frac{1}{\tilde{C}_1 C_1}(1 - e^{-\tilde{C}_1 t}) \cdot \parallel \boldsymbol{f} \parallel_{\boldsymbol{V}_T^*}^2 \qquad (5.2)$$

令

$$B_K = \{\varphi = (\boldsymbol{V}, 0, T) \in L^2(T\Omega) \times L^2(\Omega) \mid \mid \varphi \mid^2 \leqslant K\} \qquad (5.3)$$

其中 $K > \frac{1}{\tilde{C}_1 C_1} \parallel \boldsymbol{f} \parallel_{\boldsymbol{V}_T^*}^2$。

如果 $|B_1\varphi_0|^2 \leqslant \dfrac{1}{\widetilde{C}_1 C_1} \|f\|_{v_T^*}^2$，我们可得

$$|B_1\varphi(t)|^2 \leqslant e^{-\widetilde{C}_1 t} \cdot \frac{1}{\widetilde{C}_1 C_1} \|f\|_{v_T^*}^2 + (1-e^{-\widetilde{C}_1 t}) \cdot \frac{1}{\widetilde{C}_1 C_1} \|f\|_{v_T^*}^2 \leqslant K$$

因而 $B_1\varphi(t) \in B_K$，$\forall\, t \geqslant 0$。

另一方面，如 $|B_1\varphi_0|^2 > \dfrac{1}{\widetilde{C}_1 C_1} \|f\|_{v_T^*}^2$，则令

$$t_0 = \frac{1}{\widetilde{C}_1} \ln \frac{|B_1\varphi_0|^2 - \dfrac{1}{\widetilde{C}_1 C_1} \|f\|_{v_T^*}^2}{K - \dfrac{1}{\widetilde{C}_1 C_1} \|f\|_{v_T^*}^2} \tag{5.4}$$

这时立得（从(5.2)式）当 $t \geqslant t_0$ 时，成立 $|B_1\varphi(t)|^2 \leqslant K$，因此我们证明了

定理 3　定理 1 中所给解满足

1）如 $|B_1\varphi_0|^2 \leqslant \dfrac{1}{\widetilde{C}_1 C_1} \|f\|_{v_T^*}^2$，则对任何 $t \geqslant 0$，$B_1\varphi(t) \in B_K$；

2）如 $|B_1\varphi_0|^2 > \dfrac{1}{\widetilde{C}_1 C_1} \|f\|_{v_T^*}^2$，则对任何 $t \geqslant t_0$，$B_1\varphi(t) \in B_K$。

从此定理可见，$B_1\varphi(t)$ 对充分大的时间 t 将永远落在 B_K 内，因而我们称 B_K 为问题 1 的吸收集。由于所有解最终都会进入并永远留在 B_K 中，所以我们又称 B_K 是系统的一个整体吸收集。以上结论又说明，B_K 外的点从某种意义上来说，只有暂态的意义，而系统的大时间行为将取决于且只取决于 $L^2(T\Omega) \times L^2(\Omega)$ 中的有界球体 B_K。当然，由于 ω 方程(2.3)中不显含 ω，这使我们不能作出关于 ω 的估计。

六、泛函不变集

本节我们假定存在 B_K 的子集 Y，使以 $B_1\varphi_0 \in B_K \bigcap Y$ 为初值的问题 1 之解，$\varphi(t)$ 满足定理 2 的条件，且

$$\sup_{t \geqslant 0}\{\|\varphi(t)\| \mid \varphi \text{ 以 } B_1\varphi_0 \text{ 为初值 } B_1\varphi_0 \in Y\} \leqslant M < \infty \tag{6.1}$$

其中 M 为常数。

从定理 2 知道，$B_1\varphi$ 由 $B_1\varphi_0$ 唯一确定，且在适当改变 φ 在某一个零测集上的取值后成立

$$B_1\varphi \in C([0,\infty), L^2(T\Omega) \times L^2(\Omega)) \tag{6.2}$$

因而，我们令 $S_t B_1\varphi_0 = B_1\varphi(t)$，则 S_t 是 t 的连续映射，于是可以定义

$$X = \bigcap_{S>0} \overline{\bigcup_{t \geqslant S} S_t Y}$$

其中"—"为 $L^2(T\Omega) \times L^2(\Omega)$ 中闭包，且

$$S_t Y = \{S_t B_1\varphi_0 \mid \forall\, B_1\varphi_0 \in Y\}$$

本节的主要结论是

定理 4　X 是 $L^2(T\Omega) \times L^2(\Omega)$ 中有界集，使得

$$\forall\, \theta \geqslant 0, S_\theta X = X$$

$$\sup_{B_1\varphi_0 \in Y} \inf_{x \in X} \mid S_t B_1\varphi_0 - x \mid \to 0 (t \to \infty)$$

我们称 X 为泛函不变点集。

　　证　X 是有界集是显然的。

　　因为 S_t 是 t 的连续映射，于是 $\forall \theta \geqslant 0, \forall B_1\varphi_0 \in Y$，有

$$S_\theta \overline{\{S_t B_1\varphi_0 \mid t \geqslant \tau\}} \subset \overline{\{S_{t+\theta} B_1\varphi_0 \mid t \geqslant \tau\}} = \overline{\{S_t B_1\varphi_0 \mid t \geqslant \tau + \theta\}}$$

因而 $S_\theta X \subset X$。

　　另一方面，$\forall x \in X, \exists t_i \to \infty, B_1\varphi_i \in Y$，使 $x = \lim\limits_{i \to \infty} S_{t_i} B_1\varphi_i = \lim\limits_{i \to \infty} S_\theta (S_{t_i - \theta} B_1\varphi_i)$。

　　根据假定以及 Rellich 紧性定理，我们知道 $S_{t_i - \theta} B_1\varphi_i$ 是 $L^2(T\Omega) \times L^2(\Omega)$ 中列紧集。因而不妨设 $S_{t_i - \theta} B_1\varphi_i \to z(i \to \infty)$。

　　由 X 的定义知，$z \in X$，即 $x = S_\theta z$，从而 $S_\theta X \supset X$。

　　综上立得 $S_\theta X = X$。

　　如果

$$\overline{\lim} \sup_{B_1\varphi_0 \in Y} \inf_{x \in X} \{\mid S_t B_1\varphi_0 - x \mid\} = 2\delta > 0$$

则存在 $t_i \to \infty, t_{i+1} > t_i, B_1\varphi_i \in Y$，使

$$\inf_{x \in X} \{\mid S_{t_i} B_1\varphi_i - x \mid\} \geqslant \delta, i = 1, 2, \cdots$$

类似于前面的论证，可令 $S_{t_i} B_1\varphi_i \to x' \in X$，而此与上式相矛盾。定理证毕。

　　上述结论表明，随着时间 t 的不断增长，系统将越来越靠近某个不变点集。该点集反映了系统的终态。从物理上讲，也就是系统向外源的适应。

七、结果与讨论

　　根据前面的讨论，我们可以看出，当时间 t 大于某个确定的临界时间 t_0 时，系统将进入到吸收点集 B_K 内，并且随着时间的增长，系统将越来越靠近不变点集 X，它们之间的距离将趋近于零。也就是说系统处在吸引子的状态。对于实际大气系统，如果外源的变化相对于月际变化的时间尺度来说是一个慢过程，那么我们所研究的长期天气过程实际是处在吸引子的状态。由于耗散系统由高维相空间收缩到低维吸引子的演化，实际上是一个归并自由度的过程。耗散消耗掉大量小尺度的较快的运动模式，使决定系统长期行为的有效自由度数目减少。许多自由度在演化过程中成为"无关变量"，最终剩下支撑起吸引子的少数自由度。如果描述系统状态所选取的宏观变量集合中，恰好包括了 $t \to \infty$ 时起作用的自由度，那就会有一个比较成功的宏观描述[5]。也就是说，长期天气过程应不同于中短期天气过程，应该从理论和实际观测资料的统计分析中建立能够反映吸引子状态的有效宏观描述[6]。

　　需要说明的是，本文的研究只是初步的。利用实际资料和从理论上对外源强迫下大尺度运动吸引子的维数估计等进一步的讨论，我们将陆续发表。作者相信，这方面的研究将有助于建立新的长期数值预报理论和计算方法。

参考文献

[1] Chou Jifan, *Proceedings of International Summer Colloquium on Nonlinear Dynamics of the Atmosphere*, Beijing, 1986, 187-189.

[2] 丑纪范, 长期数值预报, 北京: 气象出版社, 1986, 66-78.

[3] 曾庆存, 数值天气预报的数学物理基础, 北京: 科学出版社, 1979, 121-160.

[4] Palais, R. S., *Foundations of Global Nonlinear Analysis*, Benjamin, Reading, Massachusetts, 1967.

[5] 郝柏林, 物理学进展, 3(1983), 3.

[6] 黄建平、丑纪范等, 气象学报(即将发表).

受下垫面强迫的一类强对流系统特征及预报

李志锦　　丑纪范

（兰州大学大气科学系）

摘　要：本文根据具有强迫耗散非线性动力系统理论，提出了至少有些类型的中尺度对流系统可以是以大尺度场为控制变量的中尺度动力系统的吸引子，它的发生是大尺度场演变到一定的临界点使原来的状态失稳而迅速进入到吸引子的过程。这样预报它的发生就成了吸引子的计算而不严格依赖中尺度初始状态。用一个十层原始方程有限区域谱模式对发生在华东中尺度试验期间的实际个例进行了计算，结果证实了理论分析。

关键词：强对流系统、吸引子、中尺度初始值、谱模式

目前，中小尺度天气的研究和预报中一个难以克服的困难是缺少相应分辨率的观测资料，这一困难近期内难以解决。因此，能否用大尺度场去预报中尺度过程的发生发展这一问题迫切需要解决。不少中尺度数值模拟表明[1-3]，中尺度系统发生发展的模拟对中尺度初值并不敏感；用天气尺度分辨率的初始场可以报出许多中尺度特征，其解更多地由局地强迫决定，也就是大气很快"忘记"初始状态而向局地强迫调整。在业务预报中所采用的 MOS 预报和落区预报[4]等技术，是利用数值预报得到的大尺度场和实际大尺度资料通过一定的统计关系或指标来预报中尺度系统，并取得一定的成功。这些结果揭露了这样一个事实，至少有一部分中尺度系统的发生发展并不依赖于初始存在的中尺度特征，而是大尺度场，下垫面局地强迫和对流潜热强迫所决定。

大气系统是一个具有强迫耗散的非线性系统，其相空间特征已有研究[5,6]。本文的目的是用具有强迫耗散的非线性动力系统理论对中尺度对流系统的发生发展以及对中尺度初值的不依赖性作出统一的理论解释，为认识强对流系统的特征提供新的理论，为实际预报提供能避免使用中尺度初值的方法。

1　中尺度动力系统理论

一般的大气运动方程可写成算子形式[7]：

$$B \frac{\mathrm{d}\varphi}{\mathrm{d}t} + (N+L)\varphi = \xi \tag{1}$$

其中 φ 是大气状态矢量，B 是正定算子，N 是反伴算子，L 是自伴算子，ξ 是外源强迫。实际大气过程包括各种时间尺度和空间尺度过程，但不同尺度过程既相对独立，又相互制约，这种相

本文发表于《中国科学（B辑）》，1993 年第 23 卷第 10 期，1116-1120。

互关系可以用控制方程表示出来。

设 $e_1,e_2,e_3,\cdots$ 是定义在区域 R 上的正交完备函数基底，φ 可以展开成级数

$$\varphi = \sum_i \varphi_i e_i \tag{2}$$

如果选择的基底函数具有尺度可以分离特征，不妨设随着 i 的增大，e_i 的空间尺度减小，那么根据经验或所研究问题的物理特征，可以确定一个临界值 i_m，使得

$$\varphi_L = \sum_{i_L < i_m} \varphi_{iL} e_{iL} \tag{3}$$

表示大尺度场，而

$$\varphi_s = \sum_{i_s > i_m} \varphi_{iS} e_{iS} \tag{4}$$

表示中小尺度场。利用 Kalerkin 近似，可以建立谱预报方程：

$$B \frac{\mathrm{d}\varphi_{is}}{\mathrm{d}t} = N_{iS} + \xi_{iS}, i_S > i_m \tag{5}$$

$$B \frac{\mathrm{d}\varphi_{iL}}{\mathrm{d}t} = N_{iL} + \xi_{iL}, i_L \leqslant i_m \tag{6}$$

其中

$$N_i = -\varepsilon \int (N+L)\varphi e_i \mathrm{d}R$$

$$\xi_i = \varepsilon \int \xi e_i \mathrm{d}R$$

$$\int e_i e_j \mathrm{d}R = \begin{cases} 0, i \neq j \\ \dfrac{1}{\varepsilon}, i = j \end{cases}$$

显然(5)式表示小尺度谱方程，(6)式表示大尺度谱方程。

现在讨论强烈的中尺度对流系统的发生发展，这些系统包括强烈的飑线、对流雨带、超级强雷暴等。观测表明，这些系统具有很短的生成时间，常称之为爆发性发展，而一旦生成以后就以稳定的结构维持较长时间，后者可以比前者大一个量级[8,9]，而这种系统的消亡时间也很短，常称之为崩溃。叶笃正等[8]曾在守恒系统中讨论了这种阶段性原因。对于强迫耗散系统，存在阶段性是必然的。如果大尺度过程演变同中尺度系统发生发展相比是缓慢的（这一般是很好的近似），那么中尺度动力系统(5)式可以作为一个以大尺度场为控制变量的独立系统。另外许多理论研究表明中尺度过程的尺度选择，耗散过程是必不可少的。故(5)式是一个耗散系统。根据耗散系统相空间一般特征[5,6]可知，系统具有有限个吸引子，整个相空间为这些吸引子的吸引域所分割，任何不在吸引子上的状态在相空间中的演变就有两个时间尺度，一个是向吸引子趋近的时间尺度，另一个是随吸引子演变的时间尺度。前者对应中尺度系统的发生发展过程，后者对应系统生成以后的维持过程，从预报角度看主要应获得刻画吸引子演变的控制方程。

由于大尺度场演变时间 t_L 和中小尺度场演变时间 t_S 相比要大得多，即

$$\varepsilon = t_S/t_L \tag{7}$$

是一个小参数，即时间可分。同时考虑为了简便；(5)式和(6)式可以写成

$$\frac{\mathrm{d}\varphi_S}{\mathrm{d}t_S} = F_S(\varphi_S,\varphi_L) \tag{8}$$

$$\frac{\mathrm{d}\varphi_L}{\mathrm{d}t_L} = F_L(\varphi_S, \varphi_L) \tag{9}$$

引进慢时间 $t' = t_L$，则 $t_s = t'/\varepsilon$，代入（8）式和（9）式有

$$\varepsilon\frac{\mathrm{d}\varphi_S}{\mathrm{d}t'} = F_S(\varphi_S, \varphi_L) \tag{10}$$

$$\frac{\mathrm{d}\varphi_L}{\mathrm{d}t'} = F_L(\varphi_S, \varphi_L) \tag{11}$$

由于 ε 是小量，可以近似成

$$F_S(\varphi_S, \varphi_L) = 0 \tag{12}$$

$$\frac{\mathrm{d}\varphi_L}{\mathrm{d}t'} = F_L(\varphi_S, \varphi_L) \tag{13}$$

按前面的分析，这样的近似具有很清楚的物理实质。即假设从初始状态到吸引子状态的过程非常短暂，可以看成是瞬时的跳跃。在此过程中，中尺度状态迅速地从过渡状态跳跃到吸引子状态，而大尺度场认为未变。这个过程可以称为广义适应过程。

从方程（12）和方程（13）可以看到，中尺度控制方程中不再包括时间微商项，它的解不依赖于中尺度初值。中尺度吸引子随着大尺度场的演变而改变。这正是业务预报中根据大尺度场结合一定的统计关系，可以预报中尺度对流系统的根本原因所在。

2 实际个例计算

下面将对实际个例进行计算，以证实理论分析结果。

2.1 模式及资料

根据我们的研究目的已经建立了一个十层原始方程有限区域谱模式[①]。模式中包括了能够预报强对流系统发生的主要物理过程，并详细讨论了有限区域中用谱展开进行尺度分离的方法。需要指出尺度分离只有在等压面或等高面上分离才有意义。在 σ 坐标面上由于受到地形的影响，尺度分离没有意义。由于我们的模式建立在 σ 坐标上，为此需做一些处理。用积分的方法求出吸引子状态。先积分 σ 坐标中的模式方程，积分后插值到 P 坐标。然后进行尺度分离，将大尺度部分用初始值代替以保持大尺度场不变，反复积分，直到中尺度系统达到平衡状态。这个平衡状态即为（12）式和（13）式中所刻画的中尺度吸引子状态。

本文资料来源于华东中尺度试验。试验期间，探空时间间隔为 3—6 h，站距平均为约 90 km，我们的模式区域约为 $720 \times 720 \text{ km}^2$，略大于测站所覆盖的区域，包括天目山和大别山两山区。地形高度来自安徽气象局的 $20' \times 20'$ 实测资料。模式截断波数为 18，转换格点为 33，相当于分辨率 22.5 km，有效分辨率 80 km。取波数 $\leqslant 2$ 为大尺度场，即相当于波长大于 720 km，这个尺度属次天气尺度，是常规的天气观测网所能分辨的。

2.2 天气实况及背景场

1983 年 4 月 28 日有一条冷锋侵入华东中尺度试验区，并引起雷暴。图 1 给出了 15:30

---

① 李志锦，兰州大学博士论文，兰州，1992。

分和16:30分(北京时)的雷达回波图。其中与冷锋垂直的回波带对应的系统约在16时发展为飑线。作为背景场我们计算了16时大尺度场相应的垂直速度场(图2)。从图上可以看到飑线位于大尺度上升区。相应的散度场(图略)表现为低层辐合上层辐散。这是发生强对流系统的典型形势[10]。

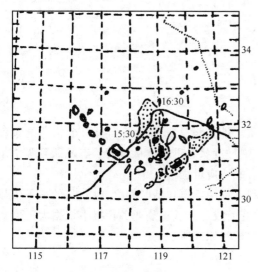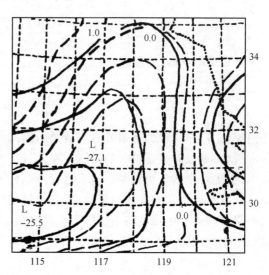

图1　1983年4月28日15:30分和16:30分　　　　图2　1983年4月28日16时大尺度250 hPa(实线)
　　　　雷达回波图　　　　　　　　　　　　　　和850 hPa(虚线)垂直速度场(10^{-3}hPa·s^{-1})

2.3 中尺度吸引子状态

前面提到,通过积分的方法来寻求中尺度吸引子,这仍然涉及初值。这里把中尺度初值都取为0。

图3是积分到4 h的状态。无论是850 hPa还是250 hPa在飑线生成区都有一个强大的上升中心,中心值达70.6和47.5×10^{-3}hPa·s^{-1},这是中纬地区成熟飑线的典型值[11]。散度场上(图略),850 hPa有中尺度辐合中心。尤其是250 hPa上飑线生成区发展出一个强大的辐散中心,强度达24.0×$10^{-5}s^{-1}$。这表明此时模式已较好地计算出与飑线有关的强烈中尺度特征。

如果积分4 h已进入了吸引子状态,那么继续积分中尺度特征至少不应有大的改变。我们分析了积分到6 h的垂直速度场(图略)。同图3中的垂直速度场相比,空间结构非常一致,与飑线相应的中心值变化也极小。

由上面的分析可以得到结论,模式积分到4 h系统已进入到吸引子状态,这个吸引子状态很好地刻画了实际天气过程的主要中尺度特征。

与吸引子相随的重要概念是吸引域。为了证实中尺度吸引子具有足够大的吸引域,我们设计了一个中尺度场作为初始场。这个场具有如下特征850 hPa上飑线生成区是有一定强度的辐散下沉区,下沉速度为9.78×10^{-3}hPa·s^{-1},辐散中心为3.04×$10^{-5}s^{-1}$,而在其南北两侧都有辐合上升。以此为初值积分4 h(图4)。在850 hPa上,飑线生成区同样产生强度达70.0×10^{-3}hPa·s^{-1}的强烈上升中心,初始的下沉已完全消失。这说明了不管所取的中尺度初值如何,最后的结果是初值中同飑线无关的中尺度系统会自行消亡,而代表吸引子的飑线中尺度系统得到发展。

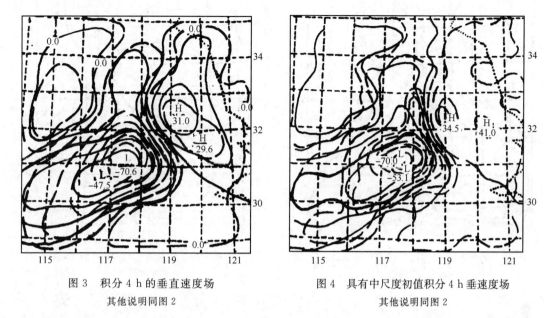

图 3　积分 4 h 的垂直速度场
其他说明同图 2

图 4　具有中尺度初值积分 4 h 垂速度场
其他说明同图 2

2.4　外源强迫的作用

前面的计算表明了初值的改变并不改变最终进入的吸引子状态,那么可以设想决定中尺度系统强度尤其空间位置主要是由于存在中尺度强迫。为此,我们计算了模式中不包括中尺度下垫面强迫和边界层物理的情况。图 5 是积分 4 h 的结果。可以清楚看出同飑线有关的强烈的上升速度中心在 850 hPa 上不复存在,且最大上升区位于模式区域西南角附近。250 hPa 上也只有同大尺度场相近的宽广上升区。这表明不存在下垫面强迫,产生的中尺度系统很弱,而且位置也很大地与飑线中尺度系统相偏离。

2.5　随大尺度场演变

随着大尺度场演变,中尺度吸引子也会不断改变,会产生分叉、突变等过程。强烈的中尺度系统只能发生在大尺度场演变到一定的临界点。丑纪范[12]早就提出了这一思想。为了证实这一点,我们在 10 时的大尺背景场下积分 4 h。图 6 是垂直速度场,显然无论在 850 hPa 还是 250 hPa 上都没有产生任何强烈的上升速度中心,不存在可以认为是对流发生的中尺度系统。从而表明了同飑线有关的中尺度系统是在大尺度背景场天气系统发展以后才能产生,而在 10 时这样较弱的天气系统不会产生有意义的中尺度系统。

需要指出,在前面的计算中,我们都对模式积分了更长时间,结论是一致的。

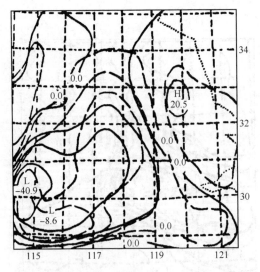

图 5　不包括下垫面强迫积分 4 h 的垂直速度场
其他说明同图 2

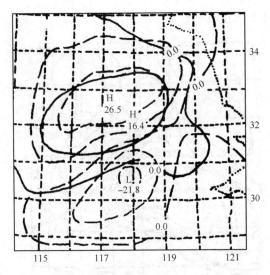

图 6　10 时大尺度背景场下积分 4 h 的垂直速度场
其他说明同图 2

3　总结与讨论

　　本文根据强对流中尺度系统迅速发展起来后马上进入稳定演变状态的特征,和用具有强迫耗散的非线性动力系统理论,提出了中尺度对流系统可以是以大尺度场为控制变量的中尺度动力系统的吸引子,并通过实际个例计算加以证实。从中可以得到以下结论:

　　(1)至少有一部分中尺度系统的预报可以不依赖于初始场的中尺度特征。局地中尺度强迫的作用对决定中尺度系统的强度和位置可以是关键性的。

　　(2)中尺度吸引子随着大尺度场的改变而改变,只有当大尺度演变到一定的临界点,强烈的中尺度系统才能爆发。

　　(3)中尺度系统具有两个时间尺度,一个是发生时间,对应原状态失稳进入到新的吸引子状态的时间。一个维持时间,对应于吸引子的演变时间。计算表明前者小于 4 h。

　　上述结论使我们对中尺度系统的发生发展特征有了新的认识,尤其对于预报更有实际意义。目前,大尺度数值天气预报为我们提供相当准确的提前几天的大尺度场,从理论上讲,按照我们计算个例的过程利用大尺度场至少可以预报一类中尺度系统的发生。

　　另外,我们还计算了一个对流雨带个例,结论同上述相一致。但还应指出,我们所得到的结论的普遍性还需要更广泛的实际个例来证实。依据这一理论思想,寻找合适于我国国情的预报方法将是我们进一步研究的课题。

　　致谢:完成本文过程中,廖洞贤研究员和张铭副教授给予了鼓励和帮助,孟梅芝工程师描了所有插图,一并致谢。

参考文献

[1] 周晓平、赵思雄.大气科学,1984,8:1-6.

[2] Anthes S. A. *et al*.,*Mon. Wea. Rev.*,1978,106:1045-1078.

[3] Warner,T. T. *et al*.,*Mon. Rev.*,1989,117:1281-1310.

[4] 陶诗言,大气科学,1977,1:64-72.

[5] Chou,J. F.,*Proceeding of International Summer Colloquim on Nonlinear Dynamic of the Atmosphere*,Beijing,1986,187-189.

[6] 汪守宏、黄建平、丑纪范,中国科学,B 辑,1989,(3):328-336.

[7] 丑纪范,气象学报.1989,44:385-392.

[8] 叶笃正、李麦村,第二届全国数值天气预报会议文集,北京:科学出版社,1980,181-192.

[9] Ramage,C. S.,*Bull. Amer. Meteor. Soc.*,1976,57:1-9.

[10] 丁一汇,大气科学,1982(6):18-27.

[11] 丁一汇,高等天气学,北京:气象出版社,1991,477-492.

[12] 丑纪范,新疆气象,1984,4:7-14.

地气角动量交换与 ENSO 循环

钱维宏[①]　　丑纪范[②]

(①北京大学地球物理系;②北京气象学院)

摘　要:用 1976—1989 年的地球自转速度、赤道东太平洋海温和气压及大气角动量资料,研究了地气之间角动量交换与 ENSO 循环的关系结果表明:固体地球自转速度、赤道东太平洋海温、不同纬带及全球大气角动量之间存在着协同的变化关系;低纬局地海气相互作用通过 Hadley 环流可形成类似 ENSO 事件的循环;固体地球和全球海气相互作用通过山脉力矩和地转变速摩擦力矩形成了固体地球—海洋—大气系统中各个方面出现的非周期行为和非同步振荡;实际出现的 ENSO 循环是固海气相互作用反映在太平洋洋盆上的一种现象。

关键词:大气　固体地球　角动量交换　ENSO 循环

早在 20 世纪 60 年代,Bjerknes[1]把太平洋上发生的增温现象看成是大尺度海气相互作用的结果;80 年代初 Stefanick[2]由资料分析发现年际大气角动量(AAM)变化与南方涛动(SO)有联系;1982—1983 年异乎寻常的 El Niño 事件发生后,Rosen 等[3]发现 El Niño 信号存在于 AAM 和地球自转或日长(LOD)中。至此,固体地球、海洋和大气构成的这一地球系统中相关联的现象已引起了气象学和天文学界的注意。在过去的 10 a 中,有很多工作是进一步揭示发生在地球系统中不同现象之间关系的。为解释地球自转速度所发生的年际变化,Chao[4]认为是 ENSO 和大气中的准两年振荡(QBO)引起了日长变化,但问题是 ENSO 和 QBO 本身的成因尚不清楚。在地球系统中发生的一些非同步变化现象,很难分辨出谁是因、谁是果,正像 Rasmusson 和 Wallace[5]所认为的这仍然是鸡和蛋(chicken and egg)的一系列问题。

作者认为影响人们对地球系统中各变化量相互作用机理及其现象认识的原因有:(1)在资料分析方法上存在的问题,即如何从观测资料中提取所论问题的信息;(2)如何从动力学上解释固海气中不同现象之间的关系。本文首先介绍一种从观测资料中提取年际变化量信息的方法,然后从动力学上分析固海气相互作用的关系,最后解释 ENSO 循环的机理.

1　地球系统中年际变化量信息的提取

在年际时间尺度内,我们把地球考虑为刚体,于是固体地球角动量的变化与自转速度变化是等价的。天文观测的地球自转资料或日长资料中除了年际变化外,还包含了季节振荡、40～50 d 振荡、10 a 际振荡和更长时间尺度的振荡。怎样从观测资料中滤去那些时间尺度短的和长的振荡,而仅保留其中的年际变化,已有一些不同的做法。Rosen 等[3]对日长观测资料先作

本文发表于《中国科学(D辑)》,1996 年第 26 卷第 1 期,80-86。

365 d 的滑动平均,再用观测值减平滑值得一偏差序列,发现与大气西风角动量异常有很好的对应。郑大伟等[6]采用多级数字滤波技术获取日长年际变化。与上述方法不同,任振球等[7]提出了自然滤波法,用相邻年同月的地球自转相对变化观测值相减而得,我们用公式表示为

$$\frac{\mathrm{d}\Omega}{\mathrm{d}t}/\Omega_0 = \lim_{\Delta t \to 0}\left(\frac{\Delta\Omega}{\Delta t}/\Omega_0\right) \tag{1}$$

其中

$$\frac{\Delta\Omega}{\Delta t}/\Omega_0 = \frac{1}{\Omega_0}\left[(\Omega_{i+1,m}-\Omega_0)-(\Omega_{i,m}-\Omega_0)\right]/a$$
$$-\left[\left(\frac{\Delta\Omega}{\Omega_0}\right)_{i+1,m}-\left(\frac{\Delta\Omega}{\Omega_0}\right)_{i,m}\right]/a \tag{2}$$

下标 i 为年,m 为月,Ω_0 为参考地转速度值,$\left(\frac{\Delta\Omega}{\Omega_0}\right)_{i,m}$ 为第 i 年、第 m 月的地转相对变化值。经 (1)式计算的结果,值为正(或为负)表示地球自转加快(或减慢)。用这一方法提取地球自转年际变化的信息不仅简便,意义也很明确。同样,对全球大气纬向风角动量年际变化信息的提取也采用(1)式,用全球纬向风 AAM 代替(1)式和(2)式中的 Ω,取 $(AAM)_0 = 1$。对全球性的变量,如地球自转速率和全球西风角动量,我们采用(1)式提取年际变化信息,而对非全球的局地变量,如纬带西风角动量、赤道东太平洋海温和低纬太平洋东部(以 Tahiti 站为代表)气压等取距平值。

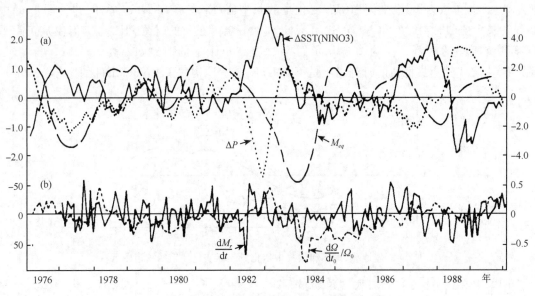

图 1　固体地球、海洋和大气中变化量的关系

(a)ΔSST 为 NINO3 区(5°S—5°N,150°W—90°W)海温距平(实线,℃),ΔP 为 Tahiti 站海平面气压距平(点线,hPa),M_{eq} 为赤道对流层(1000～100 hPa)西风角动量距平(虚线,10^{23} kg·m²·s⁻¹);(b)$\frac{\mathrm{d}M_r}{\mathrm{d}t}$ 为全球对流层(1000～100 hPa)

西风角动量年际变化(实线,10^{26} kg·m²·s⁻¹·a⁻¹),$\frac{\mathrm{d}\Omega}{\mathrm{d}t}/\Omega_0$ 为地球自转速度的年际变化(虚线,10^{-10} a⁻¹)

基于上述提取变化量信息的方法,我们把所获的信息集于图 1。图 1 中给出了 1976—1989 年的信息,所有曲线能反映固体地球、海洋和大气的相关变化。在此期间,各曲线表现出 3 次明显的波动,分别在 1976—1977 年、1982—1983 年和 1986—1987 年,对应为 3 次 ENSO

事件。图 1(a)中 ΔSST 为赤道东太平洋 NINO3 区(5°S～5°N,150°W～90°W)的海温距平(取自 US CAC[8]),代表了海洋的局地变化;ΔP 为低纬东部太平洋 Tahiti 站的海平面气压距平(取自 US CAC),可用来反映太平洋上的"跷跷板"式气压振荡,M_{eq} 为赤道对流层(1000～100 hPa)西风角动量距平[9]。图 1(b)中 dM_r/dt 是用 Rosen[10]给出的全球对流层(100～10 hPa)西风角动量经(1)式处理后得到的年际变化;$\dfrac{d\Omega}{dt}/\Omega_0$ 是用地球自转月相对变化值 $\left(\dfrac{\Delta\Omega}{\Omega_0}\right)$代入(1)式后计算得到的年际变化。

从图 1 看出,局地海温距平,局地海平面气压距平和局地纬向风角动量距平都表现为明显的年际变化性,ENSO 循环的信息不仅表现在赤道东太平洋海温和海面气压中,也反映在日长、赤道对流层纬向风角动量和全球 AAM 中,但从实测的地球自转月相对变化值(或日长值)和全球大气角动量时间序列中是不易直接看出这种年际变化的。

2　地球系统中各变量年际变化关系的结构图示

图 1 中固体地球、海洋和大气中的诸变化量之间表现出明显的非同步变化现象,即存在着位相关系,当一个变量出现异常大的变幅时,其他变量也先后反映出大的变幅。为了理清地球系统中变化量之间的非同步关系,我们从图 1 中归纳出一个结构模型如图 2 所示。图 2 中横坐标为时间,单位为年,纵坐标为所有变化量的距平值;El 表示 El Niño 事件,即为图 1(a)中实线达最大值的时刻;N_1 和 N_2 分别为 NINO3 区海温为正常的时刻,但 N_1 为海温从正距平过渡到负距平的时刻,N_2 为海温从负距平过渡到正距平的时刻;La 为 La Nina 事件,是图 1(a)中实线到达最低值的时刻。于是 El,N_1,La 和 N_2 构成了 ENSO 事件的循环。

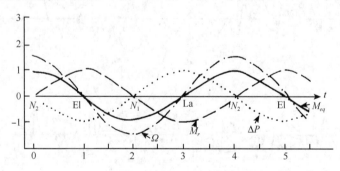

图 2　固体地球、海洋和大气中变化量年际变化关系的结构图示

图 2 中 M_{eq} 为赤道对流层大气角动量距平,M_{eq} 也表示了赤道纬向风的变化,M_{eq} 大于零(或小于零)反映了赤道纬带西风(或东风)距平。可见,El Niño 事件发生在赤道西风距平转东风距平时,La Nina 事件发生在赤道东风距平转西风距平时。在 N_2 时刻,赤道西风距平最大,从图 1(a)中看出赤道西风异常要比 El Niño 事件的发生早 1～2 a,依此可作 ENSO 事件发生的预报。

ΔP 表示太平洋东部的海平面气压距平,赤道东太平洋海温升高时,太平洋东部气压下降,西部气压上升,即表现为 ENSO 事件的发生。

Ω 是地球自转角速度距平,正、负距平表示地球自转比正常值偏快或偏慢,El Niño 事件发生在地球自转减慢的时候,La Nina 事件发生在地球自转加快的时候。

M_r 是全球大气纬向风角动量距平,它的正、负值分别代表全球西风角动量距平和东风角动量距平。El Niño 事件发生在全球西风角动量距平的时期,La Nina 事件发生在全球东风角动量距平的时期。

图 2 完全反映了图 1 中的各种变化关系,只不过图 2 中的关系更为清楚。此外,我们需注意两图中符号 Ω 与 $\frac{\mathrm{d}\Omega}{\mathrm{d}t}/\Omega_0$ 和 M_r 与 $\mathrm{d}M_r/\mathrm{d}t$ 之间的关系。

3　固海气相互作用的动力学分析

固体地球、海洋和大气构成了地球系统,在这个系统中大气与其下垫面地球和海洋之间的动力和热力耦合造成了大气的异常运动和大气质量相对固体地球的再分布。在年际时间尺度内大气环流异常和其他因素可作用于大洋环流发生异常,由于资料的原因,难以计算全球海洋的角动量变化,但获取海面温度资料较为容易,于是我们暂且不考虑海洋角动量的变化,而只考虑海面温度对大气的加热异常。这样,地球系统可简化成地气系统。

如果地气系统不受外力矩作用,则有

$$\Delta(M_r + M_\Omega + M_E) = 0 \tag{3}$$

为地气系统角动量守恒。其中

$$M_r = \frac{2\pi R^2}{g}\int_{p_u}^{p_s}\int_{-\frac{\pi}{2}}^{\frac{\pi}{2}}[\Delta u]\cos^2\varphi\,\mathrm{d}\varphi\,\mathrm{d}p \tag{4}$$

是与纬向风距平相一致的全球大气相对角动量异常,我们也称它为全球西风(或东风)AAM 距平(或异常);

$$M_\Omega = \frac{2\pi R^4\Omega}{g}\int_{-\frac{\pi}{2}}^{\frac{\pi}{2}}[\Delta p_s]\cos^3\varphi\,\mathrm{d}\varphi \tag{5}$$

是在以角速度 Ω 旋转的地球上大气质量纬带再分布引起的大气角动量异常,简称为大气质量角动量距平(异常)。上述式中,R 为地球平均半径,g 为重力加速度,φ 为纬度,p 为气压从大气上层 p_u 到地面 p_s,Δu 为纬向风距平,$[\quad]$ 为纬带平均算符。

$$\Delta M_E = I_E\Delta\Omega \tag{6}$$

是固体地球的角动量变化率,I_E 和 $\Delta\Omega$ 分别为固体地球的转动惯量和自转速度变率。

(3)式中 ΔM_r 和 ΔM_E 的变化关系能够根据图 2 中曲线 M_r 和 Ω 的位相确定,但是由于资料的原因,ΔM_Ω 的变化没有绘制在图 1 或图 2 中,这里,我们应用(3)式间接地估计 ΔM_Ω 的振幅和位相。考虑图 2 中 M_r 与 Ω 存在 $\frac{\pi}{2}$ 位相差的关系,我们取

$$\Delta M_E = A\sin\alpha t,\ \Delta M_r = B\cos\alpha t \tag{7}$$

代入(3)式,则有

$$\Delta M_\Omega = -\sqrt{A^2 + B^2}\sin(\alpha t + \beta) \tag{8}$$

其中 $\beta = \arcsin\left(\frac{A}{\sqrt{A^2+B^2}}\right)$ 为位相,A 和 B 为振幅,α 为频率。由(7)式、(8)式可见,这三项之间存在着不同的振幅和位相。如果假定振幅 $A=B$,则有

$$\Delta M_\Omega = -\sqrt{2}B\sin(\alpha t + \pi/4) \tag{9}$$

可见大气质量角动量变化率的振幅是纬向风角动量变化率的 $\sqrt{2}$ 倍。

依据地气系统的角动量变化率关系,大气总角动量变化率 $\Delta(M_r+M_\Omega)$ 可以由固体地球角动量的变化率 ΔM_E 估算,它们之间角动量交换的机制必然是地气界面上有力矩的作用,如果取大气为一个系统,那么作用于大气的力矩应该等于总 AAM 的时间变率,即

$$\Delta M_r + \Delta M_\Omega = T_m + T_s \tag{10}$$

其中 T_m 和 T_s 分别为山脉力矩和地(海)气界面同摩擦力矩。山脉力矩的表达式为

$$T_m = \frac{R^2\pi}{180}\int_{-\frac{\pi}{2}}^{\frac{\pi}{2}}\int_0^{2\pi}\cos\varphi H\,\frac{\partial p_s}{\partial\lambda}\mathrm{d}\lambda\mathrm{d}\varphi \tag{11}$$

这里 H 为山脉高度,p_s 为表面气压,山脉力矩反映了地形和表面气压的作用。南方涛动表现为 SLP 振动的零线沿南北美洲大陆和日界线,在 El Niño 位相时,南、北美大陆山脉西侧的表面气压下降,而它的东侧表面气压上升,Wendy 等[11]针对 1982—1983 年的 El Niño 事件计算了 3 个山脉的平均力矩,发现落基山山脉力矩最大,它的作用使总的 AAM 增加 $\Delta(M_r+M_\Omega)>0$。

摩擦力矩可表示为

$$T_s = -\frac{R^3\pi}{180}\int_{-\frac{\pi}{2}}^{\frac{\pi}{2}}\int_0^{2\pi}\cos^2\varphi\rho C_d\,|\,V\,|\,u\mathrm{d}\lambda\mathrm{d}\varphi \tag{12}$$

这里,ρ 为表面大气密度,C_d 为无量纲拖曳系数,$V=\sqrt{u^2+v^2}$,u 和 v 分别为表面风速分量。摩擦力矩可以分成两个部分:(1)地(海)气摩擦制造的全球东风角动量等于西风角动量,大气总 AAM 和地转角速度不变;(2)摩擦制造的东、西风角动量不等,并产生地转变速,这一强迫称为地转变速摩擦力矩 T'_s,或地转变速摩擦力[12]。

众所周知,山脉力矩可以根据山脉高度和地面气压确定地计算,也可由 ΔP 间接表示,但位相相反。根据图 2 中的关系,山脉力矩可表示为

$$T_m = C\sin\alpha t \tag{13}$$

其中 C 为振幅。然而摩擦力矩的计算是困难的,因为拖曳系数和地面风不能被很好地确定。图 2 或图 1 各变化量之间的关系中也同时反映了山脉力矩 T_m 和地转变速摩擦力矩 T'_s 的作用。在(10)式中我们把 T'_s 看成为未知量,将(7)、(8)和(13)式代入(10)式得

$$T'_s = \Delta M_r - T_m + \Delta M_\Omega = -\sqrt{B^2+C^2}\sin(\alpha t-\beta') - \sqrt{A^2+B^2}\sin(\alpha t+\beta) \tag{14}$$

其中 $\beta'=\arcsin(B/\sqrt{B^2+C^2})$。若取 $A=B=C$,则(14)式为

$$T'_s = -2C\sin\alpha t \tag{15}$$

可见,在年际时间尺度内地转变速摩擦力矩是山脉力矩的 1~2 倍。因此,山脉力矩和地转变速摩擦力矩的共同作用产生了地气角动量的交换。

4 ENSO 循环机制

地气系统中的角动量交换是通过地气(或海气)界面上的摩擦力矩和山脉力矩与 ENSO 相联系的。应该注意到摩擦力矩对海洋的作用能够通过大陆架两侧的水压差传输给固体地球。在图 2 中赤道纬向风角动量变化与 El Niño 事件的关系是很清楚的,当赤道西风发展时,风吹流使洋盆东部和赤道上海温升高,海面也升高,同时南、北美洲山脉西侧气压下降引起的

山脉力矩进一步使全球西风 AAM 增大。另一方面,全球西风 AAM 变化与赤道西风 AAM 变化并不同步,赤道纬带西风除受局地山脉力矩和摩擦力矩的作用外,还可由水平通量得到 AAM。根据 Bjerknes[1] 提出的思想,当赤道纬带海温暖于正常值时,经向剖面内的 Hadley 环流加快输送绝对角动量到副热带急流区,结果是使低纬带西风 AAM 减小,中纬带西风 AAM 增大。如果没有地气和海气摩擦力矩,Hadley 环流的强度变化只是在不同纬度带内重新分配角动量,并不改变全球大气的总角动量。Hadley 环流增强促使低纬信风增强并作用于海面,再由 Ekman 效应引起赤道海水上翻,甚至出现负的海温距平(La Nina 事件),在图 2 中从 El 位相经过 N_1 到达 La 位相。相反地,在赤道带负海温距平时,Hadley 环流减弱大气角动量向副热带的输送,于是出现赤道异常西风,风吹流使洋盆东部和赤道上海温升高,即从 La 位相经过 N_2 到达 El 位相。这样的重复就构成了 ENSO 事件的循环。

在含地形的全球海气耦合复杂模式中,山脉力矩已被包含在模式中,但是比山脉力矩大 1~2 倍的地转变速摩擦力矩尚未被引入模式中,这个摩擦力矩不但会引起全球纬向风在年际时间尺度内的异常,同时还引起地球自转速度的变化。现有复杂模式中的地气摩擦力矩是保持地转速度为常数条件下的摩擦力矩,本文认为对作 ENSO 事件的年际预报,地转变速摩擦力矩是应当考虑的。山脉力矩和地转变速摩擦力矩作用于不同纬带西风异常和全球 AAM 异常的非周期性类似于图 1 的结果,基于这一结果,一些年际变化量的非周期性,如固体地球自转速率、SST、SLP、大气质量再分布、不同纬带的纬向风速和全球 AAM 就易于理解了。

此外,山脉力矩和地转变速摩擦力矩对整个纬圈大气的作用产生很多局部现象具有同步性,如赤道东太平洋海温升高时,低纬印度洋和低纬东部大西洋海温也升高,正像我们已注意到的 1991 年 12 月和 1987 年 6 月全球 SST 距平图上的情形,"El Niño"事件能够同时出现在 3 个洋盆中。

5　结　论

通过年际时间尺度内地球系统中各变化量的资料分析和地气角动量交换的研究,我们得到下列结论:

(1)天文观测的日长值反映了地壳的旋转,它是地壳与其内核、地壳与外部圈层(海洋和大气)以及日地相互作用的结果。要得到大气通过山脉力矩和摩擦力矩作用于地球自转发生的年际变化,自然滤波法较为合理。

(2)若干协调的非同步现象反映了固体地球、海洋和大气之间的相互作用。对全球大气角动量的变化要考虑山脉力矩和地转变速摩擦力矩的作用,而对局地大气还要考虑定常地转摩擦力(对全球积分力矩为零)和 AAM 的水平通量。

(3)固体地球角动量的变化与全球纬向风 AAM 变化之间存在 $\pi/2$ 的位相差,大气质量再分布对总 AAM 的贡献是不可忽略的,其量值不小于纬向风 AAM 的变化,位相也与固体地球和纬向风 AAM 的不同。

(4)ENSO 循环过程中 Hadley 环流的强度直接影响着信风的变化。ENSO(El Niño)事件发生在赤道大气西风异常转东风异常的时候,反 ENSO(La Nina)事件发生在赤道大气东风异常转西风异常的时候,于是可用赤道纬带西风异常提前 1~2 a 作 ENSO 事件发生的预报。

(5)地转变速摩擦力矩是山脉力矩的 1~2 倍。在全球海气耦合的复杂模式中,不但要考虑山脉力矩和地转为常数时摩擦力矩的作用,还要引入地转变速摩擦力矩的作用。山脉力矩和地转变速摩擦力矩对纬带大气的作用可以解释低纬三大洋海温同时增暖的现象。

致谢:本文第一作者对王绍武先生和林本达先生给予的悉心指导和帮助表示衷心的感谢。

参考文献

[1] Bjerknes J. A possible response of the atomspheric Hadley circulation to equatorial anomalies of ocean temperature. *Tellus*,1966,18(4):820-829

[2] Stefanick M. Interannual atomspheric angular momentum variability 1963—1973 and the Southern Oscillation. *J Geophys Res*,1982,87:428-432

[3] Rosen R D,Salstein D A,Eubanks T M *et al*. An El Niño signal in atmospheric angular momentum and earth rotation. *Science*,1984,225:411-414

[4] Chao B F. Length-of-Day variations caused by El Niño-Southern Oscillation and Quasibiennial Oscillation. *Science*,1989,243:923-925

[5] Rasmusson E M,Wallace J M. Meteorological aspects of the El Niño/Southern Oscillation. *Science*,1983, 222: 1195-1202

[6] 郑大伟,罗时芳,宋国玄. 地球自转年际变化. El Niño 事件和大气角动量. 中国科学. B 辑,1988,(3): 332-337

[7] 任振球,张素琴. 地球自转与厄尼诺现象. 科学通报.1985,30(6):444-447

[8] Climate U S. Analysis Center. *Climate Diagnostics Bulletin*,1992,(1): 21-22

[9] Dickey J O,Marcus S L,Hide R. Global propagation of interannual fluctuations in atmospheric angular momentum. *Nature*,1992,357:484-488

[10] Rosen R D. The axial momentum balance of earth and its fluid envelope. *Surveys in Geophysics*,1993, 14:1-29

[11] Wendy L W,Smith R B. Length-of-Day changes and mountain torque during El Niño. *J Atmos. Sci*, 1987,44(24): 3656-3660

[12] Qian Weihong,You Xingtian,Chou Jifan. An atmospheric motion equation built on the conservative relationship of the angular momentum exchange between the solid earth and the atmosphere on seasonal-annual timescale. *Acta Meteorologica Sinica*,1995,9(2):249-256

大气吸引子的存在性

李建平 丑纪范

（兰州大学大气科学系）

摘 要：研究了无穷维 Hilbert 空间中，非定常外源强迫下大尺度大气方程组解的全局渐近行为。从算子的特性出发，给出能量不等式及解的唯一性定理。在外源强迫有界的假定下，证明了全局吸收集及大气吸引子的存在性，揭示出系统具有初始场作用衰减和向外源强迫适应的特征，并对结论的物理意义及由结论所引发的关于气候数值预报的几个想法进行了阐述。

关键词：算子方程 大气吸引子 全局吸收集 非定常外源强迫 衰减 适应

大气是一个强迫耗散的非线性系统，摩擦耗散、热力强迫、非线性平流、旋转力场和重力场等基本作用构成了大气运动的本质特征[1]。这种运动服从一些物理定理，并可用数学的语言表述成偏微分方程组的形式。但这组非线性偏微分组太复杂，一般说来，无法求得其解析解。虽然可以利用计算机对其进行数值试验，但它却无法解决当时间趋于无穷时，所有可能的初值出发的终态性质。因此，如果在不求解微分方程的情况下能直接由微分方程本身来研究其解的性质，无疑对了解大气的总体的宏观特征有十分重要的意义。

在定常外源强迫下，丑纪范[1~4]首先讨论了 R^n 维空间中非线性大气系统解的全局渐近行为，证明无论初始状态如何，系统都会演变到 R^n 空间中一吸收点集中的状态。从物理上讲，这就是系统向外源的适应。之后，又把结果推广到无穷维 Hilbert 空间中[5]。对于实际大气，外源强迫是非定常的。研究非定常强迫下的大气运动的规律性，对于了解和预报大规模的天气和气候运动来说，也有着基础性的意义[6]。因此，在非定常外源强迫下，我们把上述结论推广到 R^n 中[7]。在无穷维 Hilbert 空间中是否也成立，本文就主要讨论这个问题。

1 基本方程组

本文采用球面 (λ, θ, p, t) 坐标下的大尺度大气运动方程组，为节省篇幅，其具体形式请参见文献[1,2~5,8]（所用符号亦同）。方程的求解区域为 $\Omega = S^2 \times (p_0, P_s), 0 < p_0 < P_s < \infty$，其中 $p_0 > 0$ 是某个任意小的正数，P_s 为地表面气压，边界条件为：

在地表面 $p = P_s$ 上，

$$V_\lambda = V_\theta - \omega = 0 \tag{1}$$

$$\frac{\partial T}{\partial p} = \alpha_s (T_s - T) \tag{2}$$

本文发表于《中国科学(D辑)》，1997 年第 27 卷第 1 期，89-96。

这里 $T_s = T_s(\lambda, \theta, t)$ 为地表面的温度，α_s 是与湍流导热率有关的参数，它依赖于地面特征。

在大气层顶 $p = p_0$ 上，

$$\frac{\partial V_\lambda}{\partial p} = \frac{\partial V_\theta}{\partial p} = 0, \quad \omega = 0, \quad \frac{\partial T}{\partial p} = 0 \tag{3}$$

初始条件为：

$$(V_\lambda, V_\theta, T)\,|_{t=0} = (V_\lambda^{(0)}, V_\theta^{(0)}, T^{(0)}) \tag{4}$$

2　基本空间、算子方程、算子的性质及假定

引进向量函数 $\varphi = (V_\lambda, V_\theta, \omega, \Phi, T)'$（这里"′"表示转置）和算子 B, N, L，可将球面坐标下大尺度大气方程组写成如下的算子方程：

$$B\frac{\partial \varphi}{\partial t} + (N(\varphi) + L)\varphi = \xi(t) \tag{5}$$

$$B\varphi\,|_{t=0} = B\varphi_0 \tag{6}$$

这里

$$B = \mathrm{diag}(1, 1, 0, 0, R^2/C^2) \tag{7}$$

$$N(\varphi) = \begin{bmatrix} \Lambda & 2\Omega\cos\theta + \dfrac{\mathrm{ctg}\theta}{a}V_\lambda & 0 & \dfrac{1}{a\sin\theta}\dfrac{\partial}{\partial\lambda} & 0 \\[2mm] \left(-2\Omega\cos\theta + \dfrac{\mathrm{ctg}\theta}{a}V_\lambda\right) & \Lambda & 0 & \dfrac{1}{a}\dfrac{\partial}{\partial\theta} & 0 \\[2mm] 0 & 0 & 0 & \dfrac{\partial}{\partial p} & \dfrac{R}{p} \\[2mm] \dfrac{1}{a\sin\theta}\dfrac{\partial}{\partial\lambda} & \dfrac{1}{a\sin\theta}\dfrac{\partial}{\partial\theta}\sin\theta & \dfrac{\partial}{\partial p} & 0 & 0 \\[2mm] 0 & 0 & -\dfrac{R}{p} & 0 & \dfrac{R^2}{C^2}\Lambda \end{bmatrix} \tag{8}$$

$$L = \mathrm{diag}(L_1, L_1, 0, 0, L_2 + l_2\alpha_s T_s^2/T^2) \tag{9}$$

$$\xi(t) = (0, 0, 0, 0, R^2\varepsilon(t)/C^2 C_p + l_2\alpha_s T_s^2(t)/T) \tag{10}$$

其中 $L_i = -\partial_p l_i \partial_p - \mu_i\nabla^2$，$l_i = v_i(gp/R\overline{T})^2$，$i = 1, 2$。算子 $N(\varphi)$ 概括了旋转流体运动的平流、地转偏向力、地球的球面效应、气压梯度力等的作用。算子 L 体现了方程中的耗散项。

在向量函数 $\varphi = (V_\lambda, V_\theta, \omega, \Phi, T)'$ 的全体所构成的集合上，定义如下内积和范数

$$(\varphi_1, \varphi_2) = \int_\Omega \varphi'_1\varphi_2\,\mathrm{d}\Omega = \int_{P_0}^{P_s}\int_0^\pi\int_0^{2\pi} \varphi'_1\varphi_2 a^2\sin\theta\mathrm{d}\lambda\mathrm{d}\theta\mathrm{d}p \tag{11}$$

$$\|\varphi\|_0 = (\varphi, \varphi)^{1/2} \tag{12}$$

并完备化后，即得一 Hilbert 空间 H_0。

令 $B^*, L^*, N^*(\varphi)$ 分别为 $B, L, N(\varphi)$ 的伴随算子，则不难有

性质 1　　　　　　$B = B^*, L = L^*, N(\varphi) = -N^*(\varphi)$ $\qquad\qquad$ (13)

我们称 B, L 为自伴算子，$N(\varphi)$ 为反伴算子。

性质 2　B, L 为正定算子，

$$(\varphi, B\varphi) \geqslant 0 \tag{14}$$

$$(\varphi, L\varphi) \geqslant 0 \tag{15}$$

$$(\varphi, N(\varphi_1)\varphi) = 0 \tag{16}$$

$\forall \varphi, \varphi_1 \in H_0(\Omega)$，(14)式及(15)式中等号只在 $\|\varphi\|_0 = 0$ 时成立。

(14)式表明 $(\varphi, B\varphi)$ 代表能量。(15)式表明算子 L 的自共轭和正定性表征着耗散作用总是使能量耗散。(16)式表明算子 $N(\varphi)$ 的反伴性质表征了流体运动的平流、地转偏向力、地球的球面效应、气压梯度力等的作用不改变总能量这一重要的物理本质。

在绝热无摩擦下由(14~16)式知(5)式有总能量守恒

$$\frac{\mathrm{d}}{\mathrm{d}t}(\varphi, B\varphi) = 0 \tag{17}$$

即

$$\|B_1\varphi\|_0^2 = \int_\Omega \left(V_\lambda^2 + V_\theta^2 + \frac{R^2}{C^2}T^2\right)\mathrm{d}\Omega = 常数 \tag{18}$$

式中 $B_1 = \mathrm{diag}(1,1,0,0,R/C)$。

令 $H_1(\Omega)$ 为下列范数下的完备化空间

$$\|\varphi\|_1 = (\|V_\lambda\|^2 + \|V_\theta\|^2 + \|\omega\|^2 + \|\Phi\|^2 + \|T\|^2)^{1/2} \tag{19}$$

$\forall \varphi = (V_\lambda, V_\theta, \omega, \Phi, T)'$，其中 $\|V_\lambda\|$、$\|V_\theta\|$ 和 $\|T\|$ 取 $H^1(\Omega)$ 中范数，$\|\omega\|$ 和 $\|\Phi\|$ 取 $Q(\Omega)$ 中范数。这里 $H^1(\Omega)$ 是标准的 Sobolev 空间，$Q(\Omega)$ 是如下范数下的完备化空间：

$$\|q\| = \left(\int_\Omega (q^2 + (\partial q/\partial p)^2)\mathrm{d}\Omega\right)^{1/2}, (q = \omega \text{ 或 } \Phi) \tag{20}$$

在 $Q(\Omega)$ 中，可赋予如下等价范数：

$$\|q\| = \left(\int_\Omega (\partial q/\partial p)^2\mathrm{d}\Omega\right)^{1/2}, (q = \omega \text{ 或 } \Phi) \tag{21}$$

引理 1　存在常数 $K_1, K_2 > 0$，使得

$$K_1(\|V_\lambda\|^2 + \|V_\theta\|^2 + \|T\|^2) \leqslant \|\varphi\|_1$$
$$\leqslant K_2(\|V_\lambda\|^2 + \|V_\theta\|^2 + \|T\|^2) \tag{22}$$

$\forall \varphi = (V_\lambda, V_\theta, \omega, \Phi, T)' \in H_1(\Omega)$。

所以，在 $H_1(\Omega)$ 中可用如下等价范数：

$$\|\varphi\|_1 = (\|V_\lambda\|^2 + \|V_\theta\|^2 + \|T\|^2)^{1/2} \tag{23}$$

为了下面的讨论，需要将算子 $N(\varphi)$ 分解为

$$N(\varphi) = N^{(1)}(\varphi) + N^{(2)} \tag{24}$$

$$N^{(1)}(\varphi) = \begin{bmatrix} \Lambda & \dfrac{\mathrm{ctg}\theta}{a}V_\lambda & 0 & 0 & 0 \\ -\dfrac{\mathrm{ctg}\theta}{a}V_\lambda & \Lambda & 0 & 0 & 0 \\ 0 & 0 & 0 & 0 & 0 \\ 0 & 0 & 0 & 0 & 0 \\ 0 & 0 & 0 & 0 & \dfrac{R^2}{C^2}\Lambda \end{bmatrix}$$

$$N^{(2)} = \begin{bmatrix} 0 & 2\Omega\cos\theta & 0 & \dfrac{1}{a\sin\theta}\dfrac{\partial}{\partial\lambda} & 0 \\[2mm] -2\Omega\cos\theta & 0 & 0 & \dfrac{1}{a}\dfrac{\partial}{\partial\theta} & 0 \\[2mm] 0 & 0 & 0 & \dfrac{\partial}{\partial p} & \dfrac{R}{p} \\[2mm] \dfrac{1}{a\sin\theta}\dfrac{\partial}{\partial\lambda} & \dfrac{1}{a\sin\theta}\dfrac{\partial}{\partial\theta}\sin\theta & \dfrac{\partial}{\partial\theta} & 0 & 0 \\[2mm] 0 & 0 & -\dfrac{R}{p} & 0 & 0 \end{bmatrix}$$

算子 $N^{(1)}(\varphi)$, $N^{(2)}$ 均为反伴算子。

引理 2

$$N(\varphi_1 + \varphi_2) = N^{(1)}(\varphi_1 + \varphi_2) + N^{(2)} \tag{25}$$

$$N^{(1)}(\alpha\varphi_1 + \beta\varphi_2) = \alpha N^{(1)}(\varphi_1) + \beta N^{(1)}(\varphi_1), \forall \varphi, \varphi_1 \in H_0(\Omega) \tag{26}$$

引理 3 存在常数 $C_1 > 0$,使得

$$C_1 \parallel \varphi \parallel_1^2 \leqslant (\varphi, L\varphi), \forall \varphi \in H_1(\Omega) \tag{27}$$

引理 4 存在常数 C,使得

$$| (N^{(1)}(\varphi)\varphi_1, \varphi) | = | (N^{(1)}(\varphi)\varphi_1, \varphi) | \leqslant C \begin{cases} \parallel \varphi \parallel_1 \parallel B_1\varphi \parallel_0 \parallel \varphi_1 \parallel_3 \\ \parallel \varphi \parallel_1 \parallel B_1\varphi \parallel_0 \parallel B_1\varphi_1 \parallel_3 \end{cases} \tag{28}$$

本文研究的是非定常外源强迫情形,因此 $\xi = \xi(t)$ 是随时间变化的。但在实际中,外源强迫总是有界的,故下面的讨论假定外源强迫是有界的,即

$$0 < \parallel \xi(t) \parallel^2 \leqslant M < \infty \tag{29}$$

其中 $\parallel \xi(t) \parallel^2 = \parallel R^2\varepsilon(t)/C^2C_p \parallel^2 + l_2\alpha_s \parallel T_s(t) \parallel^2$,$\varepsilon(t)$,$T_s(t)$ 可以是拟周期,渐近拟周期或可由 Fourier 级数展开的函数。

3 能量不等式和解的唯一性

定理 1 方程(5)、(6)的解 φ 满足

$$\parallel B_1\varphi \parallel_0^2 + 2C_1\int_0^t \parallel \varphi(t) \parallel_1^2 dt \leqslant \parallel B_1\varphi_0 \parallel_0^2 + 2\int_0^t (\xi(t), \varphi(t)) dt, \quad t \in [0, T], \text{a. e.} \tag{30}$$

C_1 为(27)式所给出。

进一步,如果 $\xi(t) \in H_1^*(\Omega)$,$H_1^*(\Omega)$ 为 $H_1(\Omega)$ 的对偶空间,则

$$(\xi, \varphi) \leqslant \frac{1}{C_2} \parallel \xi \parallel_{H_1^*}^2 + \frac{C_1}{2} \parallel \varphi \parallel_1^2 \tag{31}$$

所以,

$$\parallel B_1\varphi \parallel_0^2 + C_1\int_0^t \parallel \varphi(t) \parallel_1^2 dt \leqslant \parallel B_1\varphi_0 \parallel_0^2 + \frac{1}{C_2}\int_0^t \parallel \xi(t) \parallel_{H_1^*}^2 dt, t \in [0, T], \text{a. e.} \tag{32}$$

另一方面,利用 $\parallel B_1\varphi \parallel_0^2 \leqslant C_1^* \parallel \varphi \parallel_1^2$,

$$| (\xi(t), \varphi(t)) | \leqslant \frac{1}{C_2} \parallel \xi(t) \parallel^2 + \frac{C_1}{2} \parallel \varphi(t) \parallel_0^2$$

于是,

$$\frac{\mathrm{d}}{\mathrm{d}t}\parallel B_1\varphi\parallel_0^2 + \tilde{C}_1 \parallel B_1\varphi(t)\parallel_0^2 \leqslant \frac{1}{C_2}\parallel \xi(t)\parallel^2 \tag{33}$$

由经典的 Gronwall 不等式有,

定理 2 方程(5)、方程(6)的解 φ 满足

$$\parallel B_1\varphi\parallel_0^2 \leqslant \left\{\parallel B_1\varphi_0\parallel_0^2 + \frac{1}{C_2}\int_0^t \mathrm{e}^{\tilde{C}_1 t}\parallel \xi(t)\parallel^2 \mathrm{d}t\right\}\mathrm{e}^{-\tilde{C}_1 t} \tag{34}$$

$t\in[0,T]$, a. e. , C_2, $\tilde{C}_1 > 0$。

(34)式具有明显的物理意义,其中右端第 1 项反映初值的影响,第 2 项反映外源的影响。当时间 $t\to\infty$ 时,有

$$\parallel B_1\varphi_0\parallel_0^2 \mathrm{e}^{-\tilde{C}_1 t} \to 0 \tag{35}$$

$$\lim_{t\to\infty}\parallel B_1\varphi\parallel_0^2 \leqslant \lim_{t\to\infty}\left\{\parallel B_1\varphi_0\parallel_0^2 + \frac{1}{C_2}\int_0^t \mathrm{e}^{\tilde{C}_1 t}\parallel \xi(t)\parallel^2 \mathrm{d}t\right\}\mathrm{e}^{-\tilde{C}_1 t} =$$
$$\lim_{t\to\infty}\frac{1}{C_2}\int_0^t \mathrm{e}^{\tilde{C}_1 t}\parallel \xi(t)\parallel^2 \mathrm{d}t\right\}\mathrm{e}^{-\tilde{C}_1 t} \tag{36}$$

这就从一般意义上说明方程(5)所描写的体系具有初始场作用衰减的特征[8],系统的长期变化取决于外源的变化情况。

考虑到(29)式的假定,则有

$$\parallel B_1\varphi\parallel_0^2 \leqslant \left\{\parallel B_1\varphi_0\parallel_0^2 + \frac{M}{C_2}\int_0^t \mathrm{e}^{\tilde{C}_1 t}\mathrm{d}t\right\}\mathrm{e}^{-\tilde{C}_1 t} =$$
$$\parallel B_1\varphi_0\parallel_0^2 \mathrm{e}^{-\tilde{C}_1 t} + \frac{M}{C_2\tilde{C}_1}(1-\mathrm{e}^{-\tilde{C}_1 t}), \quad t\in[0,T], \text{a. e.} \tag{37}$$

定理 3 初边值问题(5)、(6),(1~3)式的光滑解是唯一的。

证 令 $\varphi_1 = (V_{1\lambda}, V_{1\theta}, \omega_1, \Phi_1, T_1)'$, $\varphi_2 = (V_{2\lambda}, V_{2\theta}, \omega_2, \Phi_2, T_2)'$ 是满足初边值问题(5)、(6)、(1~3)式的解,再令

$$\varphi_1 - \varphi_2 = \varphi = (V_\lambda, V_\theta, \omega, \Phi, T)'$$

则由前面的讨论有

$$\frac{\partial}{\partial t}B\varphi + N^{(1)}(\varphi_1)\varphi_1 - N^{(1)}(\varphi_2)\varphi_2 + N^{(2)}\varphi + L^*\varphi = 0 \tag{38}$$

$$\varphi(\lambda,\theta,p;0) = 0 \tag{39}$$

在 $p=P_s$ 上, $\qquad (V_\lambda, V_\theta, \omega) = 0, \partial T/\partial p = -\alpha_s T \tag{40}$

在 $p=p_0$ 上, $\qquad (\partial V_\lambda/\partial p, \partial V_\theta/\partial p, \omega, \partial T/\partial p) = 0 \tag{41}$

其中 $\qquad L^* = \mathrm{diag}(L_1, L_1, 0, 0, L_2)$

由引理 2 知

$$\frac{\partial}{\partial t}B\varphi + N^{(1)}(\varphi+\varphi_2)\varphi + N^{(1)}(\varphi)\varphi_2 + N^{(2)}\varphi + L^*\varphi = 0 \tag{42}$$

于是有

$$\frac{\mathrm{d}}{\mathrm{d}t}\parallel B_1\varphi\parallel_0^2 + 2(N^{(1)}(\varphi+\varphi_2)\varphi,\varphi) + 2(N^{(1)}(\varphi)\varphi_2,\varphi) + 2(N^{(2)}\varphi,\varphi) + 2(L^*\varphi,\varphi) = 0 \tag{43}$$

所以,

$$\frac{\mathrm{d}}{\mathrm{d}t}\parallel B_1\varphi\parallel_0^2 + 2C_1\parallel\varphi\parallel_1^2 \leqslant 2\mid (N^{(1)}(\varphi)\varphi_2,\varphi)\mid \leqslant$$

$$2C\parallel\varphi\parallel_1\parallel B_1\varphi\parallel_0\parallel B_1\varphi_2\parallel_3 \leqslant C_1\parallel B_1\varphi\parallel_1^2 + \frac{C^2}{C_1}\parallel B_1\varphi\parallel_0^2\parallel B_1\varphi_2\parallel_3^2 \tag{44}$$

即

$$\frac{\mathrm{d}}{\mathrm{d}t}\parallel B_1\varphi\parallel_0^2 \leqslant C\parallel B_1\varphi_2\parallel_3^2\parallel B_1\varphi\parallel_0^2 \tag{45}$$

积分上式,并利用(39)式立即可得 $\parallel B_1\varphi\parallel_0^2 \equiv 0$,即有 $\varphi_1 \equiv \varphi_2$。证毕。

4　大气吸引子的存在性

定理 4　在(29)式的假定下,令
$$B_K = \{\varphi = (V_\lambda,V_\theta,\omega,\Phi,T)' \in H_0(\Omega)\mid \parallel B_1\varphi\parallel_0^2 \leqslant K\} \tag{46}$$
$$\tau = \frac{1}{\widetilde{C}_1}\ln\frac{\parallel B_1\varphi_0\parallel_0^2 - M_1}{K - M_1} \tag{47}$$
$$K > M_1 \tag{48}$$
$$M_1 = M/C_2\widetilde{C}_1 \tag{49}$$

C_2 为(31)式所给出,$\widetilde{C}$ 为(33)式给出,方程(5)、方程(6)的解满足:

(1)若 $B_1\varphi_0 \in B_K$,则对 $\forall t \geqslant 0$,$B_1\varphi(t) \in B_K$;

(2)若 $B_1\varphi_0 \bar{\in} B_K$,则对 $\forall t \geqslant \tau$,$B_1\varphi(t) \in B_K$.

证　在(29)式的假定下,方程(5)、(6)的解满足(37)式,即
$$\parallel B_1\varphi\parallel_0^2 \leqslant \parallel B_1\varphi_0\parallel_0^2 \mathrm{e}^{-\widetilde{C}_1 t} + M_1(1 - \mathrm{e}^{-\widetilde{C}_1 t}) \tag{50}$$

因为

$$0 < \mathrm{e}^{-\widetilde{C}_1 t} \leqslant 1,\qquad \forall t \geqslant 0$$

所以

$$K\mathrm{e}^{-\widetilde{C}_1 t} + M_1(1 - \mathrm{e}^{-\widetilde{C}_1 t}) \leqslant K \tag{51}$$

若 $B_1\varphi_0 \in B_K$,则

$$\parallel B_1\varphi_0\parallel_0^2 \leqslant K$$

由(50)及(51)式可得

$$\parallel B_1\varphi_0\parallel_0^2 \leqslant K\mathrm{e}^{-\widetilde{C}_1 t} + M_1(1 - \mathrm{e}^{-\widetilde{C}_1 t}) \leqslant K$$

因而 $\forall t \geqslant 0$ 有 $B_1\varphi(t) \bar{\in} B_K$。

若 $B_1\varphi_0 \bar{\in} B_K$,则

$$\parallel B_1\varphi_0\parallel_0^2 > K$$

当 $\forall t \geqslant \tau$ 时,由(50)式可得

$$\parallel B_1\varphi_0\parallel_0^2 \leqslant \frac{K - M_1}{\parallel B_1\varphi_0\parallel_0^2 - M_1}\parallel B_1\varphi_0\parallel_0^2 + M_1\left(1 - \frac{K - M_1}{\parallel B_1\varphi_0\parallel_0^2 - M_1}\right) = K$$

故有 $B_1\varphi(t) \in B_K$。证毕。

定理 4 表明,H_0 中存在一个有界球体 B_K,以 B_K 外任一点为初值的方程(5)的解 $\varphi(t)$ 必将在时间 t 大于某个临界时间 τ 时进入并永远留在 B_K 内,而以 B_K 内的任一点为初值的解不

会跑到 B_K 外。也即是说,当 $t \geqslant \tau$ 时,对所有可能的初值 $B_1\varphi_0$,都成立 $B_1\varphi(t) \in B_K$。因此,我们称 B_K 为全局吸收集。B_K 外的点对于研究时间趋于无穷的渐近状态无关,它表示的状态只有暂时意义,而系统的渐近状态(即长期行为)将只取决于有界球体 B_K。K 的下界取决于外源强迫的最大值 M 的大小。进一步要问 B_K 内的点集最终是什么样子? 是否会趋于一不变点集呢? 下面就讨论这个问题。

由定理 3 知,$B_1\varphi(t)$ 由初值 $B_1\varphi_0$ 所唯一确定。于是(5)、(6)定义了一个映射(或称算子)$S(t):H_0 \to H_0$,使得 $S(t)B_1\varphi_0 = B_1\varphi(t)$。定义

$$S(t)R = \{S(t)B_1\varphi_0 \mid \forall B_1\varphi_0 \in R \subset H_0\} \tag{52}$$

于是,定理 4 可表述如下:

定理 4' B_K 是一吸收集,即,对 $\forall R \subset H_0$,R 为有界集,存在 $\tau(R)$,使得

$$S(t)R \subset B_K, \qquad \forall t \geqslant \tau(R) \tag{53}$$

引理 5[9] 设 H 是一个度量空间,$S(t)$ 是 $H \to H$ 的连续半群,并且 $S(t)$ 对大的 t 是一致紧。另外设 U 为一开集,$\mathscr{A}$ 为 U 的有界集,使得 $\mathscr{A}$ 是 U 中的吸收集,那么

$$A = \bigcap_{S \geqslant 0} \bigcup_{t \geqslant S} S(t)\mathscr{A} \tag{54}$$

是一个紧吸引子,它吸引 U 中的有界集,而且是 U 中最大吸引子。

定义

$$A = \bigcap_{S \geqslant 0} \overline{\bigcup_{t \geqslant S} S(t)B_K} \tag{55}$$

则我们有

定理 5 A 满足:

(1)A 是 H_0 中的有界集;

(2)A 是 $S(t)$ 的泛函不变集,即

$$S(t)A = A, \qquad \forall t \geqslant 0 \tag{56}$$

(3)存在 A 的开邻域 U,使得 $\forall B_1\varphi_0 \in U$,当 $t \to \infty$ 时,$S(t)B_1\varphi_0 \to 0$,即

$$\text{dist}(S(t)B_1\varphi_0, A) \to 0, \text{当 } t \to \infty \text{ 时} \tag{57}$$

这里 $\text{dist}(x, A) = \inf_{y \in A} d(x, y)$,$d(x, y)$ 是 H_0 中 x, y 的距离;

(4)A 一致吸引集合 B_K,即

$$d(S(t)B_K, B_K) \to 0, \qquad \text{当 } t \to \infty \text{ 时} \tag{58}$$

其中 $d(A_0, A_1) = \sup_{x \in A_0} \inf_{y \in A_1} d(x, y)$;

(5)A 是 $S(t)$ 的全局吸引子。

根据以上结论可知,存在全局吸引子 A,随着时间 t 的增长,(5)、(6)式所描述的大气系统将越来越靠近 A。全局吸引子 A 反映了系统的终态,我们称它为大气吸引子。又由于(36)式及定理 4 所阐明的初始场作用的衰减和系统长期变化取决于外源变化的结论,所以长期天气和气候系统作为开放的物理系统具有向外源非线性适应的性质。

5 小结与讨论

本文研究了非定常外源强迫下,无穷维 Hilbert 空间中大尺度大气运动的全局渐近行为。在外源强迫的变化满足(29)式的假定下,证明了全局吸收集 B_K 及大气吸引子的存在性,即算

子方程(5)、(6)所描述的大气系统在时间 t 大于某一确定的时间 τ 时,将进入到全局吸收集 B_K 内,并且随着时间的增长,系统将趋于一全局吸引子 A。这也就是说大气的长期演变或说气候是处于吸引子状态。另外,系统具有初始场作用衰减的特性。根据上述结论,我们认为下面几个方面是值得注意的。

(1)因为吸引子具有有限的 Hausdorff 维数,所以大气方程组可以被一个有限维的常微分方程组来精确描述。这样,问题变得简单化了。不过估计系统的维数是很关键和重要的。由于利用实际资料确定吸引子的维数方法中存在严重的问题[10],所以就需要从理论上对吸引子维数做出严格的理论估计。

(2)在 R^n 空间中,我们可以证明上述大气吸引子的相体积为零。这表明,根据观测资料所确定的初值,由于观测误差和缺测所引起的内插值的误差,就使得这些初值不大可能处于吸引子状态,因而是和实际大气情况不一致,是和模式方程不协调。这就是数值预报中对初值进行各种处理以达到与模式相协调的实质。

(3)在设计气候预报的数值模式时,应利用大气初始场作用衰减的特性,使问题得到简化。同时,要充分考虑和认识外源强迫的变化情况。这对气候预报无疑是至关重要的。

(4)在设计气候模式的数值算法或简化大气方程组时,应注意大气方程保持算子的性质不变,这也就从根本上保证了系统的物理本质。

参考文献

[1] 丑纪范.大气动力学的新进展.兰州:兰州大学出版社.1990.37-92

[2] Chou Jifan. Some General Properties of the Atomospheric Model: in H Space, R^n Space, Point Mapping, Cell Mapping. *Proceedings of International Summer Colloquium on Nonlinear Dynamics of the Atmosphere*. Beijing: Science Press, 1986. 187-189

[3] 丑纪范.长期数值天气预报.北京:气象出版社,1986.51-95

[4] 郭秉荣,丑纪范,杜行远.大气科学中数学方法的应用.北京:气象出版社.1986:239-276

[5] 汪守宏,黄建平,丑纪范.大尺度大气运动方程组的一些性质——定常外源强迫下的非线性适应.中国科学.B辑,1989,(3):328-336

[6] 曾庆存.数值天气预报的数学物理基础.北京:科学出版社,1979:1-160

[7] 李建平,丑纪范.非定常外源强迫下大尺度大气方程组解的性质.科学通报,1995,40(13):1207-1209

[8] 丑纪范.初始场作用的衰减与算子的特性.气象学报,1983,41(4):385-392

[9] 李开泰,马逸尘.数理方程 HILBERT 空间方法(下).西安:西安交通大学出版社.1992.267-400

[10] 李建平,丑纪范.利用一维时间序列确定吸引子维数中存在的若干问题.气象学报,1996,54(3):312-323

大气动力学方程组全局分析的研究进展

谢志辉[①]   丑纪范[②]

(①北京大学地球物理系;②北京气象学院)

摘　要:把天气预报问题提成初值问题的反问题,可以使用多时刻的历史资料去补充和完善数值预报模式。借助于几何直观可以对大气动力学方程组的极限解集进行全局定性分析,运用胞映射的概念和方法可以对大气系统的数值模式的整体特征进行全局分析和借助概率论的语言进行统计描述。还可以给出"气候"这个模糊概念的严格的数学定义及定量研究大气可预测性问题的途径。全局分析是研究气候不同于简单初值问题的另外一条道路。综述了这方面研究的最新进展。

关键词:大气动力学;数值天气预报;大气方程组;多时刻资料;反问题;全局分析;统计描述

　　短中期数值天气预报已经取得成功并投入业务使用,但在半个月以上的长期预测和短期气候的研究中,却遇到很大的困难。针对这些困难,除了可以继续沿着正问题的道路进行完善之外,还可以用反问题的方法来补充数值预报模式。可以用非线性动力学的方法由微分方程本身来研究其解的性质,去了解大气运动的总体宏观特征。

　　本文先从动力学方法中遇到的问题谈起,这是问题的由来,接着论述了初值问题的反问题,可以使用多时刻的历史资料去补充和完善数值预报模式,然后简单介绍在进行大气动力学方程组全局分析时的数学方法和物理概念,并重点介绍这一方面的研究进展。

1　初值问题与演变问题

1.1　初值问题及其局限性

　　瑞士物理学家和数学家 Euler(1755)写出了理想流体动力学方程组,挪威气象学家 Bjerknes(1904)提出天气预报问题应提成大气运动方程组的初值问题,英国数学家和气象学家 Richardson(1922)提出了逐步数值积分求出数值解的思想[1],Charney 等[2]第一次用准地转一层模式使短期数值天气预报获得了成功。

　　在数学上把天气(气候)预报问题提成初值问题,即用动力学的方法进行预报,从认识论上讲就是把大气看成是确定论的系统,这在较短的时间尺度内是行得通的,而在时间较长的时候却是有问题的,主要是大气运动是非线性、强迫和耗散的。由这三大特点,可以得到一幅这样的图像:误差是随着时间呈指数增加的,初始场的作用随着时间是衰减的,必须考虑能量的补充和耗散。Lorenz[3]发现了"蝴蝶效应",指的就是初始场微小的不确定性的指数放大。这就

本文发表于《地球科学进展》,1999 年第 14 卷第 2 期,133-139。

提出了确定论预报的可预报性问题,中期数值天气预报逐日预报的可预报时限大约是两三周左右的时间。

1.2　动力—统计相结合

丑纪范[4,5]对长期预报为什么要走动力—统计相结合的道路的必要性进行了论述。动力方法是确定论的,它认为天气的未来状态是现在状态和制约这种状态的变化规律所确定的必然结果。统计方法是概率论的,它承认天气的未来状态有不确定性,期望依据天气的现在状态和近期的演变情况,对未来作出概率的推断。然而现在作预报时却没有把这两种方法的预报依据有机地结合起来加以利用。统计方法利用了积累的大量观测资料,却没有利用或充分利用人们掌握了的物理知识。动力方法正巧相反,它利用了物理知识,却没有利用或充分利用已有的大量实际历史资料。把预报问题提成反问题,可以取长补短。

1.3　正问题与反问题

对三周以上的长期天气预报和短期气候预报问题而言,一种做法是所谓的数值预报的正问题,即从完善中期数值模式本身(建立尽量精确的模式)来继续长期预报问题的研究,如完善方程组、提高时空分辨率、完善各种物理过程、建立耦合模式和利用更加高速的计算机等,目前国际上的一个主要做法是用中期数值预报模式作长时间积分,即所谓的延伸预报,对月以上的延伸预报,目前仍然达不到用相关系数 0.5 作为业务预报的最低标准,特别是进入 20 世纪 90 年代以来预报水平提高不大,所以目前业务化长期天气预报和短期气候预测仍然以经验方法和统计方法为主[6]。而另一种做法是把天气(气候)预报的问题提成反问题[7~11],即认为初值是不精确的,是有误差的,模式也是不能完全反映实际大气的运动规律的,需要求助于统计方法,可以利用多时刻的大气的历史演变资料来订正初值和模式,补充瞬时初值问题的不足。反问题是相对正问题而言的,如果在预报模式沿着正问题方向已经改进的基础上,再沿着反问题方向改进模式,无疑就是对模式改进后的改进,其效果是比较好的。一般的顺序是沿正问题方向改进模式的工作先行,沿反问题改进模式的工作随后,后者总是跟踪前者。

1.4　用反问题的方法来补充数值预报模式

顾震潮[7]最早比较了用初值问题的方法作数值预报与用天气历史演变来作预报的不同之处,证明了作为初值问题的天气形势数值预报与由地面天气历史演变作预报是等价的。顾震潮[8]还提出了天气数值预报可以提成演变问题,从而可以使用过去的历史资料。丑纪范[9]则进一步将微分方程的定解问题转变为等价的泛函极值问题——变分问题,推广了微分方程的解的概念,引进了新型的"广义解",并利用希尔伯特空间(H 空间)的理论,论证了"广义解"是比原来意义下的"正规解"更接近方程所描述的物理现象的"实况"。郭秉荣等[12]给出了一种以大气温压场连续演变表征下垫面热状况的长期天气数值预报方法。邱崇践等[13,14]对正压涡度方程的未知部分,用一种模式识别的扰动方法,进行了模拟试验。邱崇践等[15]还针对模式中的敏感参数,认为可以用近期大气演变的实况资料提供的信息修正模式参数,用简单的准地转正压模式进行了数值试验,结果令人满意。黄建平等[16]以 Lorenz 模型为例进行了用观测资料反演模型的试验,郜吉东等[17]以一维非线性平流扩散方程为例,用共轭方程的解法对反问题进行了理想场的数值试验,表明共轭方程法非常有效。

至于如何利用以演变观点看问题的预报员经验,丑纪范[10,18]提出了可利用预报员在历史天气图中找相似的方法,在此基础上,邱崇践等[19,20]建立了相似—动力的准地转模式,黄建平等[21,22]建立了一个相似—动力的季节预报模式,取得了较好的结果。

许多学者先后从不同原理和准则提出了能容纳多时次资料的模式,郑庆林等[23]给出了一个能够使用多时刻观测资料的准地转模式,丑纪范[24]提出了用于寒潮预报的地转两参数中期数值预报多时刻模式。曹鸿兴[25,26]从不可逆过程的记忆概念出发,建立了包含多时次观测资料的自忆性方程,给出了正压无辐散模式和正压原始方程模式的自忆性方程,能将现有的多时次数值预报模式统一在自忆性方程的框架中,随着记忆函数的不同求取方式,自忆性方程可构成数值、统计—动力和多时刻模式。谷湘潜[27]则把大气自忆原理引入了谱模式。

多方面的数值试验研究,充分证实了这一从反问题的角度改进预报的途径在理论上是可行的,且模拟试验的效果是好的[11]。

2 进行全局分析的原因以及数学物理基础

全局分析又叫全局渐近分析,研究的是确定论系统的长期行为(渐近特征),是系统能够取到的所有初值在时间趋向于无穷大时的长期行为[28]。以下数学方法和物理理论是进行大气动力学方程组全局分析的基础。

2.1 几何理论

由于叠加原理对非线性微分方程不成立,至今非线性微分方程在数学上尚没有系统的解法(没有解析解),摆脱困境的一种方法是建立了几何理论,这是 19 世纪由法国数学家 Poincare 发展起来的定性分析理论。引进相空间的概念,用几何的语言代替分析的语言,不仅增加了直观的理解,而且通过类比的直观想法使我们能够得到一些新的结果[29]。

2.2 胞映射理论

大气动力学方程组的空间变量和时间变量都是连续的,有无穷个。这就必须进行离散化。偏微分方程化为有限阶的常微分方程是空间变量的离散化,常微分方程取时间步长进行数值积分是时间变量的离散化。Hsu[30,31]指出在电子计算机上进行数值模拟时,实际上对状态变量本身也进行了离散化,他提出的胞映射概念是对非线性全局分析的重要贡献。胞映射理论是研究非线性问题的一个有力工具。计算机中的数只有有限的字长,舍人误差是不可避免的。设想将 n 维实空间(R^n)空间划分成一个个 n 维小立方体,称为胞。任何数值模式,都将状态变量离散化为 R^n 空间中的胞,经过一个时间步长的积分变为另外的胞。所以任何数值模式并非是 R^n 空间中的点映射而是 R^n 空间中的胞映射。如果数值模式中的变量是有界的话,则运算只涉及有限个胞。

2.3 混沌理论及分形理论

气候系统是非线性系统,其初值问题的数值解是不确定的,研究气候状态的特征就要研究混沌态的特征,研究气候系统的演变机制就要研究混沌态的变化。这就需要引进分形理论的知识,如分数维、李亚普诺夫指数、标度指数和功率谱指数等,分别考察、分析这些特征量随控制变量的变化[11,32]。

2.4　少数自由度的理论和无穷自由度的大气系统

对于强迫、耗散的非线性系统,系统向外源的适应,实际上是一个归并自由度的过程,耗散消耗掉大量小尺度的较快的运动模式,使决定系统长期行为的有效自由度数目减少,许多自由度在演化过程中成为"无关变量",最终剩下支撑起吸引子的少数自由度。

3　大气动力学方程组的全局分析

沿着把动力学理论研究与数值模型相结合的道路所进行的全局分析,已经取得了以下主要成果:

3.1　*H* 空间的一个特殊方程——对方程进行简化的准则

丑纪范[33,34]首先证明了大气运动方程组是 H 空间中的一个非常特殊的算子方程,然后用 H 空间的算子理论和微分方程的几何理论研究了大气运动方程组的长期行为在不同近似情况下的根本差别,证明了如下结论:把大气简化为绝热无摩擦系统,则总能量守恒,渐近态的能量等于初始状态的能量,初始影响不衰减地一直延续下去;把大气简化为强迫耗散线性系统,则渐近态是唯一的并且与初值无关,初值影响随时间衰减至零;而对于强迫耗散非线性系统,则初值随时间衰减但渐近态仍可能与初值有关,由此发生多态、突变和混沌。进行大气动力学的研究和模拟时不可避免地要对大气动力学方程组进行各种简化。进行数值计算时,还必须离散化。简化和离散化意味着状态空间的改变,相应地算子方程由一个空间变为另一个空间。丑纪范[33,34]指出,为了不破坏系统作为耗散结构这一特征,在方程简化或离散化时保持算子的性质不变,就是不要歪曲物理本质,产生虚假的"源"或"汇",这是进行正确简化的一个准则。

3.2　向外源的非线性适应——耗散结构理论

对大气动力学方程组的全局分析的一个重要成果是揭示了系统向外源的非线性适应过程。用最新颖的数学方法揭示出强迫耗散的非线性大气动力学方程组的整体和全局行为,证明了系统向外源的非线性适应。Folas 等[35]证明了 Navier-Stokes 方程的吸引子维数是有限的,汪守宏等[36]、Lions 等[37]对简化形式的大尺度大气动力学方程组进行了研究,证明该方程组的初值问题的解存在唯一,在 H 中存在一个不变点集 A,它是有界的极限解集,它的豪斯道夫维是有限的,并给出了其估计值。

Lions 等[38]对大尺度海洋动力学方程组证明了类似的结果,并进一步将上述结论推广到海—气耦合系统[39]。李建平等[40]研究了在非定常外源强迫下大尺度大气方程组解的性质,在外源强迫有界的假定下,把上述结论推广到 R^n 中,在无穷维的 H 空间中,证明了[41]全局吸收集及大气吸引子的存在性。李建平等[42,43]还研究了有地形条件下和有水汽条件下大气方程组解的渐近性质。我们相信上述结论对未经任何简化的大气动力学方程组也是成立的,严格的数学证明只是一个有待进行的工作。

3.3 支撑吸引子的少数自由度——协同学

该结果具有重要意义。大气、海洋、海(地)气系统似乎有无穷个自由度,是用偏微分方程来描述的,状态空间是无穷维的 H 空间。系统向外源适应的非线性过程告诉人们存在一个有界点集 A,是全局极限解集,如果只注意系统的渐近行为,则从理论上可以在 R^n 空间中讨论,理论上存在一个有限阶的常微分方程组,它精确地描述了无穷维的偏微分方程组的行为,这个方程组当然是从偏微分方程简化而来的。丑纪范[5]运用矩阵和线性代数理论,证明全局极限解集 A 是 R^n 空间中的一个体积为零的点集。在无穷维的 H 空间中点集的体积是无定义的,但可以定义维数,如果维数有限,则该点集可以被有限维的 R^n 空间所覆盖,并且看出它的体积为零。从数学上看,在线性理论中可以有无穷多的模态,但模态之间不存在相互作用,非线性理论正好相反,由于模态之间的相互作用,系统收缩到较少的模态上。

郝柏林[44]指出:"如果描述系统所选取的宏观变量集合中,恰好包括了时间趋于无穷大时起作用的自由度,那就会有应该比较成功的宏观描述。"运用丑纪范[33]得到的在定常外源作用下大气运动的自由度缩减的结果,以及指出的一种缩减大气环流模式自由度的方法,张邦林等[45]对模式的一个现实作经验正交函数分解,以此为基底获得简化模型,用一个理论模型进行了数值模拟试验,证实了此方法的可行性和有效性。

3.4 3种时间尺度与大气环流的突变——突变理论

该结果的意义还在于揭示出了很有启发的鲜明形象。耗散系统向外源的非线性适应在数学上展现的是在系统的状态空间上有若干个吸引子,它们分布在空间的有限区域内,每一个是一个体积为零的点集,却有一个非零体积的吸引域。系统的任何一种状态必在某一吸引子的吸引域内,因而随时间演变趋向吸引子的状态。这可以是定常态、周期态、拟周期态的混沌态。实际情况总是这样,当系统由不在吸引子的状态向吸引子状态演变比起达到了吸引子上的演变过程(当吸引子不是定常态时)要快得多,前者是快变过程,后者是慢变过程。此外,吸引子的状态(其分布和特征)是取决于外参数的,也就是系统的外在环境。注意外参数是变化较为缓慢的。恩格斯说:"个别的运动趋向于平衡,总的运动破坏这一平衡。"一个强迫、耗散的非线性系统外参数的缓慢地连续改变在某些临界值附近可以造成依赖于它的吸引子的消失和产生,发生结构不稳定,于是出现突变和分叉,其特点是外界条件的微变导致系统宏观状态的剧变。由此得到大气现象的演变中主要呈现出 3 种时间尺度:向吸引子演变的快过程,在吸引子上演变的慢过程和宏观随外参数变化而演变的更为缓慢的过程[5]。

3.5 舍入误差的全局分析——混沌乃周期解系列的极限轨道

从面对无穷到面对有限实在是使思维得到很大简化。其重要启示之一就是在胞映射中的吸引子是一个周期解,由有限个周期胞组成。

丑纪范[46]指出,在连续意义下的奇怪吸引子(严格的非周期解),可以视为其字长无限增长的计算机系列的周期解系列的极限,当胞的大小趋于零,有界区域内的胞的数目趋于无穷大时,联结胞中心的封闭曲线系列的极限——非封闭曲线,其周期为无穷大。

3.6 观测误差的全局分析——个别状态的不确定和整体状态的确定性

由于计算机字长限制而将 R^n 空间离散化为胞空间(非常小的胞),即使微分动力系统经此离散化后仍旧是一个确定系统,每个原胞只有一个像胞,情况要发生变化。实际上对任何变量的了解是通过观测的,观测误差比舍入误差要大得多。这也是把空间离散化了,这样一来每个原胞就可能不只有一个像胞,而可以有几个像胞,不同的胞对应有不同的概率,用概率分布来描述系统的状态,这就是广义胞映射。气候状态即极限概率分布,完全取决于转移概率矩阵。而系统的控制变量包含在其中,如果控制变量有所改变,当然气候状态也随之改变,即大气数值模式的渐近行为可以用混沌吸引子上的概率测度来表示,此概率测度由外参数确定,而与大气状态的初值无关。

简单胞映射是胞到胞之间的映射,广义胞映射是概率之间的转移。因此,可见任何数值模式变成了离散的 Markov 过程,也就是 Markov 链。数学上成熟的关于 Markov 链的理论都可以运用于全局分析。系统向外源的非线性适应表现为趋向于由外源决定的概率分布。其重要意义在于对混沌吸引子,由于观测误差导致的初值的不确定性,使得其长期行为由确定论走向了不确定,但是个别的状态虽然是随机的,整体仍有确定性,以广义胞映射为工具进行全局分析就可以用概率论的语言对确定性的混沌系统的整体渐近特征进行统计描述。这就提供了一个较好的研究气候问题的数学概念和数学工具[46]。

3.7 气候的数学定义

气候系统的变量可以分为两类:控制变量和状态变量。控制变量是慢变量,状态变量是快变量,这是相对于一个参考时间尺度而言的。如果存在一个时间尺度,当气候变化的时间小于这个时间尺度时,则可以作为参考时间尺度,注意这参考时间尺度并非能任意选定的,而是由于气候系统的 5 个部分的特性客观地从物理上存在的。有了这样一个时间尺度,便可以作准静态近似的理想化。即用控制变量确定的状态变量在混沌吸引子上的概率分布来定义"气候"。不同的理想化导致不同时间尺度的选择,因而有控制变量和状态变量的不同区分。这就是说"气候"这个数学定义是与特定的时间尺度相联系的[47]。

3.8 气候系统中的混沌态

Lorenz(1963)通过他建立的热对流系统模式发现了混沌态,第一次揭示了一个完全确定的非线性动力系统由于初值误差会产生不确定的运动[14]。Lorenz[48]又提出了 Hadley 环流系统模式,也找到了系统的混沌态,指出系统的长期行为具有不确定性。郭秉荣等[11]通过最简单的地—气耦合模式的数值试验证实,气候系统确实存在混沌态。

3.9 可预报性问题的定量表述

可预报性问题实质上是一个全局性的极限问题,根据胞映射理论和混沌理论建立的广义胞映射表达的就是全局状态的转移[11,49]。系统状态转移所经历的时间就是可预报期限。从混沌动力学的观点来看,就是系统的状态由概率分布来描述。系统的状态达到吸引子的概率分布之前,初始信息起作用。达到吸引子的概率分布时,意味着初始信息完全消失,系统处于气候状态。所以,系统状态达到吸引子的概率分布之前的时间就是系统的可预报期限。

4 结　语

气候系统是高度复杂、开放的巨系统,它除了具有一般强迫、耗散和非线性系统的共同特征外,还有自己独特的规律性,大气科学所面临的是旋转力场和重力场中有外源和内耗的斜压流体运动[50]。必须用动力学和统计学方法结合起来研究,定性分析与数值计算相辅相成将是面向 21 世纪的大气科学的重要特点之一[51]。可以用几何直观和胞映射的概念进行全局性分析,借助概率论的语言进行统计描述,还可以给出"气候"的严格的数学定义及定量研究大气可预测性问题的途径。动力学理论研究与数值模型相结合的全局分析方法及定量研究大气可预测性问题的途径。动力学理论研究与数值模型相结合的全局分析方法在了解气候系统的整体和全局行为方面,开辟了全新的研究领域,它带来了新的科学观念,带来了新的了解和把握气候系统性质的科学哲学。值得一提的是,这些主要是由中国学者完成的。

几何学方法、概率统计学方法这些古老的方法,加上混沌动力学、胞映射这些全新的方法,可以使我们对大气动力学方程组的复杂行为尤其是长期行为进行全局分析。在数值方法中使用几何方法,在确定论方法中使用概率统计方法,在动力学方法中使用混沌理论,这些内容都是气候系统准动力—准随机理论的重要组成部分。另外,大气动力学方程组的全局渐近分析,不仅对长期预报问题有用,而且可以深化对中短期预报初值问题的认识,对解决初值问题中存在的一些问题,也是很有帮助的。

参考文献

[1] 王鹏飞.大气科学大事年表.中国大百科全书大气科学海洋科学水文科学分卷.北京:中国大百科全书出版社,1987. 857-859.

[2] Charney J G,Fjortoft R,Von Neumann. Numerical integration of the barotropic vorticity equation. *Tellus*, 1950,2:237-254.

[3] Lorenz E. N. Deterministic nonperiod flow. *J Atmos Sci*,1963,20:130-141.

[4] 丑纪范.为什么要动力—统计相结合.高原气象,1986,5(4):367-372.

[5] 丑纪范.长期数值天气预报.北京:气象出版社,1986. 329.

[6] 王绍武.短期气候预测研究的历史及现状.气候预测研究. 北京:气象出版社,1996.1-17.

[7] 顾震潮.作为初值问题的天气形势数值预报与由地面天气历史演变作预报的等值性.气象学报,1958,29(2):93-98.

[8] 顾震潮.天气数值预报中过去资料的使用问题.气象学报,1958,29(3):176-184.

[9] 丑纪范.天气数值预报中使用过去资料的问题.中国科学,1974,(6):635-644.

[10] 丑纪范.充分利用观测数据改进动力的短期气候预测方法的研究.大气科学发展暨海峡两岸天气气候学术研讨会论文摘要汇编.北京:气象出版社,1994.31-33.

[11] 郭秉荣,江剑民,范新岗,等.气候系统的非线性特征及其预测理论.北京:气象出版社,1996.254.

[12] 郭秉荣,史久恩,丑纪范.以大气温压场连续演变表征下垫面热状况的长期天气数值预报方法.兰州大学学报(自然科学版),1977,(4):73-90.

[13] 邱崇践,丑纪范.改进数值天气预报的一个新途径.中国科学(B辑),1987,(8):903-910.

[14] 邱崇践,丑纪范.预报模式识别的扰动方法.大气科学,1988,12(3):225-232.

[15] 邱崇践,丑纪范.预报模式的参数优化方法.中国科学(B辑),1991,(2):218-225.

[16] 黄建平,衣育红.利用观测资料反演非线性动力模型.中国科学(B辑),1991,(3):331-336.

[17] 郜吉东,丑纪范.数值天气预报中的两类反问题及一种数值解法——理想试验.气象学报,1994,52(2):129-137.

[18] 丑纪范.长期天气数值预报的若干问题.中长期水文气象预报文集(第一集).北京:水利电力出版社,1979.216-221.

[19] 邱崇践,丑纪范.一种相似—动力天气预报模式.动力统计长期数值天气预报的进展.北京:科学出版社,1989.88-94.

[20] 邱崇践,丑纪范.一种相似—动力天气预报模式.大气科学,1989,14(1):22-28.

[21] 黄建平.理论气候模式.北京:气象出版社,1992.184.

[22] Huang Jianping, Yi Yuhong, Wang Shaowu, *et al*. An analogue-dynamical longrange numerical weather prediction system incorporating historical evolution. *Quart J of Royal Meteo*,1993,119(511):547-565.

[23] 郑庆林,杜行远.使用多时刻观测资料的数值天气预报新模式.中国科学,1973,(2):289-297.

[24] 丑纪范.寒潮中期数值预报的多时刻模式.全国寒潮中期预报文集.北京:北京大学出版社,1984.142-151.

[25] 曹鸿兴.大气运动的自忆性方程.中国科学(B辑),1993,23(1):104-112.

[26] 曹鸿兴.自忆性方程与自忆模式.气象,1995,21(1):9-13.

[27] 谷湘潜.一个基于大气自忆原理的谱模式.科学通报,1998,43(9).1-9.

[28] 丑纪范.大气动力学方程组的全局分析.北京气学院学报,1995,(1):1-12.

[29] 郭秉荣,杜行远,丑纪范.大气科学中数学方法的应用.北京:气象出版社,1986.390.

[30] Hsu C S. A Generalized Theory of Cell-to-Cell Mapping Dynamical Systems. ASME *J of Appl Mech*,1980,47:931-939.

[31] Hsu C S. *Cell-to-cell Mapping—A Method of Global Analysis for Nonlinear System*. New York:Springer-Verlag,1987.358.

[32] 丑纪范,刘式达,刘式适.非线性动力学.北京:气象出版社,1994.201.

[33] 丑纪范.初始场作用的衰减与算子的特性.气象学报,1983,41(4):385-392.

[34] 丑纪范.大气动力学的新进展.兰州:兰州大学出版社,1990.214.

[35] Folas C,Temam R. Some analytic and geometric properties of the solutions of the Navier-Stokes equations. *J Math Pures Appl*,1979,58:339-368.

[36] 汪守宏,黄建平,丑纪范.大尺度大气运动方程组解的一些性质.中国科学(B辑),1989,(3):308-336.

[37] Lions J L,Temam R,Wang S. New formulations of the primitive equations of atmosphere and applications. *Nonlinearity*,1992,5:237-288.

[38] Lions J L,Temam R,Wang S. On the equations of large-scale ocean. *Nonlinearity*,1992,5:1007-1053.

[39] Lions J L,Temam R,Wang S. Mathematical models and mathematical analysis of the Ocean/Atmosphere system. C R Acad Sci. Paris,1993,316,(Serie 1):113-119.

[40] 李建平,丑纪范.非定常外源强迫下大尺度大气方程组解的性质.科学通报,1995,40(3):1207-1209.

[41] 李建平,丑纪范.大气吸引子的存在性.中国科学(D辑),1997,27(1):89-96.

[42] 李建平,丑纪范.有地形作用下大气方程组解的长期性态.北京气象学院学报,1998,(1):1-12.

[43] 李建平,丑纪范.湿大气方程组解的渐近性质.气象学报,1999,56(2):187-198.

[44] 郝柏林.分叉、混沌,奇怪吸引子、湍流及其它——关于确定论系统中的内在随机性.物理学进展,1983,3(3):329-415.

[45] 张邦林,丑纪范.经验正交函数在气候数值模拟中的应用.中国科学(B辑),1991,(4):442-448.

[46] Chou Jifan. Some general properties of the atmospheric model in H space,R space,point mapping,cell

mapping. *Proceedings of International Summer Colloquium on Nonlinear Dynamics of the Atmop-shere* ,10—20,Aug,1986. Beijing:Sciences Press,1987. 187-189.

[47] Chou Jifan,Xie Zhihui. *Nonlinear Dynamics and Climate Modelling. Climate Variability*. Beijing:China Meteorological Press,1993. 215-221.

[48] Lorenz E N. Irregularity:A fundamental property of the atmosphere. *Tellus*,1984,36A:98-110.

[49] Chou Jifan. Predictability of the Atmosphere. *Advances in Atmospheric Sciences*,1989,6(3):335-346.

[50] 丑纪范. 大气科学中非线性与复杂性研究的进展. 中国科学院院刊,1997,(5):325-329.

[51] 丑纪范. 大气动力学研究的若干进展和展望. 现代大气科学前沿与展望. 北京:气象出版社,1996.71-75.

PROGRESS IN THE GLOBAL ANALYSIS
TO THE ATMOSPHERIC DYNAMICAL EQUATIONS

XIE Zhihui[1]   CHOU Jifan[2]

(① *Department of Geophysics* ,*Beijing University*;② *Beijing Meteorological College*)

Abstract:The initial-value problem weather prediction is a classical deterministic problem in classical physics,there are a lot of difficulties in the method of initial-value problem to predict long-range weather and short-range climate. Three characteristics of atmospheric motion are very important: nonlinearity,being forced and dissipation.

It is necessary to combine the dynamical and statistical methods. The prediction problem could be looked as the inverse problem of the initial-value problem,*i. e.* an evolution problem ,so the multiple-time data in the past could be used to modify initial values and/or numerical prediction model. The inverse problems are divided into there kinds,there are corresponding solutions.

After the inverse problem of the initial-value problem is introduced,the global analysis to the atmospheric dynamical equations(ADE)are reviewed. The global analysis is another method of climate research different from the simple initial-value problem. The global analysis is also called global asymptotic analysis. It is used to study the long-range behavior of deterministic systems. It is unnecessary to solve the equations,the properties of ADE are researched by means of studying the equations themselves. With the aid of the direct geometric pictures(the concept of phase space is introduced),the qualitative global analysis to the limit solution set of ADE could be done. It is proved that ADE is a special operator equation in Hilbert Space. The properties of operators must be maintained when ADE is simplified or discretized. It is revealed that the nonlinear adaptation process of a system to external source,so the system could be described by a small number of degrees of freedom sustaining attractors because of dissipative process. Cell-to-cell mapping is a powerful tool to study nonlinear systems,by use of the concept and method of cell-to-cell mapping,the global analysis to the general characteristics of numerical model of atmospheric system could be done. The global analysis to round-off errors and observational errors could be done. With the aid of the language of probability theory,the statistical description of the characteristics could be given. It is revealed that the indeterminacy of individual state and the determinacy of global state. The restrict mathematical definition of the vague concept of "CLIMATE" is: climate could be defined as probability distribution function of state variables in chaotic attractors determined by controlling variables, and it is proved that it exists chaotic state in climate system really. The approach of quantitative studies to the predictability of the atmosphere could be given, the predictability is the time before the state of a system arrive the probability distribution of chaotic attractors.

Key words: Atmospheric dynamics; Digital weather forecast; Atmospheric equations; Multiple-time data; Inverse problem; Global analysis; Statistical description.

大气方程组的惯性流形

李建平[①]　　丑纪范[②]

(①北京中国科学院大气物理研究所,大气科学和地球流体力学数值模拟国家重点试验室(LASG);
②兰州大学大气科学系)

摘　要:从一类非线性演化方程出发,得到其全局吸引子,并利用截断技巧讨论了它的惯性流形。
然后,根据大气方程组算子的性质,证明强迫耗散非线性大气算子方程即为这类非线性演化方程,
从而在耗散算子满足谱间断条件下得到大气方程组的惯性流形的存在,为进一步研究大气方程组
全局吸引子上的动力性质及设计性能良好的数值格式提供了基础。
关键词:惯性流形　非线性演化方程　全局吸引子　算子方程　算子

强迫耗散非线性大气动力学方程组的定性理论研究表明[1-13],无论是干空气还是湿大气,
无论是有地形作用还是无地形作用,无论是定常外源强迫还是非定常外源强迫,大气系统都将
随着时间的增长演化到全局吸引子上,其解的长期行为是由全局吸引子决定的,全局吸引子外
的点的运动只有暂态意义,对于研究时间趋于无穷的渐近状态无关。大气吸引子的存在性揭
示出大气系统具有向外源强迫的非线性适应过程,完整的大气动力学偏微分方程组解的渐近
性质可以用一个有限维的常微分方程组精确描述,从而为建立和设计长期数值天气预报模式
和数值气候预测模式提供了必要的数理依据。然而,这个全局吸引子可能具有分数维数,是不
光滑的流形。同时,吸引子对系统解轨道的收敛率也不是指数控制的。这就为进一步的动力
分析和实际计算带来困难。因此,寻找包含全局吸引子且是指数吸引解轨线的不变的光滑流
形是重要的,这就是近年来在无穷维动力系统的研究中,除全局吸引子外,另一个刻划方程解
的渐近性态的重要基本概念——惯性流形[14-16]。研究惯性流形不仅对分析全局吸引子上的
动力性质有重要意义,而且对设计合理的离散化数值格式也有重要的指导意义。大气方程组
是否存在惯性流形呢? 本文就主要讨论这个问题。

1　惯性流形的定义

定义 1　设半群算子$\{S(t)\}_{t\geqslant 0}$具有全局吸引子A,子集$M_I \subset H(H$ 是 Hilbert 空间)是它
的一个惯性流形,如果它满足:

(i)M_I 是有限维的光滑流形(起码是 Lipshitz 流形);

(ii)M_I 是不变流形,即有

$$S(t)M_I \subset M_I \tag{1}$$

本文发表于《中国科学(D辑)》,1999 年第 29 卷第 3 期,270-278。

(iii)M_I 指数吸引系统的所有解轨道，即存在常数 $k_1,k_2>0$，对于 $u_0 \in H$，有

$$\text{dist}(S(t)u_0,M_I) \leqslant k_1 \mathrm{e}^{-k_2 t}, \qquad \forall\, t \geqslant 0 \tag{2}$$

(iv)$S(t)$ 的全局吸引子 A 在 M_I 上。

2　一类非线性演化方程的全局吸引子及其惯性流形

2.1　一类非线性演化方程

给定 Hilbert 空间 H，内积 $(\cdot,\cdot)$，范数 $|\cdot|$，考虑如下的一类非线性演化方程

$$\frac{\mathrm{d}\vartheta}{\mathrm{d}t} + L\vartheta + R(\vartheta) = 0 \tag{3}$$

其中

$$R(\vartheta) = \delta_1 B(\vartheta,\vartheta) + \delta_2 B_1(\vartheta,\vartheta) + \delta_3 A\vartheta - f \tag{4}$$

其中 $\delta_i, i=1,2,3$ 满足

$$\delta_i = 0 \text{ 或 } 1, \text{且 } \delta_1 + \delta_2 \geqslant 1 \tag{5}$$

对 $\delta_2 = 0$ 的情形，已有文献讨论过[14-16]；对 $\delta_2 = 1$ 的情形则是本文首先提出并研究的。线性算子 L 是 H 中无界自伴正定算子，$D(L)$ 在 H 中稠，L^{-1} 是紧的。映射 $\vartheta \rightarrow L\vartheta$ 是 $D(L)$ 到 H 的同构。令 L^s 表示 L 的 s 次幂($s \in \mathbf{R}$). 空间 $V_{2s} = D(L^s)$ 是具如下内积的 Hilbert 空间

$$(\vartheta_1,\vartheta_2)_{2s} = (L^s\vartheta_1, L^s\vartheta_2), \qquad \forall\, \vartheta_1,\vartheta_2 \in D(L^s) \tag{6}$$

$\vartheta \in V_s$，令

$$|\vartheta|_s = (\vartheta,\vartheta)_s^{1/2} \tag{7}$$

由于 L^{-1} 是自共轭的紧算子，所以由 Rellich 推论[14-16]知，H 中存在一个由 L 的特征向量构造的完备正交基 $\{w_j\}_{j=1}^{\infty}$ 和可数个正数 λ_j 使得

$$Lw_j = \lambda_j w_j, \qquad (j=1,2,\cdots) \tag{8}$$

特征值 $\{\lambda_j\}_{j=1}^{\infty}$ 满足

$$0 < \lambda_1 \leqslant \lambda_2 \leqslant \cdots \leqslant \lambda_j \leqslant \lambda_{j+1} \leqslant \cdots \tag{9}$$

$$\lim_{\lambda_j \to \infty} \lambda_j = +\infty \tag{10}$$

由(8),(9)易得

$$|L^{1/2}\vartheta| \geqslant \lambda_1^{1/2} |\vartheta|, \qquad \forall\, \vartheta \in D(L^{1/2}) \tag{11}$$

$$|L^{s+1/2}\vartheta| \geqslant \lambda_1^{1/2} |L^s\vartheta|, \qquad \forall\, \vartheta \in D(L^{s+1/2}), \forall\, s \tag{12}$$

记 $P = P_N$ 是从 H 到 $\text{Span}\{w_1,\cdots,w_n\}$ 的正交投影，$Q_N = I - P_N$，则有

$$\lambda_1 |p| \leqslant |Lp| \leqslant \lambda_N |p|, \qquad p \in PD(L) \tag{13}$$

$$|Lq| \geqslant \lambda_{N+1} |q|, \qquad q \in QD(L) \tag{14}$$

$B(\vartheta,\vartheta), B_1(\vartheta,\vartheta)$ 是 $D(L) \times D(L) \rightarrow H$ 上的双线性算子，A 是 $D(L) \rightarrow H$ 的线性算子，设 $B(\vartheta,\vartheta), B_1(\vartheta,\vartheta)$ 满足：

$$(\delta_1 B(\vartheta,\vartheta_1) + \delta_2 B_1(\vartheta,\vartheta_1), \vartheta_1) = 0, \qquad \forall\, \vartheta,\vartheta_1 \in D(L) \tag{15}$$

$$|B(\vartheta,\vartheta_1)| \leqslant C_1 |\vartheta|^{1/2} |L^{1/2}\vartheta|^{1/2} |L^{1/2}\vartheta_1|^{1/2} |L\vartheta_1|^{1/2}, \qquad \forall\, \vartheta,\vartheta_1 \in D(L) \tag{16}$$

$$|B_1(\vartheta,\vartheta_1)| \leqslant C_2 |L^{1/2}\vartheta|^{1/2} |L^{1/2}\vartheta_1|^{1/2}, \qquad \forall\, \vartheta,\vartheta_1 \in D(L) \tag{17}$$

A 满足下面性质之一

$$|A\vartheta| \leqslant C_3 |L^{1/2}\vartheta|, \qquad \forall \vartheta \in D(L) \tag{18}$$

$$|A\vartheta| \leqslant C_4 |L^{1/2}\vartheta|^{1/2} |L\vartheta|^{1/2}, \qquad \forall \vartheta \in D(L) \tag{19}$$

另外，B,B_1,A 还有如下连续性质：

$$|L^{1/2}B(\vartheta,\vartheta_1)| \leqslant C_5 |L\vartheta| |L\vartheta_1|, \qquad \forall \vartheta,\vartheta_1 \in D(L) \tag{20}$$

$$|L^{1/2}B_1(\vartheta,\vartheta_1)| \leqslant C_6 |L\vartheta|^{1/2} |L\vartheta_1|^{1/2}, \qquad \forall \vartheta,\vartheta_1 \in D(L) \tag{21}$$

$$|L^{1/2}A\vartheta| \leqslant C_7 |L\vartheta|, \qquad \forall \vartheta \in D(L) \tag{22}$$

以上 $C_i(i=1,\cdots,7)$ 均为正常数。另外，设 $A+L$ 是正定的，即存在常数 $C_8>0$，

$$((A+L)\vartheta,\vartheta) \geqslant C_8 |L^{1/2}\vartheta|^2, \qquad \forall \vartheta \in D(L) \tag{23}$$

如果 A 是反伴的，即

$$(A\vartheta,\vartheta) = 0, \qquad \forall \vartheta \in D(L) \tag{24}$$

则(23)显然成立，当然上面可以不限定 A 是反伴算子。

2.2　全局吸引子

考虑(3)的初值问题，即(3)有初始条件：

$$\vartheta(0) = \vartheta_0 \in H \tag{25}$$

设初值问题(3),(23)存在唯一解 $S(t)\vartheta_0 \in D(L)$, $\forall t \in R^+$，映射 $S(t)$ 具备通常的半群性质。

由前面所述算子的性质有

引理 1　对任何初值 $\vartheta_0 \in H$，存在依赖于 $\lambda_1, |f|, |L^{1/2}f|$ 的 ρ_0,ρ_1,ρ_2，满足

$$\limsup_{t\to+\infty} |\vartheta(t)|^2 \leqslant \rho_0^2 \tag{26}$$

$$\limsup_{t\to+\infty} |L^{1/2}\vartheta(t)|^2 \leqslant \rho_1^2 \tag{27}$$

$$\limsup_{t\to+\infty} |L\vartheta(t)|^2 \leqslant \rho_2^2 \tag{28}$$

由引理 1 知(3)的任何解在某个时间之后 $t \geqslant \tau > 0$ 分别进入球：

$$B_0 = \{\vartheta \in H, \qquad |\vartheta| \leqslant 2\rho_0\} \tag{29}$$

$$B_1 = \{\vartheta \in D(L^{1/2}), \qquad |L^{1/2}\vartheta| \leqslant 2\rho_1\} \tag{30}$$

$$B_2 = \{\vartheta \in D(L), \qquad |L\vartheta| \leqslant 2\rho_2\} \tag{31}$$

于是有

定理 1　演化方程(3)存在一个全局吸引子 A，它是 B_2 的极限集，即

$$A = \omega(B_2) = \bigcap_{s\geqslant 0} \overline{\bigcup_{t\geqslant s} S(t)B_2} \tag{32}$$

(其中闭包取在 H 上)，且有

$$A \subseteq B_2 \bigcap B_1 \bigcap B_0 \tag{33}$$

2.3　惯性流形

利用文献[14]的截断技巧来讨论方程(3)的惯性流形。设 $\theta(s)$ 为 $R^+ \to [0,1]$ 上的光滑函数

$$\begin{cases} \theta(s) = \begin{cases} 1, & s \in [0,1] \\ 0, & s \geqslant 2 \end{cases} \\ |\theta'(s)| \leqslant 2, & s \geqslant 0 \end{cases} \tag{34}$$

固定 $\rho=2\rho_2$,定义

$$\theta_\rho(s) = \theta(s/\rho), \qquad s \geqslant 0 \tag{35}$$

则(3)的截断方程为:

$$\frac{\mathrm{d}\vartheta}{\mathrm{d}t} + L\vartheta + F(\vartheta) = 0 \tag{36}$$

其中 $F(u)=\theta_\rho(|L\vartheta|)R(\vartheta)$. 显然,当 $|L\vartheta|\leqslant\rho$ 时,$\theta_\rho(|L\vartheta|)=1$,这时(36)与(3)是一致的.
当 $|L\vartheta|\geqslant 2\rho$ 时,$\theta_\rho(|L\vartheta|)=0$,此时对(36)两边与 $L^2\vartheta$ 做内积,有

$$\frac{1}{2}\frac{\mathrm{d}}{\mathrm{d}t}|L\vartheta|^2 + \lambda_1|L\vartheta|^2 \leqslant \frac{1}{2}\frac{d}{dt}|L\vartheta|^2 + \lambda_1|L^{3/2}\vartheta|^2 \leqslant 0 \tag{37}$$

所以在 $D(L)$ 中轨线 $\vartheta(t)$ 按指数速率收敛于半径 $\rho_3\geqslant 2\rho$ 的球中.

令 $p(t)=P\vartheta, q(t)=Q\vartheta$,则 p,q 在 PH 和 QH 上满足:

$$\frac{\mathrm{d}p}{\mathrm{d}t} + Lp + PF(\vartheta) = 0 \tag{38}$$

$$\frac{\mathrm{d}q}{\mathrm{d}t} + Lq + QF(\vartheta) = 0 \tag{39}$$

其中 $\vartheta=p+q$,惯性流形 $M_l=\mathrm{Graph}(\Phi)$,即它是由 Lipschitz 映射 $\Phi:PD(L)\to QD(L)$ 的图构造得到的. 映射 Φ 是在函数类空间 $H_{b,l}$ 的不动点得到. 函数类空间 $H_{b,l}$ 的定义如下:

定义 2 $H_{b,l}$ 是 Lipschitz 映射 $\Phi:PD(L)\to QD(L)$ 所构造的函数空间,满足:

(i) $|L\Phi(p)|\leqslant b$, 　　　$b>0$ 待定,$p\in PD(L)$ $\tag{40}$

(ii) $|L\Phi(p_1)-L\Phi(p_2)|\leqslant l|Lp_1-Lp_2|$, 　　　$l>0, p_1, p_2\in PD(L)$ $\tag{41}$

(iii) $\mathrm{supp}\Phi\subseteq\{p\in PD(L)|Lp|\leqslant 4\rho\}$ $\tag{42}$

引入距离

$$\|\Phi_1-\Phi_2\| = \sup_{p\in D(l)}|L\Phi_1(p)-L\Phi_2(p)| \tag{43}$$

则 $H_{b,l}$ 是一个完备度量空间.

对于 $\Phi\in H_{b,l}$ 定义 $PD(L)$ 上的惯性映射 T:

$$T\Phi(p_0) = -\int_{-\infty}^0 e^{\tau LQ}QF(\vartheta)d\tau, \qquad p_0\in PD(L) \tag{44}$$

其中 $\vartheta(\tau)=p(\tau;\Phi,p_0)+\Phi(p(\tau;\Phi,p_0))$,$p(\tau;\Phi,p_0)$ 是(36)满足初值 $p(\tau;\Phi,p_0)=p_0$ 的解.
于是,对方程(3)有[①]:

定理 2 设算子 A,B,B_1,L 满足(8)—(16),(20)—(23)及(18)或(19),$0<l<1/8$,且存在常数 N_0,K_1,K_2(它们依赖于 l 和初值),使 $N\geqslant N_0$,$\lambda_{N+1}\geqslant K_1$,$\lambda_{N+1}-\lambda_N\geqslant K_2$,则存在 $b>0$,使

(i) T 映射 $H_{b,l}$ 为 $H_{b,l}$;

(ii) T 在 $H_{b,l}$ 中有一个不动点;

(iii) $M_l=\mathrm{Graph}(\Phi)$ 是(3)的惯性流形;

(iv) M_l 含有(3)的全局吸引子.

---

① 李建平,兰州大学博士学位论文.

3 大气方程组的惯性流形

3.1 方程描述

在 (λ,θ,p) 坐标下，大尺度大气运动方程组为[1-3]：

$$\frac{\partial u}{\partial t} + \Lambda u + \Big(2\Omega\cos\theta + \frac{\mathrm{ctg}\theta}{a}u\Big)v + \frac{1}{a\sin\theta}\frac{\partial\phi}{\partial\lambda} + L_1 u = 0 \tag{45}$$

$$\frac{\partial v}{\partial t} + \Lambda v - \Big(2\Omega\cos\theta + \frac{\mathrm{ctg}\theta}{a}u\Big)u + \frac{1}{a}\frac{\partial\phi}{\partial\theta} + L_1 v = 0 \tag{46}$$

$$\frac{\partial\phi}{\partial p} + \frac{R}{p}T = 0 \tag{47}$$

$$\frac{1}{a\sin\theta}\Big(\frac{\partial u}{\partial\lambda} + \frac{\partial v\sin\theta}{\partial\theta}\Big) + \frac{\partial\omega}{\partial p} = 0 \tag{48}$$

$$\frac{R^2}{C^2}\frac{\partial T}{\partial t} + \frac{R^2}{C^2}\Lambda T - \frac{R}{p}\omega + L_2 T = \frac{R^2}{C^2}\frac{\varepsilon}{C_p} \tag{49}$$

其中

$$\Lambda = \frac{u}{a\sin\theta}\frac{\partial}{\partial\lambda} + \frac{v}{a}\frac{\partial}{\partial\theta} + \omega\frac{\partial}{\partial p}$$

$$L_i = -\frac{\partial}{\partial p}l_i\frac{\partial}{\partial p} - \mu_i\nabla^2 \quad (i=1,2)$$

$$l_i = \upsilon_i(gp/R\overline{T})^2 \quad (i=1,2)$$

$$\nabla^2 = \frac{1}{a\sin\theta}\frac{\partial}{\partial\theta}\sin\theta\frac{\partial}{\partial\theta} + \frac{1}{a^2\sin^2\theta}\frac{\partial^2}{\partial\lambda^2}$$

$$C^2 = \frac{R^2\overline{T}(\gamma_d - \gamma)}{g}$$

$\overline{T} = \overline{T}(p)$ 为等 p 面上的平均值，T 为相对于 $\overline{T}$ 偏差，ϕ 为相对于 $\overline{\phi}$ 偏差，ε 对大气的非绝热加热，其余符号是通常用的。方程的求解区域为 $\Omega = S^2 \times (p_0,P_s),0 < p_0 < P_s < \infty$，其中 p_0 是某个任意小的正数，P_s 为地面气压，边界条件为：

在大气压顶 $p = p_0$ 上，

$$(\partial u/\partial p,\partial v/\partial p,\omega,\partial T/\partial p) = 0 \tag{50}$$

在地面 $p = P_s$ 上，

$$u = v = \omega = 0 \tag{51}$$

$$\partial T/\partial p = \alpha_s(T_s - T) \tag{52}$$

其中 T_s 为地表面上的温度，α_s 是与湍流导热率有关的参数。下面仅讨论(52)为齐次情形，即

$$\partial T/\partial p = -\alpha_s T \tag{53}$$

对于非齐次情形，可以利用将其齐次化来讨论。由于不考虑地形，因此，$\phi(\lambda,\theta,P_s) = 0$。

初始条件为：

$$(u,v,T)\mid_{t=0} = (u^{(0)},v^{(0)},T^{(0)}) \tag{54}$$

由式(48)及边界条件知：

$$\omega(\lambda,\theta,p) = -\int_p^{P_s} (\partial\omega/\partial p)\mathrm{d}p = -\int_p^{P_s} ((\partial u/\partial\lambda + \partial v\sin\theta/\partial\theta)/a\sin\theta)\mathrm{d}p \tag{55}$$

同理,有

$$\phi(\lambda,\theta,p) = -\int_p^{P_s} (\partial\phi/\partial p)\mathrm{d}p = -\int_p^{P_s} (RT/p)\mathrm{d}p \tag{56}$$

方程组(45)－(49)实质是关于 u,v,T 三个变量的方程,即方程(45),(46)和(49),其中的 ω,ϕ 由(55)和(56)式给出。因此,引入向量函数

$$\vartheta = (u,v,(R/C)T)^T \tag{57}$$

则方程(45)－(49)可写成如下的算子方程:

$$\frac{\partial\vartheta}{\partial t} + R(\vartheta) + L\vartheta = 0 \tag{58}$$

其中

$$R(\vartheta) = B(\vartheta)\vartheta + B_1(\vartheta)\vartheta + A\vartheta - \xi \tag{59}$$

$$L = \mathrm{diag}(L_1,L_1,\frac{C^2 L_2}{R^2}) \tag{60}$$

$$B(\vartheta) = \begin{bmatrix} \Lambda_1 & \dfrac{u\mathrm{ctg}\theta}{a} & 0 \\[2mm] -\dfrac{u\mathrm{ctg}\theta}{a} & \Lambda_1 & 0 \\[2mm] 0 & 0 & \Lambda_1 \end{bmatrix} \tag{61}$$

$$B_1(\vartheta) = \mathrm{diag}\left(\omega\frac{\partial}{\partial p},\omega\frac{\partial}{\partial p},\omega\frac{\partial}{\partial p}\right) \tag{62}$$

A 为线性算子,

$$A\vartheta = \left(fv + \frac{1}{a\sin\theta}\frac{\partial\phi}{\partial\lambda},\quad -fu + \frac{1}{a}\frac{\partial\phi}{\partial\theta},-\frac{C}{p}\omega\right)^T \tag{63}$$

$$(A\vartheta_1,\vartheta_2) = \int_\Omega \left[\left(fv_1 + \frac{1}{a\sin\theta}\frac{\partial\phi}{\partial\lambda}\right)u_2 + \left(-fu_1 + \frac{1}{a}\frac{\partial\phi}{\partial\theta}\right)v_2 + \left(-\frac{R}{p}\omega_1\right)T_2\right]\mathrm{d}\Omega \tag{64}$$

这里 ω,ϕ 由(55)式及(56)给出,即

$$\omega_i(\lambda,\theta,p) = -\int_p^{P_s} ((\partial u_i/\partial\lambda + \partial v_i\sin\theta/\partial\theta)/a\sin\theta)\mathrm{d}p,\qquad (i = 1,2)$$

$$\phi_i(\lambda,\theta,p) = -\int_p^{P_s} (RT_i/p)\mathrm{d}p,\qquad (i = 1,2)$$

$$\Lambda_1 = \frac{u}{a\sin\theta}\frac{\partial}{\partial\lambda} + \frac{v}{a}\frac{\partial}{\partial\theta} \tag{65}$$

$$\xi = (0,0,R\varepsilon/(CC_p))^T \tag{66}$$

本文讨论非绝热加热 ε 为给定的定常情形,此时初边值问题(45)－(54)存在唯一解[5],因此初值为 $\vartheta(0)=\vartheta_0$ 的算子方程(58)定义了一个半群算子 $S(t)$。

3.2　算子的性质

令 H 为 Hilbert 空间(下面均取 $H = L_2(\Omega)$),$D(L)$ 是对应于边界条件(50),(51),(53)(记它们为 $D_{\partial\Omega}$)的算子 L 的定义域,则 $D(L) = \{\vartheta\,|\,\vartheta\in C^\infty(\bar{\Omega}),D_{\partial\Omega}\}$,且 $D(L)$ 是一线性稠密集合。

引理 2 算子 L 是对称的,即

$$(L\vartheta_1, \vartheta_2) = (\vartheta_1, L\vartheta_2), \qquad \forall \vartheta_1, \vartheta_2 \in D(L) \tag{67}$$

引理 3 算子 L 是自共轭的。

易证,当 $\vartheta \in D(L)$ 时,有

$$(L\vartheta, \vartheta) \geqslant 0 \tag{68}$$

更进一步,有存在常数 $C_1, C_2 > 0$,使得

$$(L\vartheta, \vartheta) \geqslant C_1 \|\vartheta\|_1 \tag{69}$$

$$(L\vartheta, \vartheta) \geqslant C_2 \|\vartheta\|_0 \tag{70}$$

其中

$$\|\vartheta\|_1 = (\|u\|_{H^1}^2 + \|v\|_{H^1}^2 + \|T\|_{H^1}^2)^{1/2} \tag{71}$$

$$\|\vartheta\|_0 = (\|u\|^2 + \|v\|^2 + \|T\|^2)^{1/2} \tag{72}$$

这里 $\|\cdot\|_{H^1}$ 取 $H^1(\Omega)$ 中范数,$\|\cdot\|$ 取 $L_2(\Omega)$ 中范数。因此,有

引理 4 算子 L 是正定算子,即存在常数 $C > 0$,使得

$$(L\vartheta, \vartheta) \geqslant C(\vartheta, \vartheta), \qquad \forall \vartheta \in D(L) \tag{73}$$

其中等号当且仅当 $\vartheta = 0$ 时成立。

由以上分析知,L 是自伴正定的线性算子,因此在 $D(L)$ 上又引入新的内积

$$(\vartheta_1, \vartheta_2) = (L\vartheta_1, \vartheta_2) \tag{74}$$

由此诱导出的新范数为

$$\|\vartheta\|_1 = (\vartheta, \vartheta)_1^{1/2} = (L\vartheta, \vartheta)^{1/2}, \qquad \vartheta \in D(L) \tag{75}$$

按此模取 $D(L)$ 的闭包,得到一个新的完备的 Hilbert 空间。显然,由这个空间的构造知道,$D(L)$ 在 H_1 中稠密。由算子 L 的正定性知,

$$\|\vartheta\|_0 \leqslant C^{-1} \|\vartheta\|_1, \qquad \vartheta \in D(L) \tag{76}$$

于是,可建立空间 H_1 与空间 H 的某一子集之间的一一对应关系。这样,把 H_1 嵌入到 H.

更一般地,令 L^s 表示 L 的 s 次幂($s \in \mathbf{R}$),空间 $H_{2s} = D(L^s)$ 是具备如下内积的 Hilbert 空间:

$$(\vartheta_1, \vartheta_2)_{2s} = (L^s\vartheta_1, L^s\vartheta_2), \qquad \forall \vartheta_1, \vartheta_2 \in D(L^s) \tag{77}$$

$\vartheta \in H_s$,另外,

$$\|\vartheta\|_s = (\vartheta, \vartheta)_s^{1/2} \tag{78}$$

引理 5 算子 L 的逆算子 L^{-1} 是紧算子。

证明: $\forall f \in H$,则 $L\vartheta = f$ 在 $D(L)$ 中存在唯一解 $\vartheta = L^{-1}f$,再由

$$\|\vartheta\|^2 \leqslant C(L\vartheta, \vartheta) = C(f, \vartheta)$$

可有

$$\|\vartheta\| \leqslant C^* \|f\| \tag{79}$$

故 L^{-1} 是 $H \to H_1$ 线性有界算子。又 H_1 到 H 嵌入是紧的,所以 L^{-1} 是紧算子。

由于 L 是自伴的,L^{-1} 也是自伴的,故 L^{-1} 是自共轭紧算子。于是存在 H 的正交完备基 $\{w_j\}_{j=1}^{\infty}$ 和可数个正数 $\hat{\lambda}_j > 0, \hat{\lambda}_j > \hat{\lambda}_{j+1}$,有

$$L^{-1}w_j = \hat{\lambda}_j w_j \quad (j = 1, 2, \cdots) \tag{80}$$

记 $\lambda_j = \hat{\lambda}_j^{-1}$,则有

$$Lw_j = \lambda_j w_j \quad w_j \in D(L), (j = 1, 2, \cdots) \tag{81}$$

$$0 < \lambda_1 \leqslant \lambda_2 \leqslant \cdots \leqslant \lambda_j \leqslant \lambda_{j+1} \leqslant \cdots \tag{82}$$

$$\lim_{j \to \infty} \lambda_j = \infty \tag{83}$$

这样算子 L 具有性质(11)－(14)。

对于算子 B, B_1, A 有

引理 6
$$(B(\vartheta, \vartheta_1) + B_1(\vartheta, \vartheta_1), \vartheta_1) = 0 \tag{84}$$

$$(A\vartheta, \vartheta) = 0 \tag{85}$$

令
$$B(\vartheta, \vartheta_1) = B(\vartheta)\vartheta_1 \tag{86}$$

$$B_1(\vartheta, \vartheta_1) = B_1(\vartheta)\vartheta_1 \tag{87}$$

则 $B(\vartheta, \vartheta_1), B_1(\vartheta, \vartheta_1)$ 均为 $D(L) \times D(L) \to H$ 上的双线性算子。根据 Holder 不等式及 Sobo-lev 插入不等式，有

引理 7 存在常数 $C_1 > 0$ 使得
$$|B(\vartheta, \vartheta_1)| \leqslant C_1 \|\vartheta\|_0^{1/2} \|\vartheta\|_1^{1/2} \|\vartheta_1\|_1^{1/2} \|\vartheta_1\|_2^{1/2} \tag{88}$$

其中
$$\|\vartheta_1\|_2 = (\|u\|_2^2 + \|v\|_2^2 + \|T\|_2^2)^{1/2} \tag{89}$$

根据 Friedrichs 不等式有
$$\|\omega\| \leqslant K_1 \|\partial\omega/\partial p\| \tag{90}$$

其中常数 $K_1 > 0$. 再由 Minkowski 不等式有
$$\|\omega\| \leqslant K_1 (|u|_1 + |v|_1) \tag{91}$$

同样有，
$$\|\phi\| \leqslant K_2 \|\partial\phi/\partial p\| \tag{92}$$

$$\|\phi\| \leqslant K_2 \|RT/C\| \tag{93}$$

其中常数 $K_2 > 0$. 再根据 Schwarz 不等式有

引理 8 存在常数 $k, K > 0$ 有
$$|B_1(\vartheta, \vartheta_1)| \leqslant k \|\vartheta\|_1 \|\vartheta_1\|_1 \tag{94}$$

$$|A\vartheta| \leqslant K \|\vartheta\|_1 \tag{95}$$

3.3 惯性流形

根据引理 2-8 知，方程(58)中的算子满足方程(3)中的算子所具有的性质，因此引理 1 成立，且当谱间断条件被满足时，定理 2 对方程(58)成立。这说明，在这样的条件下，大气运动方程组(45)－(49)，存在全局吸引子 A 和惯性流形 M_I，其全局吸引子 A 在 M_I 上，M_I 以指数速率吸引方程组(45)－(49)的所有解轨道。

4　小结

本文首先讨论了一类非线性演化方程的全局吸引子和惯性流形，然后证明大气方程组即是这类非线性演化方程，从而在耗散算子满足谱间断的条件下得到大气方程组惯性流形的存在。由于惯性流形是指数吸引方程解的不变的光滑流形，这就为深入了解全局吸引子的动力

结构和特征提供了基础。此外,还可以利用惯性流形的存在来设计性能良好的数值格式,为逼真的模拟大气长时间变化提供保证。如果设计的离散化数值格式也存在惯性流形 $M_{\tau l}$(其中 τ 为时间步长),而且当 $\tau \to 0$ 时,$M_{\tau l} \to M_l$,则表明这种数值格式是能够模拟出原方程解的长期行为,是比较好的。关于此我们将另文报道。

参考文献

[1] 丑纪范. 初始场作用的衰减与算子的特性. 气象学报,1983,41(4):385-392

[2] 丑纪范. 长期数值天气预报. 北京:气象出版社,1986. 51-95

[3] 丑纪范. 大气动力学的新进展. 兰州:兰州大学出版社,1990. 37-47

[4] Chou Jifan. Some general properties of the atmospheric model in H space, R space, point mapping, cell mapping. *Proceedings of International Summer Colloquium on Nonlinear Dynamics of the Atmosphere*, 10-20 Aug. Beijing:Science Press, 1986, 187-189

[5] 汪守宏,黄建平,丑纪范. 大尺度大气运动方程组解的一些性质. 中国科学 B 辑,1989,19(3):328-336

[6] 丑纪范. 大气动力学方程组的全局分析. 北京气象学院学报,1995,(1):1-12

[7] 丑纪范. 大气动力学的若干进展和趋势. 现代大气科学前沿与展望. 北京:气象出版社,1996,71-75

[8] 李建平,丑纪范. 非定常外源强迫下大气方程组解的性质. 科学通报,1995,49(13):1207-1209

[9] 李建平,丑纪范. 大气吸引子的存在性. 中国科学 D 辑,1997,27(1):89-96

[10] Li Jianping, Chou Jifan. Effects of external forcing, dissipation and nonlinearity on the solutions of atmospheric equations. *Acta Meteor Sin*, 1997, 11(2):57-65

[11] Li Jianping, Chou Jifan. Further study on the properties of operators of atmospheric equations and the existence of attractor. *Acta Meteor Sin*, 1997, 11(2):216-223

[12] 李建平,丑纪范. 湿大气方程组解的渐近性质. 气象学报,1998,56(2):187-198

[13] 李建平,丑纪范. 大气动力学方程组的定性理论及其应用. 大气科学,1998,21(4):443-453

[14] Foias C, Sell G R, Temam R. Inertial manifolds for nonlinear evolutionary equations. *J Diff Eqa*, 1988, 73:309-353

[15] Constantin P, Foias C, Temam R. Attractors representing turbulent flows. USA:Memoirs Amer Math Soc, 1985. 314

[16] 郭柏灵. 非线性演化方程. 上海:上海科技教育出版社,1995. 183-343

天气和气候的可预报性

丑纪范[①][②]

（①兰州大学半干旱气候变化教育部重点实验室；②中国气象局培训中心）

摘　要：从理论和实际角度描述了天气和气候可预报性的认识过程。天气和气候的可预报性，特别是 10～30 天预报依赖于空间和时间尺度，预报包含了可预报分量和混沌分量。可预报性研究的最大挑战，来自气象极端事件的可预报性问题。

关键词：可预报性，天气和气候

在人类与自然的长期共生共存的历史长河中，人们一直梦想着有朝一日能够准确预测未来，从而进一步掌握自己的命运，尤其是对于与经济社会发展及人们日常生活密切相关的天气气候的预测和预报，更是人们每时每刻都关注的对象。随着科学技术的不断进步，气象科学已经获得长足进展，我们已经可以在一定程度上比较准确地预测未来的天气变化，比如未来 3～5 天的天气预报的可信度是相当高的。但随着经济社会的发展，人们对天气预报的要求越来越高，目前的天气预报水平已远远满足不了日益增长的需求，决策者和公众迫切需要更准确和更长时期的天气预报。

要解决这些问题，首先要从理论上解决天气在何种条件下是可以准确预报的，是否存在可预报的时间上限，进而再从实践上去探索具体的预报方法。显然，这是一个从社会需要提出的实用性和技术性的科学问题，其一起步就必然面临着基础科学理论问题——天气和气候的可预报性。现在气象学家有一个共识，逐日的天气预报不能超过两周。这样一来，两周以上的预报（月、季、年乃至数十年）就全部都会首先面临着这个问题。当两周以上逐日的天气预报已不可能时，能预报什么？怎么预报？实际上，社会需求的月、季、年乃至数十年的天气和气候预报，并非"科学难题"，"科学难题"应该是承前启后，在可预见的将来有可能解决的问题。所以，我们提出下面的"难题"：预报未来 10～30 天的天气过程和特征的理论和方法。

为什么逐日的天气预报不能超过两周？为什么天气预报不可能百分之百的准确？

可预报的前提是未来的状况现在已完全确定。但是世界的未来状况（包括天气和气候）确实有些方面是确定了的，有些方面则是尚未确定的。针对确定的方面，发展出了牛顿力学。拉普拉斯将牛顿哲学的决定论思想推到了巅峰，他认为世界的未来是由已经发生的事情决定了的，只要知道了初始条件和它所服从的规律，就可以预知今后的一切。数值天气预报就是基于这种观点建立起来的。可是对这种观点不乏质疑。1903 年亨利·庞加莱在《科学与方法》一书中指出："即使自然规律完全为我们所掌握，但无论如何我们却只能近似地知道初始条件，我们未必能以同样近似程度预言后续状态，初始条件的细小差别会酿成后者巨大的不同。准确的预言不再可能,所发生的一切都成了偶然的事件。"20 世纪 40 年代概率论的奠基人之一柯尔莫格洛夫、气象学家汤普生都有过类似的表述。然而,这些并未引起科技界的关注。直至 1963 年美国气象学家洛伦茨发表了《确定性的非周期流》[1]一文,才使得这个从确定论出发却走向了不确定、牛顿力学具有内在的随机性(混沌)与由此产生的可预报性问题引起了广泛地关注。这是因为洛伦茨不仅仅是定性的推论,他还通过对三个变量的动力系统进行全局分析和数值计算,定量地显示出确定论系统由于敏感地依赖于初始条件而走向了不确定,即所谓的"蝴蝶效应"。更重要的是还由不确定出发又走向了确定,一个非线性的强迫耗散系统(如大气)存在着向外源的非线性适应,即在一定时间后,不论何种初值都会演变成同一的"稳态"。这个"稳态"是非周期和对初值极端敏感的统一体,是局部的发散性和全局稳定性的统一体,具有无穷嵌套的自相似的复杂的分形结构等。与不确定的现象不同,存在一个可预报时段,在可预报时段内,现象是可预报的。它的长期行为存在着总的统计特征,由外源决定反而与初值无关[2]。所有这些的具体直观形象,可以通过胞映射的概念和理论显现出来[3],并由此揭示出任何数值模式实际上是 Markov 链,进而给出了"气候"、"可预报时段"等的精确的数学定义(图 1、图 2)。

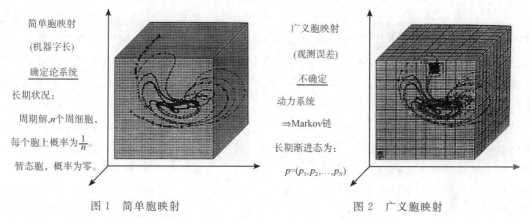

简单胞映射
(机器字长)
确定论系统
长期状况:
周期解,n个周细胞,
每个胞上概率为$\frac{1}{n}$。
暂态胞,概率为零。

广义胞映射
(观测误差)
不确定
动力系统
⇒Markov链
长期渐进态为:
$p=(p_1,p_2,\ldots,p_N)$

图 1　简单胞映射　　　　　　　　　　　图 2　广义胞映射

　　当洛伦茨发现混沌的时候,查尼等一大批气象学家正执行全球大气研究计划(GARP),旨在将数值天气预报延长至两周。洛伦茨的发现使得查尼提出首先要解决两周的预报是否可能的问题。他提出大家各自用自己的同一个模式,对两个差别相当于现在观测和分析误差的初始场进行积分,看多少天后两个解的差别超过了预报的允许误差。随后,进行了大量的数值试验,由于模式和初值不同,定量上说时限长度并不相同,平均说来逐日预报的理论上限为两周左右。这意味着逐日的天气预报不能超过两周。应该注意的是这里讨论的是理论的可预报性,即模式完美无缺(实际不是这样),预报误差仅仅来源于初值的不准确。可预报时段取决于初始误差的大小(观测和分析误差),误差的增长情况(误差增倍时间)和允许误差的大小(气候方差)。然而误差的增长率是与运动尺度有关的,尺度越小,误差增长率越大。影响局地天气的中小尺度运动,其可预报时段小于 24 小时,这使得天气预报(通常在 24 小时以上)不可能百分之百的准确。

　　混沌理论揭示出数值天气预报的技巧不仅仅像人们普遍认为的那样只取决于初值误差和模式误差,它还取决于初始误差的增长情况。当很小的初始误差增长到允许的大小时,初值的信息便丧失殆尽,这个期限就是可预报期限。然而,气象场的不同特征的误差增长情况是不同的,这就提出了如何定量研究误差增长和传播的规律,以及由此而产生的预报的不确定性和可预报期限的问题。

洛伦茨在 1965 年提出了线性奇异向量理论,设想气象场的特征的演变(发展)可以用动力系统加以描述[4],一个 n 维动力系统

$$\frac{\mathrm{d}\boldsymbol{X}(t)}{\mathrm{d}t} = \boldsymbol{F}(\boldsymbol{X}(t))$$

这里 $\boldsymbol{X}=(x_1,x_2,\cdots,x_n)^T$,$\boldsymbol{F}$ 为 n 维向量场,令
$\sigma(t)=\boldsymbol{X}(t)-\boldsymbol{X}_0(t)$ 为与 $\boldsymbol{X}_0(t)$ 的偏差,则有

$$\frac{\mathrm{d}\sigma}{\mathrm{d}t} = \boldsymbol{J}(\boldsymbol{X})\sigma + \boldsymbol{G}(\boldsymbol{X},\sigma)$$

其中 $\boldsymbol{J}(\boldsymbol{X})$ 为 $n\times n$ 的 Jacobi 矩阵,$\boldsymbol{G}(\boldsymbol{X},\sigma)$ 为偏差的高阶非线性项,当初始扰动充分小、时间短时,可以将非线性项略去,从而消除了由非线性带来的困难。此时,σ 为线性方程控制,由此,定义最快增长扰动(线性奇异向量),Lyapunovr 指数(初始扰动的平均增长率),对预报不确定性和预报时效进行定量研究。这被称为初始误差的增长的线性理论。

线性理论的缺陷是明显的,随着误差的很快增长,切线性方程便不再适用。我国学者发展了非线性误差增长理论。在预报的不确定性方面,穆穆等提出了条件非线性最优扰动(CNOP)[5],克服了国际上广泛使用的线性奇异向量(LSN)方法的局限性,CNOP 是在一定误差范围内,在预报时刻对预报结果不确定性有最大影响的初始误差。国内外学者用 CNOP 方法,研究了 ENSO 可预报性、海洋热盐环流敏感性、台风目标观测以及湿大气的可预报性,揭示了 CNOP 的非线性特征以及其物理本质;王斌等基于集合投影方法,发展了计算 CNOP 的高效算法;CNOP 在模式是完美的条件下,讨论了大气或者海洋或者海气耦合过程的误差增长,但是模式总是存在误差的,关于实际大气或海洋的情况如何,仍是有待研究和解决的问题。为了研究实际大气或海洋的情况,洛伦茨提出考察实际资料中初始相似发展演变的情况,但实践中找到符合要求的相似场是非常困难的。李建平等提出了非线性局部 Lyapunov 指数(NLLE)[6,7],克服了基于线性误差增长理论的 Lyapunov 指数的局限性,证明了非线性混沌系统相对误差随时间发展的“饱和定理”,提出同时考虑初始信息和初始演化信息来确定局部动力相似的方法。这样一来,可直接用观测资料定量估计实际大气(海洋)的不同变量的可预报期限。基于观测资料,李建平等用 NLLE 方法揭示了热带季节内振荡(MJO)以及天气和气候不同变量的可预报期限的时空分布,指出可预报性是一个局部概念,它随空间和时间变化。

上述这些研究虽然为可预报性理论的发展作出了重要贡献,但依然需要开拓新的领域。莫宁指出:“确定可预报期限本身并不是一个建设性的课题(本身也不应该是目的),建设性地解决某个长时期的可预报性问题应该是指出这时期中所能预报的气象场的特征”[8],也就是两周以上,当逐日的天气预报已不可能时,那么能预报什么? 怎么预报? 因此,可预报性理论面临的问题是对于未来的时刻 T,如何将气象场一分为二,分解为可预报分量(对初值不敏感)和混沌分量(初值信息已丧失殆尽,但存在着由外强迫和可预报的稳定分量决定的与初值无关的统计特征)。然后,分别情况,区别对待,采用不同的预报方法。

值得注意的是对 8～14 天的逐日天气预报,目前数值模式向精细化发展,引入了越来越多的不可预报的中、小尺度混沌分量,它们对天气尺度的统计作用是否会比参数化的好,是否应该区分可预报分量和混沌分量而采取不同的预报方法是一个待研究的难题。

未来 10～30 天预报,如何确定可预报分量。对一个确定的数值模式(n 维动力系统),由初值积分到 T 时刻(这里 10 天$\leqslant T \leqslant$ 30 天)可视为一个非线性映射,

$$U(T) = M(U_0)(T), U(T) + u(T) = M(U_0 + u_0)(T)$$

这里 $u(T)$ 为初值扰动 u_0 的发展,构造目标泛函

$$J(U_0) = \| M(U_0 + u_0)(T) - M(U_0)(T) \|$$

当 $\| u_0 \|$ 足够小时它的切线性算子的最大特征值所对应的特征向量就是 CNOP,现在反过来考虑其最小特征值(次小,…)可以找出对初值不敏感的分量,是值得探索的。不过这样得到的是该模式大气的可预报分量,至于实际大气的可预报分量如何得到是有待研究的难题。

预报由两部分组成,一部分是可预报分量(信息 σ_A),另一部分是混沌分量(噪声 σ_n),这就产生一个问题,这样的预报其应用价值如何评估?信噪比($\frac{\sigma_A}{\sigma_n}$)能否反映?如何计算?也都是有待解决的难题。

应该强调指出的是上述的工作都是理论的可预报性研究,即在模式准确,初始资料有误差的条件下,能在何种水平上预报天气和气候。然而可预报性研究早已在深度和广度上与日俱增,由理论的可预报性研究发展为实际的可预报性研究,即研究当前实际的数值预报结果的不确定性(即预报误差)产生的原因和机制,寻找减小不确定性的方法和途径。由可预报性理论引导产生的集合预报方法(初值集合、模式参数集合,多模式集合等)是近年来数值天气预报的重大进展。实际的可预报性和集合预报都取得了大量成果,也提出了大量有待解决的难题。限于篇幅,难以详述,可参阅文献[9]。

在可预报性研究领域,真正的难题是气象极端事件的可预报性问题。对未来的气象状况,决策者和公众最想知道的并不是降水的偏多偏少,温度的偏高偏低,而是暮春三月,江南草长之时,未来汛期我国什么地区,什么时段防汛会非常紧张,或者旱情会非常严重(如果有的话)。这种对社会经济和人民生活有严重影响的小概率极端天气气候事件是否能提前预测?能提前预测的时间与该事件的时空尺度(影响范围和持续时间)是否有某种关系?用什么方法预测?这些都是待研究的难题。之所以说是真正的难题,是因为这些问题用现行的观念和方法难以解决,需要重大的创新。这主要是因为现行的方法与要解决的问题之间存在两大差别:一是现行方法是作为正向问题,预报出未来的全部情况(可能出现的情况的概率分布)。而极端事件的预报把问题集中在某一地区某一时段出现某种极端事件的可能性(概率)上,无须涉及这以外的气象情况的预测。二是现行方法是作为初值问题,做预报时依据的是某一时刻的气候系统的初始状况,而所要求的初值有的没有观测因而不得而知,有观测的也存在观测误差,由此导致预报的不确定性(转向概率)。更甚者,初始时刻的选取有任意性,不同初始时刻的同一预报结果可能差别很大。而极端事件的预报与此相比有本质的不同。做预报时依据的是现有的全部观测资料,是将它作为一个整体,一个信息源来考虑的。当应用海—陆—气—冰气候系统模式来探讨某种极端事件可能出现的概率时,本质是个倒向问题。笔者认为彭实戈院士创立的倒向随机微分方程理论提供了重要的启示和借鉴。由于涉及观念和方法的创新,所以才说它是可预报性研究领域的真正难题。

传说每当亚历山大的胜利捷报传回时,他的儿子就哀叹:"父王把什么都征服了,我还有什么可干咧!",从事天气和气候的可预测性研究的后来者,却不可能有这种哀叹。因为在这个领域已解决的问题远没有待解决的难题多,众多的难题正在等待着有理想、有抱负、去功利化的

创新型的人去探索和解决。勇敢的后来者,祝你们幸运!

参考文献

[1] Lorenz E N. Deterministic nonperiodic flow. *J Atmos Sci*,1963,20:131-141.

[2] 丑纪范. 大气科学中的非线性与复杂性. 北京:气象出版社,2002.

[3] Chou J F. Predictability of the Atmosphere. *Adv Atmos Sci*,1989,6(3):335-346.

[4] Kainay. 大气模式,资料同化和可预报性. 蒲朝霞,杨福全,邓北胜,等译. 北京:气象出版社,2005.

[5] Mu M,Duan W S,Wang B. Conditional nonlinear optimal perturbation and its applications. *Nonlinear Processes in Geophysics*, 2003,10:493-501.

[6] 李建平,丁瑞强,陈宝花. 大气可预报性的回顾与展望——21 世纪大气科学前沿与展望. 北京:气象出版社,2006.

[7] Ding R,Li J. Nonlinear finite time Lyapunov exponent and predictability. *Physics Letters* A,2007,364:396-400.

[8] Monin A C. 天气预报——一个物理学的课题. 林本达,王绍武译. 北京:科学出版社,1981.

[9] Palmer T,Hagedom R. *Predictability of Weather and Climate*. New York:Cambridge University Press,2006.

Predictability of Weather and Climate

Chou Jifan[1][2]

(① Key Laboratory for Semi-Arid Climate Change of the Ministry of Education,Lanzhou University;
② CMA Training Center,China Meterological Administration)

Abstract:The evolution of the understanding process for the predictability of the weather and climate is described both in the view of theory and practice. The predictability of weather and climate,especially for $10 \sim 30$ d forecasting,depends on the spatial and temporal scales,and the forecasting includes predictable components as well as chaotic components. The biggest challenge in the study of predictability comes from the issue for meteorological extreme events.

Key words:Predictability,Weather and climate

丑纪范文选

CHOUJIFAN WENXUAN

文选

第五部分

综合评述

数值模式中处理地形影响的方法和问题

丑纪范

（兰州大学大气科学系）

关键词：数值天气预报　数值模拟　地形影响

地球上各种不同尺度的地形对大气中从行星尺度到次天气尺度的各种不同尺度的系统的运动都有着重要影响。许多气象学家对此进行了大量研究。我国西部有世界屋脊青藏高原。它不仅是一些天气系统产生的源地，也影响所有经过它的天气系统，甚至对东亚乃至全球的大气环流都有重要作用。从 20 世纪 50 年代开始，我国气象学家从天气学分析、诊断研究、理论研究和转盘试验等各个不同角度研究了地形影响问题，做了大量的工作，限于篇幅不在此列举。根据这些工作，可以看到在天气数值预报模式中，处理好地形作用是一个很重要的问题。从数值预报的观点看，地球上的地形是大气流动的障碍物，可称为地形的动力作用；在数值模式中地形的其他效应与感热、潜热和动量的输送相联系，被称为热力和摩擦作用。虽然很难严格的区分，但分别讨论在叙述上是方便的，以下就分别简述对这些作用的处理方法和存在的问题。最后再谈谈客观分析和初始化方面的问题。

1 地形的动力作用

通常假设地形的作用是动力作用和热力作用的叠加。这意味着当考虑地形的动力作用时，大气被视作理想流体；把大气看作热力不均匀的湍流流动时，地表面被看成是光滑的，分别考虑后叠加起来。由于热力作用的处理对地形的存在并未提出特别的问题，对地形作用的研究几乎多集中处理其纯动力效用。通过选择合适的垂直坐标系统和改进数值计算方法，现在无论在全球模式或有限区域模式中，都能对地形的动力作用进行较好的描述。

1.1 垂直坐标系的发展

数值天气预报模式最初是采用气压做垂直坐标的，下边界是 1000 hPa 等压面，未考虑地形影响。最初考虑地形影响的办法是在 1000 hPa 上引入爬坡风。正如杜行远[1] 所指出，这是理想化的有坡度而无高度的地形。杜行远[2] 首次提出用小参数展开的方法考虑青藏高原的高度作用，并做了数值模拟的对比试验，揭示了地形抬高的动力作用。但由于等压面与地面相切割，而且实际地面在气压坐标里随时间起伏，因此不是描写地形作用的好坐标系。用高度作垂

本文发表于《高原气象》，1989 年第 8 卷第 2 期，114-120。

直坐标虽然可以避免地面随时间的起伏,但等高面同样与地面相切割,采用这类坐标,下边界条件变得很复杂,因此为了处理好地形影响,就必须要发展特别的技巧。

众所周知,所谓 $\sigma = \dfrac{p}{ps}$ 坐标系(这里 p 是气压,ps 是地面气压)是 Philips[3] 提出的,它克服了上述困难,地表面是 $\sigma = 1$ 的坐标面。但这样一来又产生了另外的困难,且这些困难是气压和高度坐标所没有的。

总之,似乎有两类坐标系,一类坐标面是接近水平的,但是地表面不是一个坐标面,下边界条件很复杂,需要发展特殊的技巧。另一类有着简单的下边界条件,但在数值计算的精度上发生了困难。这就导致了混合坐标系的产生。混合坐标的想法是 Sangster[4] 首先提出的。由文献[5~8]表明混合坐标是有益的。Simmons and Burridge[9] 提出了混合坐标系中能量和角动量守恒的差分格式,但是混合坐标系未能完全克服数值计算方面的困难。

设计新的垂直坐标系的努力在继续着,Mesinger[10] 提出了 η 坐标系

$$\eta = \frac{p - p_T}{p_s - p_T} \quad \frac{p_{rf}(Z_S) - p_T}{p_{rf}(0) - p_T}$$

这里 p 是气压,下标 T 和 S 分别表示在模式大气上界和地表面的值,Z 是高度。$p_{rf}(Z)$ 是适当定义的作为参考气压的 Z 的函数。地表面拔海高度理想化为一组离散的值,即将实际地形理想化为阶梯形状。这是一个坐标面既接近水平、同时又与地面重合的坐标系,因而既有简单的下边界条件,又没有数值计算方面的困难。特别有趣的是在模式程序设计完成以后,只要略加修改,取 $Z_S = 0$,就变成了 σ 系统的模式,很容易作对比试验[11]。

文献[12]是采用 p 坐标处理地形的新近的成功的例子。

1.2　数值计算方法的改进

σ 坐标是最广泛应用的坐标。与之相联系的最大的困难是在高山陡坡地区,气压梯度力成了两个大量的小差,产生很大的计算误差。在水平扩散的计算中也产生类似的误差。此外,还有一个缺点是由等压面资料内插 σ 面上的值和由 σ 面上的值内插等压面上的值所产生的误差也可能不小。Sundqvist[13] 给出了一个例子,表明由此可产生一个可观的虚假的气压梯度力。于是,如何减少这种误差似乎就成了在数值天气预报模式中处理地形的核心问题。为此提出了许多方法,例如,Corby 等[14] 提出了一种特殊的差分格式,按此格式计算气压梯度力,当温度随 $\log p$ 线性变化时,截断误差为零。Sundqvist[15] 将此格式改进为对大气的通常的温度分布,截断误差较小。另一途径是 Arakawa[16] 和 Arakawa and Lamb[17] 提出的位势拟能守恒格式,它具有在一般辐散气流中位势拟能守恒的性质。颜宏[18] 发现此格式应用于有陡坡地形的全球模拟时,在极地附近出现了一些问题。他在文中解释了这些问题产生的原因,提出了改进的办法。钱永甫和钟中[19] 利用差微差一致性坐标变换原理和公式,将高度(Z)坐标系中的大气动力学方程组变换到具有最一般意义的 η 坐标中,然后设 η 即为气压 p 或无量纲地形坐标 σ,从而导出了相应的坐标系中具有二阶精度的大气动力学微分或差分方程组。郑庆林和廖国男[20] 提出了一个很有价值的算法,其基本概念是将 ϕ 和 $\nabla \phi$ 分为两部分

$$\phi_t = \phi_{t0} + (\phi_t - \phi_0)$$

$$(\nabla \phi_t)_p = (\nabla \phi_{t0})_p + \nabla (\phi_t - \phi_{t0})_p$$

第一部分为初值。由初始分析的 p 面上的值垂直内插可以得到 σ 面上的值,它在整个计算过

程中保持不变。第二部分包含的是与初始场的偏差,可由 σ 面上的公式直接计算。这是一个极其富有机智的想法,作者认为这是迄今最好的方案。问题是这仅适用于数值天气预报模式,作大气环流数值试验时,不存在实测的瞬时初始场。曾庆存等[21]引入合适的"标准"状态,将热力学变量相对于这个标准状态的偏差量作为预报变量,克服了 σ 坐标中计算气压梯度力的困难,与上述方法异曲同工。这个模式的动力学框架具有较高的精度,能正确保持初始非线性 RH 波的动力特性,优于国外的其他同类模式。1987 年在美国纽约州长岛与国际上其他同类模式进行了比较,证明其有较好的模拟能力,优于其他国外同类模式。

1.3　增强地形(enhanced orography)的方法

对业务预报系统误差的诊断分析是改进模式的一种好办法。一个著名的例子是 Wallace 等[22]引入包络地形(envelope orography)正压模式的诊断分析,发现区域平均地形高度的 EC-MWF 格点模式明显地低估了地形的强迫作用[23]。这导致在区域平均高度上加上该区域的地形高度均方差的二倍的所谓包络地形,结果使冬季预报的系统误差大大减小了。但是也有一些作者指出这缺乏物理基础[24],非均匀地改变了地形的范围,在青藏高原区域反而增大了误差[25,26]。实际上我们知道区域平均地形低估了实际地形的作用,但如何正确地增强并未解决,也就是要设法考虑次网格地形的作用。

1.4　地形引起的重力波拖曳(GWD)

次网格地形是无法在数值模式中表示的,但观测和理论都表明其所引起的重力波的垂直动量输送有重要作用[27,28]。这种作用只能用参数化的办法在数值模式中表示。文献[29,30]等提出了许多参数化的办法,有些方法[31~33]已经用到了数值模式中。Chouinard 等[34]比较了重力波拖曳参数化与包络地形减少系统性误差的能力,发现两者差不多。

2　地形的热力作用

应该注意,包络地形对系统性误差的减小主要是在冬季。而许多迹象表明在夏季地形的热力作用比动力作用重要。

Charney 和 Eliassen[35]的经典论文及其他工作都表明地形强迫的线性定常波理论能模拟出冬季的平均环流,但是对夏季而言就不行了[36]。纪立人等[37]进行了一系列数值试验,对比夏季青藏高原的热力和动力作用,结果表明夏季青藏高原的热力作用比动力作用重要。王谦谦等[38]也得到了类似的结果。

在青藏高原夏季气旋生成的个例研究中,Reiter 等[39]也发现热力作用较动力作用重要。他们在模拟中将地形减低(0.8 倍),然后用实测地表温度代替用热量平衡方程算得的温度以提高地表热通量的精度,得到了与观测一致的结果。

宋正山等[40]进行的转盘试验也表明大尺度地形的热力效应是形成夏季环流的主要因子。

所以,可以说要改进夏季预报,应注意改进数值模式中对地形热力效应的描述。

系统地比较了各个数值预报中心的预报后,Bengtsson and Lange[41]发现不同模式不同年份的季以上的时间平均误差是相似的,并且夏季大于冬季。时间平均误差与总方差之比,夏季是冬季的两倍。

综上所述,不难断言,未能准确地处理地形的热力作用是夏季误差的主要来源,仅仅把地形动力作用的描写精确化并不能改进夏季的预报。

3　地形的摩擦作用

在阿尔卑斯山区域,Godev[42,43]发现气旋和反气旋发生的频率的气候分布与用一定长度所算得的地形高度的$\nabla^2 Z$有密切关联。Reiter 等[44]在青藏高原地区也发现有类似的结果。Godev[45~47]认为这种关系是山脉边界层效用造成的。他假设垂直交换系数是地形高度$Z(x, y)$的函数,导得了新的摩擦层顶的垂直速度的表达式,增加了$\nabla^2 Z$项。用这种边界条件的地转模式所作的试验,证实它改进了预报,但是这种方法只能用于过滤模式。原始方程模式似乎已经包含了地形形状的信息。值得注意的是原始方程模式的系统误差显示出与$\nabla^2 Z$有对应的关系[23,48]。可见,如何在原始方程模式中正确和准确地反映出地表面形状对大气运动演变的作用仍是一个有待研究的问题。

4　有地形模式中的客观分析和初始化问题

值得注意,最大的困难是在高山及其邻近地区(如青藏高原)缺乏高空观测资料。通过对青藏高原几个测站探空资料的仔细分析,Reiter and Gao[49]发现美国国家气象局的客观分析在青藏高原地区是很不准确的。在山脉地区的客观分析存在着系统性误差。Mc Ginley[50]指出客观分析得到的绕流比实际的弱,爬流比实际的强。日本 1975—1978 年用四层北半球原始方程模式作业务预报时发现青藏高原和洛矶山脉的迎风坡,预报的温度太低,而背风坡又太高并有虚假的低压发展。显然,这误差是由于在数值模式中气流主要是爬流,而实际大气中则主要是绕流。为了克服这一误差,Kondo and Nitta[51]采用解包括青藏高原区域的平衡方程,分析初始风场,结果显著地改进了预报。

当气流遇到山脉阻挡时,气流被分为两个部分,$\vec{V}_a = V_t \vec{t} + V_a \vec{n}$,$\vec{t}$表示地形等高线的切线方向,$\vec{n}$表示地形等高线的法线方向。问题是$V_t$和$V_a$的相对大小如何?如果$V_t \ll V_a$称为爬流,$V_a \ll V_t$称为绕流。仅仅给出边界条件$\sigma = 0$ 在 $\sigma = 1$,不能决定多少爬,多少绕。曾庆存[51]根据尺度分析论证了有三种不同情况,如:$L \approx 1000$ km,$Z \leqslant 10^3$ m,则大尺度的大气运动是准水平,准地转的,如:$L \approx 1000$ km $Z > 3 \times 10^3$ m,则为绕流。当其为爬流时运动是非地转的,并伴随有大振幅的惯性重力波。郭秉荣、丑纪范[52]提出了"地形适应过程"的概念。即在高山陡坡地区,存在着使风向平行于地形等高线的动力过程,这是一种其特征时间比大尺度运动的特征时间要小得多的快速调整过程。在青藏高原附近这样的高山陡坡区域,当风向与等高线交角较大时,将发生快速调整过程,然而,过滤模式不包含这种快速过程,不得不将实际山脉高度大大地加以平滑,这就不能正确考虑青藏高原的动力影响。对原始方程模式而言,虽然从理论上讲,由于包含有快波,能够描写这种"调整"过程,可是,实际上希望在计算出适应过程的同时得出演变的预报至今并未获得成功,必须进行"初始化处理",与此一样,地形对风向的影响也必须进行适当的处理,要求在高山陡坡地区,近地面的风向与地形等高线接近平行。

参考文献

[1] Du, X.(杜行远), Spatial problem of numerical forecasting of pressure field with consideration of high mountain effect, *Trudy Glavnoi geophyzicheskoi observatorii*, 1959, VYP.99(in Russian).

[2] Du, X.(杜行远),高原地形对气压变化的影响,气象学报,1962,31(2):93-100.

[3] Phillips, N.A., A coordinate system having some special advantages for numerical forecasting, *J. Meteor.*, 1957,14,184-185.

[4] Sangster, W.E., A method of representing the horizontal pressure force without reduction pressures to sea level, *J. Meteor.*,1960,17,166-176.

[5] 钱永甫等,p-σ 混合坐标系初始方程模式的若干改进及其在直角网格中的试验结果,高原气象,1982,1(4):28-45.

[6] 钱永甫、颜宏等,一个有大地形影响的初始方程数值预报模式,大气科学,1978,2(2),91-102.

[7] Schlesinger, E.H. and Y. Mintz, Numerical simulation of ozone production transport and distribution with a global atmospheric general circulation, *J. Atmos. Sci.*, 1979, 36, 1325-1361.

[8] Fels, S.B.,J.D. Mahlman, M.D. Schwarzkopf and R.W. Sinclair, Stratospheric sensitivity to perturbations in ozone and carbon dioxide, Radiative and dynamical response, *J. Atmos. Sci.*, 1980,37, 2265-2297.

[9] Simmons, A.J. and Burridge, D.M., An energy and angular-momentum conserving vertical finite-difference scheme and hybrid vertical coordinate, *Mon. Wea. Rev.*, 1981,109, 758-766.

[10] Mesinger, F., Methods and problems of finite difference representation of mountains in numerical weather analysis and prediction, *ECMWF Workshop on mountains and numerical weather prediction*, 20-22, June, 1979,28-47.

[11] Mesinger, F., The sigma system problem, *The seventh AMS conference on numerical weather prediction*, June, 17-20,1935, Canada, 340-347.

[12] Edelmann, W., The third approach of handling the orography in models using the p-co-ordinate, *PSMP Report Series*, 1985,18,46-51.

[13] Sundqvist, H., On vertical interpolation and truncation in connection with use of sigma system models, *Atmosphere*, 1976, 14, 37-52.

[14] Corby, G.A., A. Gilchrist and R.L. Newson, A general circulation model of the atmosphere suitable for long period integerations, *Quart. J. Roy. Meteor. Soc.*, 1972, 98, 809-832.

[15] Sundqvist, H., On truncation errors in sigma system models, Atmosphere, 1975, 13, 81-95.

[16] Arakawa, A., Design of the UCLA general circulation model, Tech Rep. Dep. of Meteor. Univ. California, 1972, 7, 116.

[17] Arakawa, A. and V.R. Lamb., Computational design of the basic dynamical processes of the UCLA general circulation model, *Methods Comput. phys.*, 1977, 17, 173-265.

[18] 颜宏,Arakawa-Lamb 位势拟能和能量守恒格式中近极点质量通量项的讨论,高原气象,1984,3(1), 1-12.

[19] 钱永甫,钟中,大气动力学方程组在有地形的离散格点模式中的一般形式,高原气象,1985,4(1),1-13.

[20] Zheng, C.L.(郑庆林)and K.N. Liou, Dynamic and thermodynamic influences of the Tibetan Plateau on the atmosphere in a general circulation model, *J. Atmos. Sci.*, 1986, 43, 1340-1354.

[21] Zeng Qing-cun(曾庆存)et al., A Global Gridpoint General Circulation Model., *J. Meteoro. Soc. Jap.* Special Volume, 1987, 421-430.

[22] Wallace, J.M., Reduction of systematic forecast errors in the ECMWF model through the introduction

of an envelope orography, *Quart. J. Roy. Meteor. Soc.*, 1983, 109, 683-717.

[23] Wallace, J. M., S. Tibalbi and A. J. Simmons, A study of the relationship between the orography and systematic errors of the ECMWF model, 1982, WGNE-III Report, Appendix C.

[24] Pierrehumbert, R. T., Toward a physical basis for envelope orography, IAMAP WMO Symposium-paris, Extended Abstracts 1983, 193-196.

[25] Dell'Osso, L. and S. J. Chen, Genesis of a vortex and shear line over the Qinghai-Tibetan Plateau: numerical experiments, *Paper presented at the International Syposium on the Tibetan Plateau and Mountain Meteorology*, March 1984. Beijing.

[26] Wu, G. X. (吴国雄) and S. J. Chen (陈受钧), The effect of mechanical forcing on the formation of a meso scale vortex, ECMWF Published Technical Reports, 1984, No. 4.

[27] Collins, W. G., On the contributions of non-linearity and non-hydrostatic accelerations to low-level contrary flow over mountains, ph. D. thesis. Uni. of Chicago, 1974, P. 228.

[28] Klemp, J. B. and D. K. Lilly, Mountain waves and momentum flux, In orographic effects in planetary flow, GARP Publication Series, 1980, 23, 115-141.

[29] Collins, W. G., Parameterization of the vertical momentum flux due to flow over orography in numerical prediction models, *Preprint volume of the fourth conference on NWP*, held at silver Spring, Maryland, Oct. 29-Nov. 1, 1979.

[30] Johansson, A., On the parameterization of Sub-grid scale orography effects in models of large scale atmospheric flow, Report DM-44, Department of Meteorology, University of Stockholm, 1985.

[31] Boer, G. J., N. A. McFarlane, R. Laprise, J. D. Henderson and J. D. Blanchet, The Canadian climate centre spectral atmospheric general circulation model, *Atmosphere-Ocean*, 1984, 22, 397-429.

[32] Sumi, A. and K. Tada, Effects of sub-grid scale undulations on the northern hemisphere forecasts, NWP Annual Progress Report for 1984, 78-79.

[33] Palmer, T. N., G. J. Shutts and R. Swinbank, Alleviation of the systemic westerly bias in numerical weather prediction models through gravity wave drag parameterization, *Quart. J. Roy. Meteor. Soc.*, 1986, 112, 175-198.

[34] Chouinard, C., M. Beland and N. McFarlane, The positive impact of gravity wave drag and envelope orography on medium range weather forecasts, *The Seventh AMS conference on numerical weather prediction*. June 17-20, 1985, Montreal, Canada, 336-339.

[35] Charney, J. G. and A. Eliassen, A numerical method for predicting the perturbation of the middle latitude westerlies, *Tellus*, 1, 38-54.

[36] Lia, B. D. (林本达), The effects of topography on the stationary planetary waves in winter and summer, *Proceedings of the First Sino-American Workshop on Mountain Meteorology*, Science Press, Beijing, China, American Meteorological Society, Boston, Mass, 1983, 355-370.

[37] Ji, L. R. (纪立人), R. Shen and Y. Chen, A numerical experiment on the dynamic and thermal effects of the Qinghai-Xizang (Tibetan) Plateau in summer, *Proceedings of the first Sino-American Workshop on Mountain Meteorology*, Science Press, Beijing, China, American Meteorological Society, Boston, Mass., 255-370.

[38] Wang, Q., A. Wang, X. Li and S. Li, The effects of the Qinghai-Xizang Plateau on the mean summer circulation over East Asia, *Adv. in Atmos. Sci.*, 1986, 3, 72-85.

[39] Reiter, E. R., Thermal effects of the Tibetan Plateau on atmospheric circulation systems, *Mountain Meteorology*, Science Press, Beijing, 1984, P. 399.

[40] Song, C. S., Y. K. Wang and G. F. Wang, Annulus Simulation of the northern summer mean general

circulation and comparative study of flow pattern characteristics over Eastern Asia, *Mountain Meteorology*, *Science Press*, Beijing, 1984, P. 399.

[41] Bengtsson, L. and A. Lange, The results of the WMO/CAS NWP data study and intercomparison project for the Northern Hemisphere in 1979-80, WMO Programme on short, Medium-and Long-Range Weather Prediction Research (PWPR), Geneva., 1981.

[42] Godev, N., On the cyclogenetic nature of the Earth's orography form, Arch Meteor. ,Geophys Bioklimatol, 1970, A, 19.

[43] Godev, N., Anticyclonic activity over southern Europe and its relationship to orography, *J. Appl. Meteor.*, 1971, 10, 1097-1102.

[44] Reiter, E. R., M. Tang and R. Shen, The hierarchy of motion systems over large plateaus, Environmental Research Papers, Colorado State University, Fort Collins, Colorado, 1984, No. 37.

[45] Godev, N., A method of determining optimum scale for averaging the Earth's topography in quantitative studies of atmospheric cyclo-and-anticyclogenesis, Boundary Layer Meteorology, 1977, 12, Canada.

[46] Godev, N., Contribution of the mutual effect of orographic and thermal unhomogeneities and surface friction to the generation of Mediterranean Cyclones, WMO SMWPRPS No. 3, Report of the informal consultalion on Mediterranean cyclones, 1983, 75-119.

[47] Godev, N., Typical errors in NWP of mediterranean cyclones possible sources and ways to reduce then, WMO PSMP Report series, 1986, No. 20, 35-56.

[48] Fawcett, E., Systematic errors in operational baroclinic prognoses of the National Weather Centre, *Mon. Wea. Rev.*, 1969, 97, 670-682.

[49] Reiter, E. R. and D. Gao, Heating of the Tibet Plateau and movements of the South Asian high during spring, *Mon. Wea. Rev.*, 1982, 110, 1694-1711.

[50] McGinley, J. A., Application of the variational method in objective analysis of mountain flow, *International Symposium on the Qinghai-Xizang (Tibetan) Plateau and Mountain Meteorology*, March 20-24, 1984, Beijing.

[51] Kondo, H. and Ta. Nitta, A case study of the initialization of the meteorological fields including topography, *J. Meteor. Soc. Japan*, 1979, 57, 300-307.

[52] 曾庆存,数值天气预报的数学物理基础,北京:科学出版社,1977,543 页.

[53] 郭秉荣、丑纪范,青藏高原对风场的影响,见:中央气象局气象科学研究院编,第二次全国数值天气预报会议论文集,北京:科学出版社,1980,207-216.

THE METHODS AND PROBLEMS OF THE TREATMENT OF OROGRAPHIC INFLUENCE IN THE NWP MODELS

Chou Jifan

(*Department of Atmospheric Science, Lanzhou University*)

Key Words: NWP model; Numerical simulation; Dynamical and thermal influence of orography

我在数值天气预报和气候动力学领域的探索

丑纪范

（北京气象学院）

关键词：数值　天气预报　气候动力学

　　我于 1956 年毕业于北京大学物理系气象专业。长期从事数值天气和气候预报的基础理论研究，主要做了以下两方面的工作：

　　（1）提出了在数值预报中使用过去实况演变资料的理论和方法，从而把天气学的预报经验吸收到数值预报中来，使动力方法和统计方法能够有机地结合起来。1962 年我通过将微分方程定解问题变为等价的泛函极值问题——变分问题的途径，推广了微分方程解的概念，引进了新型"广义解"，论证了"广义解"比原来意义下的"正规解"更接近方程所描述的物理现象的"实况"。后又于 70 年代论证了准地转模式大气温压场的演变与下垫面热状况的等价性，这一工作为用已有资料替代没有观测的资料奠定了理论基础。又进一步提出将问题由古典初值问题改变为微分方程的反问题的新观点，将解反问题的理论应用到数值预报中来，提出利用模式方程的已知解（或解的某种函数）即历史资料去确定方程中的未知参数并使之与模式相匹配的具体方法，并作出了预报实测。

　　（2）揭示了大气动力学方程组的整体和全局行为，这是从动力学观点研究气候形成和气候变化的基础理论。首先指出有外源和耗散的大气动力学方程组可以写成其算子具有很好性质的算子方程，并由此论证了初始场作用的衰减，长期天气过程的特征将取决于能量耗散和补充的特征；提出在对方程进行简化或离散化时应该保持算子的性质不变作为简化的准则；得到了大气运动自由度缩减的结果；将 Cell-to-Cell Mapping 的概念引入研究数值模式的整体和全局行为，揭示了任何数值模式实际上是 Markov 链，从而给出了不可预测性、不可逆性、各态历经等的具体直观形象；给出了"气候"、"气候可预测时段"等概念的精确的数学定义。

　　发表论文 50 多篇，专著 6 部。培养硕士 20 名，博士 12 名。

本文发表于《中国科学院院刊》，1996 年第 2 期，134。

大气科学中非线性与复杂性研究的进展

丑纪范

（北京气象学院）

摘　要：文章从众多自由度系统的特定时空尺度大气现象与观测事实密切结合的角度，对大气科学中非线性与复杂性研究的进展进行了评述，依次讨论了从确定论走向不确定、混沌中的有序和全球变化等，并就该领域存在的问题和发展前景进行了探讨。
关键词：大气科学　非线性　复杂性　混沌

1　引　言

非线性与复杂性的数学理论多半是低维动力系统，而大气则具有无穷多的自由度。大气科学中非线性与复杂性研究进展的一个重要标志是这些理论和概念运用于众多自由度的程度。

大气运动变化的复杂性在于其具有各种时空尺度，实际观测资料乃是各种时空尺度变化加上噪音的结果。各种时空尺度又不是相互独立无关的，而是存在复杂非线性相互作用，这就提出了一个问题，我们能不能从中抽出一种尺度单独来研究？

对观测到的大气现象作出解释并提出预测方法是理论研究的中心任务，这又提出了一个问题，能不能用理论植根于观测事实的程度和解释观测事实的程度来考虑大气科学中非线性与复杂性研究的进展和问题？

大气科学中非线性与复杂性研究的工作很多，范围很广，下面仅从众多自由度系统的特定时空尺度大气现象与观测事实密切结合的角度进行评述。

2　从确定论出发走向不确定

大气科学的理论是把天气尺度单独抽出来研究而获得突破的，数值天气预报的成功是重要标志。数值天气预报本来是建立在确定论基础上的。大气科学中非线性与复杂性研究的一个重要成果是揭示了天气尺度的可预测时段不超过2—3周。众所周知，Lorenz(1963)在研究大气对流的简化模型时揭示了确定论系统的内秉随机性。但那是一个只有三个自由度的系

本文发表于《中国科学院院刊》，1997年第5期，325-329。

统。近年来将混沌的概念引入全球数值天气预报模式,揭示了初始时刻不可避免的误差增长的规律以及它对季节、地区和初始场的依赖等。

针对数值模拟的实际,把对初值敏感导致的可预报性问题做了推广,提出考虑输入数据对最终结果的影响,以及在数值天气预报模式中可能存在的结构不稳定问题。也探讨了其改进的办法。可惜的是未能在实际业务模式中检验。

在可预报时段内,运用非线性动力学理论可以证明运用多时刻资料有可能超过观测(分析)的误差提高初值的准确性,从而提高数值天气预报的技巧。

对天气尺度的非线性与复杂性的研究似乎集中在可预报性问题上。

3　混沌中的有序

既然大气对初值极其敏感,2—3 周后,其状态变得不确定,实际上可能同掷骰子一样成了随机的。那么,超出确定性可预报期限之后,难道就完全杂乱无章了吗?50 多年前,早期高空天气图的分析就发现了在固定地理区域内特定天气型的持续和再现。后来提出过指数循环、低频振荡的概念,前苏联有自然天气周期和自然天气季节这样的概念。这些表明 2—3 周以上的时间尺度的演变并非完全是无序的。如考虑副热带流型,则副热带高压的季节突变和与之相联的季风暴发与中断,也可以概括为特定环流型的维持和转换。对月、季乃至年的时间尺度的大气现象的非线性与复杂性的研究集中在认识持续的天气型,解释其维持的机理,探讨其产生和转换的规律。换言之,对这个时间尺度而言,大气中除了有天气尺度的混沌分量之外,还有行星尺度的稳定分量,大气的复杂性就表现在混沌分量与稳定分量之间的非线性作用上。

3.1　依据非线性动力学概念分析实况资料取得了丰硕成果,提出了一些待解释的问题

如:分析了 32 个冬季 500 hPa 的 11525 天资料,揭示了遥相关型,其中 EOF3 呈双峰分布,利用群分析发现找出了众多的静止型并概括为少数的型,对型之间的转换进行了统计分析揭示了其转换规律,分析了 37 个冬季 700 hPa 实况资料,客观确定出北大西洋区的四个型,定量研究了四个型的转换概率,提出了用相空间中局地密度最大来定义天气型,揭示出明显的双峰型和非对称转换的特点,用多维相空间的均方"距离"来分型。

3.2　对大气系统长期行为的特征进行了全局分析,取得了系统成果

研究超过确定的可预报时段的大气现象的规律也就意味着研究大气系统的长期行为,即对所有可能的初值的解在时间趋于无穷时的极限情况,就必须对大气动力学方程组进行全局分析。近十多年来在这个方向上进行了系统的工作。

(1)揭示出了大气动力学方程组是 H 空间一个非常特殊的算子方程等。

(2)仅仅利用了算子的性质,得到了系统渐进状态的一些普遍结论,揭示出了耗散和非线性作用对渐近行为的影响。

(3)提出了对大气动力学方程组进行简化或离散化时应遵循的准则。

(4)揭示了大气系统向外源的非线性适应过程,这是一种自组织过程,表明大气环流是一个耗散结构。

(5)提出了依据实况观测资料或模式的一个现实构造决定大气系统长期行为的支撑吸引

子的少数自由度的理论和方法。

（6）对舍入误差进行了全局分析，从而揭示出任何大气数值模式都是有限个胞的集合上的简单胞映射。吸引子乃是由 K 个周期胞组成的周期解。混沌吸引子则是周期解系列的极限轨道，它的周期为无穷。

（7）对观测误差进行了全局分析，从而揭示出当运用实际观测的量作为初值并对实际观测的量进行预报或模拟时，任何大气数值模式都是有限个胞的集合上的广义胞映射，实质上是离散的 Markov 链。敏感初条件使得动力确定论过程变为概率分布的演变过程，这样一来，初始时刻概率分布的微小变化只导致随后概率分布演变的微小变化，这是与敏感初条件不相同的，这就是提供了一个较好的研究气候问题的数学概念和数学工具。

（8）运用上述理论成果给出了"气候"的数学定义及其可预报性的定量研究方法。指出"气候"这个概念是与特定的时间尺度相联系的，而这个时间尺度又非能任意选定的，而是由气候系统 5 个部分的特性客观地从物理上存在的。

上述这些工作指出了解释观测到的种种大气现象的较为完善的途径和方法。这就是为了解释观测到的某种尺度的现象，应从最普遍的大气动力方程组出发，针对该现象起主要作用的物理过程，略去一切可以略去的过程进行简化，但简化后的系统仍然应该是一个强迫耗散的非线性系统，而该系统中反映外在环境的物理量在现实中变化的时间尺度比起所研究的现象要缓慢得多，可以运用准静态近似。然后显示出这样简化的系统，在一定的外在环境下该系统的一个吸引子的状态的时空有序结构与要解释的那个观测到的大气现象相似。这就揭示出了该现象所以发生的内部动力学原因（简化后保留的主要物理过程）和外部环境条件，这才作出了一个比较成功的解释。

对大气普遍方程组所得来的结论是普遍适应的，但解释不了任何具体现象。具体问题要具体研究。近年来主要研究的现象就是上述的超出确定性可预报期限之后的天气型的持续和再现现象。下面就是对这些研究工作的评述。

3.3 逐步深入地探讨了天气型持续和再现的机理，提出了对这种现象的解释

大气系统超出确定论可预报期限之后，进入的是混沌态，混沌中的有序突出地反映在天气型的持续和转换上，这种现象如何解释？近十年来，有一系列的工作研究这个问题。

3.3.1 用低谱模式定常态的吸引子来解释

1979 年 Charney 的开创性的工作——解释阻塞高压的成因是用上述的途径和方法来解释大气现象的第一个工作，虽然本身很不完善，但有着划时代的意义。由于对其把大气处理成一个强迫耗散的非线性系统，用这种系统在特定外参数下的自组织行为来解释大气特征没有重视或充分重视，于是在 Charney 这个工作以后，对阻塞的成因的一些著名的研究仍然在绝热无摩擦的框架里进行，或者在线性框架下进行，使人深感遗憾。我国学者则在 Charney 的工作的启发下对副热带高压突变的机理用低谱模式的多平衡态和出现分叉来进行了研究。

3.3.2 揭示了低谱模式的局限性

设计了一个包括大尺度波动和高度不稳定斜压波的简单模式，发现其积分时间平均的两个天气型与没有斜压波的大尺度方程的定常解相去甚远，如将斜压波的统计作用参数化才可得接近于时间平均的平衡态，提出在天气型的维持中，时变的斜压波起了重要作用；发现随着

自由度的增多,在现实的参数领域内多平衡态消失;发现低谱和中等自由度的模式中存在的多平衡态/天气型(其中天气斜压扰动输送维持了这种天气型),在自由度充分增多后消失了,相空间中只有一个混沌态的吸引子,它随外强迫改变;在低谱模式中引入随机扰动可以出现天气型的持续和转换,但模式算得的型的持续时间和型间转换的期望值与实际资料的结果相去甚远。

3.3.3 提出用"Chaotic Itinerancy"来解释天气型和低频振荡

一个新概念是 $|x(t)|$ 小于某一临界值的局地极小点,认为它可以表征准持续的天气型。由于计算机能力的快速发展,可以利用常微分方程的连续和分叉问题的数值计算软件包对大气环流模式进行分叉点和定常解、周期解和拟周期解的计算,并进一步计算这些解的稳定性,由此获得研究混沌中的有序的方法。还可以比较不同截谱得到的结果的差异。对一个两层准地转模式,采用实际地形,在轴对称的辐射加热下的分叉作了计算,发现了一个很有意义的现象,即 T_9、T_{11}、T_{13}、T_{15} 的结果差异很大,但 T_{15} 以上直到 T_{21} 就无明显差异了。这表明对研究某一现象而言,截谱过低固然得不到正确结果,但到一定程度再增高也就没有意义了。对该模式 T_{15} 的 240 个自由度的分叉解进行了计算,得到了多个准周期解的特征。当参数越过准周期解的失稳值后,系统进入了混沌态,但混沌尚未充分发展,数值积分表明系统是混沌的,对初值敏感,但在诸准周期解之间跳动,呈现出与天气型持续和再现相似的特征。我们曾经说过"大气的大尺度运动实际上处于一个研究得更少的领域,即从层流到湍流的过渡区域,它既不属于层流,也不是充分发展了的湍流,紊乱和不可预报性已经存在,又尚未充分发展,尚处于早期阶段"。

4 全球变化——一个学科交叉的领域

低频振荡和季节突变的时间尺度虽然超过了确定论的可预报期限,但还是年内的时间尺度。如果对这种时间尺度而言,大气的外在环境变化较为缓慢可以视为给定的话,那么,对年际以上的时间尺度的变化,大气就必须看成是气候系统中的一个子系统,不能单独考虑了。年际变化中最强的信号是 ENSO,它涉及大气与表层海洋的耦合,海—气耦合模式的模拟结果表明 $20°N—20°S$ 区域初值差异对结果的影响甚小,即使对降水这样敏感的变量。而中高纬则差异较大,混沌影响显著。10 年际尺度的变化涉及深层海洋的温盐环流,最近的研究表明用海—气耦合模式能产生这种 10 年际的气候变化。观测资料还显示 ENSO 循环与地球自转速度的变化有相当好的对应关系,理论研究表明应该考虑固—海—气的耦合,给出了海—气耦合模式的非线性适应证明,提供了研究的可能,提出了年际变化复杂性的一种设想。对年际气候变化中初始场与外参量的非线性作用进行了理论分析。这方面工作的继续深入需要跨学科的研究。

5 问题和前景

如果能够通过直接观测来研究系统的一些重要动力学特性,从而大大缩短非线性科学理论和实际应用的距离,使非线性科学理论真正步入实际应用阶段,这自然是非常吸引人的。于是有相当多的论文运用单变量的时间序列重构相空间来研究大气吸引子的性质,也有不少论文指出了这种方法的局限性和问题。

众所周知,应用(短的和混有噪音的)单变量时间序列研究非线性系统的混沌行为的前景是暗淡的。从反面的角度回顾一下,有那么多的论文甚至专著致力于此,实际上是误入歧途,这是值得总结的。大气科学所面临的是旋转力场和重力场中有外源和内耗的斜压流体运动,它除了有一般强迫耗散非线性系统所具有的共同特征外,还有自己独特的规律性。将数学物理的非线性复杂性概念和方法运用于大气科学并非易事,是要下大气力的。大气科学也并非完全被动地应用数学物理的成就,对特殊矛盾的揭示会反过来丰富对普遍性的认识。事实上,正如 Thompson 说的:"分析高度非线性系统总体的统计性质所用的某些最先进的方法是在大气科学的内容里产生并发展起来的。"下一步在大气科学的内容里,通过大气实际观测资料和描述大气的无穷维的偏微分方程研究,揭示流体分叉的空间不均匀性、空间的混沌是一个可能获得重大突破的问题,这方面的成就必将丰富非线性科学本身。

为什么有的年代大气科学发展比较快,有的年代则不然? 众所周知,一是取决于大气探测发展的情况,另一是取决于当时数学物理的成就在大气科学中应用的情况。用数学物理方法定量研究大气现象面临两个困难:一是与非绝热加热和摩擦相联系的相互作用过程的复杂性;二是非线性的纯数学困难。采用绝热无摩擦近似就避开了第一个困难,这种近似对于特征尺度为一天左右的大气大尺度(数百公里以上)运动为对象是合适的,有了电子计算机可以求非线性方程的近似数值解。对第二个困难也已有了办法,绝热无摩擦近似下的天气动力学研究的是斜压流体在柯氏力和重力场中的运动规律。正是天气动力学的基础理论研究取得了成果才导致了短、中期数值天气预报的成功。

数值天气预报的成功是大气科学从定性描述发展到定量计算的重要标志。它天天在接受自然界的检验,证实其效果已达到很高的水平。当前的趋势是向两极发展:一是向中、小尺度的灾害性天气的短时预报发展。另一是向行星环流型的中、长期演变乃至气候预测发展。前者大都与强对流的水汽相变相联系,需要考虑潜热释放的作用,后者的时间尺度远大于能量耗散的时间尺度,其共同特点是必须同时考虑耗散、外源强迫和非线性。这种把外源、耗散和非线性三者同时考虑的大气动力学的特点为:借助于几何直观进行全局分析;主要研究极限解集;定性分析与数值计算相辅相成;借助于概率论的语言对渐近行为作统计描述。所谓气候动力学,实质上是强迫耗散的非线性动力学,或者叫混沌动力学,这种动力学还很不成熟,而在其发展完善之前,是不会有令人满意的气候预测理论和方法的,是不会有比较可靠和准确的气候预测的,因此要加强这方面的研究。这方面的前景如何呢? 一方面固然取决于对这个基础理论研究重视和经费支持的程度。另一方面也取决于今后的研究工作与观测事实联系的程度和利用巨型计算机进行大规模计算的程度。

短期气候数值预测的进展和发展前景

丑纪范

（中国气象局培训中心）

摘　要：本文评述了目前短期气候数值预测方面存在的缺陷，提出需要解决的四个挑战性的问题。认为在短期气候数值预测领域应结合我国学者自己已有的科研成果和经验，在计算条件相对落后的情况下，走一条具有我国自己特色的创新之路，而这可能是解决短期气候数值预测目前所存在的缺陷的一条行之有效的途径。

关键词：短期气候　数值预测　缺陷　创新

20 世纪大气科学发展很快，取得了多方面的重大成果。数值天气预报的成功，混沌现象的揭示和气候系统概念的产生并形成数值模式这三项是最为突出的。

当前的趋势是在短、中期数值天气预报成功的基础上向两极发展：一是向短期气候数值预测发展，另一是向中尺度灾害天气"甚短期预报"发展。

在气候数值预测领域，总体上我国落后于发达国家，应跟踪国际先进水平，"站在巨人肩上"。但不应完全跟着国外的发展途径。要引进、消化、吸收和创新。所谓创新，乃是针对现有工作的缺陷，在现有工作的基础上，开展新的工作。在新的世纪中，特别需要针对有我国地区特色的国家迫切需要解决的重要问题，以分析批判的态度对待国外的发展途径，突破旧的观念和思维定势的束缚，在我国自己的工作的基础上提出新概念、新理论和新方法。

一、在气候数值预测方面，国外的发展途径存在什么缺陷呢？

1. 天气尺度的特征结构是大气中的混沌分量，一个月后 CGCM 的预报将不会比猜测的结果好多少，它们对稳定分量的影响的模式表达也不比参数化的好，对此置之不顾，反而不断增加分辨率，增加可预报期限更短的小尺度特征……

2. 气候数值预测涉及的是系统的长期行为，而现在求数值解的理论和方法是解初值问题的。一方面从某一初值出发的逐步积分获得的数值解，超出可预报时段后，对时间步长和空间步长极其敏感，个别状态是不确定的。另一方面，在数值计算中，由于离散误差和舍入误差共同的非线性作用在数值计算过程中积累所造成的误差缺乏研究。数值预测的误差中，真解与实际气候的误差（记为 ε_p）和数值解与真解的误差（记为 ε_m）各占的份额不明。在集合预报时，不同集合成员间的差异，数值解误差所起的作用不明。

3. 在气候系统中我们对海洋环流、陆地活动层和冰雪圈的了解不如大气环流，而改进重

本文发表于《世界科技研究与发展》，2001 年第 23 卷第 2 期，1-3。

点仍在大气模式。在对海洋环流、陆地活动层和冰雪圈尚缺乏较为深入了解的当前情况下，如何改进模式中对这些过程的刻画缺乏应有的探讨。

4. 气候数值预测提为初值问题，资料不足与资料闲置并存。提为初值问题，只能利用一个时间点的资料。一方面，受观测条件的限制，在某一个时间点上的观测资料在空间上比较缺乏。目前的观测大多是在大气中低层进行的，海洋、陆地等下垫面的观测资料严重不足。另一方面，已有的观测资料在时间上有连续性，较好的大气资料和海表温度资料已积累有近五十年。提为初值问题而闲置不用。

二、在汛期旱涝预测的新理论和方法方面加强纵深的研究，显然是有战略眼光的部署

旱涝灾害极大地影响我国的经济建设和社会发展。在季和年的时间尺度上预测旱涝的时空分布是从中央到地方的各级领导极为关切的问题。在各种时间尺度的气象预测中把它列为首位当不为过。

旱涝分布与东亚季风的年际变化密切相关，是一个具有地区特点的问题，主要要靠我们自己来研究解决。几乎所有国际先进的气候模式的预报结果都表明，在亚洲季风区的预报技巧最低。这是一个具有很大难度的前沿科学问题。

我国学者从天气气候、统计方法方面，对汛期旱涝预测及其有关问题进行了近半个世纪的研究，取得许多有意义的成果。从 20 世纪 80 年代以来，特别是通过"气候动力学和气候预测理论"的攀登项目和"我国短期气候预测系统"的九五攻关项目的实施，在数值模式上取得了很大进展，这使进一步的研究有了坚实的基础。

汛期旱涝预测是一个难度很大的问题，在利用气候模式进行模拟和预测的研究中，模式分辨率的不断增加和物理过程参数化的改进仍然是国外提高准确性的主要发展方向，还拟将全球大气模式的分辨率缩短到一公里左右，相应地，更细致地描述许多物理过程，这需要强大的计算机资源的支持，而其预报效果，特别是在热带外的中高纬地区预报效果的提高却很有限。IAP 两层大气、四层海洋模式在国际模式比较中对东亚季风预报取得比较好的效果，1999 年的预测是各种预测中最接近实况的，1998 年和 2000 年的预测也不错，没有迹象表明模式的误差主要来源于大气模式的分辨率。而置混沌于不顾，数值解的误差不明，一味锦上添花，资料不足与资料闲置并存等诸多缺陷是显而易见的。由此观之，基础理论研究的缺乏又不甚得法可能是短期气候预测准确率提高缓慢的原因。为了实现我国汛期旱涝预测准确率的提高，必须在现有工作的基础上针对上述诸多缺陷，发展自己的理论和方法，特别是，计算机的功能今后将有更大的发展，汛期旱涝预测要抓住这个机遇，摆脱缩小分辨率和增加集合预测成员这种简单的利用方式，在深刻的理性思维下，充分运用新颖的数学成果，吸收天气气候学和统计研究得到的丰富经验，走上一条创新之路。

三、新世纪的到来向气候数值预测提出的四个挑战问题

1. 气候系统中稳定分量的确定和模拟

根据月、季、年的预测的时间长度不同，研究相应的可预报的稳定分量是什么？探讨建立

描述该稳定分量变化的方程组。探讨混沌分量对该稳定分量影响的参数化方法。在副热带高压的有动力学意义的特征量(东西风交界面的位置及面上物理量的分布)的季节尺度的变化方面,作为流体力学中可变边界问题,国内已做了一些初步的工作。

2. 气候的数学理论

依据实际观测资料对气候的研究形成了气候的统计理论,依据气候的数值模式做数值实验形成了气候数值模拟。这是目前做得最多的工作。但是气候模式源于偏微分方程组,该方程组的解与实际气候的偏差主要是物理过程参数化不准确造成的,改进物理过程参数化(当前重点是在陆面过程和云与辐射的相互作用方面)的工作形成了气候的物理理论。由于偏微分方程组的解(称为真解)不得而知,得到的是数值解,研究数值解与真解的关系,缩小数值解的误差就是气候的数学理论,这是一个待开拓的新领域。这里需要像冯康先生对保守系统提出的辛几何算法类似,提出耗散系统的全局收敛算法,综合考虑离散误差和舍入误差的共同作用。已经证明描述气候系统的偏微分方程组的全局渐进特征是 H 空间中维数有限的吸引点集 A,该方程组经过空间和时间离散化后的差分方程组的全局渐进特征是 R^n 空间中体积为零的吸引点集 S^n,在计算机上运行的数值模式(状态变量本身也被离散化)的全局渐进特征是 R^n 空间中有限个点集 $P_r(n)$。A、S^n、$P_r(n)$ 它们都与初值无关,是由方程、外参数和算法决定的:

$$\lim_{r\to+\infty,n\to+\infty} dist^H(P_r(n),A)=0$$ 则称该气候系统数值模式是全局收敛的。

3. 改进气候模式中对海洋环流、陆地活动层和冰雪圈描述的新途径

这里要求运用求解反应(逆)问题的最新数学成果和迅速发展了的计算机能力,针对特定的预报对象,利用近五十年的气候系统演变的实况资料,分析研究现有气候模式的预报误差的主要来源,在最不符合实际处下功夫。

4. 在气候数值预测中,如何能够既充分利用物理规律又充分利用已经掌握的实况资料,不仅是近期实况演变资料,还有积累了数十年的历史资料?这是外国同行尚未充分认识和开展的新领域。

我国学者已经提出将数值预报从初值问题改为演变问题,从而可以利用近期实况演变资料;提出大气运动的自记忆性的概念,导出包含多时次观测资料的自记忆性方程;提出把要预报的场视为叠加在历史相似上的相似—动力方法;提出对模式的现实做 EOF 分解,找出支撑吸引子的少数自由度的缩减气候模式自由度的方法。这些方法具有独创性,充分地利用了历史资料。数值实验证明预报技巧在旬、月尺度的预报有显著的提高。将这些方法做进一步的深入研究,加以完善并全部综合到汛期旱涝预测中加以应用,使之成为一个整体,有望提高预报效果。

利用已经掌握的实况资料改进气候数值预测模式的研究工作与改进数值气候预测模式本身的研究工作(气候的物理理论和气候的数学理论)是不矛盾的,并且相辅相成。因为前者是在后者的基础上开展的,模式改进到哪里,它就跟到哪里,只要气候数值模式还有误差,就有改进的必要,此方法就有用武之地。

参考文献

[1] 李建平,丑纪范.大气动力学方程组的定性理论及其应用.大气科学,1998,22(4):443-453
[2] 龚建东,丑纪范.论过去资料在数值天气预报中使用的理论和方法.高原气象,1999,18(3):392-399

Advancement and Prospect of Short-term Numerical Climate Prediction

CHOU Jifan

(Beijing Meteorological Training Centre, Beijing 100081)

Abstract: In this paper, the defects of the methods of short-term numerical climate prediction at present are commented, and four challenging problems are put forward. We think that considering our under-developed calculation conditions, we should innovate on the basis of our own achievements and experiences in the field of short-term numerical climate prediction. It is possibly an effective way to settle the defects of short-term numerical climate prediction at present.

Key words: Short-term climate, Numerical prediction, Defects, Innovation

短期气候预测的现状、问题与出路(一)

丑纪范

(中国气象局)

摘　要:从方法论上分析了短期气候预测的现状、问题与出路。着重指出:基础理论研究的欠缺又不甚得法是短期气候预测准确率提高缓慢的原因;应当将数值预报的提法从初值问题改为演变问题,进一步提为反问题;统计学方法与动力学方法要相互借鉴,取长补短,融合发展。

关键词:短期气候预测　现状、问题与出路　统计学方法　动力学方法

在短期天气预报开展之后,月、季、半年及年际的预测成为人们的希望,曾经被称为长期天气预报。长期预报的研究与实践,甚至可以追溯到 19 世纪末期。随着混沌现象的揭示,人们认识到气候系统是一个复杂的混沌系统,天气预报时效有一定的范围,两周以上的天气预报将完全失去技巧,月以上只能作气候预测,所以改称短期气候预测。

从方法论上看,短期气候预测现有两类方法:统计学方法和动力学方法。这里首先讲统计学方法的艰难历程,它的成就和问题。由于统计学方法本身固有的局限性,它不能成为预测的成功之路。在数值天气预报成功的背景下,人们寄希望于动力学方法。第二节概述短期气候预测的动力学方法的由来和发展。第三节指出现行动力学方法存在的一些带根本性的缺陷和问题。第四节介绍针对现行动力学方法存在的缺陷和问题已经作了的一些工作。第五节提出一些值得进一步开展的工作。最后讨论短期气候预测的准确率提高得如此缓慢,究竟是因为问题本身的困难所致,还是因为一叶障目,在重大方向性问题上,走上了错误的道路所致?

1　统计学方法的艰难历程,它的成就和问题

我国的短期气候预测工作开始较早。新中国成立初期,杨鉴初先生的历史演变法得到发展。前苏联、英国很早就开始月、季的预测。短期气候预测中,用天气气候学、数理统计学方法的道路本身非常艰难。在此举二点可看出国际上的情况:英国正式做月预报是从 1963 年开始,到 1980 年年底宣布此预告终止,不做了,因为将 1963—1980 年的预告情况跟实际情况进行了严格的检验,发现这种用天气气候、统计学方法做的预报比气候预测的准确率还低,效果很差。后来到 1985 年才又恢复,一直继续到现在。1989 年世界气象组织关于长期预报发表了一个声明,国际上正式认为用数理统计方法做长期预报有效果,对这种方法给予肯定,这非常不容易。声明肯定,数理统计方法做的长期预报特别是在太平洋沿岸,其中也包括我国是有效的。当然,这个方法本身确实也存在一些问题。前苏联(80 年代末期)的水文气象局局长

本文发表于《新疆气象》,2003 年第 26 卷第 1 期,1-4。

在纪念水文气象局成立 100 周年大会上,在谈到长期预报(现在叫短期气候预测,因为天气的可预报性在 2 周左右)状况时,大意说过,这个长期天气预报方法本身(指经验统计)有些问题。在苏联用经验统计方法做长期预报的经历是,有一批很有才能的人,花了很大力气,在历史资料分析中,找出的预报指标、预报关系也非常好,可具体一用就不行,于是扔掉,再换另一批同样也是很有才能的人,再重新找,又找了一批指标,仍是报得不行,老处在这么一个状态,提高就不明显。他在会上提出要用动力学方法来做长期预报。越来越多的人寄希望于动力学方法来做,这也可能是受了短期数值预报成功的影响。

2　动力学方法的由来和发展

2.1　短期和中期数值预报的成功,由此引出了月平均环流的动力延伸预报

由于逐日预报不可能到月的时间尺度,人们把逐日预报一天一天继续作下去,但最后只要月平均的量。最早进行月平均环流数值试验的是 Spar 等(1976—1979)。Miyakoda(1980)做了 1977 年 1 月的预报试验。目前,我国气象中心用 T_{63} 动力延伸做月平均环流、温度、降水的业务预报。概括说来:(1)大部分模式采用实际环流初始场,但海温多用气候平均值或用固定的实际值。(2)采用蒙特卡罗预报或滞后平均预报,即形成若干个初值作集合预报。(3)为了克服气候漂移,有的做了系统的误差订正,有的使用模式平均做气候平均。

对于月预报——月平均环流的预报,现在发现:(1)前 10 d 实况解释月方差的 1/2,数值预报 GNMP 只能解释 1/2,所以实际上前 10 d 的只解释 1/4。(2)月平均距平预报的相关。根据日本气象厅的报告(Takano 与 Kobayashi,2000),1996—2000 年月平均 500 hPa 高度距平预测与实况的相关系数达到 0.5,但只有 25% 达到 0.6,而且仍然有时相关为负。而且从总体上看 20 世纪 90 年代无明显的进步,预报技巧仍然主要取决于前 10 d,如果把月预测改为 16~45 d 平均,预报水平立刻下降,相关系数可能降到 0.1。初值误差引起的不确定性对月平均场影响也很严重,预报技巧随时间下降,即 10 d 以上的预报,几乎没有改进。

由于月动力延伸预报水平不高,无从提高,20 世纪 90 年代国际上集中到季节这个时间尺度,但是正如王绍武(2001)所指出:"尽管美国、英国、德国的科学家把季度预测的希望寄托于耦合模式,现在的实验,不仅水平不高,同时用观测的 SST 及海冰强迫大气环流模式,只能称为模拟而不是预测。因此,用 GCM 作季度预测前景也不非常乐观。"

2.2　Cane 和 Zebiak 简化模式预测 ENSO 的成功,鼓舞了开展年际预测

Cane 和 Zebiak(1986)设计了一个简单的大气耦合海洋模式,模式范围在太平洋 124°E~80°W,29°N~29°S。利用该模式对 1972 年、1976 年、1979 年和 1982 年 4 次厄尔尼诺期间的各 Nino 区 SST 模拟预测,效果较好。于是 1986 年初,利用这个模式制作的 1986~1987 年即将发生厄尔尼诺,这个预报公布于众,获得了成功。埃塞俄比亚的降水是受厄尔尼诺影响较明显的,在 ENSO 年的"小雨"季节(2 月中旬到 5 月中旬)多雨,在"大雨"季节(6—9 月)少雨。对 1986—1987 年将发生厄尔尼诺的预报,为了防止类似发生的饥荒的情况再次回到埃塞俄比亚,埃塞俄比亚气象学家和政府采取了行动。通过调整农民的正常生产方式来对付可能发生的灾害。根据预测,在主要雨季将要发生的严重干旱,有可能造成巨大损失。因此,政府鼓励

农民在2月中旬至5月中旬的"小雨"季节竭尽全力进行生产。最大限度地播种农作物,政府增加了种子和化肥调拨,结果土地被最大限度地利用,谷物丰收。预测中的干旱的确在"大雨"季节发生了。政府的前期行动,鼓励农民减少土地播种面积,选种短期早熟作物,减少了所需救济粮的数量,最为重要的是储存食物和水,政府尽早向国际经济援助机构寻求援助。1987年该地区的严重干旱没有造成一人死亡。

1991年年中,Cane和Zebiak根据他们的模式制作的预报,预报一次厄尔尼诺事件将在1991年底发生,再一次获得成功。这一预报在巴西带来了巨大的效益。巴西东北部地区反复发生的严重干旱与厄尔尼诺事件有着密切联系,1991年12月根据美国的预报,巴西的气象预报员发布了严重干旱警报。政府首脑相信了这一预报,动员农民种植能在干旱情况下生长和成熟、生长期短的农作物,政府预先采取了对居民定量供应水的措施并建设一项新水坝,以积蓄水源。将1992年干旱与1987年发生的一次类似的干旱相比,由于1991—1992年的厄尔尼诺事先有预报并被利用,获得了成功。1987年降水为平均值的70%,谷物生产只有平均值的15%,1992年降水为平均值的73%,谷物生产达到平均值的82%。

这两次预报的成功,给气象界以极大的鼓舞,似乎短期气候预测即将突破了,各主要发达国家均先后成立了气候与环境预测中心。然而,随后的预报对Cane和Zebiak来说,真好似一场恶梦。厄尔尼诺事件的预测就像普希金笔下的那个漂亮姑娘——"开始给你一些希望,然后再表明那是妄想"。

Cane和Zebiak准确地预报出了1991年底厄尔尼诺,他们进一步预报厄尔尼诺将在1992年底结束的情况并未出现。他们预报1993年为拉尼娜,结果1993年一次弱的厄尔尼诺再次出现。它消亡以后,接着又有1994年的厄尔尼诺事件发生,大多数模式的预报都失败。1996年Cane和Zebiak预报1997—1998年将有一次冷事件发生,结果发生了20世纪最强的厄尔尼诺。这次事件后,各模式又受到了新的考验,在SST负距平背景下,不少模式已经在1999年、2000年及2001年多次预报出现新的暖事件而遭到了新的失败。

厄尔尼诺的预报只不过预报SST,很自然地产生这样的问题,一旦有了较为准确的SST预报,大气环流模式能不能做出正确的反映。许多AGCM都作过这种试验,在观测的SST及海冰的强迫下作集合积分,各积分之间的差反映了大气内部变率。结果发现热带可预报性高。各积分之间的差较小。中、高纬的可预报性低,各积分之间的差大。对中、高纬地区如果用实测的SST及海冰尚且不能作出较好的预报,那么耦合模式不可能取得成功。这就导致要对AGCM进行改进,目前主要在改善陆面过程和云辐射过程,增加分辨率。这就使得在气候系统中,我们对海洋环流的了解,陆地活动层和冰雪圈的了解不如对大气环流的了解,目前模式改进的重点仍在大气模式。

2.3　在气候数值模拟取得成就的基础上,我国曾庆存等利用IAP CGCM率先开展汛期降水跨季度预报

文献[4]回顾了近年来我国短期气候预测研究的若干进展,主要是在中国科学院大气物理研究所完成的以气候模式为基础的短期气候预测方面的工作。第一个基于气候数值模式开展短期气候预测试验的是曾庆存等人。他们所采用的是IAP CGCM耦合一个热带太平洋环流模式(OGCM);1997年,基于耦合气候模式基础上的ENSO预测系统建立起来;同时开展了东亚区气候可预测性研究;利用气候变动的准两年信号提出了对模式预测结果进行有效修正的方案;为了

考虑初始土壤湿度异常对夏季气候的影响,建立了气象变量和土壤湿度的经验关系。

正如该文所述,作为最早开展短期气候预测的研究机构之一,中国科学院大气物理研究所气候预测研究小组早在1988年就利用气候模式开展了跨季度汛期降水距平预测,并获得了初步的成功;随后在此基础上发展了一套海洋四维同化方法、海气耦合积分方法、集合预测方法、可信度和概率预测方法以及订正技术等,逐步建立和完善了中国科学院大气物理研究所跨季度短期气候距平预测系统(IAP PSSCA)。在对我国夏季风降水距平进行跨季度实时预测时,他们采用的是"两步法",即先利用海气耦合模式预报出海温异常,然后再利用经过修正后的海温异常来驱动大气环流模式进行集合预报。

利用IAP PSSCA对1989~1994年我国夏季旱涝形势的预测总的说来是比较成功的,即大的形势和主要距平还能报出来(或多少相像),特别是对我国东部地区(尤其是长江流域和我国南方)的预测效果较好。例如1989年江淮流域夏季多雨,1991年发生在我国江苏和安徽的大洪水,1992年在我国东北和华北的大旱,1994年我国南方的大涝以及中部的干旱,1995年江南北部多雨等都预报得很好。但是有的年份却不是很好,例如对于1993年的预测就不是很成功,形势分布都不像。

在利用IAP PSSCA进行实时预测的同时,王会军还利用IAP大气环流模式研究了我国夏季降水异常的可预报性问题,指出在我国的东部和南部相对而言其可预报性较高;而林朝晖等通过对1980—1997年的夏季降水异常进行的系统性事后预报试验,发现气候模式中陆面过程的改进可以在较大程度上改善短期气候预测的技巧,特别在中国华北和东北地区的改善尤为显著。在此基础上进一步改进和完善了IAP短期气候预测系统,结果使得短期气候预测又进了一步。

利用改进后的IAP PSSCA对1998年夏季中国降水距平的预报结果表明该系统的预测效果是较好的。对于1998年夏季我国大部分地区多雨,尤其是长江流域,嫩江流域和新疆西北部的大正距平,以及黄淮间的小负距平都预报得较好,另外,还正确地预报出位于中国东部海域以及日本的降水正距平区,虽然长江流域正距平的幅度与实测相比偏弱。对于1999年中国夏季的旱涝形势,大多数的预报模式和方法都未能很好地预报出来。但IAP PSSCA却很好地预测出我国1999年南涝北旱的大范围降水形势,对于长江下游和新疆北部的强降水中心,以及我国北方大部的少雨形势的预报与实测均较相符。但是对于我国华北地区存在的小范围降水正距平区,IAP PSSCA并没有很好地预报出来;另外IAP PSSCA预报的我国南方多雨地区的范围也比实测要稍微偏北。

2000年我国大部分地区尤其是北方地区为旱年,主要雨带位于黄淮之间以及我国的西南和东南沿海,IAP PSSCA均较好地预报出了我国这些大范围的降水异常特征。而且对于河套附近较强的降水负距平区也预报得很好,另外,对位于新疆的降水正距平区,IAP PSSCA也很好地预测出来了。但是对于长江中下游流域的狭窄的降水负距平区,模式未能预报出来,这主要还是由于预测系统中气候模式分辨率太低的缘故。

多年来的实时预测试验结果表明,IAP PSSCA对我国夏季大范围的降水异常形势有较好的预报能力,但是该预测系统同样存在着一些不足之处,如降水距平分布的细致结构与实测的相比仍有一定的欠缺。同时预报出降水异常幅值与实测相比偏弱等。这一方面需要通过进一步改进和完善气候模式,引入性能良好的高分辨率模式来达到;另外一个方面就是需要在预测过程中引入陆面状况的初始化过程;同时还需要对IAP PSSCA的订正系统予以进一步的改进和完善。

3　现行动力学方法存在什么缺陷？

在大气环流模式基础上发展出的气候模式,现在全世界已有 30 多个了,投入了大量的人力和财力,但从业务预报的角度看,收效甚微。虽然,短期气候预测特别是降水预报各种方法技巧都很低,但目前气候模式仍不如统计学方法。这就不能不思考现行动力学方法是不是存在一些问题,我认为至少存在如下三个有根本性的缺陷:

3.1　初值问题,未能考虑"历史",背景缺乏教养,资料不足与资料闲置并存

现行动力学方法把预测问题提为微分方程的初值问题,这与统计学方法对问题的提法是很不相同的,统计学方法不仅应用了近期实况演变资料,还要应用积累了数十年的历史资料,充分考虑气候系统过去的行为及其呈现出的规律。而提为初值问题则只用到一个时刻的实况值。显然,这种对气候预报的提法蕴含着两个要准确的前提:一是模式要准确,二是初、边值条件要准确,只有在这两者都准确的前提下,所获得的预报结果才与实际大气的演变相同。然而,实际情况却并非如此,这是由于受到下面两个原因的限制:

(1)无论多么精细复杂的数值预报模式都不是实际现象的无限复杂性的完全真实反映。虽然我们对大气、海洋等流体运动的特点有了较为深刻的认识,但在数值模式中网格不可能无限精细,描写次网格物理过程的参数化处理不可避免,而参数化方案和有关参数均难以客观准确地确定。

(2)准确的初值不易获得。受观测条件和精度等限制,与实际大气初始状态相一致的预报初值难于获得。对于海—地—气耦合模式,初值不仅包含了大气环流的三维信息,还包含海洋、冰雪圈、陆面圈以及生物圈等在初始时刻状态的信息,这就更难于准确获得。

将气候数值预测提为初值问题影响了的资料的使用,现在的气候数值预测方法,是对气候模式进行初值积分,将气候数值预测提为初值问题,使得数值模式只能利用一个时刻的资料,一方面,目前的观测大多是在低层大气中进行的,海洋、陆地等下垫面的观测资料严重不足,某一时刻的观测资料在空间上比较缺乏,另一方面,已有的观测资料在时间上具有连续性,较好的大气资料和海表温度资料已积累了近 50 年,提为初值问题的气候数值预测却将这些资料闲置不用,以致于造成目前资料不足和资料闲置并存的局面。

3.2　置混沌于不顾,反而不断增加分辨率,增加可预报期限更短的小尺度特征

天气尺度的特征结构是大气中的混沌分量,一个月后 CGCM 的预报将不会比猜测的结果好多少,它们对稳定分量的影响的模式表达也不比参数化的好,对此置之不顾,反而不断增加分辨率,增加可预报期限更短的小尺度特征。

模式分辨率的过分细化对气候过程描述帮助不大。没有证据显示大尺度的气候过程是中、小尺度大气过程简单累积的结果,众多数值实验的结果表明,对月、季预报而言,模式分辨率的细化并不能改善预报,在亚洲季风区和青藏高原东南侧,反而预测效果有所下降。在预报结果有改进的例子中,改进最明显的仍然是预报开始的头几天,对随后的预报改进没有什么效果。

3.3 预测没有针对性,与气候的动力理论脱节

模式的改进无须动力学理论研究,预测现象的物理机制的揭示与模式的改进不相干。模式一心在于逼真地模拟出实际气候系统中的所有物理过程,而对其所要预测的现象而言,哪些是主要的,哪些是次要的,哪些是无关紧要的不感兴趣。模式的改进主要就是改进物理过程参数化,目前重点在陆面过程和云辐射过程,其次是改进数值计算,并不区别不同的预测对象。实际上,"不能把过程中所有的矛盾平均看待,必须把它们区别为主要的和次要的两类,着重于抓住主要的矛盾"(矛盾论)。复杂的大气运动具有各种不同的时空尺度,气候模式描述了各种不同的时空尺度的现象,这是矛盾的普遍性,现象的时空尺度不同,各因子起作用的大小不同,对某一特定的现象而言,那些对它影响很小(不是没有影响)的过程,如果从模式中滤掉,即数值模式中不包含这些过程,仍然是一个很好的描述,如果模式中包含了这些过程,由于这些过程不是没有影响,似乎更符合实际了,非也! 这是因为模式给出的这些因子对该现象的作用,是实际作用加上计算误差,一般说来,由于实际作用很小,计算误差相对而言显得很大,结果反而偏离了实际。只注意矛盾的普遍性,忽视矛盾的特殊性与气候的动力理论脱节,预测没有针对性是一个带根本性的缺陷。

最近,Gray(1999)指出,(1)海洋大气系统十分复杂,模式只能是一个十分粗略的近似。(2)从初值出发作积分并没有充分考虑"历史",因此,气候模式缺少"教养"。(3)气候模式预测没有针对性。虽然存在这些带根本性的缺陷,但是正如王绍武(2001)所指出:不应该由此认为不必发展气候模式,实际上,在业务预报中既要应用气候模式,也要应用统计方法。在科学研究中既要继续按现有思路不断增加模式的分辨率和改进物理过程的参数化以改进气候模式,也要针对其缺陷,发展自己的理论和方法,摆脱缩小分辨率和增加集合预测成员这种简单的方式,在深刻的理性思维下,充分利用新颖的数学成果,吸收天气气候学和统计研究的丰富经验,走上一条有特色的创新之路。

Short Term Climatic Forecast: Present Condition, Problems and Way Out

CHOU JiFan

(China Meteorological Administration)

Abstract: Present condition, problems and way out for short-term climatic forecast were analyzed according to methodology. Slow increased accuracy of short-term climatic forecast could be caused by lack of the basic theory and effective method. Numerical weather prediction should be transferred from an initial condition problem to an evolution problem. It should bring statistical method and dynamic method closer together and learn from other's strong points to offset one's own weaknesses.

Key words: Short-term climatic forecast; Present condition and problems and way out; Statistical method; Dynamic method

短期气候预测的现状、问题与出路(二)

丑纪范

（中国气象局）

摘　要：从方法论上分析了短期气候预测的现状、问题与出路。着重指出：基础理论研究的欠缺又不甚得法是短期气候预测准确率提高缓慢的原因；应当将数值预报的提法从初值问题改为演变问题，进一步提为反问题；统计学方法与动力学方法要相互借鉴，取长补短，融合发展。

关键词：短期气候预测　现状、问题与出路　统计学方法　动力学方法

4　针对现行动力学方法的缺陷，已经作了什么工作

4.1　已经提出将数值预报从初值问题改为演变问题，进一步提为反问题。既充分利用物理规律，又充分利用实况资料，不仅是近期演变资料，还有积累了数十年的历史资料。

　　针对作为初值问题，缺少"教养"的缺陷，首先要问：是不是动力学的数值气候预测，只能提为初值问题？非也！

　　早在1958年顾震潮就指出，天气数值预报把预报问题提成初值问题的提法与日常天气预报工作由天气历史演变来作预报的提法是很不相同的。仅将数值天气预报提为一个初值问题，就将已有大量的初始时刻以前的近期演变实况资料弃而不用，而这些资料中的确蕴含了未来状况的信息。要解决这个矛盾，就要改变问题的提法，把数值天气预报由初值问题提成历史演变问题。他证明，仅只地面温压场的演变就蕴含了斜压大气三维温压场的构造。也就是在理论上说，某一时刻的大气初始状态已由初始时刻以前的近地面状态的演变完全决定。丑纪范、郭秉荣等在讨论短期气候预测时，用一个简化的地（海）气系统两参数耦合模式通过数学分析证实了下垫面热力特征的异常是由前期大气环流的异常所造成的，并可以用前期大气温压场的连续演变表征出来，这就表明海—气耦合模式提为初值问题与提为大气温压场的历史演变问题是等价的。当数值预报提为演变问题时，就可以应用已有的近期丰富的大气演变资料，而不是只能用初始时刻缺乏观测的大气、海洋及冰雪圈等资料来作数值预报。

　　当同时考虑前期地面状况和大气温压场的演变资料时，已有的演变资料多于与初值问题等值所需的资料，问题是超定的，可能无解。为了充分利用已掌握的资料，1962年丑纪范将微分方程的定解问题变为等价的泛函极值问题——变分问题，通过引入"广义解"推广了微分方

　　　　　本文发表于《新疆气象》，2003年第26卷第2期，1-4。

程的解的概念,对资料超定或欠定均适用,并利用希尔伯特空间理论,证明"广义解"比原来意义下的"正规解"更接近方程所述的物理现象的"实况"。

曹鸿兴基于大气运动是一种不可逆过程的观点,引进忆及过去时次资料的记忆函数,导出大气运动自记忆性的概念,把通常的大气运动方程推广为包含多时次观测的自记忆性方程。数值试验结果证明预报技巧有了显著的提高。

这些工作将数值天气预报的提法从初值问题改为演变问题,使得过去资料在数值天气预报中的使用成为可能。

动力学的数值气候预测面临着模式不准确和初值不精确的问题,这影响了预报的效果。若以改进初值及模式来改进预报,则涉及复杂的初值同化方案和物理参数及物理过程的调整,而参数不易客观确定。另外,考虑到观测资料的分布特点往往是在给定时刻空间分布太少,但在时间上又是大量的,这些实况资料源源不断地提供方程的解的信息。当把预报问题提为初值问题或演变问题时,未能利用或充分利用这些信息,尤其不能利用这些资料确定模式方程中的未知项或参数化系数。仅将预报问题提为初值问题或演变问题这样的正问题还不够,合理的提法是先利用这些观测信息去确定方程的初值和未知部分,提成动力模型的反问题,再去解正问题作预报。这样在作数值预报时,就把已有的所有信息,包括已知的物理规律和所积累的实况演变资料,都合理地应用于数值预报模式上。通过这些信息来形成合理初值及客观给定物理参数,而不是通过构造各种复杂的初始化方法和在模式中引入种种不可靠的参数化方案和参数值的方法来改进预报。这样,一方面应用了已有的历史资料,另一方面降低了对模式方程精确的要求。反问题的实质在于,同时考虑我们对大气认识的两个方面:物理规律和实况资料,强调两条腿走路。

为了充分利用过去数十年观测积累的历史资料,提出了把要预报的场视为叠加在历史相似上的一个小扰动,把天气学的预报经验吸收到数值预报中来的观点,形成了天气预报的相似——动力方法,并用此方法作了预报实例。试验表明,预报水平有了相应的提高。

鉴于大气作为一个强迫、耗散的非线性系统,而支撑起吸引的自由度数目较少,且有限,因而形成一组支撑起吸引子的基底是准确描述大气长期演变的成败关键。少数基底实际上就是大气系统在长期演化过程中向一些优势模态上集中,而其他不占优势的模态在演化过程中成为小尺度无关量而被耗散掉。张邦林、丑纪范(1991、1992)指出一个缩减大气环流模式自由度的新方法,即对模式的一个现实作 EOF 分解,以决定出支撑吸引子的少数自由度。对这一方法用 T42 谱模式进行月尺度动力延伸预报数值试验发现,预报技巧有了大幅度提高。

龚建东、丑纪范(1999)对中国气象学家在数值天气预报中使用过去实况演变资料的理论和方法作了概要性总结。其中不仅讨论了近期实况演变资料的应用,还讨论了积累数十年的历史资料的应用问题。文中强调要改变对数值预报问题的提法,回顾了由初值问题改为演变问题,再改为反问题的历程。文中指出,针对实际问题特点的不同,可以理想化为三种情况:一是模式是精确的,资料也是精确的,但有的变量没有观测资料;二是资料是精确的,模式有误差;三是模式是精确的,资料有误差。而所谓四维变分同化方法,不过是属于第三类,而且只应用了近期演变资料,没有应用历史资料。由于实际情况通常是模式不精确,资料也不精确,文中提出应在不确定的前提下,把预报问题提成一个信息问题,充分利用已掌握的实况资料以及我们对过程演变物理规律的一定程度的了解,对未来状况作出概率的估计。

4.2　研究了混沌系统的长期行为(渐进状态)的特征,开创了强迫耗散非线性大气动力学方程组全局分析的定性理论,提出了气候的数学理论。

　　针对 CGCM 从一个初值逐步向前积分,置混沌于不顾的缺陷,首先要问:对气候预测而言,当前面临的科学问题是确定论的动力学方程组,在个别状态由于对初值的敏感性变成不确定之后,系统的长期行为(渐近状态)是否还有确定性的特征? 若有的话,如何表述这种特征? 如何算出这种特征?

　　确定论系统的长期行为是系统能够取得的所有初值在时间趋于无穷大时的整体渐近特征,这是数值试验无法回答的问题。这个问题的研究导致需要开拓一个新领域:大气和海洋动力学方程组的全局分析。这是引进相空间概念,借助几何直观建立的定性理论。定性方法是从方程本身的特点来了解方程解的性态,而且不需要求出方程的解就能直观地、清楚地展示出非线性系统运动的主要性质和特征,这表明定性方法具有显著优越性。看来,在讨论大气(包括海洋)动力学方程组解的全局特征时,定性研究是非常必要的,也是必然的。

　　丑纪范(1983)首先开创了强迫耗散的非线性大气动力方程组的定性理论,他证明大尺度大气运动方程组可以简洁地写成 Hilbert 空间中的一个算子方程,研究了算子的性质,证明了在 R^n 空间中大气大尺度系统存在一吸引点集,不论初始状态如何,系统的状态都将随着时间的增长演变到吸引点集中的状态,并证明这个终态是 R^n 空间中体积为零的点集。后来,汪守宏等(1989)李建平等(1995、1996、1997、1998)分别将上述结果推广到无穷维 Hilbert 空间、大尺度海洋动力学方程组、大尺度海气耦合系统和非定常外源强迫情形,得到初值问题的解存在唯一及系统的全局吸引子 A,证明引子 Hausdorff 维数是有限的,并给出了其估计值。全局吸引子 A 反映了系统的终态,称为大气吸引子。由于涉及的是系统的长期行为,也可称为气候吸引子。大气吸引子 A 的存在性揭示出大气系统具有向外源的非线性适应过程,同时说明"耗散结构"的性质是大气运动的一个基本特征。A 外的点代表暂态过程,表明系统具有明显的不可逆特征。

　　A 的 Hausdorff 维数是有限的,这意味着在 H 中,大气系统的极限解集会收缩到有限维的流形上,因此,从理论上说,大气偏微分方程组解的渐近行为,可以被一个有限维的常微分方程组所描述。不过实际上人们尚无法获得这个常微分方程组。当对空间变量离散化(谱方法,差分法)得到常微分方程组,不论 N 多大,都不见得一定能包含有限维的流型 A。

　　描述大气的一组偏微分方程是无穷维的动力系统,其状态变量属于 H。数值求解时首先要对空间变量离散化(谱方法,差分法),将这组偏微分方程化为一组常微分方程,设为 n 个。从数学上说,空间变量的离散化将状态变量由 H 空间变为 R^n 空间,H 空间的算子方程变成 R^n 空间的算子方程。为了得到动力关系相协调一致,不歪曲原方程的本质属性,方程中相应的算子的性质应当保持不变,这是正确离散化的准则。这样一来,在 R^n 空间中存在一个全局吸引点集 Sn,在 R^n 空间中该点集 Sn 体积为零,Sn 描述了常微分方程组解的渐近行为,设 $R^n \subset H$,则 $Sn \subset R^n \subset H$。Sn 与 $A \subset H$ 是否一致呢? 当 n 小于点集 A 的维数时,两者显然是不同的。

　　上述 R^n 中的常微分方程组求数值解时,要对变量进行离散化,变为差分方程。在某一特定机器上运行时,由于机器字长(r)的限制,状态变量本身还被离散化。在计算机上有一个程序,可以由状态变量 $X \subset R^n$,在 $t+m\tau$ 时刻的值 $X(m)$,算出 $t+(m+1)\tau$ 时刻是唯一确定的值

$X(m+1)$。设数值模式在机器上可以运行任意长的时间不出现溢出。机器可以表示的所有可能的 X 的全体是一个有限个点组成点集 $Cr,Cr\subset R^n$ 而 $X(m+1)=F(X(m),\mu),m=0,1,2,\cdots,n-1,F$ 是 $Cr\to Cr$ 的一个映射。这里 $\tau=a\delta t,a\geq 1$ 的整数,δt 为数值计算的最优步长。μ 为给定的反映系统外在环境状况的参数。一般是常数或严格的周期函数(这 τ 取为此周期)。于是 F 不依赖于 m,这是自治系统,依据 C. S. Hsu 提出的 Cell-to-Cell Mapping 的概念和理论,不难证明,映射 F 的周期胞的全体(记为 $Pr(n)$)是数值解的全局渐近特征,数值模式的所有可能初值当 $t\to\infty$ 时,演变到一个吸引点集 $Pr(n)$ 上,$Pr(n)\subset Cr\subset R^n\subset H,Pr(n)$ 的结构及其统计特征就是数值模式的气候特征。

综上所述,在 H 空间中有三个点集:A,Sn 和 $Pr(n)$,他们都与初值无关,是由方程、外参数和算法决定的。它们就是确定论的动力学方程组,在个别状态由于初值的敏感性变成不确定了之后,系统的长期行为(渐近状态)的确定性的特征。A,Sn 和 $Pr(n)$ 的泛函数也是确定的是可预测的稳定分量。于是我们看到个别状态的不确定和整体的确定性,由不确定走向确定。

此外,个别状态的不确定性除初值敏感的因素而产生外,在数值计算中由于离散误差和舍入误差共同的非线性作用存在一个最大有效计算时间 T,超出这个时间 T,数值解与真解无关。现在求数值解的理论和方法是解初值问题的,气候涉及系统的长期行为。由此导致一个待开拓的领域:气候的数学理论。这里需要像冯康先生对保守系统提出辛几何算法类似,提出耗散系统的全局收敛算法。

如果 $\lim_{r\to\infty,n\to\infty} dist^H(Pr(n),A)=0$ 则称该气候数值模式是全局收敛的,使气候数值模式全局收敛的离散化算法,称为适当离散的。

Harsdorff 距离:$dist^H(A,B)=\max\{dist(A,B),dist(B,A)\}$

其中 $dist(A,B)=\sup_{a\in A}\rho(a,B)=\sup_{a\in A}\inf_{b\in B}(a,b)\rho(a,b)$

为度量空间 a 和 b 的距离。显然,当且仅当 $A=B$ 时,$dist^H(A,B)=0$。为了获得适当离散的气候数值模式,需要寻求对空间变量的适当离散方法和对时间变量的适当离散方法。但是这并不是问题的全部。气候数值模式获得的数值解($Pr(n)$)与原方程的真解(A)的偏差是由离散误差与舍入误差共同作用造成的。但是,现今计算数学的理论研究在方法上却分两步考虑,对给定的初值问题,先假定没有舍入误差的情况下证明离散误差可趋于零。然后再考虑抑制舍入误差的影响(格式的稳定性)。实际上,这种把两个共同作用的因素割裂开来分步讨论的方法本身具有严重的缺陷。最近李建平等揭示了这种缺陷。它不能保证数值解逼近真解。要寻找和创造新的研究方法,他还指出由于机器精度的有限性,用数值方法求解非线性常微分方程的初值问题时,存在一个最优时间步长 h。h 与数值方法的阶以及机器的字长之间要满足一个与方程的类型、初值及方法本身无关的普适关系,其实质是既然总误差是离散误差和舍入误差两者作用的结果,则这两个误差相当时最优,在一定机器精度下,超过一定限度去缩小时间步长,并不能减少误差,是无意义的。

同样的,气候数值模式的结果 $Pr(n)$ 与原偏微分方程的真解("实际气候"A)的误差 $dist^H(Pr(n),A)$ 是空间变量离散化产生的误差 $dist^H(Sn,A)$ 与时间变量离散化产生的误差 $dist^H(Pr(n),Sn)$ 两者叠加的结果,则这两个误差相当时最优,在一定的机器精度下,应该有最优的 n 值。机器精度 r,时间步长 h,空间分辨率 n 之间可能存在着一个普适关系,像空间步长时间步长之间的柯朗判据一样,只有满足这个关系时,空间变量适当离散的方法与时间变量适当离散的方法构成的气候数值模式才是适当离散的,否则 $r \to \infty, n \to \infty$ 时的数值模式的解仍可能不是全局收敛的。

很自然地要问,现有的气候模式其 r, h 和 n 之间是最优的组合吗? 是全局收敛的吗? 如果不是,该如何改进? 冯康先生提出了辛几何算法,针对的是保守系统的数值计算问题。气候的数值模拟和预测,呼唤着耗散系统的全局收敛算法,这是气候的数学理论,一个正在开拓中的新领域,在等待着有兴趣且有创新精神的读者去完成,祝他们幸运。

在气候系统中存在着混沌分量和稳定分量,短期气候预测不应该置混沌于不顾,应该将稳定分量作为预报对象,根据月、季、年的预测的时间长度不同,研究相应的可预报的稳定分量是什么? 探讨建立描述该稳定分量变化的方程组。探讨混沌分量对该稳定分量影响的参数化方法。在副高脊线的季节变化方面,国内已作了一些初步的工作。

5 值得进一步开展的工作

5.1 从事动力学方法的人如何借鉴统计学方法

首先从指导思想上要有一个转变。要清醒地看到,模式不可能全面地"逼真"于实际气候系统,理想化是不可避免的,只能在这个方面这些过程与实际气候系统一致,而在那些方面,那些过程就不一致。模式好比平面的地图,实际气候系统好比球面,面积和方向都要"逼真"是不可能的。明乎此,则知有治特定病的特效药,而无包治百病的良方。比如对汛期降水预测,有能较准确地预测我国汛期降水的模式,而该模式未必能预测其他项目,也不必去这样要求。对现有模式的改进,则首先要诊断对汛期降水的预测而言,主要误差在何处? 找出主要误差之源,并设法减小之。明确了这个指导思想之后,具体怎么做呢? 第一,实施一个模式比较计划,从我国现有的诸模式中挑选出一个对汛期降水预测而言是最佳的模式。第二,改进这个挑选出来的模式。怎样改进呢? 这就要借鉴统计学预测的思路,利用数十年的资料的回报对模式进行改进。一个气候模式不外乎对大气、海洋等变量,设为 n 个,$X_1, X_2, \cdots, X_n$ 的如下方程:

$$\frac{\mathrm{d}x_i}{\mathrm{d}t} = f_i(X_1, X_2, \cdots, X_n)$$
$$i = 1, 2, \cdots, n \tag{1}$$

离散化后进行数值积分。对这个模式的改进,从物理上看,各种各样的物理过程参数化是多种多样的,但归结到数学上无非是将方程(1)变成了下面方程

$$\frac{\mathrm{d}x_i}{\mathrm{d}t} = g_i(X_1, X_2, \cdots, X_n)$$
$$i = 1, 2, \cdots, n \tag{2}$$

我们可以设想这个改进十分成功,以至于(2)式能够准确地作出汛期的降水预测。

不失一般性设

$$g_i(X_1, X_2, \cdots, X_n) = f_i{}'(X_1, X_2, \cdots, X_n) + f_i{}'(X_1, X_2, \cdots, X_n) \tag{3}$$

这样一来,要作出汛期降水的准确预报的问题就变成了确定 $f_i{}'(X_1, X_2, \cdots, X_n)$ 的问题。借鉴于统计学方法的思路,问题变成这样,如下方程中函数 $f_i{}'(X_1, X_2, \cdots, X_n), i = 1, 2, \cdots, n$ 是未知的。

$$\frac{\mathrm{d}x_i}{\mathrm{d}t} = f_i(X_1, X_2, \cdots, X_n) + f_i{}'(X_1, X_2, \cdots, X_n) \tag{4}$$

但是,方程的一些解的泛函(比如 1951—2000 年汛期降水)却是已知的,在数学上这就是微分方程的反(逆)问题,一个近年来发展迅速的领域。如果设 $\|f'\| \ll \|f\|$,则近似地有

$$f_i{}'(X_1, X_2, \cdots, X_n) \approx c_i + \sum_{j=1}^{n} d_{ij} x_j \tag{5}$$

确定 $f_i{}'$ 的问题变为确定常数 c_i、d_{ij} 的问题,这个问题在数学上已有现成解法,原则上不存在什么困难。不过这里 c_i、d_{ij} 的数量达到 10^7 的量级,只有直到最近的超级并行计算机和计算技术的发展,才提供了实际解决的可能。

长话短说:动力学方法走动力和统计结合之路,要努力将数学中求解反(逆)问题的丰富成果,最新技巧,运用到汛期降水预测中来,当然这只是一个方面,可作的工作很多,参见文献[5]。

5.2 从事统计学方法的人如何从动力学成果中吸取营养

如果有一个 CGCM 没有误差地准确作出汛期降水预测,无非意味着有

$$\delta s(\nu, \lambda) = f(\delta d_1, \delta d_2, \cdots, \delta d_n) \tag{6}$$

这里 $\delta s(\nu, \lambda)$ 为 6—8 月降水距平,而 δd_i 为前期 t_0(t_0 为前冬和今春的某一时刻)大气、海洋、陆面和冰雪状况的距平。其中海温异常(ENSO,西太平洋暖池,黑潮乃至印度洋、南海海温),雪盖异常,极冰异常,季风,西太副高,东亚阻高等都是 δd_i 的重要组成部分。设想 δd_i 包含了 CGCM 的所有初值。则有

当 $\delta d_i = 0, i = 1, 2, \cdots, n$ 时,$\delta s(\nu, \lambda) = 0$,当 δd_i 都较小,即前期没有出现强异常讯号时,(6)式用泰勒展开可得

$$\delta s(\eta, \lambda) = \sum_{i=1}^{n} \gamma_i(\eta, \lambda) d_i \tag{7}$$

上式是从 CGCM 得来的,可是将(7)式视作回归方程,则 $\gamma_i(\nu, \lambda)$ 成为回归系数,亦可用统计方法获得。当资料充分时,得到的 $\gamma_i(\nu, \lambda)$ 接近没有误差的动力模式的结果,而优于现在的误差很大的 CGCM 的结果。这就意味着当降水距平不大,接近正常的年景时,统计学预报给出比动力学预报更好的结果就不奇怪了。但当有重大降水异常时,其前期必有 δd_i 的大距平,对某显著异常的因子,可以通过合成分析得到其对降水异常贡献的信息($\gamma_i(\nu, \lambda)$),在历史上找出相似年,据此作出预报。特别是当要作预测的这一年,前期只有一个单因子是显著异常,其余全部都接近正常($\delta d_i = 0$),其影响可略而不计,那么,恰巧在历史上能找到这样的相似年,显而易见就能作出一个准确的预测。当显著异常因子不只一个,如果气候系统是一个线性系统,即(7)式成立,仍然可以通过合成分析诊断出各因子的贡献,然后加以合成。从上述观点看统计学方法这样做是完全合理的。问题出在什么地方呢?原来,当某些 δd_i 较大时,从数学角度说,(6)式作泰勒展开时,非线性项不可忽略;从物理角度说,两种作用效果不等于单独作用之和。作合成分析时,其他因子的贡献不会相互抵消。统计学方法的根本问题在于以线性的观点和方法来处理非线性的气候系统。对线性系统用的资料越多越好,对非线性系统则不然,资料在于用得巧而不在多。如果主要异常信息能找到相似年则将是一个成功的预测。当然,资料积累得越多,找到相似年的可能性就越大。统计学应该从众多资料中选择出合适的资料来用,而不是不选择地使用全部资料。

动力学理论的一个重要成果是前期强讯号不可能是单因子出现的。气候系统存在着向外源的非线性适应过程。这是一个归并自由度的过程,使支撑吸引子的自由度减少。具体说,$\delta d_i = 1, 2, \cdots, n$ 张成一个 n 维的前期讯号的 n 维空间,此空间中存在的全局吸引子只是一个 m 维空间,而 $m \leqslant n$。任一单因子显著异常,其余接近正常的状态,在 n 维空间中并不在 m 维的吸引子上,因而是观测不到的状态。这个理论成果给统计学方法提供了指导和需要研究的问题。用数学的语言说,就是在 n 维向量空间中找出 m 个线性无关的 n 维向量,它们组成 m 维吸引子的基底,于是前期汛号的异常可以用这组基底分量的异常来表达。这时单因子的异常至少在理论上是可以出现的了。由于支撑吸引子的 m 个线性无关的 n 维向量的基底有无穷多种,对某一特定年份的预测,如何选择基底使得当前的强讯号(多因子的显著异常)成为这组基底的一个分量,使得在新的 m 维空间中成为单因子的异常是一个需要研究的问题。按此观点系统地重新整理资料,对 1951—2000 年的情形进行回报,使统计学方法吸取动力理论的概念和成果向前发展,是一个值得做的工作。

6　结　语

基础理论研究的欠缺又不甚得法是短期气候预测准确率提高缓慢的原因。虽然,在短期气候预测领域,总地讲,我国比较落后,还应该向发达国家的同行学习。"但请注意,千万不要随大流,要以分析批判的态度对待他们的工作,这些工作不但有不足之处可予以改进,而且在某种条件下,一叶障目,他们甚至可能在重大方向性问题上,长期走在错误的道路上。这种情况出现时,我们不但可能旁观者清,而且因为我们所处的文化景背不同,思维方式有异,很可能我们比他们更易发现问题,并认清道路"(引自唐稚松为《时序逻辑程序设计与软件工程》一书所写的序言)。

参考文献

[1] 王绍武,林本达,等.气候预测与模拟研究[M].北京:气象出版社,1993.

[2] 王绍武.气候诊断与预测研究进展 1991—2000[M].北京:气象出版社,2001.

[3] M. H.格兰茨.变化的洋流——厄尔尼诺对气候和社会的影响[M].王绍武,周天军,等译.北京:气象出版社,1998.

[4] 王会军,周广庆,林朝晖.我国近年来短期气候预测研究的若干进展[J].气候与环境研究,2002,7(2):220-226.

[5] 龚建东,丑纪范.论过去资料在数值天气预报中使用的理论和方法[J].高原气象,1999,18(3):392-399.

[6] 李建平,丑纪范.大气动力学方程组的定性理论及其应用[J].大气科学,1998,22(4):443-453.

[7] 张邦林,丑纪范.经验正反函数在气候数值模拟中的应用[J].中国科学 B 辑,1991,(4):442-448.

[8] 张邦林,丑纪范.经验正反函数展开精度的稳定性研究[J].气象学报,1992,50(3):342-345.

[9] 丑纪范.关于短期气候预测会商综合集成的探讨[J].新疆气象,1995,18(5):1-7.

[10] 董文杰,丑纪范.利用数值模式改进汛期降水预报综合集成的初步探讨[A].王绍武,气候预测研究[C].北京:气象出版社.119-130.

[11] 邱崇践,丑纪范.天气预报的相似—动力方法[J].大气科学,1989,13(1),22-28.

[12] Huang Jianping, Yi Yuhong, Wang shaowu *et al*. An analogue-dynamical long-range numerical weather

prediction system incorporating historical evolution[J]. *Q J R Meteor. Soc*, 1993, 119:547-565.

[13] 张培群,丑纪范. 改进月延伸预报的一种方法[J]. 高原气象,1997,16(4):376-388.

Short Term Climatic Forecast: Present Condition, Problems and Way Out

CHOU JiFan

(China Meteorological Administration)

Abstract:Present condition, problems and way out for short-term climatic forecast were analyzed according to methodology. Slow increased accuracy of short-term climatic forecast could be caused by lack of the basic theory and effective method. Numerical weather prediction should be transferred from an initial condition problem to an evolution problem. It should bring statistical method and dynamic method closer together and learn from other's strong points to offset one's own weaknesses.

Key words:Short-term climatic forecast; Present condition and problems and way out; Statistical method; Dynamic method

水循环基础研究的观念、方法、问题和可开展的工作

丑纪范

(中国气象局)

一、水问题的重要性

1. 社会经济层面上

(1) 涉及资源　水是一种宝贵的自然资源,农业要水、工业要水、生活要水、维持生态不退化也要水。人口的增长和对更高生活标准的渴望带来了对淡水的更大需求。前联合国秘书长加利曾说过:"中东的下一场战争将为水而战,而不是为政治。"对 10 多亿人口的我国来说,水资源安全的难点是,水源不能依赖进口,不像矿产资源那样。

(2) 涉及灾害　大气降水是地球上淡水的主要来源。降水过多、过于集中,常常引起大江大河出现洪涝灾害。从趋势看,我国洪涝灾害日益加剧。从 1950 年至 1989 年,我国平均每年洪涝面积约 1.2 亿亩;而 1990 年至今,平均每年洪涝面积达 2.5 亿亩。洪涝灾害波及的范围越来越大,造成的经济损失也越来越重。降水过少、长期不降水则又引起旱灾。干旱的影响虽然较缓慢,但它却是所有气象灾害中最具破坏性的灾害。我国旱灾的威胁也在不断加剧。从 1950 年至 1989 年,我国平均每年干旱面积约 3 亿亩;1990 年至今,平均每年干旱面积达 3.4 亿亩。而且干旱、黄河断流、沙漠化等问题往往又彼此交织、相互促进。

(3) 涉及环境　工业废污水和城市生活污水已造成严重水污染。被污染的水体,不仅危及水生生物,还通过灌溉,降低了土壤的品质。水污染已成了严重的环境问题。

2. 科技技术层面上

(1) 从实用的角度看　一是我国是水资源严重不足的国家,尤其是中西部地区。据估计我国水资源的总量为 28124 亿 m^3,人均占有的水资源仅为 2300 m^3,约为世界人均水资源的 1/4,排在联合国公布的 149 个国家中的第 109 位,属于第 13 个贫水国家之一。二是随着人口增长、农业发展、工业增长、城市化建设加快,以及随着旅游业的发展、改善生态环境和生物养殖用水增长,将使水资源消耗持续增长,水资源短缺与需求增长是我国将长期面临的矛盾。增水、节水、保护水资源免受污染,将是几代人必须付出巨大努力的事情。三是我国一方面为缺水问题所困扰,另一方面水资源的时空分布又极不均匀。如何合理调配水资源是面临的紧迫

本文发表于《科学导报》,2003 年第 1 期,3-6。

问题。这给工程技术方面提出了许多问题。本文不拟全面讨论这些工程问题,仅仅从基础理论的角度和学科发展的角度谈一些相关思考,因为工程技术问题的研究不可能也不应该脱离大的背景。

(2)从基础理论的角度看 水循环问题涉及三个方面。**一是地球各个圈层——众多学科交叉的领域。**以大气科学为例。大气科学研究的是水汽通过气流在大气中传输,水汽凝结成小的云滴和晶体,云滴通过碰并形成大的液态和固态水滴以降水的形式落到陆面和洋面,仅此而已。但水汽从何而来?是由固态和液态水从海洋和陆地蒸发到大气中而来。这个蒸发过程就不仅与大气状态有关,也与海洋和陆地的表面状态有关,如研究视角仅局限在大气科学领域就难以把握。再从海洋学方面考虑。海面的蒸发和河流的径流是驱动海洋温盐环流的重要因子,对海表温度年代际的变化有重要作用,这个问题与大气科学、陆地水文有密切联系。这方面的研究就很不够。现有的海洋环流模式很少考虑蒸发(降水)对水分变化的影响,甚至采用"刚盖近似"(我国曾庆存院士率先提出消除这一"近似")。地球上的水存在3种物理状态:固态、液态和气态。这三种状态在地球各圈层间不停地转化,但是在我们研究的时间尺度(小于数百年)内,全球三种水状态的总和是一个不变量。全球蒸发量与降水量、大陆的降水量与通过江河流入海洋的水量,虽然不是绝对相等,但至少应是处于准平衡态的。水循环问题正是要求在这种制约下集中研究各圈层交界面上进行的过程,以揭示其间规律。这是地学各学科的交叉领域。**二是驱动机理。**水热平衡是重要制约因素。大气和海洋的运动是由太阳辐射不均匀所引起的。"万物生长靠太阳","如果没有太阳辐射引起的排斥运动,地球上的一切都会停止"(恩格斯)。在地(海)气交界面上进行的水的相变需要热量,在定量上受到热量的制约,这也就是地表面的热量平衡方程。地表吸收的太阳辐射与放射(吸收)的长波辐射,上、下的感热输送与蒸发的潜热均保持平衡。水的循环与热的传送实是一个硬币的两面。我们可以分别地考察,但它们实际上是分不开的。水循环问题与热输送问题密不可分,它们是地球系统科学的重要组成部分。**三是关于地学发展的生长点。**海洋占地球表面积的71%,但对海洋上的降水没有实测资料,所以降水实况不明。蒸发,在自然界中是十分复杂的过程,其中决定实际蒸发量的因素,我们迄今并没有搞清楚。现在在探测上,遥感技术、人造卫星正获得大的进展,数值模拟和资料同化技术也将有大的进展。及时地利用最新发展的高新技术,揭示水和热量在地球各圈层间的循环规律,将极大地促进地学的发展。由此可见,从基础理论的角度看,水循环的研究是地学中十分重要的问题。

二、观念和方法

关于水的问题,国内外已做过大量工作。这些工作主要是针对实际存在的问题,属于工程型、应用型的。比较起来,从基础理论、学科的角度做的工作就显得不足。两者间似应进一步相辅相成、互相促进。这里从基础理论的角度,研讨一下研究水问题应有的观念和方法。

1. 观念问题是指从什么观点出发来看问题

(1)是"坐井观天"还是"放眼世界" 对某一地区的水问题是就这个地区孤立地进行研究,还是作为整个地球的一部分来考察?显然,水是作为地球上的统一系统而活动的,它的各个部分彼此间有很强的相互影响,某一部分的变化不仅决定于该地区的状态,而且还取决于所有其余部分的状态。换句话说,水循环过程不可避免是全球性的,应该从全球各圈层的相互作用来研究。水循环的研究势必应从局部(或区域)的研究走向全球性研究。

(2)是"天不变,道亦不变"还是"万物皆流,永不重复"　虽然天气每天在变,年与年也不相同,但是在 20 世纪 50 年代初,世界气象组织曾规定取 30 年的平均就可以视为"准平均",加上"极差"(最大值减最小值)和"标准离差"就可构成对气候的描述。也就是说一个地方的气候情况,包括降水、蒸发等水资源情况,只要分析得出过去 30 年的状况,就可代表该地方的情况。过去许多水问题的工作是不是在这种观念下做的呢? 然而,50 年代以后,人们逐渐认识到,30 年的平均值并不是一成不变的。一个地区的气候在各种时间尺度上变化着,水状况也不例外。所以当我们讨论水问题时,总是与一个特定的时间长度紧密相连的,不论这个时间长度是多少,如 1 个月、1 个季度、1 年、几十年或者 100 年,等等;但是这个时段内,水状况的平均值或者统计特征都不是不变的。现在我们主要关心的是两种时间尺度的变化,一是季节和年际的变化,另一是未来 50~100 年的可能变化。因此,水问题的研究需要观念上的转变,由地理学上的气候概念发展为气候系统的概念。其实质是由局地的、静态的、线性的研究和考察变为全球的、动态的、非线性的。

2. 方法问题是指怎样来研究,它与观念问题既有区别,又有联系

在地理学的静态的气候概念下,长期来一直采用区域统计学的方法来研究;而在气候系统的动态的气候概念下,则应该采用全球的动力学的数值模拟方法来研究。面对涉及全球大气、海洋、冰雪和陆面上层等各个圈层的复杂的水循环系统,我们无法设计真实的实验,但我们并不是无计可施。数值模式是人类知识的结晶。它用数学语言描述各圈层的状况及其相互作用,可以成为了解人类活动及其气候环境系统变化与响应的工具。利用数值模式进行数值试验可以告诉我们:面对变化的水循环状况,如果我们人类这样做,水循环情况将会有怎样相应的变化。

三、可考虑研讨的基础理论问题

关于水循环问题,从实用的角度可以提出许多课题,如:华北地区的缺水问题如何解决? 长江流域水资源如何调控? 西北地区空中水资源如何利用? 这些无疑是很重要的问题。另一方面从学科角度、基础理论的角度也可以提出许多问题。为了更好地解决实用问题,基础理论问题也是不容忽视的。基础理论问题也不能仅根据需要来提,而应考虑到是否有解决的可能。以下问题是可以考虑研讨的。

1. 水循环的实况如何

这个问题带有基础性。如果我们不只局限在局部区域,而是从全球看,不搞清楚水循环的实况,不讨论水循环的变化、趋势,不确定全球水是否在加速循环以及人类活动对其影响程度等,就没有牢靠的基础。水循环实况是指蒸发、降水、水通过陆地河流和含水水层流入海洋等情况下的水量,以及大气中水汽含量的时、空变化情况。蒸发、降水的时空分布很不均匀。某一点上、某一瞬间的蒸发量和降水量不过是数学上理想化的量,实际上总是一个有限区域和有限时段的值。最先考虑的可以是大尺度的值,如时间以月为尺度,空间以百公里为尺度,先从

宏观的角度上掌握全球的水循环。

2. 我们感兴趣的区域和时段的降水，其水汽的来源和多年的平均情况和变率如何

在地球表面（主要是海洋）蒸发进入大气中的水汽随着气流输送到凝结的地方，到那时遂以降水的形式落到地面；反过来，在某地凝结下落的降水的水汽是此前某个时候、某个地方蒸发进入大气的。对我国的某处区域、某个时段的降水的水汽来源的判断，将揭示出该地水汽来源是逐年变化很大呢？还是变化很小呢？其源地的蒸发量与降水量关系又为何？这些既有理论意义也有实用价值。

3. 当某年的降水和大气情况给定后，地表状况（植被分布、水库、湖泊情况）和人类活动（用水情况和堤防或分洪等）的差异对陆地水文过程会影响到什么程度

诸如：对长江流域而言，若 1998 年降水发生在 1954 年或 1954 年的降水发生在 1998 年各是什么情景？黄河流域在不同的植被状况和用水情况下导致的水文过程（蒸发、流量）的差别将如何？在其他条件都不变的情况下，三峡水库、南水北调工程对水循环变化影响到什么程度？黄河流域的最佳植被状况和工农业、生活用水的最佳调控应是怎样的？

4. 水循环过程是否存在某些"遥相关"

在气象学中"遥相关"是指相隔一定距离的气候异常之间的联系，这些异常事件在空间上相距遥远、在时间上有所不同，这使人很难相信一个事件会对远方另一事件产生影响，但这种联系的确存在。大气科学中已经出现一个研究领域，该领域的研究人员专门研究那些已经提出的遥相关现象的物理机制，以增进人们对它的理解。例如：统计表明，热带太平洋地区反映对流活动的 OLR（Outgoing Longwave Radiation）长程热辐射变化的最大方差位于菲律宾东部周围地区，这说明该地区对流活动的年际变化很大。当其对流活动强时，则长江中、下游地区和淮河流域的降水偏少；当其对流活动弱时，则长江中、下游和淮河流域的降水偏多。这一遥相关现象就是与水循环过程有联系的。青藏高原上冬春雪盖与我国长江流域的南部汛期降水的遥相关也是与水循环过程有联系的。看来水循环过程中大尺度的遥相关观象很可能是存在的。叶笃正先生提出：水循环过程中是否还存在中、小尺度的遥相关现象？人工增雨作业是否不仅要研究作业区的效果，还要研究对作业区以外的地区的影响？这种影响可以归入中、小尺度的遥相关范畴。如果存在这种遥相关，人们就可以通过甲地的作用去影响乙地。

5. 全球变暖和海平面升高对我国的水循环过程可能引起的变化如何量化

根据气候模式的预测，全球变暖最显著的表现就是增进了全球的水循环，这将导致全球降水的增加、蒸发的加快、天气和水文环境的恶化等。至于区域的具体变化就不那么清楚了，而且有相当大的不确定性。海平面升高将影响长江口的水文状况，从而成为上海市必须关注的问题；气温升高导致雪线上升、冰川消退。这些都不应只停留在定性的描述上。应在承认不确定性的前提下，给出未来 50～100 年我国水循环可能变化的情景（当然不只限于 1 个），并包括在水循环研究计划中。

四、积极开展下列水循环研究

关于水循环研究可开展的工作很多,这里仅就为了回答上节提出的那些问题,建议积极开展下列工作。

1. 及时地充分利用新近出现的高新技术取得的观测资料,结合已有的实况历史资料和气候数值模式、四维资料同化方法进行诊断。反演出全球时变的水循环实况,揭示出客观存在的现象

先从大尺度开始,即时间尺度为月、空间尺度为百公里,利用卫星资料估算降水、GPS 资料估算大气中的水汽含量,从数值模式得出的地表的蒸发潜热估算蒸发量,并收集河流的径流量等,建立这些量的逐年逐月全球分布的数据库。由于这些量是独立反演得到的,而在所研究的时间内,全球水的总量(液态、固态水和水汽的总和)可以认为是一个不变量,据此可以估算这些数据的可信度,结合陆地上已有的资料估算其误差。

2. 建立一个能计算出 $t_1 \sim t_2$ 期间全球降水量的数值模式。该模式可根据全球湿度在 $t=t_1$ 时的初始分布和全球大气流场、温度场和地表蒸发量在 $t_1 \sim t_2$ 的时变状况算出全球在 $t_1 \sim t_2$ 的降水量

采用 σ 坐标系中的网格。初始时刻 t 时每个格点上的水汽含量是知道的。由于 t_1 到 $t_1 + \Delta t$ 时间内大气的流场已知,采用半拉格朗日方法积分水汽方程,可以获得 $t_1 + \Delta t$ 时的每个格点上的水汽含量。这里仅仅是在最接近地面那层的格点上增加已知的蒸发量。由于每个格点在 t_1 到 $t_1 + \Delta t$ 时的温度是已知的,不难获得达到凝结的水分完全降落到地面时的估算量(下落过程的蒸发和时间均不考虑)。这样便获得了 t_1 到 $t_1 + \Delta t$ 时刻的全球的降水。这个过程可以反复进行下去,当算到 $t_1 + n\Delta t = t_2$ 时,就得出了 $t_1 \sim t_2$ 期间的降水量。

利用 NCEP/NCAR 的再分析资料提供的全球大气的流场、温度场和地表潜热通量数据 LHTFL,及 t_1 的初始湿度分布,该模式可算出逐年的全球降水。计算得到的降水与有实测资料的降水的差异是可知的,这就是该模式的误差。也许真正的大量工作就在模式的计算过程和有关参数的选取上,由此能获得最接近实况的结果。如果模式能够调试到对于 NCEP/NCAR 的数十年资料都能得到令人满意的结果,那么这将是一个可以用来进行数值试验的模式。通过数值试验它可以回答一系列的问题,如局地蒸发的变化(三峡工程的完成、南水北调的实现等)对我国降水的影响、局地的人工增雨对降水的影响,等等;还可以揭示出我们感兴趣的区域降水的水汽来源。

3. 建立一个能计算出 $t_1 \sim t_2$ 期间我国长江流域和黄河流域地表水文状况的数值模式。该模式能根据 $t_1 \sim t_2$ 期间的降水分布和已知的地表状态(植被、土壤状况、水库、湖泊、河流状况等)计算出 $t_1 \sim t_2$ 期间地面水的时空变化过程

落到陆面的降水通过地表和河流含水水层的流动传输,相对于大气中的水汽传输要简单一些。在现有地理信息系统提供的详细的地表状况下,建立这样一个数值模式并不是太困难的事情。在气候的数值模拟中,陆面过程模式已经取得很大进展。可以选一个(比如,选戴永久博士在美国主持设计的那个模式)作为基础加以改进。因为这里要着重描述的不是地—气的感热、潜热、动量的通量,而是落在地表的水的传输、地表的径流和地下水的流动以及蒸发的耗损等。值得注意的是,对长江流域而言,重点考虑的是防洪;对黄河流域而言,重要的是干旱和半干旱地区水资源的合理利用。两者的目的不同,模式中可以省略和不可省略的过程也不同。故而,要建立的是两个模式而不是一个模式。利用数十年的资料根据实况降水算出地面水的时空变化过程,将计算的结果与实况比较就可以知道模式的误差。也许真正的大量工作就在于对模式进行改进和对参数进行调整,从而获得最接近实况的结果。如果模式的结果能够令人满意,那么这将是一个可以用来进行数值实验的模式。通过数值试验不仅可以回答我们感兴趣的种种问题,而且在"自然控制论"(曾庆存)思想的指导下,必将对长江流域防洪的调控和黄河流域水资源的合理利用起到积极作用。

4. 研讨全球水循环模式

虽然全世界已有数十个气候模式(海—陆—气耦合,并考虑冰雪过程)都描述了水循环过程,但这些模式并不能解决水循环问题。关键在于缺乏海面、陆面蒸发的描述。全球水循环模式的建立似应依据现有的全部资料,首先作为一个反(逆)问题探讨蒸发的计算方法。这个方法要满足全球水热平衡的制约关系。这是一个十分值得研讨的问题。

总之,为了更好地解决面临的有关水的实际问题,应该加强水循环的基础理论研究。

丑纪范文选

CHOUJIFAN WENXUAN

文选

第六部分

其他

回忆我的求学历程

丑纪范

我的小学阶段是在一个特殊时代的特殊情况下度过的。现在的孩子们不再可能有那种经历了。父亲早年毕业于湖南大学电机工程系,在上海英租界美商中国电气公司工作,母亲受过师范教育。我7岁那年(1941年)太平洋战争爆发,日本人接管了上海英租界,不能替日本人做事的念头使父亲带领我们离沪返湘,费时两月,历尽艰辛。在滂沱大雨中步行在乡间小路上的情景,偷越封锁线时又惊又怕的情景……至今仍依稀可忆。返湘后,父亲有工作的时间少,失业的时间多,在兵荒马乱中颠沛流离,那时叫"逃难"。停留了数月至一年的地方有长沙、衡阳、祁阳、零陵、桂阳和汝城。旧中国哀鸿遍野,民不聊生,人情冷暖,世态炎凉,种种社会现象,深深地印入了我幼小的心灵。在这种情况下,我与小学无缘,但母亲没有放松对我的教育,规定作业,书要背,她把希望寄托在我身上。由于她受的实际是旧式的教育,她教我的是古文诗词及儒家的经典,时间精力全花在这上面了,其结果不仅使我语文有较好的基础,在后来的学习中在语文上花的时间比同学少,成绩还比同学好,而且在她的言传身教的熏陶下,随之儒家的伦理道德,重名节,讲仁义等深深地植入了一个早熟孩子的心灵,这很影响了我后来的处世做人。

1946年春,光复后长沙的小学各个年级同时招生。我的情况是语文超出了要求的水平,而算术则几乎没有学过。怎么办?我报了上四年级,妈听说邻居的孩子比我小一岁报了上五年级,她哭了。我便跑去改报了毕业班。这意味着半年要学完全部的小学课程。人是要有压力的,在强大的压力下,我埋头学习,夜以继日。算术成绩很快由班上最差的变为最好的。孩子的虚荣心和好胜心驱使我找一切能找的题来做,算术中有些题真难(用代数做则另当别论),解这种题的紧张思索(有的在脑子里要想几天)及解决后的喜悦使我着迷。随后上初中我很喜欢数学,喜欢解数学中的难题。平面几何难题的求解花去我较多的时间,在逻辑思维的训练上使我获益匪浅。对一个搞学问的人来说,我认为逻辑是头等重要的。初中花在数学上的时间最多,毕业时已大体上自学完了高中的数学,做完了当时能找到的各种数学习题。那时如有什么中学数学竞赛的话,我能拿到名次呢!

新中国成立后上高中,高中阶段我在数学上花的时间比同学少,成绩比同学好,语文也不困难,感觉时间较充裕。当时湖南省图书馆对中学生开放,并免费借阅。舒适的阅览室的墙上挂着"书籍是人类进步的阶梯"。这使我得以阅读一些与中学课程和考试无关的文、史、地和生物方面的书,开阔了眼界,陶冶了志趣和情操。

凡事有一利则有一弊。整天手不释卷,不上操场,不锻炼身体,结果体质很弱。上大学后,首次感到自己在班上成绩不再是最好的了,功课也觉得吃力,不到一年我突然严重失眠。痛定

本文发表于《中国科学院院士自述》,1996年,上海教育出版社。

思痛,决心锻炼身体,定时跑步,从那时起至今几乎没有间断,尤其注意生活规律。贵在认真,贵在坚持,健康情况由比较差的变为比较好的了,我又一次体会到经过自己的努力可以由弱变强。不过,这次是数十年努力的结果。

我是人民培养的,我的成绩归功于人民,归功于对我有过教诲的老师和同志们,我从内心感激他们。我还感激我妻张庆云,她默默无闻地承担了全部繁重的家务和对子女的教育,尤其是在逆境中给予我的理解、信任和支持,相濡以沫,使我得以专心致志于教学和科研工作。"不是解放了,怎么可能去北京上大学啊!"母亲如是说。大学四年家里未能给我寄一分钱,全靠人民助学金维持的。

我是怎样和气象结下"缘分"的? 报考物理系,原想搞原子能。入学后分配到了物理系的气象专业,思想上确实产生过很大的波动。我之所以没有"闹专业情绪"影响学习,人民助学金供我上学固然是重要原因,而谢义炳先生的启示教诲也起了很大作用。毕业后到中央气象科学研究所工作,组织上安排顾震潮先生指导我,顾先生精心安排并联系好让我去北京大学和计算所进修课程,举办研讨班,亲自给我指定阅读的文献,启示答疑。1974 年顾先生在病重住院期间还多次写了长篇信件寄到兰州,对我进行指导和勉励。1957 至 1958 年,组织上送我先后师从日本数值天气预报专家岩保学习半年,苏联数值天气预报专家道布雷斯曼学习 1 年。1981 年 1982 年,我又被公派去美国麻省理工学院进修(访问学者)。

1978 年我参加与一华裔美籍学者的座谈会,当时正恢复招收研究生,提出的第一个问题就希望他介绍美国培养研究生的经验,回答出乎我意料:"'培养'二字是你们集体主义的语言,美国讲个人主义,谁培养谁?"我是人民培养的,现在有责任有义务为人民培养年轻人,引导他们尽快地到科技的前沿去竞争。关键是人才的竞争,多培养出一些高质量的学生,青出于蓝胜于蓝,我们的事业才有希望。

难忘的恩情　深刻的教诲

——怀念顾震潮先生

丑纪范

　　我好幸运,大学毕业后得到了顾先生的指导,学习数值天气预报。顾先生指导我的时间不算长,但影响却如此深远。如果没有顾先生不会有我的今天。我将是另外一个样子,我毕生思考的问题和做的工作将是两样的。

　　1956 年秋,在中央气象局气象科学研究所内成立了一个数值天气预报研究小组,刚从大学毕业的我成为该小组的一员。搞数值天气预报要用电子计算机,当时中国没有电子计算机,实际上无法开展,这是一个超前的举措,源于顾先生的建议,旨在培养人才。当时气象台是用天气图方法做预报。顾先生提出当时数值天气预报国外已在作"中间工厂试验",天气预报正在从主观到客观,从定性到定量,从天气图方法向数值预报发展。这是一个天气预报工作的方向问题,我国已经晚了。现在虽然没有电子计算机,将来一定会有的,有了计算机,没有人才仍然不能开展数值天气预报,再来培养,岂不更晚了。正是顾先生的这一超前举措,1960 年当中国科学院计算技术研究所运转电子计算机时,天气数值预报是首批计算的项目之一,随即用正压一层模式作出了 500 hPa 的 24～48 小时的预报供中央气象台的天气会商参考。

　　1957 年顾先生从苏联开会回来,对我们说这次的一个最大收获是了解到莫斯科建成的中尺度探测系统后的实践表明,画小天气图,单纯的外推解决不了短时预警问题,这大大出乎苏联专家原先的预料。看来还是要了解中小尺度的形成、发展条件,走数值预报的路。他还说看来在中小尺度方面也需要像大尺度那样先搞出尽量简化的模型,通过这些第一步的研究再来搞更复杂、更全面的问题。简化与全面也是统一的,不要简化的只要全面的,最后全面的也要丢失。要能简化得恰当,就是有所不为以达到能有所为,就是要抓主要矛盾,抓矛盾的主要方面。在 20 世纪 80 年代我国建设中尺度系统探测基地时,顾先生说这些话的音容笑貌宛在眼前,他的这些话成为我耳中挥之不去的声音,成为我与研究生蒲朝霞、郜吉东等人共同探讨中尺度资料同化问题的起因。我将自己与顾先生比较一下,深感至少有两大差距,一是顾先生在国内尚无计算机时,考虑到将来有机器后的问题,而我则在已经建成中尺度基地时,尚未能考虑如何充分发挥探测资料的作用和人才的培养,更不能像他那样引起有关方面对问题的重视。二是顾先生给中国培养人,我却给美国培养人,和顾先生相比我只有惭愧的份了。

　　顾先生对我们的指导是何等热情、精心、周到、细致。他通知我时间、地点去北京大学进修数学系开的计算数学课程,去中国科学院计算所进修苏联专家开的程序设计课程,他说有关手续他全部办妥了。他和我们一起逐篇研讨数值预报的论文……。多年过去了,当我成为导师以后,他循循善诱,诲人不倦地教导我们的身影常在眼前,仿佛在对我说:你怎样对待你的

本文发表于《开拓奉献　科技楷模——纪念著名大气科学家顾震潮》,2006 年,气象出版社。

学生?!

　　数值天气预报是国外的发明创造。顾先生领着我们认真向国外同行学习,一篇一篇地研讨他们发表的论文,一步一步地重复美国人已经做过的工作,但他决不满足于单纯引进,一味模仿。他认为为什么我们只能用他们的,验证他们的结果,永远跟在人家后面跑得满头大汗,又永远跟不上呢。难道我们就不能比外国做得更好?顾先生的教诲几十年来一直在激励和鞭策着我努力探索。至于,大家研究气象,我们怎样比前人、比外国一定研究得好?他说除了抓对问题之外,还要有一个必然不同之点,就是我们一定要有新材料、新观点、新理论、新工具、新仪器,总之有一些新东西。不然,方法、观点、材料、工具,无一不是与人家一样,那么一定不会比人家更好。对国外来说,由于人家工业基础好一些,器材仪器等物质条件一般说来也要好些,结果,如果没有新东西我们还可能搞不过人家。愈搞愈落后,愈赶差距愈大。这不是耸人听闻,而是十分可能的。具体到数值天气预报,他尖锐地指出数值天气预报虽然取得了很大成绩,但存在一个比较根本性的缺陷,一直提成所谓初值问题,只使用一个时刻的资料,这与预报员的天气图方法完全不同。并且,在数学理论上来说,它也不是什么真正的初值问题,因为这时初值(连同初始倾向)就满足方程本身(即必须是和模式动力协调的),所以这样的提法无论在实际上还是理论上都有很大的缺陷。他说为什么数值天气预报只是这样提法,从另外的角度来提,使它与天气图方法统一起来,不是更好吗?不只是用当时的天气图,而可以像预报员一样把最近几天的图都用上不是更好吗?要相信天气学,不要动力气象唯我独尊,天气方法不在话下。他自己亲自论证了"作为初值问题的天气形势预报与由地面历史演变作预报的等价性"(《气象学报》第 29 卷第 2 期 93~98 页,1958)其实质是指出初值的一个子集的过去演变情况,蕴含了并等价于初值本身。这一思想是四维资料同化的先驱。顾先生实际上提出了要改变数值天气预报问题的提法,要用过去的演变代替初值作为定解条件。众所周知,作为微分方程的求解问题,数学家最重视的是有没有解?解是否唯一?如何提法使得解是存在唯一的,即适定的(适当给定的)?对于数值预报的方程组,提为初值问题[即要求函数 $\varphi(M,t)$ 满足方程和初值,$\varphi(M,t)|_{t=0}=\varphi_0(M)$]解是存在、唯一的,虽然给不出严格的证明,但人们相信,否则就没法做了。现在顾先生提出人们在做数值预报时,不光知道当时的情况(初值),还知道过去的情况。用 $\varphi(M,t)|_{t\leq0}=\varphi_0(M,t)$ 来代替 $\varphi(M,t)|_{t=0}=\varphi_0(M)$,把过去的资料都用上不是更好吗?这才真正符合实际。但是,这样一来,问题是超定的,解不存在。我想统计预报难道不正是这种情形么?当人们选定预报因子,用线性代数方程联系预报量和预报因子作为统计模型来求回归系数时,人们要求过去的全部资料都要满足方程,问题是超定的,解不存在。但是人们求最小二乘解,使问题得到了解决。我觉得要解决顾先生提出的问题,无非是要把求线性代数方程最小二乘解的办法推广到求偏微分方程的最小二乘解(广义解)。这只不过是一个数学技巧而已。我必须说数学是如此浩瀚,我们在北大学习四年只有最后一个学期没有数学课,然而了解的数学只有冰山的一角。顾先生提出的问题,逼着我努力继续学数学,不是为长知识而学,不是没有具体目的地学,而是带着顾先生提出的问题——寻求偏微分方程的最小二乘解而学,经过几年的学习,终于有了成效。爱因斯坦说:"提出一个问题往往比解决一个问题更为重要,因为解决一个问题也许是一个数学上或实验上的技巧,而提出新的问题、新的可能性,从新的角度看旧问题,却需要创造性的想象力,而且标志着科学的真正进步"。1962 年,我用一个数学技巧解决了顾先生提出的问题,写成"天气数值预报中使用过去资料的问题"一文,该文当时顾先生意见先不发表,12 年后,1974 年由顾先生推荐刊登在当时刚刚复刊的《中国科学》第

6 期上。偶然的是世界气象组织（WMO）现任秘书长 M. 雅罗（I. E Micbel Jarraud）博士说：1974 年他在巴黎学数学时，偶然看到《中国科学》（英文版）上的这篇文章，产生了浓厚兴趣。导师认为，搞应用数学，要结合一门学科，并建议他研究气象。由此，改变了他的人生轨迹。

1959 年顾先生以国家的需求为己任，转向人工影响天气的领域，搞云雾物理。这以后我和他接触相对少了。但他依据国家需求来安排自己的研究领域的精神，我看在眼里，记在心中。我去兰州大学后，遇到的几件事情让我深感我国汛期的旱涝预测是如此重要，应该探索动力学方法，就转而搞长期数值天气预报（现在称为短期气候预测）。1974 年我把这个想法写信告知顾先生，当时他已生病住院。他回信给我极大的支持和鼓励。他特别强调要正确对待国外的不可预报性，不为所惑。他说长期预报与中、短期预报在预报对象和预报方法上应有所不同。比如一壶水在炉子上烧，何时能烧开，并不是一个不可预测问题，但是如果画上精细的网格，逐步积分格点上的温度变化，则这种变化一定对初值极其敏感，算不多久就完全乱了，叫做不可预测。他要我注意要尽量简化问题，要简化得恰当，就是有所不为以达到能有所为，就是要抓主要矛盾，抓矛盾的主要方面。简化与全面也是统一的，不要简化的只要全面的，最后全面的也要丢掉。数值预报的发展历史就是如此，Richardson 搞得全面又全面，结果失败了。后来在非常简化下取得突破，长期预报方面正需要这类的突破。顾先生的这些教诲一直指引着我的思维和探索。

做一个月以上的预测，最简化也要用海—气耦合模式，而海洋活动层的温度分布成为最重要的初始条件，可是恰巧没有实测资料。这成了困难所在。顾先生在研究大气模式时论证的地面历史演变与三维初值等价成了指路明灯。我和我的合作者将这个概念推广到海—气耦合模式，将海洋、大气的初值对应于大气模式的三维初值，大气的历史演变对应于大气模式的地面历史演变，果然给出了数学证明，写成《以大气温压场连续演变表征下垫面热状况的长期天气数值预报方法》（《兰州大学学报》，1977），该文于 1978 年获全国科技大会成果奖。显然，这只不过是把顾先生在大气模式中提出来的想法推广到海—气耦合模式而已。

回顾我近 50 年来的工作，无不打上了顾先生的烙印，如果没有顾先生不会有我的今天。另一方面，我也想说，经过多年努力，现在总算完成了加强数值天气预报能力建设的另类途径的框架，使数值天气预报能充分应用过去的历史资料，将天气方法、统计方法、动力方法有机地融合在一起了。现以此告慰顾先生在天之灵。我相信经过后继者的努力，在不远的将来，我国有志的年轻人一定会打开一条崭新道路，搞出中国的数值预报方法，完成先生的遗愿。

顾先生英年早逝，留给了我们太多的悲恸，太多的遗憾。今天我们纪念他，就要继承和发扬先生以国家的需求为己任，努力开拓，诲人不倦的精神，做好今后的工作。

纪念党的十一届三中全会
召开二十周年有感

丑纪范

党的十一届三中全会拨乱反正,社会主义中国从此艳阳高照,晴空万里。我和我们这一代知识分子亲身感受到历史的沧桑和解放的畅快。

先从我出国的事情说起。1966 年我好像就有了一次出国的机会,要不是那场大革文化命的风暴突然袭来的话。

有这样一个场景:气科所的领导会上,所领导×××:"……,现在有一个派人去英国的任务,我建议派丑纪范去……"

某君:"我反对。要派政治上可靠的人去,丑不是党员。"

×××:"丑要求入党已多年,我们吸收他入党,到出国时,岂不已经是党员了么?"

……

读了上述文字,诸位可能会大惑不解,此等绝密事情,本人又如何得知的?!

容我交代如下:"文革"开始,一张长篇大字报吸引了许多人观看,我也是其中的一个。大字报的标题是:"看,走资派×××要发展什么样的人入党!"大字报的开场白就是这一绝密情节。然后全篇就是揭发走资派×××要发展入党的这个人原来是一个"五反分子"。五反者,"反党、反社会主义、反无产阶级专政、反毛泽东思想、反毛主席"也。从此,我遭受到无数的批斗,不堪回首。1969 年下放江西干校。1972 年冬"发配沧州"——去了兰州大学……。

党的十一届三中全会以后,我迎来了生命的春天。1981 年,我被公派赴美进修(访问学者)。当然,我是先入党后出国的。1979 年,兰州大学党组织通知我,我档案里"文革"中的一切不实之词已全部销毁。1980 年我实现了多年的愿望,成为中共党员。但是,与我同机赴美的学者中有的并不是党员,说明公派出国先看是不是党员这一条已经不复存在了。这是党的十一届三中全会后我国政治生活的一个深刻变革。

走出国门,睁眼看世界,诸多新鲜感受扑面而来。兹述一件小事,以小见大。

在美国使我赞叹不已的一个小玩艺儿是"微波炉"。请洋人尝尝饺子,不用担心是冷的,放微波炉里不到一分钟就热气腾腾的了。我觉得它和冰箱配合使用,可以大大节省花在做饭上的时间,便花九牛二虎之力买了一个,准备运回国内来。可是房东告诉我,拿回中国不能用,电不同也。我说知道,我已经买好了变压器。他说不成,你能变电压,没法变周波。我只好去退货,心想这下麻烦了。没想到对方根本不问退货的原因,简单痛快,万事大吉。虽然如此,我还是为无法在国内用上微波炉而遗憾。万万没有想到的是,我回国不久,兰州生产微波炉了,我

本文发表于《纪念党的十一届三中全会召开二十周年有感:共和国院士回忆录(二)》,2012 年,东方出版中心。

买了一个,其性能竟比我在美国用的那个还好。现在,国产的微波炉已经远销海外。远销海外的又岂止微波炉呢!不少人已多有这样的经历,在国外的商场里买个东西,一看竟写着"Made in China"!

1992年在日内瓦一个"真洋鬼子"对我说:我在日内瓦十年了,十年间日内瓦看不出什么变化。这十年我去过北京三次,一次一个样,十年大变样……。其实这样的变化,与我同龄和年长的知识分子,又有几人没有感受到呢?

看看国家在党的十一届三中全会后的巨大变化,对比一下这次会议前后个人的境遇,真令人感慨万千,唏嘘不已!1990年我奉调回京时,曾低吟刘禹锡的名句:"百亩庭中半是苔,桃花净尽菜花开。种桃道上知何处?前度刘郎今又来。"如今回顾度过的大半生,深感路途坎坷,但仍庆幸生逢其时,如果早生一百年或晚生一百年,能目睹如此大的变化,体验如此丰富、如此多姿多彩的生活吗?

在纪念党的十一届三中全会召开二十周年的时候,我愿借用两句古诗来抒发我激动不已的情怀,这就是:

"庾信文章老更成,暮年诗赋动江关。"

"落红不是无情物,化作春泥更护花。"

不求形似　但求神似

丑纪范口述,王志功整理

思维特色形成背景

在大气科学的研究领域,丑纪范院士是一位勤于探索、勇于开拓的科学家。他思考和解决问题的一些方法,是在长期、深入地研究数值天气预报和大气动力学的过程中形成的,并成为他在研究领域里进一步开垦和耕植的有力工具。

谈到在大气科学研究中思考和解决问题的思路以及这些思路的形成,他特别强调两点:一是前苏联科学家 А. Д. 亚历山大洛夫等著述的举世闻名的《数学——它的内容、方法和意义》一书,这本书对他科研思维的启迪作用很大。这本书他反复研读了几遍,书中许多富有启发性的内容,他都画上了色彩浓重的标记线。例如,"在研究物理过程中,用微分方程来描述物理量的变化规律,不仅这个方程本身不完全准确,甚至于这些量的个数也只是很近似地定出的","研究者的技巧在于寻找一个非常简单的位相空间(即系统的各种可能状态的集合),使得当我们把实际过程换成点在这个空间中的因果式的变迁过程时,仍能抓住实际过程的各个主要方面。"……这些颇具哲理的论断,他都做了圈点,并反复琢磨其内在含意。第二点是他毕业后到中央气象局气象科学研究所工作,组织上安排著名气象学家顾震潮指导他学习数值天气预报时,顾先生强调数值天气预报虽然取得了很大成就,但有一个根本性的问题没有解决,即把问题提为初值问题只使用了一个时刻的资料;同时指出了在数值天气预报中使用历史资料的重要性和可能性。在有关著作中他曾深情地回顾了顾先生对他的指导和启示:"毕业后到中央气象科学研究所工作,组织上安排顾震潮先生指导我,顾先生精心安排并联系好让我去北京大学和中国科学院计算研究所进修课程,举办研讨班,亲自给我指定阅读的文献,启示答疑,1974年顾先生在病重住院期间还多次写了长篇信件寄到兰州,对我进行指导和勉励。"

当然,在更深远、更广泛的意义上回顾,他的科研思维方法形成的背景,还有两个主要因素:一是博览群书,以及对知识的灵活运用。他自幼受到中国传统文化的熏陶,养成了历览文史、手不释卷的习惯;并注重把这些知识与大气科学意象交会,水乳交融,相映成像,相得益彰。例如,在阐述大气运动中的混沌现象时,他引用了《梁书·范缜传》的例子,形象地阐明了大气运动的确定性和随机性。二是得益于长期、严格的数学训练。早在少年时期,他就为求解数学难题而着迷,上初中时他花在数学上的时间最多,毕业时已大体上自学完了高中的课程,并做了大量数学习题。

本文发表于《不求形似　但求神似:院士思维》,1998年,安徽教育出版社。

思维之光

丑纪范院士思考和解决问题的方法大多带有辩证理性的色彩。例如,他先后提出的关于理论与对象相符合的观点,客观对象发展变化的观点,全局分析和抓住主要因素的观点,以及关于天气系统演变确定性和随机性的观点,等等,都是将唯物辩证法运用于大气科学研究的有益尝试。但是,如果要展示一种思维方法的特点,决不是贴上一个漂亮的标签所能奏效的。正如研究方法存在于研究过程中一样,思维方法也存在于思维过程之中。他的思维方法主要存在于研究问题、解决问题的科学创造中(如在 1962 年的创造性工作),同时也表现在对一些具有哲学意义的问题的探索(如关于大气可预报性问题的讨论),还见诸于他在有关论著中直接阐明思维方法的言论(如抓主要因素与求近似解)。

他的研究领域是数值天气预报、数值气候预测及其大气动力学。自从 1922 年英国数学家理查森(L. F. Richardson)发表《用数学计算的方法来作天气预报》一书,开创了数值天气预报以来,大量的数学和物理方法便应用于这个领域的研究;随着动力气象理论的逐步成熟和计算机在气象研究中的运用,数值天气预报理论突飞猛进,成为大气科学中富有活力与应用价值的领域。综合分析国际和国内该领域研究的实际情况,他认为,为了提高数值预报的准确率,同时考虑到我国科学技术相对落后的现实,用有限的资金追求最大的效益,这需要在改进预报方程、简化预报模式上下功夫。他的思维方法就是围绕着对这些问题的思考和解决而形成、展开的。

一、以实际情况为师,提炼出新的合适的数学问题

他认为,科学研究的对象是客观实际,解决问题的方法同样来源于实际。对于已有的科学方法,要采取"虽师勿师"的态度,"要以实际情况为师",找出解决问题的最简单、最严密、最实用的新方法。因此,对于实际问题的研究和解决,往往同时就意味着研究方法的改进和创新。由于受到"牛顿为了有可能发展力学才被迫发明了微积分"(《数学——它的内容、方法和意义》第一卷,第 46-48 页)这一事例的启示,他在解决实际问题时,总是尽量将已有的数学方法运用到气象学上,当方法不够用时,就去思考发明新方法。

数值预报方法根源于牛顿以来的决定论理论和数学—物理方法。按照这种观点,应当把天气预报问题看成是一个数学问题,即根据某一时刻实测的大气状态和运动,通过描述大气运动规律的微分方程,来计算将来某一时刻的相应大气状态和运动。数值预报被作为微分方程的初值问题,只使用一个时刻的资料。1958 年,我国著名气象学家顾震潮先生发表了《作为初值问题的天气形势预报与地面天气历史演变做预报的等价性》一文,对当时存在的两种预报方法(即刚刚兴起的提为初值问题的数值天气预报方法和日常业务中使用的由天气历史演变作预报的方法),阐述了自己的见解,指出这两种方法差异很大。为了在数值预报中充分使用历史资料,顾先生提出把初值问题改为演变问题,进而说明了地面温压场的演变既反映了蕴含着斜压大气三维温压场的构造,又决定了斜压大气三维温压场的发展。顾先生的见解引起了他的思考:如果用地面演变代替三维初值岂不有得有失?用三维演变来代替三维初值可能更好。他从普遍联系的观点进行思考,认识到满足微分方程的函数全体组成一个函数集合,可记作 L;满足三维初值的函数全体组成另一个函数集合,可记作 N。按 Hadamard 提出的传统的适

定性观念,一个"合理"的数学问题的提法要保证解存在唯一,这就意味着集合 L 和集合 N 具有且只有一个公共元素。如果用三维演变来代替三维初值,则满足三维演变的函数全体组成一个函数集合 M,那么,M 只是 N 的一个子集。一般来说,L 与 M 没有共同的元素。按上述观念,问题是没有解的,但这却是由于模式本身不准确所致;既然方程不准确,就没有必要非寻求使之成为恒等式的函数。M 内虽然没有属于 L 的函数,但可以找到一个最接近 L 的函数,这实质上是数学上已经很成熟的泛函的变分问题,于是把问题变成了一个新的合适的数学问题。令人惊异的是,后来短期数值预报模式大大精确化了,而卫星观测等资料反而误差很大。为了充分利用不同时刻的资料,国外在 80 年代提出了四维同化的共轭变分方法。这一方法在这里可以获得清晰的理解,即在 L 中找一个最接近 M 的函数,如此而已!而实际情况是方程不准确,资料也不准确。据此,他认为,把问题提为微分方程的反问题乃至马尔科夫链的反问题更为合理。这对长期数值天气预报(更准确地说是短期气候预测)格外有意义。因为,这时要用海(地)—气耦合模式,一方面方程本身相当不准确;另一方面,下垫面活动层的温度分布是最重要的初始条件,但缺少实况观测资料,而对于已有的大气演变资料却弃而不用。针对这一情况,他与合作者于 1977 年发表了《以大气温压场连续演变表征下垫面热状况的长期数值预报方法》一文,证明了大气温压场的连续演变和下垫面热状况的等价性,把问题提升为演变问题。后来在《使用多时刻历史资料的动力—统计长期天气预报模式》一文中,他进而提出了一种具体方案。接着,他又提出由历史资料反演参数,并使之与长期预报模式相匹配的具有创新性的方法。

二、利用几何直观,全面考虑问题,展开全局形象思维

他认为,科学研究中要正确理解和处理局部和整体、阶段和过程的关系,决不能局限于事物发展变化的一个局部、一个阶段,只见树木,不见森林。在数值天气预报和短期气候预测的研究中,必须进行全局思维。借助于数学的泛函分析和解析几何,通常能直观形象地思考大气系统的演变和长期行为,作出考虑所有可能情况的全局形象思维。

早在 60 年代,他就采用集合论的概念,对数值预报进行了综合考虑所有情况的全局思维。他认为:现代数学的集合论概念考虑了事物的一切可能状态,泛函分析则把这种考虑变成了空间的概念,这样就可以利用几何的直观性来作形象的思考。数值天气预报所利用的是支配大气运动的一个方程组,由五到六个反映能量、质量、动量等守恒的偏微分方程组成。但实际上它们是一个整体。他采用向量函数的概念,构成一个希尔伯特空间(H),这样一来,就把大气运动方程组变成了 H 空间的一个算子方程,它可视为在 H 空间中确定了一个向量场。可以用几何的语言代替分析语言,并且将流体力学中的一些概念和方法通过类比来增加其直观性。在他的思维过程中,三种要素是对应的:一是实际气象状态随时间变化;二是微分方程组的解;三是 H 空间中点移动的一条轨迹线。这样,微分方程成了用公式表示的图形,几何图形则是形象化的气象实际状态的变化。于是,气象系统所有可能的状况在时间趋于无穷时的极限情况,就是全空间中的点按方向场运动的最终归宿。这可以依靠方向场运动的特点,也就是算子方程本身来进行,并不求解方程。

按照这种思维方法,他从 80 年代初又率先开展了同时考虑耗散、外源强迫的非线性大气动力学的研究,用全局分析的观点讨论了大气动力学方程组的性质。他之所以这样做,是考虑到"尽管今天数值模式已经采用原始方程,考虑非绝热和耗散,但其动力学基础是绝热无耗散

的,它不能成功地模拟和预测大气的长期行为"。要研究大气系统的长期行为,就必须进行全局的分析,假如采用绝热无摩擦近似,强迫耗散的大气系统成了一个孤立的系统,则未来状况完全取决于初始情况;但这种初始情况是人为给定的,这就无法研究系统所有可能的初值的解在时间趋于无穷时的极限情况,也即它的整体和全局行为;用数学的术语来表述,就是无法研究它的全局渐近特征。这就相当于盲人摸象,只见局部,不见全貌。由此出发,他借助于几何直观对大气动力学方程组的极限解集进行了定性分析,运用胞映射概念和方法,对大气系统的数值模式的整体特征进行全局分析,并借助概率论的语言进行统计描述,从而对"气候"这个模糊概念给出了严谨的数学定义,给出了研究大气可预测性问题的直观图像。

三、紧紧抓住主要因素,"追求神似"

他认为:"研究某一现象,重要的不是它受到哪些因素的作用,而在于正确地区分什么是主要的因素,什么是次要的因素,什么是无关紧要的因素。"当用数学—物理方法来研究自然现象时,如果主次不分地考虑所有各个方面,眉毛胡子一把抓,不仅会使问题复杂化,而且还会导致错误的结果。数学模型只能是实际现象的某种近似,只能在某些方面和实际相一致,而在其他方面和实际并不一致。"量的方面的数学的无穷性比起现实世界的质的方面的无涯无尽来是极为粗浅的。"(《数学——它的内容、方法和意义》第二卷,第 292 页。)当用数值模式来表示实际的大气状况演变时,这种数值模式无论多么精细、复杂和"逼真",都不可能是实际大气现象的无限复杂性的等价的反映。因此,建立和改进数值模式要紧紧抓住最主要最关键的因素,"追求神似而不追求形似"。

由于数值天气预报的成功,发展了大气环流模式,后来发展成海—气耦合模式和气候模式。随着巨型计算机的发展,人们主要致力于使这种模式"逼真"实际大气,以此来进行气候模拟和气候预测。按照上述"神似"的想法,他提出了与这种追求"逼真"的做法大相径庭的思路。他认为,研究气候系统应先简化,突出主要特征,由简化模式揭示过程的主要机制,再从简单到复杂建立更完善的数学模型,研究更接近实际的物理过程。短期数值天气预报的发展历程正是这样的,最初 Richardson 试验失败了,原因是没有抓住天气尺度运动的特点。后来 Charney 等人建立了准地转一层模式才取得成功,并在此基础上使之进一步复杂化。

为了揭示气候系统的非线性特征,他致力于建立最简化的气候模式,用来搞清楚在气候系统中混沌态表征什么? 系统长期行为的不确定性是什么? 在混沌态存在的情况下,气候系统的演变机制如何研究? 预报问题如何解决? 为了研究"副热带高压带的变异机理",他提出用副高脊线位置所在的东西风分界面,把全球大气分为中、高纬度部分和低纬度部分,分别进行简化,然后将它们作为可变边界问题耦合起来。

四、独辟蹊径,不断创新,力戒浅层次的简单重复

他认为,科学研究要不断有所创造和创新,要占据科学峰峦的制高点,低水平的重复是毫无意义的。但这种创造和创新不是胡思乱想,不是为所欲为,而是在现有研究成果的基础上再提高一步,前进一步。这种创造和创新是依据严格的数学—物理方法进行分析,而最终的检验,还要看它是否比原有的理论更符合、更接近实际情况。具体到数值天气预报理论和预报模式,就是要看它是否运用了最新的数学—物理方法,是否反映了本学科的最新进展,是否更接近于大气运动的状态和变化规律。作为一个从事基础理论研究的科学家,他总是着眼于思考

学科发展的总体方向和总体策略,提出新的思想和新的方法,力图避免盲目追赶国外先进思想的浅层次的简单重复,走出一条不同于国外的、合乎我国国情的研究路子来。

除了上述对数值天气预报中如何利用历史演变资料的创新外,从 80 年代开始,他在我国率先致力于强迫耗散的非线性大气动力学的研究,取得了创造性的成果。

在《初始场的衰减和算子的特性》《大尺度大气运动方程组解的一些性质——定常外源强迫下的非线性适应》等论文中,他整体地分析了有外源和耗散的大气运动方程组的性质,由此论证了初始场作用的衰减,说明了长期天气过程的特征将取决于能量耗散的补充的特征;建议在进行方程组简化和离散化时,应将保持算子的性质不变作为简化方程的准则;讨论了定常外源强迫下 N 维空间中非线性大气系统向外源的适应问题;利用算子的性质证明了在 R 中存在一个整体吸收的不变点集,其测度为零。这种由高维甚至无穷维相空间演化到低维吸引子的过程,乃是大气运动形成一定的时空演变特征的自组织过程。这为缩减描述大气状况的自由度,以便节省计算量提供了理论基础。在《经验正交函数在气候数值模拟中的应用》一文中,他提出了实际可行的具体方案:对模式的一个现实作经验正交函数(EOF)分解,从而找出支撑吸引子的少数自由度,并以此为基底获得简化模型。实际观测资料的试验证明此方法是行之有效的。气候数值模拟是一个大自由度的复杂问题,以此为基础建立的简化模型,不仅节省了计算量,还使本来受计算机速度和容量限制而不能计算的问题也可以计算了。

他和他的合作者最近出版的《气候系统的非线性特征及其预测理论》(气象出版社,1996年 6 月第一版)一书,针对气候问题的特殊性,引用最新的数学成就——混沌理论、胞映射理论和分形理论,立足于新观念、新方法,对气候系统的特征、演变机制、可预报性问题,以及气候状态的预报方法等做了全面的研究。这些内容已初步形成了气候系统的准动力—准随机理论,是气候动力学的新发展。

院士展望

一、数值天气预报和短期气候预测

随着气象观测向深度和广度的延伸,特别是新的遥感系统的应用,随着电子计算机运算能力的提高,每秒运算数万亿次的新的计算机投入使用,随着非线性大气动力学、地球流体力学及计算数学理论的新进展,大气数值模拟和预报研究必将跃上一个新的台阶。

目前数值预报研究中最成功的是短、中期数值天气预报,当前的趋势是向两极发展:一是向中、小尺度的灾害性天气的短时预报发展;另一是向行星环流型的中、长期演变乃至气候预测发展。

短期气候预测目前还不很准确,亟需改进。我国的短期气候预测的规模和项目独树一帜,长时间以来已经积累了丰富的经验,初步形成了自己的观点,在世界上也占有一席之地。如能扬长避短,安排得法,将理论研究和观测研究有机地结合起来,将动力学方法和天气统计方法有机地结合起来,预计在不久的将来,我国在短期气候预测的理论研究、模式设计及其业务应用方面,都可能走在世界的前列。

二、大气动力学

1979 年以来,大气动力学研究进入了同时考虑耗散、外源强迫和非线性的新阶段。这种将外源、耗散和非线性三者同时考虑的大气动力学的研究特点为:借助于几何直观进行全局分析;主要研究极限解集;定性分析与数值计算相辅相成,借助概率论的语言对渐近行为作统计描述。显然这方面的工作还很不够。不足之处主要有:将非绝热加热项作为给定的与状态变量无关的非齐次项;极限解集几乎只限于平衡态,还几乎没有涉及如何正确选择控制变量和状态变量;如何确定出全部吸引子的个数、性质及其吸引域,如何描述混沌分量与稳定分量的相互作用,等等。针对这些不足之处开展研究工作,就是大气动力学的前沿问题。

需要强调指出,观测到的某种特定的大气现象,如果能够从最普遍的大气动力学方程组出发,经过大刀阔斧地简化后的一个特定的强迫耗散的非线性系统的渐近行为相一致,揭示为一种自组织现象;这就阐明了其内在机理和外在条件,这是面向 21 世纪的大气动力学的发展趋势。

三、研究方法:定性研究和定量研究相结合

把数值天气预报提为微分方程的初值问题,使大气科学从定性的、描述性的学科发展成定量化的数理学科,这种从定性研究到定量研究是大气科学发展史上的一次飞跃。现在大气动力学的研究正在面临着一次新的革命。因为所谓气候动力学,实际上是强迫耗散的非线性动力学,或者叫混沌动力学,其重要特征就是进行全局分析。这个动力学还很不成熟,而在其发展完善之前,是不会有令人满意的气候预测理论和方法的,是不会有比较可靠和准确的气候预测的,因此要加强这方面的定性的、全局性的研究。

定性分析与数值计算的相辅相成,将是面向 21 世纪的大气科学的重要特点之一。用全局定性分析获得的理论成果来指导数值计算,用数值计算来丰富理论知识,使之进一步具体化,相互配合、逐步深入地揭示大气这个强迫耗散的非线性系统的演变规律,是完全可能的。

丑纪范文选

CHOUJIFAN WENXUAN

文选

附录

附录 1　大道至简，气象自成

——贺恩师丑纪范院士八十寿辰

黄建平

人生有许多选择，但关键的就那么几步。令我深以为幸的是，在我的人生路上，能够遇到这样一位老师，一路指导我做出最正确的选择、走过最光明的人生路。

老师既是学识渊博、具有开拓精神的学者，又是眼界开阔、具有战略思想的科学家。他是国际上知名的气象学理论研究专家之一，中国气象界的泰斗级人物，也是兰州大学大气科学专业的创始人——中国科学院院士丑纪范先生。

师恩如海　桃李深情

1986 年，我跟随丑纪范院士攻读大气科学博士学位，有幸成为先生招收的第一个博士研究生。更为荣幸的是，时至今日，我也能经常聆听恩师的教诲。先生平易近人，亲切谦和，对我的学习生活给予了长期的关怀和照顾。他尽心尽力地向我传授知识，言传身教地教我如何做人，在先生门下的所得所获，令我受益终身。

还记得先生与我第一次见面就长谈了三个小时。从个人经历、求学心得，再到写论文的方法、做学问的技巧，都无所保留地对我一一说来。至今，我还对先生第一次的谈话内容记忆犹新，这也成为日后我向学生们传授的第一课。再回想，其实先生对每一位学生都是这样真心真意爱护,全身心投入地培养。"十年磨剑赠来人",先生愿意把自己毕生的精华心得都传授给学生,引导学生运用正确的思维方法,选择正确的科学道路,树立正确的人生理想,而这也正是他培育出那么多优秀气象事业人才的原因。

先生胸怀坦荡,总能站在对方的角度去想问题。在遇到困难的时候,他也总是主张从"和为贵"的角度出发,宽容别人的过失,协商一致解决。先生经常教导我们,团结一致才能做出好的成绩。而他自己也身体力行地秉承着这样的信念。

在学术研究中,先生非常尊重学生的想法,注重培养学生独立思考的能力。他常鼓励我们,"既要听批评意见,又要坚持自己的想法",对于认定方向的科学问题,要坚持不懈,探索不息。先生从不推崇单打独斗的方式,他注重团队合作,尤其注重跟学生们的合作。他曾说:"我大多数成果是跟学生们合作得来的,凝聚着学生们的智慧和心血。这样既做出了成果,又培养了人才。"先生一直将学生们放在平等的地位。教学相长,相互帮助,这是学者的风度,更是师者的气度。

在教学中,先生非常注重夯实学生的科研基本功,要求学生既有扎实的理论和实际研究的基础,又要勤动脑,勤动手,充满活跃新颖的思想。记得那时,他要我一方面为本科生指导毕业论文,另一方面为研究生讲授部分动力气象课程。当时我并不理解先生的此番心思,只觉得自己对很多知识还"混混沌沌"。给学生指导论文的压力迫使我努力了解专业领域的最新进展,梳理研究思路方法;而为了完成好先生提出的"上课不看讲稿,公式现场推导"的要求,我只得细心备课,研习公式推导,将大气动力学的基础知识牢固地记在心里,以免被先生当堂一针见血地指出错误。而毕业后我明白了,正是先生这种独特的培养方式,促使我充分认识自己的不足,在点滴积累中,增长了讲授能力。

"养子弟如养芝兰,既积学以培植之,又积善以滋润之。"回想起来,先生就如古人说的那样,既教授我们知识,又给我们树立起一面精神旗帜。"怀一颗上进、奉献的心,竭尽所能地为社会和国家做事",这些年来,先生的教诲给了我莫大的鞭挞和鼓励。

20世纪90年代,我先后在加拿大和美国从

事科学研究工作。在此期间，先生一直关心着我在国外科研事业的发展。记得有一年圣诞，我接到先生寄来的一张贺卡，随卡附着一封长达六页的书信。在书信中，先生悉述近年来国内大气科学事业的发展，希望我能够"以国家需求为己任"，回国发展。

"要为国家多做事，现在做得还太少"，这是先生常挂在嘴边的话语。先生在青年时代曾深受恩师顾震潮先生的思想影响，"以国家需求为己任"的精神，贯穿于两代大气学人科研事业的始终。同时，他也寄望学生们能将此精神一脉相承，为祖国的大气科学事业多做贡献。承蒙导师此番信任鼓舞，我既感动又振奋，用自己所学"为国家多做事"，是先生的期望，更是我义不容辞的责任和至高无上的光荣。

2003年，我辞去了国外的工作，承师命回到母校兰州大学，开始着手筹建大气科学学院。在学院筹建初期，先生倾注了大量的心血与精力。先生告诉我，要一年一个台阶，一步一个脚印，除了继续数值天气预报研究外，还要"立足西北，走出自己的特色"。

依托西北地区得天独厚的自然环境，2005年，兰州大学大气科学学院率先在海拔1966米的萃英山顶上建立起了我国第一个能够对云、气溶胶和陆－气相互作用同时进行观测的半干旱气候与环境观测站。时至今日，这座全球独一无二的观测站，已在研究解决我国黄土高原半干旱区气候与环境等问题中发挥了无可比拟的作用，学院也在研究干旱半干旱气候，尤其在沙尘研究等方面，取得了一批具有创新意义和国际国内影响的标志性成果。

2005年，学院承担了科技部重大基础科学研究973项目"北方干旱与人类适应"第一课题；2007年，兰州大学半干旱气候变化教育部重点实验室建成，为开展半干旱气候和环境观测实验、大气遥感和资料同化、气候变化机理以及半干旱气候变化的对策等方面的研究，搭建了创新平台；2010年入选半干旱气候变化教育部"长江学者"创新团队；2011年，学院首次承担"全球典型干旱半干旱地区气候变化及其影响"国家重大科学研究计划项目；2012年入选半干旱气候变化国家引智基地。而我本人，也在学院发展的同时，获得了国家杰出青年基金，"长江学者"特聘教授等多项荣誉。

一份辛劳，一份收获，回想起来，学院的每一步发展，每一个决策，我个人的每一个进步，每一项成绩，无不得益于先生的关怀，印刻着先生的影响。正是在他的高瞻远瞩的指导下，大气科学学院才在西北这片有些荒凉的土地上做出了令人瞩目的成绩；也正是在他孜孜不倦的教导下，我能够在西北扎根立足，在这里找到自己最初的梦想，实现为祖国的大气科学研究事业尽绵薄之力的理想与心愿。

研风习雨　追沙捕尘

先生长期从事数值天气预报的基础理论和方法及其有关的大气和海洋动力学研究,他将数学、物理学、气象学等学科综合运用,对已有大气的观测资料在数值预报和数值模拟的使用方面做出了系统的创造性研究,提出了一系列令世界气象学界瞩目的新观点、新方法,并撰写了大量有重大科学价值的学术论文和专著。

在我看来,先生最杰出的贡献就是以创造性的理论开启了中国数值天气预报研究的自主创新之路。时至今日,这项研究成果依然为我国数值天气预报业务的发展发挥着巨大的指导作用。先生曾用最浅显的语言,向我阐述了他在数值天气预报方面的构思,并指导我将统计与动力相结合的数值天气预报作为我博士论文的选题。先生说,过去的天气预报依赖于预报员的经验,在预报员的脑海中,天气形势的槽脊涨落,就是一张张连贯的天气图。而后的数值天气预报虽然取得了很大的成绩,但存在一个根本性的缺陷,即一直提成所谓的初值问题。只使用一个时刻的资料,而忽略了长期历史资料的运用。如果将统计学的方法和历史天气图应用进来,不只是用当时的天气图,而是可以像预报员一样把历史上的和近期的资料都用上,不是更好吗? 针对这个问题,先生下了很大功夫,专门研究并思考如何克服。

经过刻苦钻研,先生于 1962 年完成了题为《天气数值预报中使用过去资料的问题》的著名论文,将数值预报问题由微分方程定解问题转化为等价的泛函极值问题,提出了在数值预报中使用前期观测资料的具体实现方法。就其核心实质而言,这是世界上最早关于四维同化的理论和方法,比国际上提出同一思想的时间要早 10 年。

此外,先生通过证明大气温压场的连续演变和下垫面热状况的等价性,为充分利用已有的观测资料打下了理论基础。他进一步提出将古典初值问题改变为微分方程反问题的新观点,将解反问题的理论应用到数值预报中来,提出用历史资料反求参数并使之与长期预报模式相匹配的创新型方法,率先建立了一个动力统计的季节预报模式,取得了巨大的科研成果。这些研究成果,不但具有极高的理论研究水平,而且对天气预报业务具有较强的实用价值和指导意义。

1981 年,先生被公派到美国麻省理工学院作访问学者,与著名气象学家 Lorenz 一起工作。当时,国内在数值天气预报领域的教材几近空白,非线性大气动力学在国际上刚刚起步,因此,先生一面将工作的重点放在专业教材编撰上,一面将研究的重点放在了非线性大气动力学方面。

1982 年回国后,先生率先在国际上开创了非线性大气动力学长期演变的全局渐近性质的研究。论证了初始场作用的衰减,得到了大气运动的长期行为具有向外源强迫的非线性适应过程,提出了大气吸引子观,进而得到定常外源作用下大气运动的自由度缩减的结果。并将其应用于短期气候预测和新的资料同化理论中,为

我国大气科学研究开辟了一个新的方向。在 1986 年,先生出版了《长期数值天气预报》一书,不仅引起了国内外学界的巨大震动,更为教材稀缺的气象领域雪中送炭。而此后,他编写的多本非线性大气动力学研究生教材,也同样得到了同行专家的一致好评。

20 世纪 90 年代,先生依然活跃在大气科学研究领域的最前沿,继续为我国数值预报业务体系的完善和发展提供高屋建瓴的思想指导,并力主开展“原创性科技成果”的研究,发展我们自己的创造性理论和方法。

2007 年 10 月,73 岁高龄的丑先生撰写发表了《数值天气预报的创新之路——从初值问题到反问题》一文。在文中,他就自己对数值天气预报问题多年的钻研思考做了系统总结,并对未来中国数值天气预报的创新发展指明了道路。

先生指出,目前,我国虽然已建立起了比较完整的数值预报业务体系,但是业务预报的准确率与国外先进水平还存在较大的差距,近 10 年差距是在扩大而不是缩小。对此,他勉励新一代气象工作者,要完成从跟踪创新向自主创新的转变,强调“我国自主知识产权”和“原创性科技成果”。我们应该实事求是地分析和考察国内外的基本理念,找到根本性的可改进的缺陷,从而提高我们自身的预报水平。

的确,气象是一个知识密集型的高科技领域,只有不断改革创新才能推动学科发展和科技进步。而改革创新又是一个不断超越、永无止境的过程,需要几代气象人不懈地探索进取。先生勉励青年一代,“数值天气预报有走中国自主创新之路的必要性,我们相信在不远的将来,中国有志的年青人一定会走出中国自主创新之路。”而作为后辈晚生的我们,也一直被先生对事业永无止境的追求精神和对科学永不知倦的探索精神,深深地感染和鼓舞。

智者思维　哲学深蕴

在科学研究中,先生具有一套极富哲学深蕴的思维方法。在《院士思维》这本书中,他将这种思维方法概括为“不求形似,但求神似”。

在先生看来,大气科学中蕴含着无穷无尽的复杂变化,各种矛盾、各类问题纵横交错,往往令人“乱花渐欲迷人眼”。如果什么都想抓,什么都去抓,其结果往往可能是什么都抓不好,事倍功半,成效甚微。他认为,对一个具体的科学问题,不能只求“形似”,主次不分,贪大求全;只有追求“神似”,结合实际,牵住牛鼻子,找准着力点,才能集中力量找到解决复杂问题的关键和重点。

对长期预报问题,特别是气候系统的研究。先生认为,应先简化,突出主要特征,揭示根本规律。在最大简化的前提下,揭示问题的主要机制、主要规律,再从简单到复杂建立起更完善的数学模型。

数值预报亟待解决的最主要的问题,就是只利用了物理规律,没有充分利用实况资料。针对主要问题,先生利用最大简化的气候模式进行了实验,得到了许多具有意义的研究成果,并最终提出了在数值预报中使用历史和近期资料的一整套理论和方法。

此外,先生认为,科学研究不能只见树木,不见森林;只见局部,不见全体,将眼界拘囿于狭窄的范围之中。而应正确处理局部和整体,阶段和过程的关系,大处着眼的同时,兼顾小处着手。树立全局思维,选择最佳方案,实现最优目标。

20 世纪 60 年代,先生就采用集合论的观念,用全局思维对数值预报进行综合考虑。而从

80年代开始,先生又按照此种思维方法,率先开展了同时考虑耗散、外源强迫的非线性大气动力学研究。用全局分析的观点,研究了大气动力学方程组的性质。借助几何直观对大气动力学方程组的极限解集进行了定性分析,运用胞映射理论对大气系统数值模型的整体特征进行了全局分析。从而给出了研究大气可预测性问题的直观图形,并对"气候"这个模糊的概念给出了严谨的数学定义。

　　在多年研究问题、解决问题的科学创造中,先生坚持运用尽可能考虑所有可能情况的全局形象思维,把思考的维度拓展到整个大气系统的演变和长期的过程之中。站在高屋建瓴的宏观层面上,对大气科学中的多个问题,进行了长足的探讨研究。

　　"简化与全面是统一的,不要简化的只要全面的,最后连全面的也丢失。要能简化得恰当,就是有所不为以达到能有所为,就是要抓住矛盾的主要方面"。在先生看来,阴晴雨雪,风沙尘土,大自然的规律往往就蕴藏在这些简单又复杂的现象中。无法而有法,形非而神传。先生提出的这种思维方式,既是对与科学本体价值的富有哲学深蕴的辩证思考,更是他本身不激不厉、至简至纯的人格风尚的反映。

逆顺坎坷,坚守不辍

　　对于先生的生平,我曾听到过不同侧面和角度的讲述,以下记录的只是我所了解的情况。

　　先生于1934年7月23日出生在湖南长沙,他的父亲早年毕业于湖南大学电机工程系,在上海英租界美商中国电气公司工作,母亲受过良好的传统文化教育。在先生7岁那年,太平洋战争爆发,日本人接管了英租界,不替日本人做事的父亲带领全家离沪返湘。返湘后,先生跟随父母相继在长沙、衡阳、祁阳、零陵、桂阳等地"逃难"。

　　1946年,先生12岁,光复后的长沙小学各年级同时招生。先生回忆这段经历时说,"一开始我报了上四年级,而母亲听说邻居的孩子比我小一岁报了五年级,而我落后别人这么多,就着急的哭了,我便又跑去改报了毕业班。"

　　虽然从小受到母亲的教育,语文成绩不错,但对于算术,先生根本就没有接触过。在接下来半年的时间里,先生将全部的精力时间花在了算术上。在一番埋头学习、夜以继日的努力后,先生从"一窍不通"到"名列前茅"。而这段特殊的经历,不仅使先生喜欢上数学这门深奥的学科,而且还培养了他的自学能力,训练了逻辑思维,为之后从事理论研究打下了基础。

　　1952年,先生以优异成绩考取了北京大学物理系。怀揣着科技报国的心愿,先生原来的志愿是搞原子能，从事国防工业研究，但入学后被分配到气象专业。他深知个人志愿要服从于国家需要，因此并没有在专业上闹情绪。在著名气象学家谢义炳先生的教诲和帮助下，他开始了自己研究气象的生涯。

1956 年，先生从北京大学物理系毕业，被分配到中央气象局科研所工作。在著名气象科学家顾震潮先生的指导下，先生走上了数值天气预报这条道路。正如先生所说，在自己的求学、研究过程中，有幸遇见了两位名师——谢义炳和顾震潮先生。正是两位恩师的指导和影响，使他能够取得今天的成绩。

命运总是在不经意间做出改变人生轨迹的选择，若按照设定好的轨道，先生也许会一生都在北京从事他的气象研究。可是那场动荡的政治运动，让先生与兰州大学——这座西北高校结下了缘分。1972 年，先生从中央气象局五七干校调到兰州大学，担任兰州大学地质地理系气象学专业教研室主任。在时任兰州大学教务长崔乃夫的支持下，他开始了长期数值天气预报的研究。

从湿润的南方到干燥的西北，从北京舒适的研究环境到兰州艰苦的科研条件，先生毅然服从组织决定，没有丝毫怨言。在最艰苦的岁月里，先生始终没有放弃对事业的追求，为大气科学学科的发展做出了卓越的贡献，成为如今兰州大学大气科学学院的奠基人。

1987 年，兰州大学成立大气科学系，先生任第一任系主任。2004 年，学校为了更好更快地发展大气科学学科，成立了大气科学学院，先生任名誉院长。

从 1972 年到 2004 年，先生见证了大气科学学院从一个专业到一个系，再到一个学院的发展之路。这其中浸透了先生的心血，以及一代代大气学人的汗水。而今，已步入耄耋之年的先生，仍心系大气科学教育事业，时刻关心着大气科学学院的发展。常来学院为晚辈报告讲学，讲授专业课程，与青年教师谈心交流，为教学和科研工作建言献策。

后辈学人如相问，一片冰心在玉壶。先生把一生都奉献给了气象事业，奉献给了兰州大学。不论事业、功名、生活、命运、境遇逆顺坎坷，他都坚守不辍，矢志不渝，这也时刻激励着学院的每一位教师和学生，不断进步，不断前行。

在地处人烟稀少，石坚沙硬的戈壁滩上；在飞沙走石，黄沙漫卷的恶劣天气环境中，兰州大学大气科学学院的师生们正沿着先生奋斗的科研路，一步一个脚印，走得踏实。一个个背影，一张张笑容，那是兰州大学大气学人在西部开出的最美的花朵。

今年正值丑纪范先生八十寿辰，他为气象事业奋斗了整整六十年。一甲子的时光，中国大地风云变幻，先生一直活跃在气象领域，用他的智慧观察天地，体悟生命。先生虽然年事已高，却依然没有停止探索。大道至简，只能体悟，不可言说。先生始终将自己看做是认识自然的学生，这份对自然规律的敬畏和谦虚，也许正是先生心中的大道。或许我们能从先生学术的大成就上窥之一二吧。而即使是这一二，也足以让我们这些学生晚辈受益匪浅，成就生命的大气象了。

贺恩师八十寿辰

冰心玉壶存，拙笔忆师恩，
经师轻可遇，人师苦难寻。
风华昭日月，德高比山霖，
园地育桃李，辛勤携后生。
门庭开教化，轻语似暖风，
谆谆如春雨，滴滴惠泽心。
丹青不知老，清气满乾坤，
新竹高旧枝，风雨更兼程。
水击三千里，破浪始达人，
寄望后来者，硕果报师尊。
情凝千盏墨，笔赋万般情，
偷来彭祖寿，更添百岁春。

附录 2　丑纪范传记

李建平[①]　　封国林[②]

（①中国科学院大气物理研究所；②国家气候中心）

丑纪范（1934～），湖南长沙人。气象学家，中国数值天气预报、非线性大气动力学、资料同化的开拓者。1993 年当选为中国科学院院士。1956 年毕业于北京大学物理系，1981 年 2 月至 1982 年 2 月在美国麻省理工学院进修和工作。历任兰州大学大气科学系系主任，北京气象学院院长，中国气象学会理事、常务理事，国家自然科学基金委员会地球科学部学科评审组成员。1962 年在国际上率先将泛函分析引入数值天气预报问题中，提出了新型"广义解"的概念，提出在数值预报中使用前期观测资料的具体实现方法。就核心思想而言，这是世界上最早的关于四维同化的理论和方法。20 世纪 70 年代证明了大气温压场演变与下垫面热状况的等价性，提出由历史资料反求参数并使之与长期预报模式相匹配的创新性方法，率先开展了长期天气过程中相似韵律现象的机理研究，建立了一个动力统计的季节预报模式。80 年代最早在国际上开创了非线性大气动力学长期演变的全局渐近性质的研究，得到了大气运动的长期行为具有向外源强迫的非线性适应过程，提出了大气吸引子观，进而得到定常外源作用下大气运动的自由度缩减的结果，并应用于短期气候预测和新的资料同化理论中，获得了一系列创新性的成果。发表论文 100 余篇，出版专著 7 部。1978 年获全国科学大会成果奖；1989 年获全国教育系统劳动模范；2000 年获全国气象系统先进个人；2003 年获中国气象局科学技术贡献奖；2006 年获何梁何利基金气象学奖。

一、成长历程

丑纪范，1934 年 7 月 23 日生于湖南省长沙市。父亲毕业于湖南大学电机工程系，母亲受过良好的师范教育。父亲早年在上海英租界工作，在丑纪范 7 岁那年，太平洋战争爆发，英租界被日本人控制，不替日本人做事的念头使父亲举家离沪返湘，并在湖南多个城镇"逃难"。动荡的时局使他与小学无缘，然而，母亲从未放松对他的教育，传授他古文和儒家经典，不仅使他语文功底深厚，而且将重名节、讲仁义等儒家伦理道德观深植于他的心底，对他后来的为人处世产生了极大的影响。

丑纪范 12 岁时，适逢 1946 年长沙小学各年级同时招生，他报了毕业班。当时，他的语文超出了要求的水平，而算术则几乎没学过。这意味着他要在半年时间内，必须依靠自学来完成小学算术的全部课程。由于语文成绩好，他把全部精力放在算术上，勤奋学习，夜以

本文发表于《20 世纪中国知名科学家学术成就概览·地学卷（大气科学与海洋分册）》，2010 年，科学出版社。

继日,在短短半年时间里实现了从班上最差到班上最好的蜕变。这段特殊的经历,不仅使他喜欢上数学这门深奥的学科,而且还培养了他的自学能力,这对他后来的学习、研究受益匪浅。

1945年,美国在广岛、长崎投下原子弹,日本投降。由此丑纪范深刻体会到贫穷只能挨打、国弱任人欺凌的道理,萌生了搞原子能的心愿。于是,在1952年,他报考了北京大学物理系,并被录取,但却被分到了气象学专业。尽管理想未能如愿,但他并没有因专业闹情绪而影响学习,因为他深知是人民助学金供他上学,服从国家需要是第一位的。当时北大著名气象学家谢义炳先生的启示教诲对他帮助很大。谢义炳的科研工作主要特点是目的明确,不盲从外国,不赶时髦,而是首先服从于我国的实际需要。就这样,丑纪范与气象结缘。虽然他没有成为一名原子能专家,但他在大气科学领域里开辟了一块属于自己的天地。

1956年,丑纪范以优异的成绩从北京大学物理系气象专业毕业,被分配到中央气象局科研所工作。同年,顾震潮向时任中国气象局局长涂长望建议走数值天气预报方向。数值天气预报在当时还处于起步阶段,在中国是一个超前的课题。涂长望采纳了顾震潮的建议,让顾震潮成立一个小组,成员有丑纪范、纪立人等。顾震潮认为,数值天气预报有一个根本性的缺陷,就是只用了一个初值,大量的历史资料没有用到。丑纪范在顾震潮的指导下,下了很大工夫专门研究并思考如何克服此缺陷。1962年底.他完成了题为《天气数值预报中使用过去资料的问题》的著名论文,比国外同类工作早了10多年。他把论文寄给顾震潮,想在《气象学报》上发表。1963年春节,顾震潮给他回信:“大年三十、初一、初二,我一直在读你的论文,在数值天气预报中,你把历史资料考虑进去,好得很。”顾震潮还向局党组建议,把此论文列为保密材料,等做出一定成果后再发表。于是,从1963年开始,丑纪范、杜行远等开始进行数值试验,但由于特定的历史原因,试验时断时续,进行了不到一年时间。1974年,远在兰州大学的丑纪范收到了病重住院的顾震潮先生的来信:“我很后悔,早知如此,1962年的论文应该在《气象学报》上发表,现在,《中国科学》杂志复刊了,你把论文寄给他们吧。”几经波折,《天气数值预报中使用过去资料的问题》这篇具有深远影响和重大科学意义的文章终于于1974年在《中国科学》第6期上发表。世界气象组织秘书长Jarraud先生就是受这篇文章启发进入到数值天气预报领域的。他曾坦言自己的成功是一个中国学者所赐,是他引导自己走上了数值天气预报这条路,这位中国学者名叫丑纪范。

正当丑纪范潜心搞研究时,“文化大革命”开始了。1969年,他被下放到江西赤湖的“五七干校”。在干校劳动3年后,于1972年被发配到兰州大学工作。在最艰苦的岁月里,丑纪范依然没有放弃对事业的追求,并与兰州大学结下了深厚的感情,成为兰州大学气象学专业的奠基人。这一期间,他选定长期数值天气预报作为自己的研究项目,取得了丰硕的成果,建立了一个动力统计的季节预报模式,并于1978年获全国科学大会成果奖。

“文化大革命”之后,国家改革开放使得科学界迎来了新的春天,学习先进是发展的必由之路。1981年2月至1982年2月丑纪范被派遣到美国麻省理工学院进修,与“混沌之父”、著名气象学家Lorenz一起工作。当时,非线性大气动力学在国际上刚刚起步,是国际前沿,他敏锐地感觉到这一领域的发展潜力,阅读了大量的文献,了解了相关进展,并开始构思自己的非线性大气动力学观。回国后,他率先在国际上开创了非线性大气动力学长期演变的全局渐近性质的研究,取得一系列的突破,开辟了一个新方向。这不仅推动了非线性大气动力学的发展,对微分动力系统的发展也有极大的指引作用。在20世纪90年代,国际数学大师Lions等就是沿着这一方向对大气、海洋动力学方程的全局行为的数学理论展开进一步研究的。

1987 年丑纪范任兰州大学大气科学系主任,1990 年任北京气象学院院长,1993 年当选为中国科学院院士。1989 年获全国教育系统劳动模范,被授予人民教师奖章。2003 年获中国气象局科学技术贡献奖。2006 年获何梁何利基金气象学奖。

忆往昔,丑纪范经历了很多挫折。在人生的转折关口,个人往往无法按照自己的心愿去选择,他从来不怨天尤人,而是紧紧把握自己,不因一时的挫折而迷失方向。"不论干什么事情,都要干得最好",这是他遇到挑战时的信念。正因为有着坚定的信念和乐观的态度,丑纪范才取得了今天的成就。对于自己所走过的路,他赋诗云:"少壮寻常知努力。人民培养得功成。妻贤子孝乃神佑,友爱师恩深蕴情。五鼓炼勤筋未老,十年磨剑赠来人。沧桑历尽身犹健,四化征途一小兵。"

二、主要学术贡献和科学思想

丑纪范是国际大气科学界著名的专攻理论研究并做出重要贡献的专家之一,长期致力于数值天气预报的基础理论和方法、四维同化以及有关的大气和海洋动力学,特别是非线性动力学问题的研究,做出了开创性和有国际影响的杰出成就,是我国现代长期数值天气预报和非线性大气动力学的创建人之一。在科学研究中,他追求"不求形似、但求神似"的科学思维方式,在钻研科研的同时,还将很大精力投入气象教育事业,为培养青年人呕心沥血,并培育出一批优秀人才。

(一)主要科学研究成就

1. 最早提出四维同化方法的思想

如何将历史资料有效地引入数值预报模式是一个重要科学问题。丑纪范以其扎实的数理基础对这个问题进行了创造性的研究,于 1962 年写成《天气数值预报中使用过去资料的问题》一文。最早在国际上将泛函分析和变分法引入数值天气预报问题,从微分方程只是近似描述了大气实际过程的观点出发,通过把微分方程定解问题变成等价的泛函极值问题——变分问题的途径,推广了微分方程解的概念,引进新型的"广义解",将数值天气预报问题由原来的初—边值问题推广为广义初—边值问题,并利用希尔伯特空间的理论,论证了"广义解"比原来意义下的"正规解"更接近所描述的物理现象的"实况"。由此提出了在数值预报中使用前期观测资料的历史数据的理论和具体实现方法,使动力方法和统计方法有机地结合起来,设计了一种使用多时刻资料的短期数值预报模式。由于历史原因,该文于 12 年后(即 1974 年)在《中国科学》第 6 期上发表,引起国内外学者的极大关注和很高的评价。就核心实质而言,这是目前四维同化方法的最早思想,比国际上提出同一思想的时间要早 10 余年。

随着高科技的发展,先进的探测技术带来了丰富的非定时、非常规观测的遥感资料,如何在数值预报中充分使用这些资料,尤其是如何解决遥感资料的四维同化问题是一个富有挑战性的课题。面对这一难题,丑纪范走出了一条全新的路子,他突破传统的客观分析和"资料更新"的方法,把数值预报的解的积分状态和实测的时变信息有机地结合起来求取最优的初始场。这个反问题被具体化为一个基于变分原理的最优控制问题,数值模式的共轭方程理论及最优化技术被用于问题的解决过程。如此建立的四维同化系统,把时变的动力模型和多种非定时观测资料在初始场的形成过程中统一考察,克服了传统方法的一些缺点,提出了数值预报、资料同化、初值形成一体化的观点,为有效地解决中尺度遥感资料的四维同化问题提供了理论基础。

近年来,在大气吸引子理论的基础上,丑纪范及其合作者又提出新的同化理论和方法,这种新的同化方法将模式吸引子和实际大气吸引子有效结合起来,通过构造吸引子基底的方式来实现资料同化。这种同化方法是以一个子程序的方式实现的,避免了编写切线性模式和伴随模式,对原预报模式程序也不用改动,物理意义清楚,又极大地减少了工作量和计算量。与传统的同化方法相比有明显的优越性,有很大的实用价值。

2. 奠定了长期数值预报提为反问题的理论基础

15 天以上的天气预报,通常称为长期天气预报。按照传统的观点,长期数值天气预报仍然沿用短期数值预报的思想,被提为微分方程的初值问题。对长期数值预报来说,下垫面活动层的温度场是最重要的初始条件,然而却缺少实况观测资料,而对已有的大气演变资料却弃而不用,这显然是不明智的。针对这一矛盾,20 世纪 70 年代丑纪范与其合作者证明了大气温压场的连续演变和下垫面热状况的等价性,从而改变了长期数值预报传统的初值问题提法,提为演变问题,为充分利用已有的观测资料提供了理论基础。

后来,丑纪范及其合作者提出了一种具体实现方案。接着,进一步提出将问题由古典初值问题改变为微分方程反问题的新观点,将解反问题的理论应用到数值预报中来,提出了由历史资料反求大气要素和参数并使之与长期预报模式相匹配的方法,进而建立了一个借助所关心现象的历史数据来运行和改造现行的作为古典初值问题的数值模式,即把预报对象变为 4 个部分:可预报的低自由度部分、历史相似部分、经验外推部分、随机项部分,通过压缩自由度、寻找历史相似、经验外推和对随机变量确定其概率分布 4 个步骤,开辟了使用历史数据并具有特定预报对象针对性的数值预报的另类途径。

1986 年丑纪范将自己在长期数值预报的研究成果总结出版《长期数值天气预报》一书,这是国际上第一本系统阐述长期数值天气预报的专著,其中有很多不同于国外的、具有中国自己特点的理论和方法,为推动长期数值天气预报的发展起到了很大的作用。

3. 提出大气动力学方程组的定性理论

20 世纪 80 年代丑纪范开始致力于强迫耗散的非线性大气动力学的研究,提出了大气动力学方程组的定性理论,取得了系统的创造性成果,对深入了解长期天气过程的动力学特征有重要意义。

利用大气动力学方程组的定性理论,即大气长期演变的渐近性质动力学理论,他系统揭示了非线性大气动力学方程组的全局行为,这是从动力学观点研究气候形成和气候变化的基础理论。首先指出有外源和耗散的大气动力学方程组可以写成一类特殊的算子方程,其中算子具有很好的性质,论证了初始场作用的衰减,长期过程取决于能量耗散和补充的特征;提出了对方程组简化或离散化时应该保持算子性质不变的原则;得到定常外源作用下或有界非定常外源作用下大气运动向外源的非线性适应特性以及得到大气运动自由度缩减的结果。此项工作不仅在指导长期天气预报方面有重要意义,在国际偏微分方程的研究方面也有重要的贡献。在 90 年代,国际数学大师 Lions、法国科学院院士 Temam 和美国汪守宏教授等就是沿着这一方向对大气、海洋动力学方程的全局行为的数学理论展开进一步研究的,其后,又有很多无穷维动力系统专家围绕这个领域展开工作。可以说大气动力学方程组的定性理论指引了偏微分方程发展的一个新方向。

　　丑纪范还率先将胞映射的概念引入数值模式的整体和全局行为分析,揭示了任何数值模式实际上是 Markov 链,从而清晰地给出了作预测的局限性、过程的不可逆性和各态历经等具体直观形象;给出了"气候"、"气候可预测时段"等概念的一种精确的数学定义;给出了四维同化问题的理想解的定义和研究非线性系统整体性质及时空变化特征成因的数值方法。这些都是富于创新性的气候动力学基础理论成果。其中主要成果总结在《非线性大气动力学的新进展》一书中,于 1992 年获国家教委学术专著优秀奖,对于指引长期天气预报发展有重要意义。

(二)"不求形似,但求神似"的科学思维方法

　　丑纪范思考和解决问题的一些方法,是在长期研究数值天气预报和大气动力学的过程中形成的,这些方法已成为他进一步探索和开拓的有力工具。他的思维方法源于研究问题、解决问题的科学创造中,同时也表现在对一些具有哲学意义的问题的探讨中,可以概括为"不求形似,但求神似"这八个字。具体包括以下四个方面。

1. 以实际情况为师,提炼出新的适合的数学问题

　　丑纪范认为,科学研究的对象是客观实际,解决问题的方法同样来源于实际。对于已有的科学方法,要采取"虽师勿师"的态度,"要以实际情况为师",找出解决问题的最简单、最严密、最实用的新方法。因此,对于实际问题的研究和解决,往往同时就意味着研究方法的改进和创新。由于受到"牛顿为了有可能发展力学才被迫发明了微积分"这一事例的启示,丑纪范在解决实际问题时,总是尽量将已有的数学方法运用到气象学上,当方法不够用时,就去思考新的方法。正因为这种思维方式,他在数值天气预报方面提出了很多具有创新性的想法,取得了卓越的成果。

2. 利用几何直观,全面考虑问题,展开全局形象思维

　　丑纪范认为,科学研究中要正确理解和处理局部与整体、阶段与过程的关系,决不能局限于事物发展变化的一个局部、一个阶段,只见树木,不见森林。在数值天气预报和短期气候预测的研究中,必须进行全局思维,借助泛函分析和解析几何,通常能直观形象地思考大气系统的演变和长期行为,做出考虑所有可能情况的全局形象思维。丑纪范在 20 世纪 60 年代,尝试用集合论对数值预报进行全局思维。80 年代初又开展了强迫耗散的非线性大气动力学的研究,用全局分析的观点讨论了大气动力学方程组的性质,开辟了新的研究方向。

3. 紧紧抓住主要因素,"追求神似"

　　丑纪范认为,研究某一现象,重要的不是它受哪些因素的左右,而在于正确区分什么是主要因素,什么是次要因素。当用数学—物理方法来研究自然现象时,如果主次不分地考虑各个方面,眉毛胡子一把抓,不仅会使问题复杂化,而且还会导致错误的结果。数学模型只能是实际现象的某种近似,只能在某些方面和实际相一致,而在其他方面和实际不一致。当用数值模式来表示实际的大气状况演变时,这种数值模式无论多么精细、复杂和"逼真",都不可能是实际大气现象的无限复杂性的等价反映。因此,建立和改进数值模式要紧紧抓住最主要最关键的因素,"追求神似,而不追求形似"。

为了揭示气候系统的非线性特征,丑纪范致力于建立最简单的气候模式,用来搞清楚在气候系统中混沌态表征什么,系统长期行为的不确定性是什么,在混沌态存在的情况下,气候系统的演变机制如何研究、预报问题如何解决等一系列问题。由于抓住了主要因素,"追求神似",他的研究取得了很好的效果。

4. 独辟蹊径,不断创新,力戒浅层次的简单重复

丑纪范认为,科学研究要不断有创造和创新,要占据科学峰峦的制高点,低水平的重复是毫无意义的。但这种创造和创新不是胡思乱想,不是为所欲为,而是在现有研究成果的基础上再提高一步、前进一步。这种创造和创新是依据严格的数学—物理方法进行分析,而最终的检验,还要看它是否比原有的理论更符合、更接近实际情况。具体到数值天气预报理论和预报模式,就是要看它是否运用了最新的理论和方法,是否反映了本学科的最新进展,是否更接近于大气运动的状态和变化规律。在科研工作中,他力图避免盲目追随国外先进思想的浅层次的重复,而是走出一条不同于国外的、合乎中国国情的研究道路,并取得了成功。

(三)关心研究生教育,注重人才培养

作为科学家,丑纪范推动了我国数值天气预报和非线性大气动力学的发展,但更重要的是,在他的言传身教下,一大批气象人才脱颖而出。他说:"为国家民族计,自己不大可能去破世界纪录,但当个好教练,帮助年轻人迅速成长、为国争光是可能的。青出于蓝而胜于蓝,我们的事业才有希望。"丑纪范非常喜欢教书育人的工作,且成绩斐然。"庾信文章老更成,暮年诗赋动江关。""落红不是无情物,化作春泥更护花。"他常借用这两句古诗来自勉。

自1972年到兰州大学执教以来,他为气象专业的建设、课程的设置倾注了大量心血,为培养年轻一代的优秀气象工作者而辛勤劳动。对硕士生和博士生的培养,他采取的是让他们自己找到学习方法的独特策略:丑纪范多次对学生讲,做学问如同作画,工笔重彩固然很精彩,但泼墨写意更见功夫,能够两三笔勾勒使人物神情跃然纸上才是真正的艺术家。对一个具体的问题,他反对一开始眉毛、胡子一把抓,不分主次,只求"形似"的做法,倡导在最大简化的前提下,揭示问题的主要机制,追求"神似",再从简单到复杂建立起更完善的数学模型。他要求学生有上进心、进取心,要勤奋,有合作精神,他提倡思想自由,主张独辟蹊径、不断创新;他把学生推入全新学术研究前沿领域,让他们自己认路,自己摸索道路,而不是带着他们走路;他给学生充分的学术自由,采取了宁愿让学生走一些弯路也在所不惜的做法。他培养的许多研究生感到过了导师严格锤炼这一关后,在科研上碰到再困难的问题也没有什么了不起了。也正是因为他科研思想犀利,教学方法精巧,所以不光本校的学生,外地的学生也不畏兰州西北偏僻,而报考他的研究生。大家都知道,做他的弟子酷似苦行僧,但人人都以"投入丑门"为荣,其中有物理系、数学系的学生,研究的领域自然也早已不局限于大气科学。

光阴荏苒,丑纪范如今已是桃李满天下。迄今为止。他已经培养了硕士生和博士生50余名。学生们也没有辜负他的期望,他们中的大多数人已活跃在科研、教学第一线,成为学科带头人,有的成为博士生、硕士生导师,有的走上了重要的领导岗位,还有的成为国外大学的教授。他所指导的学生获得了很多荣誉。例如,硕士生王锦贵于1991年获"做出突出贡献的中国硕士学位获得者"奖励;博士生黄建平在1990年获"首届赵九章优秀中青年科学工作者奖",1991年获"做出突出贡献的中国博士学位获得者"称号,2007年获"国家杰出青年基金";博士

生李建平在 1998 年获"涂长望全国青年气象科技一等奖",1999 年获"全国首届百篇优秀博士学位论文奖",2003 年获"国家杰出青年基金",2005 年获"赵九章优秀中青年科学家奖",2006 年获"中国青年科技奖",2006 年入选"新世纪百千万人才工程"国家级人选,2007 年获"国家自然科学奖二等奖"(排名第三);博士生董文杰在 2005 年获"中国科学院研究生院优秀导师"称号;博士生封国林在 2002 年获"中国科学院王宽诚教育基金会博士后工作奖励基金",2004 年获"全国优秀博士学位论文提名奖";博士生任宏利在 2008 年获"全国百篇优秀博士学位论文奖",等等。这些荣誉充分展示了丑纪范为气象事业的人才培养所做出的卓越贡献。

　　丑纪范在气象教育方面的突出成绩,得到了党和政府及教育界同仁的充分肯定。1989 年,荣获全国教育系统劳动模范称号,被授予人民教师奖章;1991 年,他作为对国家有突出贡献的专家享受政府特殊津贴;1992 年获国家教委全国优秀教材优秀奖;1995 年获北京市优秀教师称号;2000 年获全国气象系统先进个人称号。

参考文献

蒲朝霞.1994.丑纪范与数值天气预报和非线性大气动力学//中国当代科技精华(地学卷).哈尔滨:黑龙江教育出版社:56-65.

丑纪范.1996.丑纪范//中国科学院院士自述.上海:上海教育出版社:516-517.

管玉平,谢志辉.1998.丑纪范//中国高等学校中的中国科学院院士传略.北京:高等教育出版社:421-423.

丑纪范.2000.不求形似,但求神似//院士思维.合肥:安徽教育出版社:122-133.

冉瑞奎.2005-04-06.中国科学院院士丑纪范化作春泥更护花.中国气象报(第四版).

附录3　丑纪范论著目录

（按发表时间排序，截至出版前，中英双刊的只列中文版）

专　著

1. 丑纪范，杜行远，郭秉荣，1983：数值天气预报浅谈. 北京：气象出版社.

2. 丑纪范，1985：天气预报. 北京：气象出版社.

3. 丑纪范，1986：长期数值天气预报. 北京：气象出版社.

4. 郭秉荣，丑纪范，杜行远，1986：大气科学中数学方法的应用. 北京：气象出版社.

5. 丑纪范，1990：大气动力学的新进展. 兰州：兰州大学出版社.

6. 程麟生，丑纪范，1991：大气数值模拟. 北京：气象出版社.

7. 丑纪范，刘式达，刘式适，1994：非线性动力学. 北京：气象出版社.

8. 吴国雄，丑纪范，刘屹岷，何金海，等，2002：副热带高压形成和变异的动力学问题. 北京：科学出版社.

9. 曾庆存，丑纪范，等，2003：气候系统的动力理论、模型和预测研究. 北京：气象出版社.

10. 丑纪范，2004：大气科学中的非线性与复杂性. 北京：气象出版社.

11. 丑纪范，胡淑娟：全球大气环流的三型分解（待出版）.

学术论文

1. 丑纪范，廖翔云，1958：Fjφrtoft 图解方法的一些统计研究. 气象学报，29(1)：24-32.

2. 丑纪范，周紫东，杜行远，1963：正压预报模式的一个新型计算方案. 气象学报，33(4)：484-493.

3. 杜行远，周紫东，丑纪范，1964：关于一些天气预报方程的定解问题. 气象学报，34(4)：462-467.

4. 丑纪范，黎光清，1966：一个预报台风路径的数值方法. 科学通报，11(3)：143-144.

5. 丑纪范，1974：天气数值预报中使用过去资料的问题. 中国科学，17(6)：635-644.

6. 郭秉荣，丑纪范，1977：论数值预报发展的途径. 气象科技资料，8：9-12.

7. 郭秉荣，史久恩，丑纪范，1977：以大气温压场连续演变表征下垫面热状况的长期天气数值预报方法. 兰州大学学报，4：73-90.

8. 郭秉荣，丑纪范，1978：考虑非绝热的超长波的尺度分析. 兰州大学学报，14(4)：98-108.

9. 丑纪范，1983：初始场作用的衰减与算子的特性. 气象学报，41(4)：385-392.

10. 谢风兰，邱崇践，丑纪范，1984：大气影响海表温度变化的统计分析. 高原气象，3(2)：66-72.

11. 王锦贵，丑纪范，郭秉荣，1985：Fisher 判别分析中投影空间的优化问题. 大气科学，9(2)：130-137.

12. 游性恬，丑纪范，郭秉荣，1985：逐日大气加热场的计算方法和个例分析. 气象，8：2-7.

13. 丑纪范，1986：为什么要动力—统计相结合？——兼论如何结合. 高原气象，5(4)：367-372.

14. 邱崇践，丑纪范，杨大伟，1986：依据月平均资料作月预报——利用自然相似的探讨. 气象学报，44(2)：184-191.

15. 黄建平，丑纪范，1987：大气运动方程组的算子特性及其应用. 气象科学，(3)：72-78.

16. 邱崇践，丑纪范，1987：改进数值天气预报的一个新途径. 中国科学（B辑 化学 生命科学 地学），(8)：903-910.

17. 董步文，丑纪范，1988：西太平洋副热带高压脊线位置季节变化的实况分析和理论模拟. 气象学报，46（3）：361-364.

18. 黄建平，丑纪范，1988：北半球中高纬月平均环流正压斜压动能的年变化特征. 高原气象，7(3)：264-268.

19. 邱崇践，丑纪范，1988：预报模式识别的扰动方法. 大气科学，12(3)：225-232.

20. Chou, J. F. , 1989: Predictability of the atmosphere. *Advances in Atmospheric Sciences*, 6(3): 335-346.

21. 丑纪范，1989：数值模式中处理地形影响的方法和问题. 高原气象，8(2)：114-120.

22. 黄建平，丑纪范，1989：海气耦合系统相似韵律现象的研究. 中国科学(B 辑 化学 生命科学 地学)，(9)：1001-1008.

23. 黄建平，丑纪范，衣育红，1989：500 hPa 月平均距平场演变的宏观描述. 气象学报，47(4)：484-487.

24. 邱崇践，丑纪范，1989：天气预报的相似-动力方法. 大气科学，13(1)：22-28.

25. 汪守宏，黄建平，丑纪范，1989：大尺度大气运动方程组解的一些性质——定常外源强迫下的非线性适应. 中国科学(B 辑 化学 生命科学 地学)，(3)：328-336.

26. 黄建平，郜吉东，丑纪范，1990：北半球月平均环流异常演变的相似韵律现象. 高原气象，9(1)：88-92.

27. 李维京，丑纪范，1990：中国月平均降水场的时空相关特征. 高原气象，9(3)：284-292.

28. 李维京，丑纪范，1990：北半球月平均环流与长江中下游降水的关系. 气象科学，10(2)：139-146.

29. 潘桃，黄建平，丑纪范，衣育红，1990：北半球 1 月和 7 月纬偏场遥相关结构分析. 高原气象，9(1)：44-53.

30. 邱崇践，丑纪范，1990：预报模式的参数优化方法. 中国科学(B 辑 化学 生命科学 地学)，(2)：218-224.

31. 张邦林，丑纪范，1991：Lorenz 系统的距平模式和标准化距平模式. 兰州大学学报，27(4)：161-165.

32. 张邦林，丑纪范，1991：经验正交函数在气候数值模拟中的应用. 中国科学(B 辑 化学 生命科学 地学)，(4)：442-448.

33. 张邦林，丑纪范，孙照渤，1991：用前期大气环流预报中国夏季降水的 EOF 迭代方案. 科学通报，(23)：1797-1798.

34. 张邦林，丑纪范，1992：经验正交函数展开精度的稳定性研究. 气象学报，50(3)：342-345.

35. Huang, J. P. , Y. H. Yi, S. W. Wang, J. F. Chou, 1993: An analogue-dynamic long-range numerical weather prediction system incorporating historical evolution. *Quarterly Journal of the Royal Meteorological Society*, 119: 547-565.

36. 丑纪范，徐传玉，1993：地中海气旋国际讨论会简介. 地球科学进展，8(3)：106-107.

37. 靳立亚，张邦林，丑纪范，1993：北半球月平均环流异常垂直结构的综合分析. 大气科学，17(3)：310-318.

38. 李志锦，丑纪范，1993：受下垫面强迫的一类强对流系统特征及预报. 中国科学(B 辑 化学 生命科学 地学)，23(10)：1114-1120.

39. 彭新东，丑纪范，程麟生，1993：一次地中海气旋发展的分析和诊断. 高原气象，12(3)：274-282.

40. 佘军，张邦林，丑纪范，1993：不同层次土壤温度的持续性和振荡特征. 高原气象，12(1)：12-17.

41. 徐传玉，丑纪范，1993：关于地中海气旋的最新研究成果——地中海气旋国际讨论会综述. 气象科技，(2)：1-6.

42. 张邦林，丑纪范，刘洁，1993：500 hPa 月平均高度距平场统一的时空结构研究. 气象学报，51(2)：227-231.

43. 张邦林，丑纪范，孙照渤，1993：EOF 迭代方案恢复夏季大气环流场的试验. 大气科学，17(6)：673-678.

44. 程麟生，彭新东，丑纪范，1994：不同地形和下垫面对冬季地中海气旋发展影响的数值模拟. 高原气象，13(1)：21-28.

45. 郜吉东，丑纪范，1994：数值天气预报中的两类反问题及一种数值解法——理想试验. 气象学报，52(2)：

129-137.

46. 蒲朝霞,丑纪范,1994：对中尺度遥感资料进行四维同化的共轭方法及其数值研究. 高原气象,13(4)：37-47.

47. 徐明,史玉光,张家宝,丑纪范,1994：新疆气温长期变化可预报性的初步研究(一)——气候噪音、潜在可预报性分析. 新疆气象,17(4)：7-12.

48. 徐明,史玉光,张家宝,丑纪范,1994：新疆气温长期变化可预报性的初步研究(二)——分维、可预报期限分析. 新疆气象,17(5)：11-15.

49. 徐明,史玉光,张家宝,丑纪范,1994：新疆气温长期变化可预报性的初步研究(三)——新疆月平均气温的小波分析. 新疆气象,17(6)：10-13.

50. Qian, W. H., X. T. You, J. F. Chou, 1995：An atmospheric motion equation built on the conservative relationship of the angular momentum exchange between the solid earth and the atmosphere on seasonal-annual timescale. *Acta Meteorologica Sinica*, 9(2)：249-256.

51. 丑纪范,1995：短期气候预测及其有关非线性动力学的进展. 内蒙古气象,(6)：1-7.

52. 丑纪范,1995：关于短期气候预测会商综合集成的探讨. 新疆气象,18(5)：1-2+7.

53. 戴新刚,丑纪范,朱妹,1995：甘肃"5·5"黑风暴小波分析. 气象,21(2)：10-15+65.

54. 邰吉东,丑纪范,1995：数值模式初值的敏感性程度对四维同化的影响. 气象学报,53(4)：471-479.

55. 邰吉东,丑纪范,李志锦,1995：一种利用气象要素场时变信息确定其空间分布状态的方法及数值模拟研究. 大气科学,19(3)：257-269.

56. 邰吉东,丑纪范,佘军,1995：一种同时修正模式方程中参数的变分同化方案——基于 Lorentz 系统的研究. 高原气象,14(1)：10-18.

57. 李建平,丑纪范,1995：非定常外源强迫下大尺度大气方程组解的性质. 科学通报,40(13)：1207-1209.

58. 钱维宏,丑纪范,1995：固体地球—海洋—大气耦合的一个简单线性模式及其试验结果. 应用气象学报,6(3)：297-303.

59. 钱维宏,丑纪范,樊云,1995：地球自转年际变化作用于全球海温异常的观测事实和数值试验. 大气科学,19(6)：654-662.

60. Dai, X. G., J. F. Chou, 1996：Wavelet analysis on the runoffs of the Changjiang River and the Huanghe River. *Theoretical and Applied Climatology*, 55：193-197.

61. 丑纪范,1996：我在数值天气预报和气候动力学领域的探索. 中国科学院院刊,2：134.

62. 邰吉东,佘军,丑纪范,袁业立,1996：利用星载雷达高度计确定海面动力高度的一种新方案. 兰州大学学报,32(1)：133-137.

63. 管玉平,冯士筰,丑纪范,孙德田,1996：定性数学的若干基本特征. 青岛海洋大学学报,4：67-74.

64. 李建平,丑纪范,1996：大气多平衡态产生之根源. 科学通报,41(22)：2061-2063.

65. 李建平,丑纪范,1996：利用一维时间序列确定吸引子维数中存在的若干问题. 气象学报,54(3)：312-323.

66. 钱维宏,丑纪范,1996：地气角动量交换与 ENSO 循环. 中国科学(D辑:地球科学),26(1)：80-86.

67. 钱维宏,丑纪范,1996：ENSO 循环过程中逐月海温异常的合成分析. 应用气象学报,7(2)：145-152.

68. Li, J. P., J. F. Chou, 1997：The effects of external forcing, dissipation and nonlinearity on the solutions of atmospheric equations. *Acta Meteorologica Sinica*, 11(1)：57-65.

69. Li, J. P., J. F. Chou, 1997：Further study on the properities of operators of atmospheric equations and the existence of attractor. *Acta Meteorologica Sinica*, 11(2)：216-223.

70. 丑纪范,1997：台风监测预报系统的现代化. 广东气象,(3)：14-11.

71. 丑纪范,1997：大气科学中非线性与复杂性研究的进展. 中国科学院院刊,(5)：325-329.

72. 戴新刚,尚可政,丑纪范,1997：天文古气候理论及其进展——从米兰柯维奇到贝尔杰. 地球科学进展,

12(5)：91-94.

73.李建平,丑纪范,1997：大气吸引子的存在性.中国科学(D辑:地球科学),27(1)：89-96.

74.张培群,丑纪范,1997：改进月延伸预报的一种方法.高原气象,16(4)：41-53.

Zhang, H., X. Fan, M. Xu,J. F. Chou, 1998：Application of a global analysis method to a simplified climate model. *Theoretical and Applied Climatology*, 61, 103-111.

75.李建平,丑纪范,1998：大气动力学方程组的定性理论及其应用.大气科学,22(4)：59-69.

76.李建平,丑纪范,1998：副热带高压带断裂的动力学分析——地转作用.科学通报,43(4)：434-437.

77.李建平,丑纪范,1998：湿大气方程组解的渐近性质.气象学报,56(2)：187-198.

78.范新岗,丑纪范,1999：初值信息在气候预测中的作用.大气科学,23(1)：71-76.

79.范新岗,丑纪范,1999：提为反问题的数值预报方法与试验 I.三类反问题及数值解法.大气科学,23(5)：543-550.

80.范新岗,张红亮,丑纪范,1999：气候系统可预报性的全局研究.气象学报,57(2)：190-197.

81.龚建东,丑纪范,1999：论过去资料在数值天气预报中使用的理论和方法.高原气象,18(3)：392-399.

82.龚建东,李维京,丑纪范,1999：集合预报最优初值形成的四维变分同化方法.科学通报,44(10)：1113-1116.

83.李建平,丑纪范,1999：大气方程组的惯性流形.中国科学(D辑:地球科学),29(3)：270-278.

84.李建平,丑纪范,1999：强迫耗散非线性大气方程的计算稳定性.科学通报,44(2)：214-216.

85.李建平,丑纪范,1999：地形作用下大气方程组解的渐近性质.自然科学进展,9(12)：56-64.

86.谢志辉,丑纪范,1999：大气动力学方程组全局分析的研究进展.地球科学进展,14(2)：32-38.

87.李建平,丑纪范,2000：大气动力学方程组简化的算子约束法.科学通报,45(19)：2104-2109.

88.李建平,曾庆存,丑纪范,2000：非线性常微分方程的计算不确定性原理——Ⅰ.数值结果.中国科学 E 辑:技术科学,30(5)：403－412＋481.

89.李建平,曾庆存,丑纪范,2000：非线性常微分方程的计算不确定性原理——Ⅱ.理论分析.中国科学 E 辑:技术科学,30(6)：550-567.

90.叶笃正,丑纪范,刘纪远,张增祥,王一谋,周自江,鞠洪波,黄签,2000：关于我国华北沙尘天气的成因与治理对策.地理学报,55(5)：513-521.

91.Feng, G. L., H. X. Cao, X. Q. Gao, W. J. Dong,J. F. Chou, 2001：Prediction of precipitation during summer monsoon with self-memorial model. *Advances in Atmospheric Sciences*, 18(5)：701-709.

92.丑纪范,2001：短期气候数值预测的进展和发展前景.世界科技研究与发展,23(2)：1-3.

93.丑纪范,徐明,2001：短期气候数值预测的进展和前景.科学通报,46(11)：890-895.

94.董文杰,韦志刚,丑纪范,2001：一种改进我国汛期降水预测的新思路.高原气象,20(1)：36-40.

95.封国林,曹鸿兴,魏凤英,丑纪范,2001：长江三角洲汛期预报模式的研究及其初步应用.气象学报,59(2)：206-212.

96.封国林,戴新刚,王爱慧,丑纪范,2001：混沌系统中可预报性的研究.物理学报,50(4)：606-611.

97.宋振鑫,张培群,丑纪范,徐明,2001：副热带高压脊线移动的三维结构特征.气象学报,59(4)：472-479.

98.Feng, G. H., W. J. Dong, P. C. Yang, H. X. Cao,J. F. Chou, 2002：Retrospective time integral scheme and its applications to the advection equation. *Acta Mechanica Sinica*,18(1)：53-65.

99.戴新刚,丑纪范,吴国雄,2002：印度季风与东亚夏季环流的遥相关关系.气象学报,60(5)：544-552.

100.封国林,曹鸿兴,谷湘潜,丑纪范,2002：一种提高数值模式时间差分计算精度的新格式——回溯时间积分格式.应用气象学报,13(2)：207-217.

101.穆穆,李建平,段晚锁,王家城,丑纪范,2002：气候系统可预报性理论研究.气候与环境研究,7(2)：227-235.

102. 吴国雄，丑纪范，刘屹岷，2002：关于夏季副热带高压形成和变化研究的进展. 大气科学发展战略——中国气象学会第 25 次全国会员代表大会暨学术年会，4.

103. 丑纪范，2003：水循环基础研究的观念、方法、问题和可开展的工作. 科技导报，(1)：3-6.

104. 丑纪范，2003：短期气候预测的现状 问题与出路(一). 新疆气象，26(1)：1-4.

105. 丑纪范，2003：短期气候预测的现状 问题与出路(二). 新疆气象，26(2)：1－4＋11.

106. 戴新刚，汪萍，丑纪范，2003：华北汛期降水多尺度特征与夏季风年代际衰变. 科学通报，48(23)：2483-2487.

107. 戴新刚，汪萍，张培群，丑纪范，2003：华北降水频谱变化及其可能机制分析. 自然科学进展，13(11)：64-71.

108. 李建平，丑纪范，2003：非线性大气动力学的进展. 大气科学，27(4)：653-673.

109. 李建平，丑纪范，2003：气候系统全局分析理论及应用. 科学通报，48(7)：703-707.

110. 任宏利，戴新刚，丑纪范，2003：Lorenz 系统混沌解序列可预报性的统计检验. 兰州大学学报，39(1)：93-98.

111. 吴国雄，丑纪范，刘屹岷，张庆云，孙淑清，2003：副热带高压研究进展及展望. 大气科学，27(4)：503-517.

112. Diao, Y. N., G. L. Feng, S. D. Liu, S. K. Liu, D. H. Luo, S. X. Huang, W. S. Lu, J. F. Chou, 2004：Review of the study of nonlinear atmospheric dynamics in China (1999—2002). *Advances in Atmospheric Sciences*, 21(3)：399-406.

113. Fan, X., J. F. Chou, B. R. Guo, M. D. Shulski, 2004：A coupled simple climate model and its global analysis. *Theoretical and Applied Climatology*, 79：31-43.

114. Hu, S. J., J. F. Chou, 2004：Uncertainty of the numerical solution of a nonlinear system's long-term behavior and global convergence of the numerical pattern. *Advances in Atmospheric Sciences*, 21(5)：767-774.

115. Mu, M., W. S. Duan, J. F. Chou, 2004：Recent advances in predictability studies in China (1999—2002). *Advances in Atmospheric Sciences*, 21(3)：437-443.

116. 鲍名，倪允琪，丑纪范，2004：相似-动力模式的月平均环流预报试验. 科学通报，49(11)：1112-1115.

117. 丑纪范，2004：怎样使汛期降水预测更准确. 中国气象报.

118. 戴新刚，汪萍，丑纪范，2004：准地转正压大气小波谱模式及其数值解. 自然科学进展，14(9)：1012-1019.

119. 戴新刚，汪萍，丑纪范，2004：准地转正压大气小波谱模式及其数值解. 中国气象学会 2004 年年会，1.

120. 封国林，董文杰，李建平，丑纪范，2004：自忆模式中差分格式的稳定性研究. 物理学报，53(7)：2389-2395.

121. 张华，丑纪范，邱崇践，2004：西北太平洋威马逊台风结构的卫星观测同化分析. 科学通报，49(5)：493-498.

122. 侯威，封国林，高新全，丑纪范，2005：基于复杂度分析冰芯和石笋代用资料时间序列的研究. 物理学报，54(5)：2441-2447.

123. 邱崇践，丑纪范，2005：4DSVD：一种新的资料同化方法. 中国气象学会 2005 年年会，中国苏州，6.

124. 任宏利，丑纪范，2005：统计-动力相结合的相似误差订正法. 气象学报，63(6)：988-993.

125. 任宏利，丑纪范，2005：相似-动力模式中的误差诊断方案及改进. 中国气象学会 2005 年年会，中国苏州，2.

126. 任宏利，丑纪范，黄建平，李维京，张培群，2005：一个相似—动力短期气候预测系统的发展构想. 中国气象学会 2005 年年会，中国苏州，1.

127. 任宏利，张培群，丑纪范，李维京，高丽，2005：中国夏季大尺度低频雨型及其转换模. 科学通报，50

(24): 2790-2799.

128. 任宏利，张培群，郭秉荣，丑纪范，2005：预报副高脊面变化的动力模型及其简化数值试验. 大气科学，29(1)：71-78.

129. 张立新，钱维宏，高新全，丑纪范，2005：协调多时次差分格式及其稳定性. 物理学报，54(7)：3465-3472.

130. Qiu, C., J. Chou, 2006: Four-dimensional data assimilation method based on SVD: *Theoretical aspect*. *Theoretical and Applied Climatology*, 83, 51-57.

131. 丑纪范，任宏利，2006：数值天气预报——另类途径的必要性和可行性. 应用气象学报，17(2)：240-244.

132. 何文平，封国林，高新全，丑纪范，2006：准周期外力驱动下 Lorenz 系统的动力学行为. 物理学报，55(6)：3175-3179.

133. 任宏利，丑纪范，2006：在动力相似预报中引入多个参考态的更新. 气象学报，64(3)：315-324.

134. 任宏利，张培群，李维京，丑纪范，2006：基于多个参考态更新的动力相似预报方法及应用. 物理学报，55(8)：4388-4396.

135. 丑纪范，2007：数值天气预报的创新之路——从初值问题到反问题. 气象学报，65(5)：673-682.

136. 刘海涛，胡淑娟，徐明，丑纪范，2007：全球大气环流三维分解. 中国科学（D 辑：地球科学），37(12)：1679-1692.

137. 任宏利，丑纪范，2007：数值模式的预报策略和方法研究进展. 地球科学进展，22(4)：376-385.

138. 任宏利，丑纪范，2007：动力相似预报的策略和方法研究. 中国科学（D 辑：地球科学），37(8)：1101-1109.

139. He, W. P., G. L. Feng, Q. Wu, S. Q. Wan, J. F. Chou, 2008: A new method for abrupt change detection in dynamic structures. *Nonlinear Processes in Geophysics*, 15(4): 601-606.

140. Huang, J. P., W. Zhang, J. Q. Zuo, J. R. Bi, J. S. Shi, X. Wang, Z. L. Chang, Z. W. Huang, S. Yang, B. D. Zhang, G. Y. Wang, G. H. Feng, J. Y. Yuan, L. Zhang, H. C. Zuo, S. G. Wang, C. B. Fu, J. F. Chou, 2008: An Overview of the Semi-arid Climate and Environment Research Observatory over the Loess Plateau. *Advances in Atmospheric Sciences*, 25(6): 906-921.

141. 达朝究，丑纪范，2008：缓变地形下 Rossby 波振幅演变满足的带有强迫项的 KDV 方程. 物理学报，57(4)：2595-2599.

142. 王金成，李建平，丑纪范，2008：两种四维奇异值分解同化方法的比较及误差分析. 大气科学，32(2)：277-288.

143. Ren, H. L., J. F. Chou, J. P. Huang, P. Q. Zhang, 2009: Theoretical Basis and Application of an Analogue-Dynamical Model in the Lorenz System. *Advances in Atmospheric Sciences*, 26(1): 67-77.

144. 丑纪范，郑志海，孙树鹏，2010：10～30 d 延伸期数值天气预报的策略思考——直面混沌. 气象科学，30(5)：569-573.

145. 邓北胜，刘海涛，丑纪范，2010：ENSO 事件期间热带印度洋和太平洋地区大尺度海气相互作用联系的研究. 热带气象学报，26(3)：357-363.

146. 郑志海，封国林，丑纪范，任宏利，2010：数值预报中自由度的压缩及误差相似性规律. 应用气象学报，21(2)：139-148.

147. 丑纪范，2011：在 2010 年数值预报学术交流会议闭幕式上的讲话. 贵州气象，35(1)：4-5.

148. 丑纪范，2011：天气和气候的可预报性. 气象科技进展，1(2)：11-14.

149. He, W. P., G. L. Feng, Q. Wu, T. He, S. Q. Wan, J. F. Chou, 2012: A new method for abrupt dynamic change detection of correlated time series. *International Journal of Climatology*, 32(10): 1604-1614.

150. 丑纪范，2012：一个创新研究——大气数值模式变量的物理分解及其在极端事件预报中的应用. 地球物理学报，55(5)：1433-1438.

151. 王启光，封国林，郑志海，支蓉，丑纪范，2012：基于 Lorenz 系统提取数值模式可预报分量的初步试验. 大气科学，36(3)：539-550.

152. 熊开国，封国林，黄建平，丑纪范，2012：最优多因子动态配置的东北汛期降水相似动力预报试验. 气象学报，70(2)：213-221.

153. 郑志海，封国林，黄建平，丑纪范，2012：基于延伸期可预报性的集合预报方法和数值试验. 物理学报，61(19)：543-550.

154. 郑志海，黄建平，封国林，丑纪范，2013：延伸期可预报分量的预报方案和策略. 中国科学(D 辑：地球科学)，43(4)：594-605.

155. 王启光，丑纪范，封国林. 2013：数值模式延伸期可预报分量提取及预报技术研究. 中国科学(D 辑：地球科学)，已录用，待刊.